Die

Fortschritte der Physik

im Jahre 1848.

Dargestellt

von

der physikalischen Gesellschaft zu Berlin.

IV. Jahrgang.

Redigirt von Prof. Dr. G. Karsten.

Berlin.

Druck und Verlag von G. Reimer.

1852.

Auszug aus dem Statut der physikalischen Gesellschaft zu Berlin vom 10ten November 1848.

§. 40. Sämmtliche hiesige Mitglieder, von denen zwei halbjährliche Beiträge von drei Thalern geleistet worden sind, haben Anrecht auf ein Exemplar desjenigen Jahresberichtes, welcher zunächst nach ihrer zweiten Einzahlung erscheint. Ausgetretene Mitglieder haben spätestens binnen Jahresfrist unter Einsendung eines Empfangscheines bei dem Rechnungsführer um das ihnen zustehende Exemplar des Jahresberichtes einzukommen.

§. 41. Diejenigen auswärtigen Mitglieder, welche für einen Jahresbericht Beiträge geliefert haben, erhalten ein Exemplar desselben; diejenigen, welche sich bei einem Jahresberichte nicht betheiligt haben, können ihn von der Gesellschaft zum Selbstkostenpreise beziehen.

Vorbericht.

Die Entschuldigung über das verspätete Erscheinen des Jahresberichtes ist leider schon zu einem stehenden Artikel der Vorrede geworden; sie sollte diesmal, wo der vierte Jahrgang über die Fortschritte der Physik im Jahre 1848 erst jetzt erscheint, aus besonders triftigen Gründen bestehen, es sind aber keine anderen anzuführen als die sich immer mehr herausstellende Unmöglichkeit bei einer grofsen Zahl von Mitarbeitern von allen pünktlich die Beiträge zu erhalten, wozu freilich noch die Unruhe der letzten Jahre viel beigetragen haben mag. Eine Ursache, welche gleichfalls einige Schuld an der Verzögerung der Publication trägt, die Entfernung der Redaktion von dem Wohnsitze der meisten Mitarbeiter, wird von nun an hinwegfallen, indem Prof. Beetz in Berlin die Redaktion übernimmt, und wir können hoffen durch die schnellere Folge der nächsten Jahrgänge die verlorene Zeit wieder einzuholen.

Wie im Vorberichte des 3ten Jahrganges zum Theil schon angekündigt wurde, sind von den Abschnitten: Hydraulik, Eudiometrie, praktische Anwendung der Elektricität nur Litteraturübersichten mitgetheilt. Ein neuer Abschnitt über physikalische Geographie konnte für diesen Jahrgang noch nicht angeschlossen werden, wird indessen im nächsten Jahrgange erscheinen.

Nachrichten über die physikalische Gesellschaft.

Im Laufe des Jahres 1848 wurden folgende neue Mitglieder in die Gesellschaft eingeführt:

Dr. Brix, Lieut. v. Forstner, Dr. Grossmann, Dr. Hagen, Dr. Löbel, Lieut. Meyer, Hr. Müller, Lieut. Nowag, Dr. Roth, Dr. Virchow, Dr. Weidenbusch, Dr. Werther.

Ausgeschieden sind dagegen:

Hr. Brauns, Lieut. v. Forstner, Hr. Heidel, Hauptm. Jacobi, Lieut. Liebe, Mechan. Leonhardt (†), Dr. Löbel, Dr. Mahlmann (†), Mechan. Martins, Lieut. Meyer, Lieut. Nowag, Mechan. Pistor, Dr. Traube I., Hr. Traube II.

Mitglieder der Gesellschaft waren am Ende des Jahres 1848:

Hr. Dr. d'Arrest in Leipzig.
— Dr. W. Beetz.
— Mechan. Bötticher.
— Dr. E. du Bois-Reymond.
— Dr. Brix.
— Prof. Dr. E. Brücke in Königsberg.
— Dr. Brünnow in Bilk.
— Lieut. Dr. v. Bruchhausen.
— Dr. C. Brunner (Sohn) in Bern.
— Mechan. Duve.
— Dr. Eisenstein.
— Dr. J. Ewald.
— Prof. Dr. v. Feilitzsch in Greifswalde.
— Dr. Grossmann.
— Dr. Hagen.
— Mechan. Halske.
— Dr. W. Heintz.
— Dr. Helmholtz.
— Dr. d'Heureuse.
— Jungk.
— Prof. Dr. G. Karsten in Kiel.

Hr. v. Kiréewsky in Petersburg.
— Prof. Dr. Knoblauch in Marburg.
— Dr. A. Krönig.
— Prof. Dr. Kuhn in München.
— Conservator Dr. Lamont in München.
— Prof. Dr. Langberg in Christiania.
— Prof. Dr. Ludwig in Marburg.
— Lieut. Mensing.
— Lieut. v. Morozowicz.
— Müller.
— Poselger.
— Direktor Dr. Quetelet in Brüssel.
— Medicinalrath Dr. Quincke.
— Prof. Dr. Radicke in Bonn.
— Rohrbeck.
— Dr. Roth.
— Lieut. Siemens.
— Dr. Soltmann I.

Hr. Soltmann II.
— Dr. G. Spörer in Prentzlau.
— Dr. Virchow.
— Dr. Vögeli in Zürich.
— Dr. Wächter.
Hr. Dr. Weidenbusch.
— Dr. Werther.
— Dr. Wiedemann.
— Dr. Wilhelmy in Heidelberg.

Im vierten Jahre des Bestehens der physikalischen Gesellschaft wurden folgende Originaluntersuchungen der Mitglieder in den Sitzungen der Gesellschaft vorgetragen:

1848.

7. Januar. W. Beetz. Ueber eine Braunstein-Zinkkette von grofser elektromotorischer Kraft und Constanz.

W. Heintz. Beobachtungen über den Zusammenhang zwischen der Krystallform des Creatin's und Creatinin's und ihrer chemischen Zusammensetzung.

18. Febr. v. Bruchhausen. Abrifs einer Theorie der Sündfluthen und Eiszeiten.

17. März. W. Beetz. Beweis, dafs die gröfsere Stromstärke einer Kette, deren Leitungsflüssigkeit freien Sauerstoff enthält, einer Depolarisation der negativen Elektrode zuzuschreiben sei.

E. Brücke. Ueber den Feuchtigkeitsgrad der ausgeathmeten Luft.

26. Mai. Halske u. E. du Bois-Reymond. Magnetelektromotor, an dem die Stärke der inducirten Ströme bequem abgestuft werden kann. Ungedruckt.

E. du Bois-Reymond. Ueber das pseudoelektrische Organ eines Nordseerochens (R. clavata). Ungedruckt.

9. Juni. v. Morozowicz. Grundzüge der Astronomie und mathematischen Geographie. Berlin 1848. Mylius'sche Verlagshandlung. 8.

23. Juni. E. Brücke. Ueber das Wesen der braunen Farbe.

7. Juli. E. Brücke. Ueber die Reihenfolge der Farben in den Newton'schen Ringen.

21. Juli. Eisenstein. Bemerkungen zum Princip der virtuellen Geschwindigkeiten.

Kuhn. Versuche über Diamagnetismus.

E. du Bois-Reymond und Kirchhoff. Ueber phlogoelektrische Ströme.

4. August. G. Karsten u. H. Knoblauch. Versuche über die Längsstreifen im Sonnenspektrum.

G. Karsten. Vorschläge zur allgemeinen deutschen Maafs-, Gewichts- und Münz-Regulirung. Berlin 1848. Bei Decker. 8.

G. Kirchhoff. Ueber die Ausdehnung des Ohm'schen Gesetzes auf nicht prismatische Leiter, und über ein neues Princip zur Bestimmung der Stromvertheilung in denselben.

Werther. Von den Verbindungen der Phosphor- und Arseniksäure mit Uranoxyd.

13. Octbr. E. Brücke. Ueber die Bewegungen der Sinnpflanze (Mim. pudica).

E. du Bois-Reymond. Untersuchungen über thierische Elektricität. Bd. I. Berlin 1848 bei G. Reimer. 8.

10. Novbr. C. Brunner (Sohn). Ueber die Wirkungen, welche verschiedene Substanzen durch Berührung auf nervenkranke Personen ausüben.

24. Novbr. Lamont. Ueber die tägliche Bewegung der Declination am Aequator und die magnetischen Variationen überhaupt.

8. Decbr. W. Beetz. Versuche über die elektromotorischen Kräfte von Gasketten. Maafsbestimmungen über den Einflufs der Temperatur auf die Polarisation der Elektroden.

E. du Bois-Reymond. Elektrophysiologischer Versuch.

5. Januar 1849. Lamont. Ueber die Ursache der täglichen regelmäfsigen Variationen des Erdmagnetismus.

H. Knoblauch. Gesetze der durch Zurückwerfung von Glas- u. Metallspiegeln bewirkten Polarisation der Wärme. Neue Methode die Einfallswinkel der reflektirten Strahlen zu bestimmen.

Kirchhoff. Ueber das Gleichgewicht und die Bewegungen elastischer Platten.

E. du Bois-Reymond. Ueber die Veränderung der Stromstärke bei Erschütterung einer Elektrode der sekundären Kette.

Im Laufe des Jahres 1848 wurde der 2. Jahrgang des Jahresberichtes, „die Fortschritte der Physik im Jahre 1846“ darstellend im Drucke beendigt. Aufser den Mitgliedern der Gesellschaft erhielten folgende Personen und gelehrte Gesellschaften diesen Band:

Der Herr Minister des Unterrichts in Preufsen.

Herr Alexander v. Humboldt.

Gelehrte Gesellschaften.

Die Königl. Akademie in Berlin.
„ Gesellschaft naturforschender Freunde in Berlin.
„ physikalische Gesellschaft in Stettin.
„ K. Sächs. Ges. d. Wiss. in Leipzig.
„ K. Hannöv. Ges. d. Wiss. in Göttingen.
„ K. Böhm. Ges. d. Wiss. in Prag.
„ K. Bair. Akademie d. Wiss. in München.
„ K. K. Akademie d. Wiss. in Wien.
„ Académie royale de Belgique à Bruxelles.
„ Société de physique à Liège.
„ Académie des sciences à Paris.
„ Académie royale de Nancy.
„ Société philomatique à Paris.
„ Royal Society of London.
„ British Association (London).
„ Royal Society of Edinburgh.
„ Royal Acad. of Dublin.
„ Philosophical society of New-York.
„ American academy of Philadelphia.
„ Physiographishe Forening in Christiania.
„ Kongl. Vetensk. Acad. in Stockholm.
„ Kongl. Dansk. Ved. Selsk. in Kopenhagen.
„ Académie Imp. de St. Pétersbourg.
„ Société de physique à Génève.
„ naturforschende Gesellschaft in Zürich.
„ Academia delle scienze di Napoli.
„ Académie roy. de Savoie à Turin.
„ J. R. Istituto Lombardo di Milano.
„ J. R. Institutum Bononiense à Bologna.
„ J. R. Istituto Veneto di Venetia.

Herausgeber von Zeitschriften.

Hr. de la Rive in Genf.
„ Zantedeschi in Venedig.
„ Haidinger in Wien.

Bis Ende 1848 waren bei der Gesellschaft folgende Schriften eingegangen:

Nachrichten der Georg-Aug.-Univ. und der königl. Ges. der Wissenschaften zu Göttingen 1847.
Bulletin de l'Acad. roy. de Belgique No. 6—12.
Annuaire de l'Acad. roy. de Belgique XIV. année.
Observations des phénomènes périodiques (Extr. du t. XXI. des Mémoires).
A. Perrey. Mém. sur les tremblements de terre de la péninsule italique.
A. Quetelet. Sur le climat de la Belgique. 2. partie.
Anzeigen der Münchner Akad. d. Wissenschaften. 1848. No. 1—33.
Pettenkofer. Die Chemie in ihrem Verhältnifs zur Physik und Pathologie.
v. Martins Rede. Dankrede auf Zuccarini.
Haidinger. Abh. der Fr. der Naturwissenschaften in Wien.
E. du Bois-Reymond. Unters. über thierische Elektricität. Bd. I.
J. Lamont. Annalen der königl. Sternwarte bei München. Bd. XVI.
C. Brunner (Sohn). Ueber die Wirkung der Substanzen u. s. w.
Kirchhoff. Ueber die Anwendbarkeit der Formeln für die Intensität der galvanischen Ströme u. s. w. (Pogg. Ann.)
Nyt magazin for naturvidenskaberne IV. 2—4. V. 1—4.
v. Bruchhausen. Antwort auf das offene Sendschreiben des Hrn. Otto.
v. Morozowicz. Grundzüge der Astronomie u. mathem. Geographie.
G. Karsten. Vorschläge zur allgemeinen deutschen Maafs-, Gewichts- und Münzregulirung.
Werther. Ueber die Verbindungen des Harnstoffes mit Salzen (Erdm. und March.).
— Ueber die Verbindungen der Phosphorsäure u. s. w. (Erdm. und March.).
Helmholtz. Ueber die Wärmeentwicklung bei der Muskelaktion (Müller's Arch.).
E. Brücke. Ueber das Wesen der braunen Farbe (Pogg. Ann.).
— — Ueber die Newton'schen Farbenringe (Pogg. Ann.).
Monatsberichte der Akad. d. Wissenschaften zu Berlin.
de la Rive. Archive des sciences physiques et naturelles.
Zantedeschi. Raccolta fisico-chimica.
Philosophical Transactions 1847.
H. Knoblauch. Zwei Abh. über strahlende Wärme (Pogg. Ann.).
G. Karsten. Hygrometrische Tabellen (Karsten's Archiv).
W. Beetz. Leitfaden der Physik.
W. Heintz. Ueber einige Verbindungen des Wismuths (Pogg. Ann.)
— — Ueber eine neue Säure im menschlichen Harn (Pogg. Ann.).
v. Erlach. Mikroskopische Beobachtungen über organische Elementartheile bei polarisirtem Lichte.
E. Wartmann. Troisième mém. sur l'induction.
E. Brücke. Anatomische Beschreibung des menschlichen Augapfels.
H. Knoblauch. Longitudinalstreifen im Sonnenspektrum (Pogg. Ann.).
— — Strahlende Wärme (Berlin. Monatsber.).

Kiel, den 10. December 1851.

Prof. Dr. G. Karsten.

Inhalt.

Erster Abschnitt.

Allgemeine Physik.

Seite

Zweiter Abschnitt.

Akustik.

1. Theorie.

2. Physiologische Akustik.

3. Akustische Phänomene.

Dritter Abschnitt.

Optik.

Vierter Abschnitt.

Wärmelehre.

Seite

Fünfter Abschnitt.

Elektricitätslehre.

Seite

Sechster Abschnitt.

Meteorologie.

1. Auf gröſseren meteorologischen Observatorien angestellte Beobachtungen.

Beschreibung von Apparaten.

2. Abhandlungen über Gegenstände, die mit der Meteorologie in Zusammenhang stehen.

Erster Abschnitt.

Allgemeine Physik.

1. Molekularphysik.

Fr. Zantedeschi. Della produzione d'imagini ottenuta della projezione spontanea degli ossidi metallici sottoposti ad alte temperature e di un quarto stato della materia. Racc. fis. chim. III. 349*.

Ebelmen. Nouvelle méthode pour obtenir des cristallisations par la voie sèche. Rapport. C. R. XXVI. p. 12; Inst. No. 731 p. 1; Ann. de ch. et de ph. XXII. 211; Quesn. rev. sc. XXXII. 135; Erdm. u. March. XLIII. 472; Phil. mag. XXXII. 312.

G. Delafosse. Mémoire sur une relation importante qui se manifeste en certains cas entre la composition atomique et la forme cristalline et sur une nouvelle appréciation du rôle que joue la silice dans les combinaisons minérales. C. R. XXVI. 90*. Inst. No. 732 p. 9*; No. 732 p. 39*.

Baudrimont. Réclamation de priorité concernant quelques unes des idées émises par M. Delafosse. C. R. XXVI. 209.

G. Delafosse. Réponse à une réclamation de priorité soulevée par M. Baudrimont. C. R. XXVI. 335*.

L. Pasteur. Note sur la cristallisation du soufre. C. R. XXVI. 48*; Inst. No. 732 p. 9*: Ann. de ch. et de ph. XXIV. 459, Pogg. Ann. LXXIV, 94*; Quesn. rev. sc. XXXII. 415; Erdm. u. March. XLVI. 120.

L. Pasteur. Recherches sur le dimorphisme. C. R. XXVI. 353*; Ann. de ch. et de ph. XXIII. 267*; Quesn. rev sc. XXXII. 412; Inst. No. 743 p. 94.

L. Pasteur. Mémoire sur la relation qui peut exister entre la forme cristalline et la composition chimique et la cause de la polarisation rotatoire. C. R. XXVI. 535*, XXVII. 367*; Quesn. rev. sc. XXXIII. 120; Ann. de ch. et de ph. XXIV. 442; Lond. S. XXXIII. 359; Inst. No. 751 p. 157*. No. 774 p. 334*.

Rapport sur le mémoire de Mr. Pasteur. C. R. XXVII. 401*.

A. Laurent. Note sur les rapports qui existent entre la forme et la composition de quelques corps. C. R. XXVI. 632*.

A. Laurent. Sur l'isomorphisme des oxydes *RO* et R^2O^3 et sur l'hémimorphisme. C. R. XXVII. 134*.

L. PASTEUR. Note sur un travail de Mr. LAURENT intitulé: Sur l'isomorphisme et sur les types cristallins. Ann. de ch. et de ph. XXIII. 294*.

F. NICKLÈS. Recherches cristallographiques. Ann. de ch. et de ph. XXII. 28*; C. R. XXVII. 270.

F. NICKLÈS. Sur les monohydrates cristallisés de zinc et de cadmium. Ann. de ch. et de ph. XXII. 31*.

F. NICKLÈS. Sur la forme cristalline du zinc métallique. Ann. de ch. et de ph. XXII. 37*.

F. NICKLÈS. Note sur la forme cristalline des deux vitriols décrits dans le Mémoire de Mr. LEFORT. Ann. de ch. et de ph. XXIII. 104*.

L. PASTEUR. Recherches sur divers modes de groupement dans le sulfate de potasse. C. R. XXVI. 304*; Quesn. rev. sc. XXXII. 45*.

Zu den bisher allgemein angenommenen drei Aggregatzuständen glaubt Hr. ZANTEDESCHI in Folge seiner Versuche einen vierten, den Zustand der Strahlung der Materie, hinzufügen zu müssen. Hr. ZANTEDESCHI hat zwei irdene Tafeln, von denen die eine mit Zeichnungen von Eisenoxyd oder Kobaltoxyd versehen, die andere ungefärbt war, gegenübergestellt, und der Hitze eines Töpferofens ausgesetzt. Beim Herausnehmen der Platten fand er die Zeichnungen auch auf die vorher ungefärbten Tafeln übertragen. Er unterscheidet diese seine Versuche wesentlich von den schon früher durch F. LEPLAY und R. LAURENT [1] erhaltenen Resultaten, bei denen weiſse Porzellanplatten, welche anderen mit Eisen, Nickel und Kobaltoxyd bedeckten Platten in der Glühhitze des Porzellanofens zu Sèvres gegenübergestanden hatten, gleichfalls gefärbt worden waren; indem bei diesen die Färbung durch Verdampfung der angewandten Oxyde erzeugt sein kann, während bei den in Rede stehenden Versuchen genaue Abbildungen der Zeichnungen entstanden, die sich mit dem wachsenden Abstand der Platten vergröſserten, und bei schiefer Stellung derselben gegen einander ihre Ausdehnung in der Richtung der Neigung der Platten änderten. — Der Verfasser hält sich durch diesen Versuch berechtigt, die Uebertragung der Oxyde einer Strahlung zuzuschreiben, die um so wichtiger wäre, als sie ponderable genau bekannte Stoffe beträfe, während bei den frü-

[1] C. R. XXII. 784; vergl. Berl. Ber. f. 1847 p. 10.

heren Daguerre'schen und Moser'schen Bildern das Wesen der die Bilder hervorbringenden Substanz noch nicht erforscht ist. Hr. Zantedeschi will ferner beweisen, dafs verschiedene Oxyde in verschiedenen Temperaturen die Fähigkeit erlangen, durch Strahlung sich zu übertragen; indem von einer aus Kobalt und Eisenoxyd gemeinschaftlich gefertigten Zeichnung sämmtliche mit Kobaltoxyd gezogenen Linien auf die gegenüberstehende Platte beim Erhitzen mit blauer Farbe sich übertrügen, während auf der ersten vorher blau und braun bemalten Platte nur noch die braunen mit Eisenoxyd gezogenen Striche zurückblieben. —

Ob es Hrn. Zantedeschi wirklich gelungen ist, durch die vorliegenden Versuche die Annahme einer Uebertragung der Bilder durch Verdampfung der Metalloxyde völlig zu widerlegen und er so in der That berechtigt ist, aus ihnen das Dasein eines vierten Zustandes der Materie, des Zustandes der Strahlung der Materie zu folgern, möchte doch wohl noch sehr fraglich sein.

In Bezug auf die Darstellung krystallisirter Körper hat sich namentlich Hr. Ebelmen ein grofses Verdienst dadurch erworben, dafs er lehrte, eine Reihe bis jetzt noch nicht künstlich dargestellter Mineralien auf einem neuen der gewöhnlichen Krystallisation aus Lösungen analogen Wege, durch allmählige Verdampfung des Lösungsmittels der krystallisirenden Körper zu erhalten. Als Lösungsmittel wurde namentlich Borsäure angewendet, welche mit den Bestandtheilen des Spinells ($Al_2 O_3, MgO$), Chrysoberylls ($Al_2 O_3, GlO$) und anderen ähnlichen theils schon in der Natur aufgefundenen, theils den natürlichen Körpern nahe stehenden Substanzen gemengt, der Hitze eines Porzellanofens ausgesetzt wurde. Die schmelzende Borsäure löste die Metalloxyde auf, welche beim weiteren Erhitzen und der dadurch bewirkten Verflüchtigung der Borsäure mit einander verbunden in kleinen Krystallen anschossen, die mit den in der Natur vorkommenden entsprechenden Verbindungen sich als völlig identisch erwiesen. In Betreff des Näheren der mehr der Chemie als der Physik angehörenden Arbeit des Hrn. Ebelmen verweisen wir auf die Originalabhandlung.

Ueber die Beziehungen zwischen Krystallform und chemischer Zusammensetzung hat Hr. Delafosse Beobachtungen angestellt, und dieselben in einem Memoire niedergelegt, dessen erster Theil in kurzem Auszug in den C. R. mitgetheilt ist. Indem Hr. Delafosse mit Ampère annimmt, daſs gleichartige Atome stets die einander entsprechenden Gipfel des Polyëders einnehmen, welches sie im Raume bilden, und damit den Satz vereint, daſs die Gestalt des aus den einzelnen, sei es einfachen oder binären und ternären Atomen gebildeten Moleküls eines Krystalls stets mit dem gebildeten Körper in Symmetrie stehe, also eine seinem Krystallsystem angehörige Form besitze, sucht er zwischen der Anzahl der correspondirenden Flächen eines Krystalls und der Anzahl der Atome der verschiedenen Radicale, welche seine chemische Formel constituiren, eine Beziehung. — Hat zum Beispiel der Krystall einer Verbindung, also auch ihr Molekül einen wirklichen Mittelpunkt, so läſst sich das letzte in einen Kern und eine Hülle trennen, welche letztere in der Formel der Verbindung wieder zu finden ist, und die die Gestalt ihres Moleküls bestimmt. Bei einem mit Wasser krystallisirenden Salz wird das Wasser etwa die Hülle bilden, und das wasserfreie Salz den Kern.

Wenn nun eine derartige Verbindung im regulären System krystallisirt, wie der Alaun, und in ihr alle Wasseratome chemisch gleichwerthig sind, so müssen dieselben auch an der Oberfläche des Krystalls gleiche Lage haben; und ihre Zahl der Anzahl der Flächen, Kanten und Ecken der regulären Krystallformen (6, 8, 12, 24 oder 48) entsprechen. Beim Alaun ist in dieser Weise die Anzahl der Wasseratome 24. — Aehnliche Gesetze führt Hr. Delafosse noch mehrere an. So läſst sich für das Molekül der in Tetraëdern und Würfeln krystallisirenden Körper die Formel $A+4B$ aufstellen, wo A das Kernmolekül und $4B$ die, die tetraëdrische und Würfel-Gestalt bedingenden umliegenden Moleküle der Hülle darstellt. In ähnlicher Weise läſst sich die Zusammensetzung der im quadratischen oder hexagonalen System krystallisirenden Körper aus 3 Theilen construiren, aus einem Kernmolekül, aus je 2 gleichen, den Endflächen entsprechenden Molekülen und aus je 4, 8, 16 gleichen Molekülen im quadratischen, oder je 6, 12, 18 im hexagonalen System, welche der Anzahl der Seitenkanten oder Flächen entsprechen.

Gegen diese Beobachtungen ist von Hrn. Baudrimomt eine Prioritäts-Reklamation erfolgt. Es würde zu weit führen, die Beweise näher zu prüfen, auf welche sich Hr. Baudrimont (mit Berücksichtigung der in seinem Traité de Chimie ausgesprochenen Ansichten) in dieser Beziehung stützt, so wie in die Kritik näher einzudringen, welche derselbe nachher über die Arbeit des Hrn. Delafosse ergehen läfst; zu dem Ende wäre eine nähere Einsicht in das in den C. R. nur sehr kurz behandelte ausführliche Memoire des Hrn. Delafosse unbedingt nöthig, wie dieser selbst in seiner Antwort auf Hrn. Baudrimont's Reklamation bemerkt.

Andere, die Dimorphie und Isomorphie betreffende Untersuchungen von krystallisirten Verbindungen haben die Herren Pasteur, Deville, Laurent und Nicklès unternommen. — In der ersteren Beziehung ist namentlich der Schwefel Gegenstand mehrerer Forschungen gewesen. — Bisher hat man die beiden Formen des Schwefels, die beim Erstarren des geschmolzenen Schwefels entstehenden stets durch verschiedene Flächen modificirten, schiefen rhombischen Prismen und die natürlichen oder aus der Lösung des Schwefels in Schwefelkohlenstoff sich bildenden Rhombenoktaëder nur getrennt erhalten. Hr. Pasteur hat beide Formen vereint dargestellt, als er Schwefel aus einer Lösung in Schwefelkohlenstoff durch freiwilliges Verdunsten des letzteren krystallisiren liefs; und zwar waren die hierbei gebildeten prismatischen Krystalle frei von allen Combinationsflächen.

Eine nähere Begründung dieser sehr merkwürdigen Erscheinung, die Hr. Pasteur nicht giebt, scheint in der Arbeit des Hrn. Deville enthalten zu sein, welcher beobachtete, dafs zäher, rothbrauner Schwefel, noch einmal geschmolzen und schnell erkaltet, stets röthlich gefärbte, prismatische Krystalle liefert. Die Lösung derartiger Krystalle in Schwefelkohlenstoff giebt zuerst octaëdrische Krystalle von röthlicher Farbe, später aber erhält man aus der dekantirten Mutterlauge auch Prismen von der Grundform, die bald trübe werden, und einen röthlichen warzenförmigen zähen Absatz, der wahrscheinlich etwas von dem Lösungsmittel zurückhält. Dieselben Ergebnisse erhält man aus einer Auflösung von rothem oder gelblichem Schwefel. Die verschiedenen Arten der so darstellbaren Schwefelkrystalle sind auch durch ihre Löslichkeit in Schwefelkohlenstoff verschieden, indem die Octaëder ohne Rückstand, die prismatischen Krystalle fast ohne Rückstand, schnell erkalteter Schwefel, Schwefelblumen und weicher Schwefel mit einem Rückstand von etwa 0,11 — 0,35$\frac{0}{0}$ sich lösen.

Für die dimorphen Substanzen stellt Hr. Pasteur die allgemeine Eigenschaft auf, dafs einmal ihre zwei Formen stets sehr nahe an einander stehen, so z. B. das schiefe rhombische Prisma des in Säulenform krystallisirenden Schwefels mit einem Kantenwinkel von 94°6′ und das gerade rhombische Prisma von 90°52′, auf welches sich die octaëdrischen Krystalle desselben Körpers zurückführen lassen; dafs ferner die an der einen Form eines dimorphen Körpers auftretenden secundären Flächen sich auch von der anderen Form ableiten lassen. Hr. Pasteur belegt diese Beziehung durch Beispiele, wie beim Granat und Idocras.

Hr. Pasteur hat ferner der Pariser Akademie in seiner Abhandlung über Beziehungen zwischen der Krystallform, chemischen Zusammensetzung und dem Drehungsvermögen für polarisirtes Licht, Beobachtungen über verschiedne Verhältnisse der weinsauren und paraweinsauren Salze mitgetheilt. Die Krystallform aller dieser Salze (von denen Hr. Pasteur 19 untersuchte) lassen sich auf die Grundform eines geraden oder sehr wenig geneigten Prisma's mit rektangulärer Basis zurückführen. In allen Formen hat stets eine Kante der Basis zu der Säulenkante sehr nahe ein und dasselbe Verhältnifs; die andere Kante der Basis ist abgestumpft durch eine gegen die Basis um etwa 130° ($125\frac{1}{2}$° bis 132°40′) geneigte Fläche. Nur die Länge dieser einen abgestumpften Kante ändert sich bei dem Eintreten verschiedener Oxyde oder Säuren nicht proportional der Länge der übrigen

Kanten. Nachdem Hr. Pasteur auf diese Weise einen gemeinsamen Charakter aller wein- und paraweinsauren Salze aufgestellt, wendet er sich zu den Eigenthümlichkeiten einer jeden dieser Gruppen. Stellt man einen Krystall eines der genannten Salze so auf, dafs die abgestumpfte Kante der Basis perpendikulär steht, so findet man an den Ecken der Basis gewisse Flächen, die Hr. Pasteur Tetraëderflächen nennt. Diese Flächen sind zuweilen ungleich grofs, beim doppelt weinsauren Ammoniak ist die rechts vom Beobachter liegende Fläche gröfser als die andere, bei den neutralen weinsauren Salzen ist diese Fläche allein vorhanden. Beim Umdrehen des Krystalls in einer senkrechten Ebene findet sich die entsprechende Fläche in gleicher Lage. Hr. Pasteur bezeichnet diese Eigenschaft der weinsauren Salze mit dem Namen der Hemiëdrie nach rechts (hémiédrie vers la droite). Alle weinsauren Salze drehen bei ihrer Lösung die Polarisationsebene nach rechts; die paraweinsauren Salze nicht. Bei diesen findet sich gleichfalls keine Hemiëdrie, wie bei den weinsauren Salzen. Hr. Pasteur untersuchte vor allen das paraweinsaure Natron-Ammoniak, das nach Mitscherlich dem entsprechenden weinsauren Salz in allen Beziehungen identisch ist, mit Ausnahme eben des Circularpolarisationvermögens, welches seiner Lösung fehlt. Stellte jedoch Hr. Pasteur die Krystalle dieses Salzes durch langsames Verdunsten der Lösung dar, so fand er, dafs die erhaltenen Krystalle in 2 Hälften zerfallen, welche beide nach Art der weinsauren Salze hemiëdrisch sind; während jedoch die Krystalle der ersten Hälfte nach rechts hemiëdrisch sind, sind es die der anderen nach links; die Lösung jeder einzelnen durch Aussuchen getrennten Hälfte dieser Krystalle dreht nun auch entsprechend die Polarisationsebne nach rechts oder links; in einer Lösung beider Arten Krystalle heben sich die entgegengesetzten Eigenschaften natürlich auf.

Wurden nach der Trennung der beiden Gruppen von Krystallen dieselben in Wasser gelöst, und das Ammoniak durch geringe Mengen kaustischen Natrons verjagt, so zeigten die beiden so erhaltenen Lösungen von einfach paraweinsaurem Natron noch dasselbe entgegengesetzte Verhalten zum Licht, was das paraweinsaure Natron und Ammoniak vorher besessen. Endlich fällte auch noch Hr. Pasteur die 2 Atome des traubensauren Natrons mit Baryt und befreite aus den gewonnenen Barytsalzen die Traubensäure durch Schwefelsäure. Auch die beiden so erhaltenen Säuren waren noch mit denselben entgegengesetzten Eigenschaften begabt, wie das zuerst dargestellte Doppelsalz. Das von Hrn. Pasteur bemerkte sehr ähnliche Verhalten der rechts drehenden Traubensäure und Weinsäure bewog die Hrn. Regnault, Balard, Dumas und Riol, welche in ihrem Bericht an die Pariser Akademie die Versuche des Hrn. Pasteur durchaus bestätigten, das Rotationsvermögen des rechtsdrehenden traubensauren Natron-Ammoniaks mit dem des entsprechenden weinsauren Salzes zu vergleichen; sie fanden das Verhältnifs beide wie 25:29. Bei der Schwierigkeit, die rechts und links hemiëdrischen Krystalle des traubens. Salzes zu trennen, kann die Annäherung der erhaltenen Zahlen aneinander wohl zu der Vermuthung einer Identität der Weinsäure mit der rechts drehenden Traubensäure führen, einer Identität, die zur Aufklärung des höchst eigenthümlichen Verhaltens der Weinsäure, die bis jetzt die einzige circularpolarisirende Säure ist, wesentlich beitragen möchte. —

Die Beobachtungen Pasteur's veranlassen Hrn. Laurent, seine früher in demselben Felde gemachten Bemerkungen von Neuem hervorzuheben. Hr. Laurent hat, wie Pasteur, angegeben, dafs die verschiedenen Formen dimorpher Körper einander sehr nahe ständen; dafs verschiedene Stoffe, die analog zusammengesetzt sind, isomorph sein können, selbst wenn ihre Krystallformen nicht alle demselben krystallographischen Systeme angehören, sondern wenn nur ihre entsprechenden Winkel nahe einander gleich sind; dafs endlich die einer bestimmten Reihe angehörigen Verbindungen, wie bei Pasteur die weinsauren und traubensauren Salze, theils vollständig, theils in gewisser Beziehung isomorph oder hemimorph sein können. Die Gründe, durch welche Hr. Laurent am Schlufs seines Memoires diese Isomorphie, so wie die Isomorphie des buttersauren und essigsauren Kupferoxyds, analog der des kohlensauren Kalks und salpetersauren Natrons rechtfertigen will, liegen wohl aufser dem Bereich dieses Jahresberichts. Ebenso mag es genügen, hier nur die von Hrn. LAURENT beobachtete Isomorphie der Oxyde RO und $R_2 O_3$, wie des Eisenoxyduls und des Eisenoxyds, welche sich innerhalb gewisser Grenzen in ihren Verbindungen ohne Gestaltsänderung (wobei die kleinen Aenderungen der Krystallwinkel als nicht entscheidend angesehen werden), ersetzen können, zu erwähnen, so wie auf die Eigenthümlichkeit der aus 2, im Verhältnifs von 1:0, 1:1 und 1:2 verbundenen Doppelsilicaten bestehenden Verbindungen, stets in ganz derselben Form wie Epidot zu krystallisiren, aufmerksam zu machen, indem wir für das Nähere auf die in den C. R. mitgetheilten Abhandlungen verweisen.

Zu den Beobachtungen des Hrn. LAURENT über Isomorphie bei nahe gleichen Winkeln bemerkt Hr. PASTEUR, dafs man nicht ohne Weiteres alle Körper als isomorph betrachten könne, die in ihrer Form einander sehr nahe stehen, sondern nur eine gewisse Klasse unter ihnen; nämlich die Körper, welche zugleich in der Art dimorph sind, dafs ihre eine Form vollkommen mit einer der beiden Formen des isomorphen Körpers übereinstimmt; also die Körper, welche unter ihren Formen eine Grenzform haben, in der die isomorphen Körper vollkommen zusammenfallen.

Die Erweiterung der Lehre von der Isomorphie durch Vergleichung nahe gleicher Krystalle findet eine Stütze in der Beobachtung des Hrn. NICKLÈS, dafs zweifach äpfelsaures Ammoniak seinen Krystallwinkel ändert, wenn die Lösungen, aus denen es krystallisirt, verschieden rein sind, diese Aenderung ist so grofs, dafs, selbst wenn man nur noch durch die Färbung die Unreinheit des betreffenden Salzes erkennen kann, doch die Kantenwinkel der rhombischen Säule, in welcher es krystallisirt, von 70°55′ bis zu 73° schwanken.

Hr. NICKLÈS hat ferner die Krystallform verschiedener Substanzen untersucht, von denen wir uns begnügen, hier die Namen aufzuführen, indem wir das Uebrige einer Durchsicht der Abhandlungen des Verfassers überlassen:

chlorure de chloroxéthose ($C_4 Cl_5 O$) und bromure de chloroxéthose ($C_4 Cl_3 Br_2 O$) (beide isomorph) bromure de chloréthose, acide chlorosuccique, Zinkoxydhydrat, metallisches Zink (in hexagonalen Säulen und in regulären Pentagondodecaëdern, also dimorph), zwei aus schwefelsaurem Kupferoxyd-Eisenoxydul und aus schwefelsaurem Zinkoxyd-Kupferoxyd mit Krystallwasser bestehende von LEFORT [1] untersuchte Salze, die dem 7 Wasseratome enthaltenden Eisenvitriol isomorph sind.

Eine Eigenthümlichkeit des schwefelsauren Kali ist durch Hrn. PASTEUR hervorgehoben. Eine senkrecht auf die Hauptachse des in nahe regulären sechsseitigen Säulen krystallisirenden Salzes geschnittene Platte zeigt im polarisirten Licht einen aus sechs verschieden gefärbten Segmenten bestehenden Stern; ein Beweis, dafs die Krystalle aus verschiedenen Theilen zusammengesetzt sind. Die Ausdehnung dieser Theile, angegeben durch den Winkel am Mittelpunkt der Platte, der die beiden Seiten des Segmentes bestimmt, beträgt stets 60° oder 90°, oder ein Multiplum von 60°, dafs so viele Gruppirungen im Krystall vorkommen können, als es Combinationen dieser Werthe giebt, deren Glieder die Summe von 360° ergeben. Aehnliche Beobachtungen an Krystallen, deren Grundform eine Säule von nahe 120° ist, wie am Arragonit und am schwefelsauren Kali selbst, sind schon früher von BREWSTER gemacht worden.

Dr. Wiedemann.

---

2. Cohäsion und Adhäsion.

SÉGUIN. Considération sur la tendance qu'éprouvent les molécules matérielles à se réunir entre elles, et former des agrégations ou groupes plus ou moins organisés, qui donnent naissance aux différents corps qui existent dans la nature, et sur les moyens d'expliquer ces faits par les seules lois de l'attraction NEWTONienne. C. R. XXVII. 314*; Fror. Nat. X. 232*.

[1] Ann. d. Ch. et d. Ph. LXXIII. p. 95.

Louyet. De l'ébullition des liquides et de leur adhérence aux vases qui les contieneant, comme causes de certains phénomènes. Bull. des Brux. 1848. p. 349*; Inst. No. 769. p. 294*.

Séguin. Betrachtungen über das Streben der materiellen Moleküle, sich mit einander zu vereinigen, und mehr oder weniger organisirte Gruppen zu bilden, aus denen die in der Natur vorkommenden Körper bestehen, und über die Mittel, diese Erscheinungen bloſs aus dem Newton'schen Anziehungsgesetze zu erklären.

Hr. Séguin nimmt an, daſs die kleinsten Theilchen eines festen Körpers nicht gleichmäſsig im Raum vertheilt sind, sondern daſs dieselben sich in Fäden an einander reihen, welche zusammen gleichsam ein Fachwerk bilden. Während dann in einem solchen Fachwerk zwischen den einzelnen Fäden groſse leere Räume vorhanden sind, ist der Abstand zweier kleinsten Theilchen in den Fäden selbst viel geringer, als er unter der Voraussetzung einer gleichmäſsigen Vertheilung der kleinsten Theilchen sein würde. Die Kraft, mit welcher zwei neben einander liegende Theilchen unter der Annahme des Hrn. Séguin nach dem Newton'schen Gesetze sich gegenseitig anziehen, wird um so gröſser, je gröſser die leeren Räume sind, welche sich zwischen den einzelnen Fäden befinden sollen.

Hr. Séguin sucht seine Meinung auch durch ein Experiment zu unterstützen, bei welchem er in einer Auflösung von Gyps durch ein hineingebrachtes Stück Seife einen Niederschlag sich bilden lieſs. Jedoch ist die Beschreibung des Versuches zu wenig verständlich, um hier mitgetheilt zu werden, und um als Fundament eines Schlusses zu dienen.

Louyet. Ueber das Sieden der Flüssigkeiten und über die Erklärung gewisser Erscheinungen durch ihre Adhäsion an den Gefäſsen, worin sie enthalten sind.

Hr. Louyet will die Ansichten widerlegen, die Donny in seiner Abhandlung (sur la cohésion des liquides et sur leur adhérence aux corps solides)[1] aufgestellt hat; Hr. Louyet scheint sich dabei nicht überall auf einen ganz unparteiischen Standpunkt gestellt zu haben.

Donny füllte ein Manometer von 1m,3 Länge mit concentrirter Schwefelsäure und befreite diese vollständig von der in ihr enthaltenen Luft. Nachdem diefs geschehen war, fiel die Flüssigkeit auch im Vacuum nicht aus dem verschlossenen Schenkel des Manometers zurück, obgleich sie in demselben um 1m,255 höher stand als in dem offenen. Diese Erscheinung erklärt Donny, wie schon aus dem Titel seiner Abhandlung hervorgeht, aus der Cohäsion der Schwefelsäure und gleichzeitig aus ihrer Adhäsion gegen die Wände des Gefäfses. Hr. Louyet nimmt an, dafs Donny die Adhäsion der Schwefelsäure zum Glase gar nicht erwähnt hätte; er ist seinerseits der Ansicht, dafs das Hängenbleiben der Schwefelsäure in dem Glasrohr allein von der Adhäsion des flüssigen Körpers an dem festen herrühre.

Donny bog eine Glasröhre, die an einem Ende verschlossen war, in eine *W*-ähnliche Gestalt. An dem anderen Ende der Röhre waren zwei Kugeln angeblasen. Der ganze Apparat war bis auf diese beiden Kugeln mit destillirtem Wasser gefüllt und vollständig luftfrei gemacht. Dann wurde auch die letzte Kugel zugeblasen. Das in den beiden ersten Schenkeln erhaltene Wasser erhitzte Donny durch ein Chlorcalciumbad. Die Erwärmung konnte sich nun wegen der Gestalt des Apparates dem Wasser in den beiden letzten Schenkeln nicht mittheilen. Unter diesen Umständen gerieth das Wasser erst bei einer Temperatur von 135° plötzlich ins Kochen; dabei trat natürlich das Wasser mit Vehemenz in die beiden Kugeln, die bis dahin nur mit Wasserdampf von sehr geringer Spannkraft angefüllt gewesen waren. — Hr. Louyet möchte auch diesen Versuch erklären, ohne auf die Cohäsion des Wassers Rücksicht zu nehmen. Schon Deluc hatte Thermometer mit Wasser oder mit Alkohol gefüllt, und dabei die Beobachtung gemacht, dafs diese Flüssigkeiten im vollkommen luftfreien Zustande bei Temperaturen, die weit über ihrem Kochpunkte lagen, im Thermometer nicht siedeten. Biot erklärte dies

[1] Berl. Ber. 1846 p. 18*.

daraus, dafs sich die Dämpfe der Flüssigkeit von ihrer Oberfläche aus mit der gröfsten Leichtigkeit in dem leeren Raum der Thermometerröhre verbreiten können, während die Dämpfe, die sich im Innern der Flüssigkeit bilden wollten, noch den Druck der über ihnen stehenden Flüssigkeitssäule zu überwinden haben würden. Diese Erklärung hält Hr. LOUYET für richtig, und er will sie auch auf den DONNY'schen Versuch anwenden. Es ist jedoch nicht wohl zu begreifen, mit welchem Rechte; denn die Quantität des Wasserdampfes in den beiden Kugeln des DONNY'schen Apparates kann nicht dadurch vermehrt werden, dafs das Wasser im andern Ende der Röhre eine höhere Temperatur bekommt. Aufserdem hat Hr. LOUYET eine Capillarröhre von 1^{mm} Durchmesser an einem Ende verschlossen und darauf mit Wasser angefüllt. Als er das verschlossene Ende plötzlich in eine Alkoholflamme brachte, sah er, dafs das Wasser sogleich von hier fortgetrieben wurde, ohne jedoch zu kochen. Auch dieser Versuch soll zu der Erklärung der von DONNY beobachteten Erscheinung beitragen. Die Glasröhre von DONNY hatte aber 8^{mm} Durchmesser; die Zeit, während welcher sie im Chlorcalciumbade blieb, betrug $2\frac{1}{2}$ bis 3 Minuten, und die Dampfbildung in dem erhitzten Theile der Röhre begann erst dann, wenn das Wasser hier eine Temperatur von 135° erreicht hatte. Worin die Analogie zwischen den beiden Versuchen liegen soll, ist also auch hier unklar.

Wenn in einem Glasgefäfse, welches vorher durch erhitzte Schwefelsäure gereinigt ist, das Wasser eine Temperatur von 105° überschreitet, ohne zu kochen, so ist es wohl nicht möglich, diese Wirkung mit Hrn. LOUYET allein der Adhäsion des Wassers am Glase zuzuschreiben. Denn diese würde nicht verhindern können, dafs aus dem Innern der Flüssigkeit heraus sich Dampfblasen entwickelten. Wenn dagegen DONNY die Ansicht aufstellt, dafs die Adhäsion des luftfreien Wassers an jedem beliebigen Körper stark genug sei, um das Kochen des Wassers zu verhindern, so zeigt Hr. LOUYET allerdings, dafs dieses nicht der Fall ist. Denn die Erscheinung des Stofsens beim Kochen von luftfreiem Wasser in einer Glasröhre hörte auf, sobald er eine Platinspirale in das Wasser brachte. In einer kupfernen Röhre, welche ebenso wie die Glasröhre die Gestalt eines Pulshammers hatte, siedete ebenfalls das luftfreie Wasser ruhig, ohne eine Spur einer Explosion zu zeigen.

Um die Behauptung Donny's zu widerlegen, dafs die Abwesenheit eines Gases im Wasser bei der Erhitzung eine Explosion hervorbringen könnte, füllte Hr. Louyet eine Glasröhre von 3^{mm} innerem Durchmesser, an deren unterem Ende eine kleine Kugel angeblasen war, mit lufthaltigem Wasser, und brachte die Kugel plötzlich in eine Alkoholflamme. Das Wasser in der Röhre wurde dann durch kleine Explosionen herausgeschleudert. Hr. Louyet erklärt diefs daraus, dafs der gebildete Wasserdampf durch die Capillarröhre keinen hinreichenden Ausfluss findet, und das Wasser von der erhitzten Stelle forthebt. Diese nimmt dadurch eine noch höhere Temperatur an, und wenn wieder etwas Wasser an die erhitzte Stelle kommt, so bildet sich plötzlich eine grofse Menge Wasserdampf, und dieser zersprengt die Kugel. Es scheint aber, dafs die Röhre, in welcher Donny bei Anwendung von luftfreiem Wasser Explosionen erhielt, einen gröfseren Durchmesser als 3^{mm} hatte, so dafs es sehr zweifelhaft bleibt, ob bei beiden Versuchen die Explosionen auf derselben Ursache beruhen.

Dr. A. Krönig.

3. Capillarität.

T. P. Danger. Note sur la hauteur des ménisques que présente la surface du mercure contenu dans les vases en verre. C. R. XXVII. 381*; Ann. de ch. et de ph. XXIV. 501*; Inst. No. 774 p. 337*; Pogg. Ann. LXXVI. 297*.

M. L. Frankenheim. Ueber die Veränderungen, welche die Höhe des Quecksilbers in Haarröhren mit der Temperatur erleidet. Pogg. Ann. LXXV. 229*.

G. Wilson. On some phenomena of capillary attraction, observed with chloroform, bisulphuret of carbon and other liquids. Quart. J. of the chem. soc. I. 174*.

W. Swan. On certain phenomena of capillary attraction exhibited by chloroform, the fixed oils and other liquids: with an inquiry into some of the causes which modify the form of the mutual surface of two inmiscible liquids in contact with the walls of the vessel in which they are contained. PHIL. MAG. XXXIII. 36*.

ROSELLI. Teoria dei tubi cappillari GIORN. Arcad. CXIII. 3*.

DANGER. Ueber die Höhe der Quecksilbermenisken in gläsernen Gefäfsen.

Hr. DANGER untersuchte die Höhe der Quecksilberkuppen in Glasröhren. Er hatte 60 Röhren, die erste von 1^{mm} Durchmesser, die zweite von 2^{mm} Durchmesser und so weiter bis zur letzten, deren Durchmesser 60^{mm} betrug. Alle Röhren waren genau cylindrisch; ihr eines Ende war eben abgeschliffen. Eine Röhre, in welcher die Höhe der Quecksilberkuppe gemessen werden sollte, wurde vertical mit dem abgeschliffenen Ende nach oben aufgestellt, und dann mit Quecksilber angefüllt. Darauf brachte Hr. DANGER gegen das obere Ende eine ebene Glasplatte; diese drückte etwas Quecksilber fort, und das in der Röhre zurückgebliebene Quecksilber war oben von einer ebenen Fläche begränzt. Nun wurde die Glasplatte wieder fortgezogen, und der Meniscus bildete sich. Um solche Störungen zu vermeiden, welche bisweilen durch die Adhäsion des Quecksilbers am Glase verursacht wurden, versetzte Hr. DANGER vor dem Beginn der Messungen den ganzen Apparat durch Streichen mit einem Violinbogen in eine kleine Erschütterung. Nun bildete der untere Rand der Kuppe eine scharf gezogene Kreislinie. — Auf dem Umfange jeder Röhre waren parallel mit ihrer Axe acht gleich weit von einander abstehende Striche gezogen. In jeder von diesen acht Richtungen wurde dann gemessen: 1) der Abstand des unteren Randes der Kuppe vom oberen Rande der Röhre; und 2) die Höhe des Scheitels der Kuppe über dem Rande der Röhre. Jede Messung wurde mehrfach wiederholt, und Hr. DANGER sagt, dafs die einzelnen zusammengehörigen Beobachtungen nie über $0^{mm},02$ von einander verschieden waren. Alle Beobachtungen sind bei einer Temperatur von 15° C. angestellt. Folgendes ist ein Auszug der von Hrn. DANGER gegebenen Tabelle. D bezeichnet den Durchmesser der Röhre, h_u die Höhe des unteren, h_0 die

Höhe des oberen Theiles der Kuppe, und $H = h_u + h_0$ die ganze Höhe derselben.

D	h_u	h_0	H	D	h_u	h_0	H
1mm	0mm,143	0mm,178	0mm,321	9mm	0mm,844	0mm,639	1mm,483
2	0 ,261	0 ,310	0 ,571	10	0 ,900	0 ,643	1 ,543
3	0 ,369	0 ,410	0 ,779	15	1 ,086	0 ,591	1 ,677
4	0 ,467	0 ,486	0 ,953	20	1 ,190	0 ,495	1 ,685
5	0 ,558	0 ,544	1 ,102	30	1 ,325	0 ,355	1 ,670
6	0 ,643	0 ,584	1 ,218	40	1 ,415	0 ,248	1 ,663
7	0 ,710	0 ,610	1 ,320	50	1 ,480	0 ,187	1 ,667
8	0 ,782	0 ,630	1 ,412	60	1 ,540	0 ,178	1 ,718

M. L. Frankenheim. Ueber die Veränderungen, welche die Höhe des Quecksilbers in Haarröhrchen mit der Temperatur erleidet.

Hr. Frankenheim hat früher Versuche über den Einfluſs der Temperatur auf die Capillarhöhe solcher Flüssigkeiten mitgetheilt, welche das Glas benetzen; es ging aus denselben hervor, daſs die Capillarhöhe mit zunehmender Temperatur weit stärker abnimmt, als das spezifische Gewicht.

Er untersuchte unter Assistenz des Hrn. Hildebrand auch das Quecksilber in Beziehung auf seine Depression in Glasröhren bei verschiedenen Temperaturen.

Die Beobachtungsmethode war die schon bei den benetzenden Flüssigkeiten angewandte. Es tauchte nämlich ein Heberbarometer mit Armen von sehr ungleicher Weite in ein durchsichtiges Bad, dessen Spiegel einige Zolle über den des Quecksilbers in der weiten Röhre hinaus reichte. Vermittelst des Bades wurde das Quecksilber erwärmt, und die Höhe desselben in den beiden Schenkeln mit Hülfe eines Kathetometers bestimmt. Aus der Differenz der beiden beobachteten Höhen und aus der Weite der beiden Röhren wurde die Depression berechnet, welche einer cylindrischen Röhre von 1mm Radius bei der jedesmaligen Temperatur entsprechen muſste.

Die Versuche zeigten mit Entschiedenheit, daſs bei zunehmender Temperatur die Capillardepression des Quecksilbers sich vergröfsert. Jedoch waren die Beobachtungen beim Quecksilber weit schwieriger und unzuverlässiger als bei benetzenden Flüssigkeiten. Es traten manchmal grofse Unregelmäfsigkeiten ein, die Hr. Frankenheim hauptsächlich Veränderungen in der Oberfläche des Quecksilbers und des Glases zuschreibt. Das Quecksilber läfst sich leicht in Kügelchen zertheilen, welche durch feste oder flüssige Theilchen von einander getrennt sind. Haften nun die letzteren am Glase, so wird dadurch das ihnen beigemengte fein vertheilte Quecksilber, und von diesem die Quecksilbersäule selbst am Glase zurückgehalten. Ferner wird eine störende Veränderung der Oberfläche des Quecksilbers und des Glases durch die Berührung mit Luft und mit den in der Luft enthaltenen Wasserdämpfen verursacht, und man kann annehmen, dafs bei gewöhnlicher Temperatur das Quecksilber nicht unmittelbar mit dem Glase, sondern mit der das Glas bedeckenden Wasserschicht in Berührung steht. Je mehr aber die Temperatur steigt, desto vollständiger wird das Quecksilber mit dem Glase selbst in Berührung treten. So zeigten auch namentlich die Beobachtungen über 100° mehr Regelmäfsigkeit als die bei niedrigen Temperaturen.

Das angewandte Quecksilber war chemisch rein, und wurde für jede Beobachtungsreihe erneut. Wenn bisweilen seine Bewegungen eine eigenthümliche Trägheit zeigten, so wurde der Versuch abgebrochen.

Nach Hrn. Frankenheim ist die Capillardepression des Quecksilbers in einer Glasröhre von 1^{mm} Radius bei der Temperatur t^0, nämlich $D_t = D_0\,(1+\alpha t)$. Eine Beobachtungsreihe ergab $D_t = 3^{mm},978\,(1+0{,}001329\,t)$, eine andere $D_t = 4^{mm},050\,(1+0{,}001430\,t)$. Diese Werthe gelten aber nur für sehr trocknes Glas.

Um den Veränderungen zu begegnen, welche die hygroskopische Wasserschicht an der Oberfläche des Glases durch die Temperatur erleidet, wurde in beiden Schenkeln über das Quecksilber Wasser gebracht. Bei diesen Versuchen schwankte der Werth von D_0 zwischen $4^{mm},5$ und $4^{mm},9$; der von D_{100} zwischen $4^{mm},8$ und $5^{mm},2$ und der von α zwischen 0,00123 und 0,00140. Den Werth von D_0 bei einem mittleren Zustande der Atmosphäre und des Glases schätzt Hr. Frankenheim auf $4^{mm},4$ bis $4^{mm},5$.

Um die Cohäsion des Quecksilbers zu bestimmen, kann man nicht Adhäsionsscheiben anwenden, von denen durch die Amalgamation das Quecksilber selbst verändert wird. Defshalb schlägt Hr. FRANKENHEIM die Anwendung einer weiten, oben verschlossenen, kurzen Röhre oder einer Schale vor, die mit Quecksilber gefüllt, in Quecksilber umgekehrt, und dann ganz wie eine Adhäsionsplatte von der Quecksilberoberfläche abgerissen werden soll.

Den Schlufs der Abhandlung des Hrn. FRANKENHEIM bilden einige Bemerkungen über die Wichtigkeit, welche BOUTIGNY dem LEIDENFROST'schen Versuche beilegt.

G. WILSON. Ueber einige Capillarerscheinungen bei Chloroform, Schwefelkohlenstoff und anderen Flüssigkeiten.

Hr. WILSON theilt folgende interessante Beobachtungen mit über die Phänomene der Capillaranziehung, welche eintreten, wenn ein fester Körper zugleich mit mehreren unmischbaren Flüssigkeiten von verschiedenem spezifischen Gewicht in Berührung steht:

Wenn Chloroform in einem Glasgefäfse, z. B. in einem Reagensglase enthalten ist, so zeigt es gleich anderen benässenden Flüssigkeiten eine concave Oberfläche. Wenn man Wasser, wasserhaltige Salpetersäure, Schwefelsäure oder Salzsäure auf das Choroform giefst, so wird die Oberfläche des letzteren stark convex. Giefst man dagegen Lösungen von Kali, Natron oder Ammoniak auf das Chloroform, so wird die Oberfläche desselben anscheinend eben. Noch überraschender ist der Versuch in folgender Weise: In ein wohlgereinigtes Glasgefäfs mit ebenem Boden, welches reines Wasser enthält, läfst man eine geringe Menge Chloroform fallen. Dieses sinkt zu Boden und bildet einen sehr beweglichen Tropfen. Giefst man nun ein Alkali zu dem Wasser, so breitet sich das Chloroform über den ebenen Boden des Gefäfses aus. Neutralisirt oder übersättigt man das Alkali durch eine Säure, so zieht sich das Chloroform augenblicklich zusammen und nimmt wieder Tropfengestalt an. Man kann den Versuch beliebig oft wiederholen, indem man abwechselnd einen Ueberschufs von Säure und von Alkali zufügt.

Ein kleiner Tropfen von Chloroform in angesäuertem Wasser erscheint sehr glänzend und sinkt nur langsam zu Boden, obgleich er fast $1\frac{1}{2}$ mal so schwer als Wasser ist. Gewöhnlich haftet an ihm sehr fest ein kleines Luftbläschen. In einer alkalischen Flüssigkeit sinkt das Chloroform schnell, zeigt meistens eine ganz unregelmäfsige und veränderliche Gestalt, und ist wenig glänzend. Es ist zweckmäfsig, zu den Versuchen das Chloroform z. B. durch Lackmus zu färben.

Oel des ölbildenden Glases, Schwefelkohlenstoff, flüchtige Oele, die schwerer als Wasser sind, und Brom zeigen dieselben Erscheinungen in gröfserem oder geringerem Grade.

Als alkalische Flüssigkeiten können auch Kalkwasser, Barytwasser, Lösungen von kohlensaurem Kali oder Natron, nicht aber Lösung von kohlensaurem Ammoniak angewandt werden.

Hr. Wilson spricht schliefslich die Vermuthung aus, dafs der Grund der mitgetheilten Erscheinungen wohl in den chemischen Verwandtschaftsverhältnissen liegen möchte. Denn die Säuren greifen auch im concentrirten Zustande das Chloroform nicht an. Kali dagegen bildet mit Chloroform Chlorkalium und ameisensaures Kali, wenn auch die bei den Versuchen angewandte Kalilösung nicht concentrirt genug war, um wirklich eine Zersetzung hervorzubringen.

W. Swan. Ueber einige Capillarerscheinungen bei Chloroform, fetten Oelen und anderen Flüssigkeiten; und über die Ursachen, welche die Gestalt der gegenseitigen Begränzungsfläche zweier nicht mischbaren Flüssigkeiten modificiren, da wo sie mit den Wänden des Gefäfses in Berührung stehen.

Hr. Swan macht es sich zur Aufgabe, den Beweis für die Richtigkeit der Vermuthung Wilson's (siehe den vorhergehenden Aufsatz) zu führen, dafs zwei Flüssigkeiten in einem Gefäfse eine ebene oder gekrümmte Gränzfläche zeigen, je nachdem sie zu einander chemische Verwandtschaft besitzen oder nicht. Er reiht den Beobachtungen WILSON's noch folgende an:

Chloroform und Wasser haben stets eine stark gekrümmte Gränzfläche. Welche von den beiden Flüssigkeiten aber die convexe ist, das hängt von der Natur des Gefäfses ab. Neben einem frisch geglühten Platinstreifen, neben einem reinen Draht von Eisen oder Messing ist das Chloroform unter Wasser ebenso wie neben der Glaswand convex. Neben einer unreinen Metallwand, in einer Glasröhre, die mit einer dünnen Wachsschicht überzogen ist, oder in einer Federspule ist das Chloroform unter Wasser stark concav. In jedem Falle wird die Oberfläche anscheinend eben durch Hinzufügung von Kali zum Wasser.

Es wird jedoch die Oberfläche des Chloroforms unter einer alkalischen Flüssigkeit nicht vollkommen eben. Sondern unmittelbar an der Wand des Gefäfses bleibt eine Krümmung in demselben Sinne zurück, wie sie vorher unter Wasser bestand. Diese Krümmung erstreckt sich indefs nur bis zu einem sehr geringen Abstand von der Wand.

Die fetten Oele haben keine chemische Verwandtschaft zu Wasser und zu Säuren, eine geringe Verwandtschaft zu Alkohol und Aether, eine grofse Verwandtschaft zu Kali. Demgemäfs zeigen Olivenöl und Spermacetiöl eine stark convexe Gränzfläche über Wasser und Säuren, eine weniger convexe, wenn sie mit Alkohol oder Aether in Berührung stehn, und eine ebene Gränzfläche über Kalilösung.

Die ätherischen Oele haben Verwandtschaft zum Alkohol. So zeigt Nelkenöl oder Lavendelöl unter Wasser eine sehr convexe Oberfläche, und diese wird durch Hinzufügung von Alkohol zum Wasser nahe eben. In gleicher Weise verhält sich Cassiaöl, dessen Oberfläche auch durch Hinzufügung von Kali zum Wasser ben wird.

Hr. SWAN betrachtet die in Rede stehenden Erscheinungen noch ausführlich vom theoretischen Standpunkte aus. Er will z. B. darthun, dafs nicht die gröfsere oder geringere Anziehung der Flüssigkeiten zum Glase die Concavität oder Convexität der Gränzfläche der Flüssigkeit bedingen könne. Er meint die gegenseitige Anziehung zwischen Glas und einer Flüssigkeit durch die

Capillarhöhe der letzteren in einer Glasröhre bestimmen zu können. Da aber durch die Capillarhöhe nur die Cohäsion der Flüssigkeit selbst, und nicht ihre Adhäsion, zum Glase gemessen wird, so kann auch der auf jene Voraussetzung gebaute Schlufs nicht überzeugend sein. Die übrigen Betrachtungen des Hrn. Verfassers dürfen wohl übergangen werden.

ROSELLI. Theorie der Capillarröhren.

Hr. ROSELLI will eine neue, auf mathematische Betrachtungen gegründete Theorie der Capillarerscheinungen geben. Es sind jedoch die Beweisführungen nicht klar genug, und die Folgerungen aus der Theorie nicht genug übereinstimmend mit den bekannten Thatsachen, um eine detaillirte Mittheilung der Untersuchungen des Hrn. Verfassers an diesem Orte wünschenswerth erscheinen zu lassen. Die Schlüsse, zu denen Hr. ROSELLI gelangt, sind folgende:

1. Die Molekularanziehung kann nicht ausgedrückt werden durch die Formel $\frac{A}{r^m}$, in welcher A eine Constante, r der Abstand der beiden Moleküle und $m > 1$ ist; diese Formel genügt nicht der Bedingung, nur in unmerklichen Abständen eine merkbare Gröfse zu ergeben. Die Molekularanziehung mufs dargestellt werden durch die Formel $AB^{-\frac{r^m}{a}}$; hierin ist r der Abstand zweier Punkte; a ist der Abstand von bestimmter, aber unmerklicher Gröfse, zwischen zwei nächst an einander liegenden Punkten im Gleichgewichtszustande; A ist die Anziehung in unendlich kleinem Abstand; B eine Zahl, die gröfser oder kleiner als die Einheit ist; m ein sehr grofser positiver Exponent.

2. Wenn die Moleküle der Flüssigkeit ein geringeres specifisches Gewicht haben, als die Moleküle des Capillarrohrs, so steigt die Flüssigkeit um so höher in dem Capillarrohr, je geringer der Unterschied der beiden specifischen Gewichte ist. Als experimentelle Bestätigung dieses Satzes führt Hr. ROSELLI an, dafs Wasser, Salpetersäure und Schwefelsäure in Capillarröhren höher aufsteigen als der leichtere Alkohol. Daraus scheint zu folgen, dafs der Hr. Verfasser unter dem specifischen Gewicht

der Moleküle eines Körpers nichts anders versteht, als das specifische Gewicht des Körpers selbst. Dies stellte aber Hr. Roselli da in Abrede, wo er von der Schwefelsäure und Salpetersäure spricht, da sonst aus seiner Theorie folgen würde, dafs diese Flüssigkeiten höher in Capillarröhren aufstiegen, als das specifisch leichtere Wasser. Es ist bekannt, dafs eine Flüssigkeit in einer Capillarröhre sich gleich stark erhebt, aus welcher Substanz die Röhre auch besteht, wenn diese nur benetzt wird. Da Hr. Roselli diese Thatsache nicht erwähnt, so leitet er sie auch nicht aus seiner Theorie ab.

3. Wenn aber der Unterschied der beiden specifischen Gewichte Null ist, so steigt die Flüssigkeit in der Capillarröhre gar nicht über ihr Niveau.

4. Wenn die flüssigen Moleküle schwerer sind, als die festen, so sinkt die Flüssigkeit in der Capillarröhre um so mehr, je gröfser ihr specifisches Gewicht ist.

Hr. Roselli macht übrigens auch die Bemerkung, dafs seine Theorie noch einige kleine Abweichungen von den Ergebnissen des Versuchs darbiete.

Dr. A. Krönig.

4. Diffusion.

Ph. Jolly. Experimentaluntersuchungen über Endosmose. Henle u. Pfeuffer. Zeitschrift für rationelle Medicin. Band VII p. 83*; Pogg. Ann. LXXVIII. 261*; Ann. d. Chem. u. Pharm. LXVIII. 1*.

K. Vierordt. Physik des organischen Stoffwechsels. 2ter Artikel. Griesingers Archiv für physiologische Heilkunde. 7ter Jahrgang p. 272*.

J. Liebig. Ueber einige Ursachen der Säftebewegung im thierischen Organismus. Braunschweig 1848. 8°.

K. Vierordt. Beschreibung eines verbesserten Endosmometers. Pogg. Ann. LXXIII. 519* (s. Berl. Ber. III. für 1847. S. 14. 15.).

Hr. Jolly hat eine ausgedehnte Reihe von Versuchen über die Diffusion tropfbar flüssiger Körper nach einer vereinfachten Methode angestellt. Sein Verfahren ist folgendes. Er verschliefst eine Glasröhre auf der einen Seite mit Blase, die, damit sie der Fäulnifs besser widersteht, zuvor mit Alkohol behandelt ist, und thut in dieselbe die gewogene Substanz, welche der Diffusion gegen Wasser unterworfen werden soll, entweder rein oder gelöst. Die gewogene Röhre wird in destillirtes Wasser gestellt, das häufig erneuert wird, und der Versuch so lange fortgesetzt, bis die Diffusion vollständig beendigt ist, d. h. bis sich auch innerhalb der Röhre nur noch destillirtes Wasser befindet; dann wird dieselbe wieder gewogen und dem Gewichte die nach einer Controlröhre bestimmte Wassermenge, welche sie während des Versuchs durch Verdunstung verloren hat, hinzuaddirt. Fügt man zu dieser Summe noch das Gewicht der angewendeten Substanz und zieht dann davon das Resultat der ersten Wägung der Röhre ab, so erhält man das Gewicht der Wassermenge, welche während des Versuchs in dieselbe übergegangen ist. Diese Versuche führten nun zunächst zu dem Resultat, dafs, wenn bei gleicher Scheidewand und gleicher Temperatur irgend ein Stoff mit Wasser zur Diffusion gebracht wird, die eingetretenen Wassermengen sich unter einander immer verhalten wie die ausgetretenen Mengen des Stoffes, gleichviel in welcher Verdünnung derselbe urspünglich angewendet wurde. Die Menge Wasser, durch welche eine Gewichtseinheit einer Substanz ersetzt wird, nennt Hr. Jolly ihr endosmotisches Aequivalent.

Die endosmotischen Aequivalente, welche Hr. Jolly unter steter Anwendung von Schweinsblase bei verschiedenen Temperaturen für verschiedene Stoffe fand, waren folgende:

Namen der Substanz.	Gewicht der angewendeten Substanz.	Gewicht des zur Lösung angew. Wassers.	Endosmotisches Aequivalent.	Mittlere Temperatur nach R.
Kochsalz	2,4	0	4,316	nicht beobachtet
	2,0	6,2	4,58	—
	2,4	0	3,991	—
	4,8	0	3,820	—
	0,741	4,352	4,352	— 0,34
	1,139	4,092	4,092	+ 0,52
Glaubersalz	0,2816	4,0414	12,44	+ 9
	0,4066	34,1924	12,023	+ 5
	1,152	0	11,033	+ 0,24
	0,344	4,942	11,066	+ 0,45
	0,3816	0,4804	11,581	+ 3,58
Schwefelsaures Kali	2,0	0	11,42	nicht beobachtet
	1,0	10,08	12,65	—
Schwefels. Bittererde	1,214	0	12,76	+2,42
	1,067	1,121	11,503	— 0,4
	1,067	5,354	11,802	+ 1,22
Schwefels-Kupferoxyd	1,728	0,972	9,564	nicht beobachtet
Schwefelsäure-Hydrat	1,248	3,952	0,391	+18
	1,315	4,156	0,308	+18
Kali-Hydrat	0,031	5,869	200,09	nicht beobachtet
	0,028	9,553	231,4	— 1,17
Alkohol	2,840	0,710	4,140	+17
	0,707	0,177	4,132	+ 0,2
	3,755	0,789	4,336	+ 2,5
Zucker	0,730	3,137	7,250	+ 1,5
	0,308	0	7,064	+ 3
Gummi	0,565	3,102	11,79?	nicht beobachtet
Saures schwefelsaures Kali	2,0	0	2,345	nicht beobachtet

Diese Zahlen dienen als empirischer Beweis des vom Verfasser aufgestellten Satzes von der Existenz endosmotischer Aequivalente, es mufs jedoch zur Steuer der Wahrheit bemerkt werden, dafs Vierordt denselben wenn auch mit andern Worten schon früher ausgesprochen hatte. In seiner Abhandlung über die Physik des organischen Stoffwechsels (Archiv für physiologische Heilkunde Bd. VI) p. 675 heifst es:

„Beide Versuchsreihen, so wie die Mittelwerthe in Tab. I.

zeigen deutlich, dafs die Stärke der Endosmose, wenn wir darunter die Volumabnahme des Wassers, oder die Volumzunahme der Lösung verstehen, bei Lösungen desselben Körpers proportional sich verhält der Menge des gelösten Körpers, die in einem bestimmten Volum der Lösung enthalten ist, so dafs bei doppelter, dreifacher u. s. w. Zuckermenge auch eine 2 oder 3mal so starke Volumveränderung der Flüssigkeit bemerkt wird" und p. 677 wird gesagt: „Aus dieser Zusammenstellung so wie schon aus dem Ueberblick der Rubrik *h* der zweiten Versuchsreihe geht hervor, dafs der Uebergang des in der Lösung befindlichen Körpers zum Wasser nach demselben Gesetze erfolgt, wie der Uebergang des Wassers zur Lösung. Bei Lösungen eines und desselben Körpers verhält sich die von der Lösung zum Wasser übertretende Quantität des gelösten Körpers proportional der Concentration der Lösung. Bei 2, 3fach u. s. w. stärkerer Concentration geht die doppelte, dreifache u. s. w. Menge des gelösten Körpers zum Wasser über."

Das gewonnene Resultat benutzt Hr. JOLLY, um den Einflufs der Concentration der Lösung auf die Geschwindigkeit des Austausches der endosmotischen Aequivalente zu ermitteln. Er sagt:

„Ich werde in Folgendem durch α die Menge des Stoffes bezeichnen, welche in der Zeiteinheit durch die Flächeneinheit der Membran bei der Dichtigkeitseinheit der Lösung zu dem destillirten Wasser übertritt. Als Dichtigkeitseinheit der Lösung nehme ich an die Gewichtseinheit des Stoffes gelöst in dem gleichen Gewichte Wasser, und bezeichne daher die Dichtigkeit der Lösung durch den Quotienten aus dem Gewicht des Wassers in das Gewicht des gelösten Stoffes. Hiernach ist die durch eine Fläche f gehende Menge des Stoffes $\alpha . f$, für eine Dichtigkeit d wird sie $\alpha . f . d.$ und für eine Zeit t wird sie $\alpha . f . d . t.$ Hiermit wird aber vorausgesetzt, dafs während der ganzen Dauer t des Versuches die Dichtigkeit ungeändert bleibt. Dies ist nicht der Fall, sie ändert sich in jedem Zeitelemente aus zwei Ursachen, es tritt Wasser ein und es geht zugleich ein Theil des Stoffes zum Wasser über, jedoch in einer nach den früher aufgefundenen Aequivalenten bestimmbaren Weise. Bezeichnet man durch a die anfängliche Menge des Stoffes und durch n die

Menge des Wassers, in der er gelöst ist, so ist für den Beginn des Versuches die Dichtigkeit der Lösung $\frac{a}{n}$. Ist nach einer Zeit t eine Menge x des Stoffes durch die Membran getreten, so ist in derselben Zeit $\beta . x$ Wasser eingetreten, wo β das Aequivalent des betreffenden Stoffes bezeichnet. Es ist also im Innern der Röhre noch vorhanden ein Gewicht $a-x$ des ursprünglich angewendeten Stoffes und dieses ist gelöst in $n+\beta x$ Wasser. Die Dichtigkeit der Lösung ist also nach einer Zeit t gleich $\frac{a-x}{n+\beta x}$. Diese Dichtigkeit bleibt für ein Differentialtheil der Zeit ungeändert; für eben diese Zeit ist aber dx die eingetretene Stoffmenge, man hat daher

$$dx = \alpha \cdot f \cdot \frac{a-x}{n+\beta x} \cdot dt.$$

Durch Integration dieser Gleichung innerhalb der Grenzen $x=o$ und $x=a$, erhält man

$$t \alpha f = (n + a\beta) \lg \text{nat} \left(\frac{a}{a-a_1}\right) - \beta a.$$

Durch diese Gleichung kann die Zeit t eines Versuches durch Rechnung bestimmt werden, welche erforderlich ist, damit eine Menge a_1 des angewendeten Stoffes durch Diffusion zum Wasser übertrete. Die Gröfsen, die als gegeben vorausgesetzt werden, sind: Das Gewicht a des anfänglich angewendeten Stoffes, das Gewicht n des zur Lösung verwendeten Wassers und die Gröfsen α und f. Da α nur seiner Existenz und nicht seiner Gröfse nach bekannt ist, so wird die oben aufgestellte Gleichung nicht zu einer absoluten Zeitbestimmung, dagegen unbedingt zu einer relativen Zeitbestimmung anwendbar sein. Nur dieses ist aber nöthig, um sie an einer Versuchsreihe, die mit ein und demselben Stoffe angestellt wird, zu prüfen. Bestimmt man nämlich die nach 10 und nach 20 Stunden übergetretenen Stoffmengen direkt durch Versuche, und führt man die sich ergebenden Werthe in der obigen Gleichung successiv ein, so müssen die hieraus für $t \alpha f$ sich ergebenden Werthe ebenfalls wie 10 zu 20 oder wie 1 zu 2 sich verhalten. Ist dies aber wirklich der Fall, so ist dies ein neuer Beweis für die Richtigkeit der zur Entwicklung der Gleichung gemachten Voraussetzungen, es ist ein neuer Beweis für die Existenz endosmotischer Aequivalente, und zugleich für den Satz, dafs die Menge der durch Diffusion übertretenden Stoffe der Dichtigkeit der Lösung proportional ist."

Das Resultat der zahlreichen vom Verfasser mitgetheilten und berechneten Versuche spricht dafür, dafs er von richtigen Voraussetzungen ausgegangen ist.

Hr. Jolly geht hierauf zu folgenden Bemerkungen über:

„Für's Erste erkennt man: wenn die zur Lösung angewendeten Wassermengen n und $2n$ waren, wenn also die Dichtigkeiten der Lösungen sich wie 1 zu $\frac{1}{2}$ verhalten, so verhalten sich die nach gleichen Zeiten übertretenden Stoffmengen, also auch die Volumzunahme, nicht wie 1 zu $\frac{1}{2}$, wie dies in der älteren Messungsmethode vorausgesetzt wurde; es tritt von der Lösung mit halb so grofser Dichtigkeit etwas mehr als die Hälfte von der Menge über, die der Dichtigkeit 1 entspricht, es wird also die Volumenänderung der minder dichten Lösung etwas mehr als die Hälfte der Volumenänderung der dichteren Lösung betragen, d. h. das Verhältnifs der Volumenänderung ist ein kleineres als das der Dichtigkeiten, wie dies auch die von Vierordt angeführten, von ihm aber nicht richtig gedeuteten Messungen zeigen. Der Beweis für diese Behauptungen ist einfach, man darf nur in der Gleichung

$$t\alpha f = (n + a\beta) \lg \text{nat} \left(\frac{a}{a - a_1}\right) - \beta a$$

$2n$ statt n setzen, und die für die gleiche Zeit t übertretende Stoffmenge durch a_2 bezeichnen, um zu erkennen, dafs unter diesen Voraussetzungen sich a_1 zu a_2 nicht wie $2n$ zu n d. h. wie die Dichtigkeiten der Lösungen verhält [1])."

[1] Es ist allerdings aufser Zweifel, dafs die diffundirten Stoffmengen nur für jedes einzelne Zeitdifferential als proportional der Dichtigkeit der Lösung angenommen werden können; ich erlaube mir aber zu bemerken, dafs Herrn Jolly's Gleichung nicht unmittelbar auf Vierordt's Versuche anwendbar ist, indem bei diesen zwei gleiche Volume einerseits von Wasser, andrer Seits von Zucker oder Kochsalzlösung der Diffusion ausgesetzt wurden, ohne dafs man während des Versuches das Wasser erneuerte. Da also

„Ferner läfst sich nach der Gleichung entscheiden, ob für verschiedene Stoffe das Verhältnifs der übertretenden Mengen, nach verschiedenen Zeitintervallen gemessen, ungeändert dasselbe bleibt, wie dies nach der älteren Messungsmethode angenommen wird. Gesetzt von einem Stoffe a gehe in einer Zeit t_1 eine Menge a_1 durch Diffusion durch die Membran, während von demselben Stoffe in der Zeit t_2 die Menge a_2 übergeht. Man hat hiernach

$$t_1 \alpha f = (n + a\beta) \lg \operatorname{nat}\left(\frac{a}{a - a_1}\right) - \beta a_1$$

$$t_2 \alpha f = (n + a\beta) \lg \operatorname{nat}\left(\frac{a}{a - a_2}\right) - \beta a_2$$

„Für einen anderen Stoff b seien b_1 und b_2 die in denselben Zeiten übertretenden Mengen. Das Aequivalent dieses Stoffes sei β', und der specifische Einflufs der Membran auf die Stoffe werde durch α' bezeichnet. Man hat hiernach

$$t_1 \alpha' f = (n + b\beta') \lg \operatorname{nat}\left(\frac{b}{b - b_1}\right) - \beta' b_1$$

$$t_2 \alpha' f = (n + b\beta') \lg \operatorname{nat}\left(\frac{b}{b - b_2}\right) - \beta' b_2$$

„Wäre jene oben erwähnte Voraussetzung richtig, so müfste man finden $a_1 : b_1 = a_2 : b_2$. Es bedarf hier keiner besondern Analyse der ziemlich verwickelten logarithmischen Gleichungen, um einzusehen, dafs dies nicht der Fall ist. Es sind daher auch die früher gemachten Messungen in der Deutung die man ihnen gegeben hat nicht brauchbar."

„Man erkennt drittens aus der aufgestellten Gleichung, dafs

die Wassermengen auf beiden Seiten der Scheidewand zu Anfang des Versuches als näherungsweise gleich betrachtet werden können, so wird, wenn man Herrn Jolly's Voraussetzungen dahin verallgemeinert, dafs in jedem Zeitdifferential die diffundirten Stoffmengen proportional sind der Differenz der nach Herrn Jolly's Weise ausgedrückten Dichtigkeiten beider Flüssigkeitsmengen, mit Beibehaltung der Bezeichnungen die Fundamentalgleichung die Form annehmen

$$dx = \alpha . f . \left(\frac{a - x}{n + \beta x} - \frac{x}{n - \beta x}\right) dt$$

und dies giebt integrirt zwischen den Grenzen $x = a_1$ und $x = o$

$$\alpha f t = \tfrac{1}{2} . \frac{\beta^2}{2n + a\beta} a_1^2 + \frac{na\beta^2}{(2n + a\beta)^2} a_1 + \frac{4n^3(n + a\beta)}{(2n + a\beta)^2} . \log \operatorname{nat} \frac{na}{na - (2n + a\beta) a_1}$$

die Dauer t für den Uebergang einer bestimmten Stoffmenge, wenn eben dieser Stoff trocken angewendet wird, d. h. wenn $n = o$ ist, direkt proportional ist dem Aequivalent, und verkehrt proportional ist den Coefficienten, der durch α bezeichnet wurde. Denn man findet unter dieser Voraussetzung

$$t = \frac{\beta}{\alpha f}\left[a \log \operatorname{nat}\left(\frac{a}{a - a_1}\right) - a_1\right]$$

„Ein grofser Werth von β macht also zum Uebergange einer Stoffmenge a_1 unter sonst gleichen Bedingungen eine gröfsere Zeit erforderlich, als ein kleineres Aequivalent. So zeigte sich auch in den Versuchen mit Säuren, die ein sehr kleines Aequivalent besitzen, ein sehr rascher Verlauf der Diffusionserscheinungen [1]. — Da aber zugleich t abnimmt wenn α zunimmt, so kann es Stoffe geben, die ein grofses Aequivalent besitzen, und dennoch einen raschen Verlauf in der Diffusion zeigen, wie es wirklich beim Kali der Fall zu sein scheint."

Nachdem der Verfasser noch darauf hingewiesen hat, dafs es von besonderem Interesse ist, die Werthe von α für verschiedene Stoffe bei gleicher Membran und bei gleichen Stoffen für verschiedene Membranen zu ermitteln, bespricht er den Einflufs, den die Temperatur auf das endosmotische Aequivalent ausübt, glaubt sich aber bis jetzt nur zu der Angabe berechtigt, dafs dasselbe für Glaubersalz bei steigender Temperatur wächst. Für das Kochsalz scheint ihm das Aequivalent bei steigender Temperatur abzunehmen.

Schliefslich sucht Herr JOLLY in folgenden Worten eine physikalische Erklärung der Diffusionserscheinungen zu geben: „Es ist Thatsache, dafs die Intensität der Molekularanziehung zwischen festen und flüssigen Körpern je nach den Stoffen verschieden ist. Ebenso ist es Thatsache, dafs die zu endosmotischen Versuchen brauchbaren Membranen oder Zwischenwände von unzählig vielen ausnehmend feinen Poren durchzogen sind, welche Poren Systeme

[1] Ich mufs bei dieser Gelegenheit darauf aufmerksam machen, dafs die Säuren sich zu messenden Diffusionsversuchen im Allgemeinen am wenigsten eignen, da viele von ihnen die Membran während des Versuches heftig angreifen und wenigstens bei einzelnen mit Sicherheit der sogenannte umgekehrte Strom beobachtet wird, dessen Gesetze und Ursachen bis jetzt völlig unbekannt sind.

capillarer, nach beiden Seiten hin offener Räume von so geringem Querschnitt darstellen, dafs durch dieselben eine Fortpflanzung des hydrostatischen Druckes nicht mehr erfolgt. — Wird eine solche Zwischenwand in eine Flüssigkeit getaucht, so wird je nach der zwischen der Wand und der Flüssigkeit bestehenden Molekularanziehung eine gröfsere oder kleinere Menge der Flüssigkeit resorbirt und durch Molekularanziehung zurückgehalten. Man kann dies, wenn man hier Versuche für nöthig halten sollte, an den sehr verschiedenen Gewichtszunahmen bemerken, welche gleiche Membranstücke nach gleich lang dauernder Eintauchung in verschiedene Flüssigkeiten erfahren."

„Wird in einem andern Falle eine Membran in eine Lösung zweier Flüssigkeiten, oder in eine Salzlösung u. s. w. gebracht, so wird sie von jedem dieser Stoffe, von dem gelösten wie dem Lösungsmittel nach Maafsgabe ihrer Molekularanziehung resorbiren; sie wird also nicht den stärker angezogenen Stoff allein, und den minder angezogenen gar nicht resorbiren. Hierüber läfst sich freilich streiten, ich weifs keinen Versuch anzuführen der dies beweisen würde, aber eine Anologie läfst sich namhaft machen, die für eine solche Absorption spricht, nämlich die Absorption der Gase durch flüssige Körper. Aus einem Gemenge zweier Gase, die über eine Flüssigkeit gebracht werden, werden beide Gase nach Maafsgabe der Absorptionsfähigkeit des flüssigen Körpers gegen jedes dieser Gase absorbirt. Ich nehme nun ohne anderen Beweis an, dafs die Resorptionen zwischen festen und flüssigen oder gelösten Körpern nach dem gleichen Gesetze erfolgen, und dafs daher, wie dort die Dichtigkeit des Gases auf das Gewicht des absorbirten Gases, so hier die Dichtigkeit einer Lösung auf das Gewicht des resorbirten und gelösten Körpers nach dem gleichen Gesetze von Einflufs sei."

Wird hiernach vorausgesetzt, eine Membran diene zur Trennung zweier Flüssigkeiten, etwa zur Trennung von Wasser und einer Lösung von Kochsalz in Wasser, so wird die Membran von jedem der getrennten Stoffe durch Molekularanziehung durch Resorption in sich aufnehmen, die Quantität des resorbirten Kochsalzes wird aber verschieden sein, je nach der Dichtigkeit der Lösung des Salzes. Man wird annehmen können, die Membran sei von Wasser und Kochsalz durchzogen, und Wasser und Kochsalztheile seien bei gleichförmiger Beschaffenheit der Membran in regelmäfsiger Juxtaposition in der Blase vertheilt. Dieser so mit zwei Stoffen impregnirten Membran wird auf der einen Seite durch das daran anliegende destillirte Wasser Kochsalz, und auf der andern Seite durch das Kochsalz Wasser entzogen; jedoch in ungleichen Mengen, weil die resorbirten Stoffe in ungleichen Mengen in der Blase enthalten sind, und weil die Resultirende aller Molekularanziehungen der gelösten Salztheile gegen das resorbirte Wasser verschieden ist, je nach der Dichtigkeit der Lösung. Nimmt man an, eben diese Resultirende sei proportional der Dichtigkeit der Lösung, so folgt hieraus, dafs das Verhältnifs der sich austauschenden Stoffe für alle Grade der Dichtigkeit der Lösung dasselbe bleibt. Denn wird etwa die Dichtigkeit der Lösung zweimal geringer, so wird nach der früher vorausgesetzten Analogie auch die resorbirte Salzmenge zweimal geringer, das Wasser entzieht also der Blase zweimal weniger Salz. Ebenso entzieht aber die Lösung von zweimal geringerer Dichtigkeit der Blase zweimal weniger Wasser. Daher die endosmotischen Aequivalente."

In dem Vorstehenden habe ich nur einen Auszug aus Hrn. Jolly's Arbeit gegeben; näher auf sie einzugehen mufs ich mir für den Bericht über das Jahr 1849 versparen, da in diesem eine wichtige Arbeit von C. Ludwig (über die endosmotischen Aequivalente und die endosmotische Theorie. (Henle u. Pfeuffer's Journal für rationelle Medicin VIII. I.) erschienen ist, welche wesentliche Punkte derselben in Frage stellt.

Herr Vierordt hat seine Untersuchungen mit dem im vorjährigen Berichte beschriebenen Diffusionsapparate fortgesetzt und ist zu dem Resultate gelangt, dafs „die Stärke der Endosmose bei verschieden concentrirten Lösungen desselben Körpers proportional ist den Differenzen zwischen der Concentration der Lösungen."

Er hat ferner, indem er eine Versuchsreihe anstellte, bei der die Flüssigkeiten von 5 zu 5 Stunden regelmäfsig untersucht wurden, das natürliche Ende und das endliche Resultat eines Diffusionsprocesses unter gegebenen Bedingungen zu erforschen gesucht. Er fand dafs zwei Lösungen erst in einer unendlichen Zeit völlig ins Gleichgewicht ihres Sättigungszustandes gelangen, dafs sich aber aus einer Reihe von Messungen die endliche Volumsveränderung annähernd bestimmen lasse. Vergleicht man nämlich die Volumszunahme von 5 zu 5 Stunden, so findet man, dafs von den ermittelten Zahlen je zwei auf einander folgende denselben Quotienten geben [1]), und dafs man also mit Hülfe dieses Quotienten die endliche Volumsvermehrung berechnen kann nach der Formel $V = a\frac{\left(\frac{1}{b}\right)^{n+1} - 1}{\frac{1}{b} - 1}$, in der V die endliche Volumszunahme, a die Volumszunahme in den ersten 5 Stunden, b den besagten constanten Quotienten bedeutet und n die Anzahl der 5 stündigen Zeiträume, welche man um so gröfser annimmt, je weiter man die Näherung treiben zu müssen glaubt.

Herr Vierordt fand, dafs in einer Versuchsreihe in der zu Anfang auf einer Seite 100 *K. C. M.* Wasser, auf der anderen 100 *K. C. M.* Salzlösung mit 17,43 Gr. Salz waren, die Volumszunahme in den ersten 5 St. 3,73 und der Quotient b im Mittel aus 7 Versuchen = 1,3421 war, und berechnet hieraus, dafs nach 110 Stunden das Flüssigkeitsvolum auf der einen Seite der Scheidewand 114,310 *K. C. M.*, auf der andern 85,690 *K. C. M.* sein würde, und dafs von da ab nur noch unbedeutende Veränderungen vorgehen.

Unter der Annahme jedoch, dafs das Theorem von den endosmotischen Aequivalenten, welches wie ich erwähnt habe zuerst von Herrn Vierordt ausgegangen ist, streng richtig sei, kann man schon aus einem Versuche das Endresultat eines im Vierordt'schen Apparate abgelaufenen Diffusionsprocesses bestimmen.

[1] Ich mache den Leser auf die sinnentstellenden aber leicht zu verbessernden Druckfehler aufmerksam, welche sich an der betreffenden Stelle der Abhandlung in der Bezeichnung der Tabellencolumnen eingeschlichen haben.

Nehmen wir die Zeichen a, x, n und β in derselben Bedeutung, in der sie in der obigen Abhandlung von JOLLY gebraucht sind, so haben wir am Ende des Diffusionsprocesses wo beide Lösungen gleich concentrirt sind

$$\frac{a-x}{n+\beta x}=\frac{x}{n-\beta x}$$

hieraus finden wir

$$x=\frac{an}{2n+a\beta}$$

in dem oben von VIERORDT citirten Beispiele waren nach den ersten 5 Stunden 3,73 *K. C. M.* Wasser übergegangen und in der entgegengesetzten Richtung 1,90 Gr. Salz; es ergiebt sich also $\beta=1,96$, hiernach findet man $x=7,44$;

$$n+\beta x = 114,582 \text{ und}$$
$$n-\beta x = 85,418$$

also Zahlen welche, so weit es das ganze Verfahren erwarten läſst, mit denen von VIERORDT übereinstimmen. Ebenso findet man wenn man in die p. 29 (30) in der Anmerkung von mir entwickelte Gleichung $a\,f\,t =$ u. s. w. überall $\frac{an}{2n+a\beta}$ für a_1 einsetzt, daſs der Werth für t unendlich wird, d. h. daſs der Diffusionsproceſs sein natürliches Ende erst in einer unendlichen Zeit erreicht.

Ferner hat Hr. VIERORDT Versuche mit Gummilösung angestellt, bei welchen sich ergab, daſs dieselbe die Endosmose weniger stark erregt als gleich concentrirtes Salzwasser. Die Versuche sind sämmtlich tabellarisch und übersichtlich geordnet mitgetheilt.

Herr J. LIEBIG hat eine Schrift über einige Ursachen der Säftebewegung im thierischen Organismus veröffentlicht, deren einer Abschnitt über die Erscheinungen handelt, welche die Mischung zweier Flüſsigkeiten begleiten, die durch eine Membran von einander getrennt sind. In ihm sind mehrere Vorrichtungen beschrieben und abgebildet, welche sich zur Demonstration der Diffusionserscheinungen eignen. Einen gewissenhaften Auszug aus der

Arbeit für diese Berichte zu liefern ist selbst für den, der die Litteratur des betreffenden Feldes einigermaſsen kennt, nicht wohl möglich, doch werde ich auf einige Punkte derselben im nächsten Jahresberichte bei Gelegenheit der Abhandlung von C. Ludwig zurückkommen.

Prof. Dr. E. Brücke.

---

5. Dichtigkeit und Ausdehnung.

A. Methode zur Dichtigkeitsbestimmung.

Steinheil und Seidel. Ueber Reduktion der Wägungen. Münch. gel. Anz. XXVI. 301*.

G. Rose. Ueber die Fehler, welche in der Bestimmung des specifischen Gewichtes der Körper entstehen, wenn man dieselben im Zustande der feinsten Vertheilung wägt. Pogg. Ann. LXXIII. 1*; Polyt. Centralbl. 1848 p. 171*.

G. Rose. Nachträgliche Bemerkungen über das specifische Gewicht des pulverförmigen Platins. Pogg. Ann. LXXV. 403.

G. Osann. Ueber die Bestimmung specifischer Gewichte fester Körper. Pogg. Ann. LXXIII. 605*;

Brossard-Vidal. L'ébullioscope à cadran C. R. XXVII. 374*. 525*; Inst. No. 772 p. 317*. No. 773 p. 326*; (s. Berl. Ber. II f. 1846 S. 34*).

J. T. Silbermann. Note sur un instrument destiné à évaluer les quantités relatives de deux liquides mélanges, et en particulier les mélanges d'alcool et d'eau par la dilatation de ces liquides C. R. XXVII. 418* Lond. J. XXXIII. 367.*.

Schafhäutl. Der aräometrische Heber oder die aräometrische Pipette. Dingl. pol. J. CIX 209*; Bair. K. u. Gewbl. 1848 p. 309*;

R. W. Fox. Instrument for ascerteining the specific gravities and weights of bodies. Mech. mag. XLVIII. 558*.

R. F. Marchand. Ueber eine neue Methode das specif. Gewicht einiger Gasarten zu bestimmen, und über die Dichtigkeit des Sauerstoffs, der Kohlensäure, des Kohlenoxydgases und der schwefligen Säure. Erdm. u. March. XLIV. 38*.

B. Dichtigkeitsbestimmungen.

E. Ritter. Note sur le calcul de la dilatation de l'eau. Mém. d. l. soc. d. ph. de Genève IX. 413*.

H. Rose. Ueber den Einfluſs der Temperatur auf das specif. Gew. der Niobsäure. Pogg. Ann. LXXIII. 313; Erdm. u. March. XLIII. 254*.

H. Rose. Ueber das specif. Gew. der Pelopsäure. Pogg. Ann. LXXIV. 85*; Erdm. u. March. XLIV. 220*; Inst. No. 776 p. 352*.

H. Rose. Ueber das specif. Gew. der Tantalsäure. Pogg. Ann. LXXIV. 285*; Erdm. u. March. XLIV. 223*; Inst No. 778. p. 367*; Abh. der Akad. d. Wissensch. zu Berlin 1848 p. 161*.

H. Rose. Ueber die specifischen Gewichte der Thonerde, Beryllerde, Magnesia und des Eisenoxyds. Pogg. Ann. LXXIV. 429; Erdm. u. March. XLIV. 226*; Inst. No. 778 p. 368*.

Steinheil u. Seidel. Ueber Reduction der Wägungen.

Die Hrn. Steinheil und Seidel haben, um bei genauen Wägungen die Fehler zu eliminiren, welche dadurch entstehen, daſs der zu wägende Körper in der Luft und nicht im luftleeren Raum gewogen wird, wobei also die Differenz der Gewichte der von jenem und den Gewichten verdrängten Luft von störendem Einfluſs sein muſs, Tafeln entworfen, welche sich z. B. gegen die von Bessel gegebenen Formeln durch ihre Einfachheit in der Anwendung auszeichnen. Sie haben bei denselben auch auf die Aenderungen in jener Differenz Rücksicht genommen, die durch veränderte Temperatur und veränderten Druck veranlasst werden.

Da diese Tafeln nur einen praktischen Zweck haben, so kann ich mich hier damit begnügen darauf aufmerksam gemacht zu haben.

G. Rose. Ueber die Fehler, welche in der Bestimmung des specifischen Gewichts der Körper entstehen, wenn man dieselben im Zustande der feinsten Vertheilung wägt.

Hr. G. Rose, welcher beabsichtigte das spec. Gew. d. Goldes u. Silbers in seinen verschiedenen Zuständen (pulverförmig, geschmolzen, zusammengepresst) zu ermitteln, um die darüber gegebenen unsicheren Zahlen durch sichere zu verdrängen, erhielt dabei so verschiedene Resultate, daſs er darauf geleitet wurde, die Ursache davon nicht in dem Versuche selbst zu suchen, sondern sie für eine allgemein physikalische zu erklären.

Seine Versuche führten ihn zu folgenden Resultaten, in Betreff welcher ich schon auf die in einem Nachtrage [1]) von ihm selbst gemachten Berichtigungen Rücksicht genommen habe.

I. Gold.

A. Mittel schon früher angestellter Versuche.

a. Für sich geschmolzenes Gold

No.	spec. Gew. bei 14° *C.*	Mittel von
1	19,3230	4 Wägungen
2	19,3371	8 —
3	19,3252	3 —
4	19,3316	5 —

b. Unter einer Decke von kohlensaurem Natron geschmolzenes Gold

No.	spec. Gew. bei 14° *C.*	Mittel von
5	19,3334	1 Wägung
6	19,3206	3 Wägungen

c. Unter einer Decke von Borax geschmolzenes Gold

No.	spec. Gew. bei 14° *C.*	Mittel von
7	19,3420	1 Wägung
8	19,3260	4 Wägungen

B. Neuere Versuche

	Specifisches Gewicht		
	s	*t*	*s* bei 14° *C*
Gold, welches im Thontiegel mit Borax und Salpeter geschmolzen war	19,283	11°,8 *C*	19,2985
Dasselbe auf der Münze zusammengepresst	19,324	16°,2	19,3282
Dasselbe von Neuem im Graphittiegel geschmolzen	19,296	15°,6	19,3022
Dasselbe von Neuem auf der Münze zusammengepresst	19,332	16°,3	19,3369
Gold, unter Kochsalz geschmolzen	19,284	13°,	19,2969

[1] Pogg. Ann. Bd. 75. S. 405*.

	Specifisches Gewicht		
	s	t	s bei 14° C
Dasselbe auf der Münze zusammengepresst	19,394	15°,8 C	19,3094
Dasselbe von Neuem im Graphittiegel geschmolzen	19,300	16°	19,3048
Dasselbe von Neuem in der Münze gepresst	19,3103	17°	19,3120
Gold mit Oxalsäure reducirt und im Graphittiegel geschmolzen	19,308	13°,8	19,3189
Dasselbe auf der Münze zusammengepresst	19,334	17°,3	19,3347
Durch Eisenvitriol gefälltes Gold	19,7578	14°,8	19,7663
Dasselbe	19,7576	12°,6	19,7702
Eine neu auf dieselbe Weise dargestellte Portion Gold	19,8260	13°,5	19,8380
Ein neu auf dieselbe Weise dargestellter höchst feiner Niederschlag	20,7000	13°,4	20,7128
Ebenso gröberer Niederschlag	19,7536	13°,9	19,7645
Ebenso — —	19,6124	16°,6	19,6154
Ebenso unter dem Mikroskop deutliche Krystalle	19,5677	18°,2	19,5653
Ebenso	19,5492	15°,0	19,5571
Eine andere Probe dieser Darstellung	19,5501	17°,5	19,5501
Ebenso aber im Glaskölbchen gewogen	20,2617	18°,6	20,2599
Durch Oxalsäure gefälltes Gold ziemlich fest zusammenhängende Masse und Pulver	19,4863	15°,0	19,4941

II. Silber.

A. Aeltere Versuche

No.	spec. Gew. bei 14° C	Mittel von
1	10,5287	13 Wägungen
2	10,5237	4 —
3	10,5283	8 —

B. Neuere Versuche

	Specifisches Gewicht bei der Temperatur von		bei 14° C
Silber, im Thontiegel unter Kochsalz geschmolzen	10,5094	14°,6	10,5142
Dasselbe auf der Münze zusammengepresst	10,5613	20°,2	10,5537
Pulverförmiges Silber durch Eisenvitriol gefällt	10,5532	14°,3	10,5585
Dasselbe nochmals dargestellt feinerer Niederschlag	10,6192	14, 1	10,6247

III. Platin.

	Specifisches Gewicht bei der Temperatur von		bei 14° C
als feiner durch kohlensaures Natron und Zucker aus Platinchlorid erhaltener Niederschlag	26,1488	15,7	26,1565

IV. Schwefelsaure Baryterde.

No.			Specifisches Gewicht bei der Temperatur von		bei 14° C
1	gröſsere Kryst.	von Silbach in Westphalen	4,4864	19°,0 C	4,4852
2	gröſsere Kryst.	von eben daher	4,4863	16°,3	4,4872
3	gröſsere Kryst.	von Przibram in Böhmen	4,4861	20°,0	4,4840
4	gröſsere Kryst.	von Champeix in der Auvergne	4,4808	16°,0	4,4819
5	gröſsere Kryst.	von eben daher Bruchstücke	4,4791	18°,6	4,4782
6	gröſsere Kryst.	von eben daher	4,4791	19°,6	4,4773
7	gröſsere Kryst.	von Dufton in Cumberland	4,4785	16°,2	4,4794

No.	Specifisches Gewicht bei der Temperatur von		bei 14° C
8. Chlorbaryum durch Schwefelsäure gefällt	4,5229	14°,0 C	4,5253
9. Ebenso nochmals dargestellt	4,5312	22°,0	4,5271
10. Zerriebene Krystalle v. Champeix	4,4825	20°	4,4804
11. Zerriebene Krystalle v. Dufton	4,4799	18°	4,4794

In einer kurzen Notiz [1]) giebt Hr. G. Rose unter dem Titel: Nachträgliche Bemerkungen über das specif. Gewicht des pulverförmigen Platin's und Iridiums die Resultate einiger Versuche mit diesen Körpern an. Die mit ersterem Metall haben sämmtlich ein höheres specifisches Gewicht ergeben, als wenn es in compacten Stücken gewogen wird, die aber doch sämmtlich weit unter dem bleiben, welches der Verfasser bei seinem früheren einen Versuche gefunden hatte. Die Resultate, die er neuerdings gefunden hat, sind folgende:

No. Platin.	Specifisches Gewicht bei einer Temp. von		bei 14° C
1. Durch Erhitzen einer Lösung von Platin in Königswasser nach dem Mischen mit weinsteinsaurem Kali	20,967	12°,8 C	20,9815
2. Nochmals dasselbe	20,757	11°,8	20,7737
3. Durch Fällen einer wässrigen Lösung von Kaliumplatinchlorid durch Zink (höchst fein)	22,865	5°,8	22,8926
4. Durch Fällen einer Auflösung von Platinchlorid [2]) in Wasser durch Kali und Alkohol (sehr fein)	22,014	10°,5	22,0345
5. Durch schwaches Erhitzen von Platinsalmiak und Aussüfsen der Masse dargestellt	16,620	11°,4	16,6340

[1] Pogg. Ann. Bd. 75 S. 403*.

[2] Die Angabe, dafs eine Auflösung von Platinchlorür dazu angewendet worden sei, ist wohl ein Druckfehler, da dieses Salz im Wasser unlöslich ist.

Iridium	Specifisches Gewicht		
	bei einer Temp. von		bei 14° C
Aus einer Auflösung von Platinhaltigem Iridiumsalmiak durch Zink reducirt	18,589	8°,8	18,6088

Aus den bisher angeführten Versuchen folgt unmittelbar, dafs das spec. Gewicht der genannten Körper stets höher war, wenn sie in höchst fein zertheiltem Zustande dem Versuche unterworfen wurden, als wenn man sie in gröfseren Massen oder Krystallen dazu verwendete und dafs im ersteren Falle das specifische Gewicht um so höher ausfällt, je feiner der Niederschlag ist.

Herr G. Rose erklärt daher die Resultate seiner Versuche auf folgende Weise. Die Körper comprimiren auf ihrer Oberfläche Wasser, wenn auch natürlich in viel geringerem Grade, als sie Luft zu condensiren vermögen. Es bedarf keines weiteren Beweises, dafs in der That bei dieser Annahme das spec. Gewicht äufserst feiner Pulver, wegen der sehr grofsen Oberfläche, auf welcher sie Wasser verdichten können, höher ausfallen mufs, als das gröfserer Stücke, und es ist auch deutlich, weshalb das specifische Gewicht um so höher ist, je feiner das Pulver ist.

Was den praktischen Nutzen dieser Arbeit anbetrifft, so ersieht man aus derselben, dafs man zur Bestimmung des spec. Gewichts fester Körper am besten zerriebene gröfsere Stücke derselben anwendet. Die Wägung gröfserer Stücke ist deshalb bekanntlich unsicher, weil diese so häufig in Spalten und Höhlungen Luft einschliefsen, und die chemischen Niederschläge, wegen der eben erwähnten Eigenschaft des Wassers, auf der Oberfläche fester Körper condensirt werden. Aus den Versuchen des Hrn. G. Rose geht aber hervor, dafs der Einflufs dieser Eigenschaft desselben noch nicht bei mechanisch hergestelltem Pulver merkbar ist.

G. Osann. Ueber die Bestimmung specifischer Gewichte fester Körper.

Kurz nach dem Erscheinen der Abhandlung von G. Rose und veranlasst durch dieselbe machte Hr. Osann einige Versuche über das specifische Gewicht des Uralischen Platin's und des Glases bekannt, welche er schon früher angestellt hat. Er fand das specifische Gewicht des ersteren um so geringer, je mehr davon er zu dem Versuche verwendete, während letzteres sich grade umgekehrt verhält. Die Methode, welche er zu seinen Versuchen angewendet hatte, war die, dafs er das Platin oder das Glas in einer verschliefsbaren Flasche, die übrigens mit destillirtem Wasser vollgefüllt wurde, wog. Er erklärt die Resultate, welche er bei Bestimmung des spec. Gew. des Glases erhalten hat, gleichfalls dadurch, dafs dieser Körper die Eigenschaft habe, das Wasser an seiner Oberfläche zu condensiren. Wie aber die Zahl, welche für das spec. Gewicht gefunden wird, um so gröfser werden soll, je mehr Glasstücke zu dem Versuche angewendet werden, ist nicht einzusehen. Denn wenn dieselben durchschnittlich gleich grofs waren, was anzunehmen ist, da der Verfasser darüber nichts sagt, so mufs der Quotient aus dem Gewicht des von dem Glase verdrängten Wassers plus einer gewissen Quantität Wasser, die durch die Verdichtung auf der Oberfläche des Glases mehr in das Gefäfs hineingeht, in das absolute Gewicht des Glases, also das specifische Gewicht, derselbe bleiben; denn die Oberfläche der Glasstücke und daher auch die Menge des darauf condensirten Wassers wächst bei obiger Voraussetzung in gleichem Verhältnifs, wie ihr absolutes Gewicht, also auch in demselben Verhältnifs, wie das Gewicht des davon verdrängten Wassers. Nur dadurch, dafs Hr. G. Rose verschieden fein vertheilte Substanzen zu seinen Versuchen verwendete, wodurch die Oberfläche vergröfsert werden mufste, lassen sich die so verschiedenen Resultate seiner Versuche erklären.

Das Platin soll nach Hrn. Osann das Vermögen haben, das Wasser zu verdünnen. Durch dieses Mittel sucht Hr. Osann die Differenzen des specifischen Gewichts von 2,31 und 2,49 beim Glase und 17,37 und 17,47 beim Uralischen Platin zu erklären!

Brossard-Vidal's und Conaty's Ebullioskop.

Die Hrn. Despretz, Pouillet und Babinet berichten in der französischen Akademie über zwei von den Hrn. Brossard-Vidal und Conaty angegebene und Ebullioskop genannte Instrumente, deren Zweck ist, den Gehalt solcher Flüssigkeiten an Alkohol zu bestimmen, welche feste Körper aufgelöst enthalten, bei denen also ein einfaches Aräometer keine Anwendung finden kann. Beide Instrumente sind darauf begründet, dafs der Kochpunkt einer Flüssigkeit kaum durch darin aufgelöste nicht flüchtige Stoffe verändert wird.

Das Ebullioskop des Hrn. Vidal besteht in einem weiten Glasgefäfs, das in ein Rohr endet. Dies ist bis zu einem bestimmten Punkte mit Quecksilber gefüllt, auf welchem sich ein Schwimmer befindet, an dem ein um eine Rolle geschlungener Faden mit einem Gegengewicht angebracht ist. Bewegt sich der Schwimmer durch Ausdehnung des Quecksilbers, so dreht sich die Rolle, und ein daran angebrachter Zeiger zeigt den Temperaturgrad und somit den Alkoholgehalt derjenigen kochenden Flüssigkeit an, in welche das Glasgefäfs getaucht wird. Hr. Vidal graduirt das Instrument, indem er es einmal in kochendes Wasser, andererseits in kochende Mischungen von Wasser und Alkohol von bekannter Zusammensetzung taucht. Der Alkoholgehalt wird an der Scala in Procenten angegeben.

Das Ebullioscop des Hrn. Conaty ist auf denselben Principien begründet. Es ist nichts weiter als ein Quecksilberthermometer mit grofser Kugel, dessen Skala auf eine ähnliche Weise, wie bei dem eben beschriebenen Instrumente hergestellt ist. Auch hier liest man den Alkoholgehalt auf dieselbe Weise in Procenten ab. Die Skala ist durch eine Schraube verschiebbar, um die Correction wegen des Luftdrucks unnöthig zu machen. Vor jedem Versuche mufs dann natürlich der Nullpunkt des Instruments, welcher der Kochpunkt des Wassers ist, bestimmt werden.

Die Berichterstatter ziehen letzteres Instrument als das einfachere vor. Beide Instrumente geben nach ihnen etwa $\frac{1}{2}$ — 1 Proc. Alkoholgehalt mehr an, als durch Destillation gewonnen wird, wenn die Flüssigkeit unter 20 Proc. Alkohol enthält.

Der Unterschied wird jedoch bei gröfserem Alkoholgehalt derselben gröfser. Sie halten daher das Ebullioscop des Hrn. Conaty für anwendbar, um den Alkoholgehalt einer Flüssigkeit bis zu 1—2 Proc. annähernd zu bestimmen, versäumen aber darauf aufmerksam zu machen, dafs die Flüssigkeit nicht in gläsernen oder porzellanenen, sondern in metallenen Gefäfsen gekocht werden mufs, da in jenen ihr Kochpunkt bekanntlich etwas höher liegt. Sie haben dies wahrscheinlich unterlassen, weil sie es für hinreichend bekannt hielten.

J. T. Silbermann. Dilatometer.

Hr. J. T. Silbermann hat ein Instrument beschrieben, welches einen ähnlichen Zweck hat, als die beiden so eben erwähnten, das aber auf ein gänzlich verschiedenes Princip begründet ist, nämlich darauf, dafs verschiedene Flüssigkeiten sich durch Temperaturerhöhuug verschieden ausdehnen. Er nennt es daher Dilatometer. Es besteht aus zwei auf einer Metallplatte befestigten Thermometerröhren, von denen das eine Quecksilber enthält, und an dem nur 2 Marken die Stellung des Quecksilbers bei 25°*C* und 50°*C* angeben. Das andere dagegen, das bestimmt ist die zu untersuchende Flüssigkeit aufzunehmen, ist an beiden Enden offen, am unteren Ende des Reservoir's in eine feine Spitze ausgezogen, die durch ein mittelst einer Feder angedrücktes Korkstückchen verschliefsbar, und am oberen Ende des Rohrs mit einem weiteren Rohr versehen ist, in welchem sich ein kleiner Pumpenstock befindet. Durch diesen Pumpenstock saugt man, indem man das andere Ende des Thermometers öffnet, die zu untersuchende Flüssigkeit ein, schliefst die feine Oeffnung durch die Feder, stöfst darauf den Pumpenstock zurück und saugt durch Emporziehen desselben die Luft aus der Flüssigkeit aus, was so oft zu wiederholen ist, bis keine Gasblasen mehr daraus entweichen, worauf man den Pumpenstock mit Vorsicht entfernt. Auf dem Rohre des Thermometers ist eine Marke angebracht, bis zu welcher bei jedem Versuche das Thermometer mit der 25°*C* warmen Flüssigkeit gefüllt werden mufs. Durch direkte Versuche mit Mischungen von Wasser und Alkohol von bekanntem Gehalt sind die Punkte bestimmt worden, bis zu welchen die verschiedenen Mischungen (von 1 Proc. zu 1 Proc. Alkoholgehalt) emporsteigen, wenn sie von 25° bis 50° C. erwärmt werden. Das so mit einer Scala versehene Instrument dient nicht allein zur Untersuchung der Mischungen von reinem Wasser und Alkohol, sondern auch zur Untersuchung solcher Mischungen derselben, die nebenbei noch Salze oder Zucker etc. enthalten; denn diese Körper verändern bei ihrer Auflösung die Ausdehnbarkeit des Wassers nur unbedeutend.

Schafhäutl. Der aräometrische Heber.

Durch die Pipette, welche Gay-Lussac zu seiner Silberprobe anwendete, ist man im Stande, aus Flüssigkeiten stets ein vollkommen gleiches Volumen herauszuheben. Ist aber das spec. Gewicht verschiedener Flüssigkeiten verschieden, so würden die mittelst des genannten Instruments abgemessenen Mengen Flüssigkeit zwar an Volumen gleich, aber an Gewicht verschieden sein. Hr. Schafhäutl hat bei Gelegenheit der Untersuchung Bayrischer Biere auf ihren Alkoholgehalt ein Instrument ersonnen, mittelst dessen es möglich ist, von verschiedenen Flüssigkeiten mit verschiedenem jedoch nicht zu sehr abweichendem specifischen Gewicht stets gleiche Gewichtsmengen abzumessen.

Dieses Instrument besteht aus einem oben und unten offenen, gegen das eine Ende hin zu einem elliptischen Körper erweiterten graden Rohre, an dessen kürzerem Ende ein schüsselförmiges mit Quecksilber oder Schrot gefülltes Gefäfs angekittet ist. Das andere längere Ende desselben mufs grade so viel Wasser aufzunehmen im Stande sein, als seine Glasmasse verdrängt. Ob dies der Fall ist, kann hinreichend genau durch Messung des inneren und äufseren Durchmessers desselben bestimmt werden. Letzterer (D) mufs gleich sein $\sqrt{2d^2}$, wenn d den ersteren bezeichnet. Statt dessen kann man auch direkt nach bekannter Methode das Gewicht des Wassers bestimmen, welches die Röhre verdrängt, so wie das Gewicht des sie anfüllenden Wassers. Sobald beide Gewichte gleich sind, so ist sie für den gedachten Zweck tauglich. Diese Prüfung mufs natürlich geschehen, ehe das Rohr mit der schon erwähnten Erweiterung versehen wird.

Man füllt nur von dem kürzeren Ende des Rohrs ab so viel Wasser ein, dafs gerade 1000 Gran Wasser aus demselben ablaufen und markirt an dem längeren Ende den Punkt, bis zu dem das Wasser eingefüllt werden mufs, um dies zu erreichen.

Darauf schiebt man über das längere Ende des Rohrs einen gläsernen hohlen Körper, bis er beinahe die Kugel desselben berührt. Dieser Körper mufs so eingerichtet sein, dafs das Instrument, wenn es bis zu der am längeren Schenkel angebrachten Marke in Wasser getaucht wird, grade 1000 Gran Wasser verdrängt. Endlich füllt man in das schüsselförmige Gefäfs genau so viel Quecksilber oder Schrot, dafs das in Wasser getauchte Instrument genau bis zu der oft erwähnten Marke eintaucht.

Um das so zusammengesetzte Instrument zu benutzen, hat man es nur in die Flüssigkeit, von der man 1000 Gran abmessen will, so einzutauchen, dafs es darin schwimmt, darauf möglichst schnell und ohne die Lage desselben zu ändern, das aus der Flüssigkeit herausragende Ende desselben mit dem Finger zu verschliefsen, worauf man es heraushebt, und die darin enthaltene Flüssigkeit in ein dazu bestimmtes Gefäfs ablaufen läfst.

Dafs man mit diesem Instrumente wirklich unter allen Umständen ein gleiches Gewicht Flüssigkeit erhalten mufs, bedarf keines Beweises. Es ist jedoch klar, dafs es nur dann Anwendung finden kann, wenn es nicht gänzlich in der zu untersuchenden Flüssigkeit untersinkt, und wenn es nicht weniger in dieselbe eintaucht, als bis zu dem oberen Ende des als Schwimmkörper dienenden Ansatzes. Das Nähere über die Art der Anfertigung des Instruments, welche viele und bedeutende Schwierigkeiten darbietet, hier anzuführen, würde zu weit führen.

Fox. Instrument zur Bestimmung specifischer und absoluter Gewichte.

Hr. Fox bestimmt das Gewicht des durch einen Körper verdrängten Wassers durch die Messung des Volumen's desselben, welches dadurch verdrängt wird.

Welche Schwierigkeiten solchen Messungen überhaupt, und

namentlich bei specifischen Gewichtsbestimmungen entgegenstehen, ist zu bekannt, als dafs diese Methode empfohlen werden dürfte.

R. F. Marchand. Ueber eine neue Methode, das spec. Gewicht einiger Gasarten zu bestimmen und über die Dichtigkeit des Sauerstoffs, der Kohlensäure, des Kohlenoxydgases und der schwefligen Säure.

Der Unterschied der neuen Methode, das spec. Gewicht der Gase zu bestimmen, welche Hr. Marchand in dem citirten Aufsatze beschrieben hat, und der älteren, besteht wesentlich darin, dafs das Gewicht des zu untersuchenden Gases nicht unmittelbar bestimmt wird, sondern dafs es, nachdem das Volumen genau ermittelt worden ist, durch Apparate getrieben wird, welche es absorbiren und durch deren Wägung das Gewicht des Gases ermittelt wird. Man erlangt hiedurch den Vortheil, dafs man das Volumen des Gases leicht mit grofser Genauigkeit bestimmen kann; anderentheils ist es aber klar, dafs nur leicht absorbirbare Gase dieser Methode des Versuchs unterliegen können.

Hr. Marchand verfuhr bei seinen Versuchen auf folgende Weise: Die Glaskugel, in welcher das Gasvolumen gemessen werden sollte, war mit einer Fassung versehen, in welche zwei Glasröhren, die eine bis auf den Boden der Kugel reichend, die andere dicht unter der Fassung mündend, eingekittet waren. Erstere trug einen anderthalbfach durchbohrten, letztere einen einfachen Hahn. Der seitwärts abgehende Schenkel des ersteren war mit einem *U*förmigen, als Druckmesser benutzten Rohr verbunden, welches sehr genaue Messungen zuliefs. Der andere Schenkel desselben war mit einer Luftpumpe in Verbindung, durch welche die Luft ausgepumpt wurde, worauf das zu wägende Gas durch den anderen Hahn eintrat. Dies wurde 4—5 mal wiederholt.

Nachdem darauf die Hähne geschlossen worden waren, wurde die Kugel mehrere Stunden in schmelzendes Eis gebracht und nun der Druck durch Einpressen von Gas auf 770 Mm. gebracht. Darauf wurde durch den Hahn so viel Gas herausgelassen, bis der Druck 765 Mm. betrug. War der Druck etwas geringer, als 765 Mm., so konnte durch Einbringen von wenig Quecksilber in das Manometer dieser Druck leicht hergestellt werden.

Hiedurch wird jede Correction unnöthig, das Volumen, der Druck und die Temperatur sind bei allen einzelnen Versuchen dieselben; bestimmt man also das Gewicht des in dem Ballon befindlichen Gases, so kann man leicht das spec. Gewicht desselben dadurch erhalten, dafs man mit dem Gewicht des bei 0° *C.* und 765 Mm. Druck den Ballon ausfüllenden Sauerstoffs, dessen spec. Gewicht = 1 gesetzt wird, in das Gewicht des gleichen Volumens des Gases dividirt.

Die Gewichtsbestimmung der Gase geschah nun auf folgende Weise. Der einfache Hahn wurde mit vorher gewogenen Apparaten verbunden, welche das zu untersuchende Gas vollständig zu absorbiren vermochten. Nachdem durch einen für dieselben indifferenten Gasstrom alles Gas hindurch getrieben war, wurden sie mit aller Sorgfalt gewogen. Sicherer und schneller hätte man wohl zu diesem Ziele gelangen können, wenn die Einrichtung getroffen wäre, dafs zuerst der gröfste Theil des Gases durch Quecksilber, oder einen andern flüssigen Körper, welcher kein von dem Absorptionsmittel aufsaugbares Gas enthielt, aus der Kugel verdrängt worden wäre, und der Rest erst durch ein indifferentes Gas. Denn ohne Zweifel dauert es sehr lange, bis nach Hrn. MARCHAND's Methode aus so grofsen Kugeln, wie zu dem Versuche nothwendig sind, alles Gas ausgetrieben ist. Im Uebrigen ist aber diese Methode ohne Zweifel den vollkommensten beizuzählen.

Hr. MARCHAND ermittelte nach seiner Methode die spec. Gewichte folgender Gasarten:

	erster Versuch	zweiter Versuch	nach früheren Bestimmungen.
Kohlensäure	1,3825	1,3819	1,3830
Kohlenoxydgas	0,87563	—	0,87533
schweflige Säure	2,04115	—	2,0323

Der Sauerstoff war durch metallisches Kupfer, die Kohlensäure durch kaustisches Kali, die schwefliche Säure durch kaustisches Kali, das Kohlenoxydgas, nachdem es durch glühendes Kupferoxyd geleitet worden, war gleichfalls durch kaustisches Kali absorbirt worden.

Prof. Dr. W. Heintz.

E. Ritter. Ueber die Berechnung der Ausdehnung des Wassers.

Die Volumenbestimmung des Wassers als Funktion seiner Temperatur ist der Gegenstand der Untersuchung vieler Physiker gewesen und namentlich in neuerer Zeit von Muncke, Despretz, Hallström und La Pierre versucht worden; es ist dabei jedoch ungenügend diese Funktion als eine nach Potenzen der Temperatur steigende Reihe angenommen worden, in der bald bis zur 3. bald bis zur 4. Potenz fortgegangen wurde.

Hr. Ritter giebt eine andere empirische Formel, wonach:

$$v = e^{\frac{\alpha t + \beta t^2 + \gamma t^3 + \delta t^4}{1 + \varepsilon t}}$$

worin v das Volumen des Wassers bei 0°, e die Basis der Nepperschen Logarithmen, t die Grade am hunderttheiligen Thermometer, α, β, γ, δ, ε numerische Coëfficienten sind, deren Werthe er in folgender Gröfse findet:

$$\alpha = -0{,}00006240$$
$$\beta = +0{,}0000063245$$
$$\gamma = +0{,}0000000191314$$
$$\delta = -0{,}00000000050048$$
$$\varepsilon = +0{,}0362891145$$

Hr. Ritter giebt nun eine Tafel der nach seiner Formel berechneten Volumina des Wassers von −15° bis +100°, zugleich mit den von Hallström und Despretz gegebenen Werthen; dann eine 2. Tafel zum Vergleich der berechneten und beobachteten Werthe, die besonders um das Maximum der Dichtigkeit des Wassers herum, also um die Temperatur von 4° sehr gut stimmen.

Um die Temperatur für das Maximum zu haben, setze man

$$\frac{dv}{dt} = o,$$

dies giebt:

$$t^4 - 218{,}099\,t^3 - 14746{,}055\,t^2 - 232151{,}685\,t + 1145249{,}832 = 0$$

und folglich die 2 reellen Werthe

$$t_1 = 3^\circ{,}908 \text{ und } t_2 = 274^\circ{,}775.$$

Für den ersten der beiden Werthe fand Hallström 3,90±0,02 und Despretz 4°,005.

Das Volumen für diese Temperatur ist somit

nach Hrn.	Ritter	0,999881
— —	Hallström	0,999882
— —	Despretz	0,999873

t_2 entspricht einem Minimum, aus welchem sich indessen nur schliefsen läfst, dafs die Volumenzunahme in höheren Temperaturen langsamer wird.

Bei 143° zeigt die Curve für v eine Beugung, die Hallström auf 171° verlegte.

Sucht man die Punkte, in denen das Volumen dem bei 0° gleich, also 1 ist, so findet man:

$$t_1 = 0^\circ \quad t_2 = 7^\circ{,}9802 \quad t_3 = 412^\circ{,}1854 \quad t_4 = -37^\circ{,}9046$$

der erste Werth ist bekannt, der 2te der eigentlich gesuchte, der 3te gehört einem Punkt jenseits des Minimums an, was wohl schwer zu erklären sein dürfte, und der 4te endlich gehört gar nicht in die Betrachtung, da er jenseits einer Asymptote liegt, welche die Curve bei $t = -27^\circ{,}55$ unterbricht.

v. Morozowicz.

H. Rose. Ueber das spec. Gewicht der Niobsäure, der Pelopsäure, der Tantalsäure, der Thonerde, Beryllerde, Magnesia und des Eisenoxyds.

Hr. H. Rose hat Versuche über die Dichtigkeit der Niobsäure in ihren verschiedenen Zuständen angestellt, welche das merkwürdige Resultat ergeben haben, dafs sie, wenn sie aus Niobchlorid durch Behandeln mit Wasser im amorphen Zustande erhalten wird, ein viel höheres specifisches Gewicht besitzt, als wenn sie sich im krystallinischen Zustande befindet. Wurde sie, nachdem sie durch Waschen gereinigt worden war, nur bis zur eintretenden Feuererscheinung erhitzt, so hatte sie ein spec. Gewicht von 5,258 (bei 20° *C.* im Mittel einiger sehr gut übereinstimmender Versuche). In einigen anderen Fällen, wo das Niobchlorid vor seiner Zersetzung durch Wasser kürzere oder längere Zeit der Luft ausgesetzt gewesen war, war ihr spec. Gewicht 5,12; 4,9648; 4,977; 4,763; 4,644. Sie war zum Theil krystallinisch geworden.

Als die Niobsäure sechs Stunden lang dem Feuer eines gut ziehenden Windofens ausgesetzt worden war, betrug ihr specif. Gewicht nur noch 4,562 und 4,581. Dem Feuer des Porzellanofens ausgesetzte Niobsäure hatte ein spec. Gewicht von 4,605, 4,602; 4,601; 4,602.

Hr. H. Rose erklärt die verschiedenen Resultate seiner Versuche auf folgende Weise: Er nimmt an, die Niobsäure habe wenigstens zwei verschiedene Zustände der Dichtigkeit. Im vollkommen amorphen Zustande ist ihr spec. Gewicht ein constantes und beträgt im Mittel 5,258. Ist dagegen die Säure vollkommen krystallinisch, wie sie durch heftiges Glühen im Porzellanofen erhalten wird, so ist ihr spec. Gewicht weit geringer, nämlich im Mittel 4,602. In den Fällen, wo das gefundene specifische Gewicht in der Mitte zwischen diesen beiden Zahlen liegt, glaubt Hr. H. Rose und gewifs mit Recht annehmen zu dürfen, dafs die zum Versuche angewendete Substanz nur zum Theil krystallinisch, zum anderen Theil aber noch amorph war.

Die Fälle, in denen das spec. Gewicht noch geringer war, als 4,602, lassen sich schwerlich anders erklären, als dadurch, dafs die Säure noch einen dritten Zustand der Dichtigkeit hat.

Allerdings hat diese Methode, sich die Resultate der Versuche zu erklären, die gröfste Wahrscheinlichkeit für sich, denn es läfst sich hier nicht annehmen, wie dazu G. Rose bei seinen Versuchen mit pulverförmigen Metallen gezwungen war, dafs die vergröfserte Oberfläche der amorphen Niobsäure die Condensation einer gröfsern Menge von Wasser und daher eine gröfsere Zahl für das spec. Gewicht derselben zur Folge gehabt haben müsse, weil die Versuche mit verschieden dargestellten Portionen der Säure stets nahe dasselbe Resultat gegeben haben.

Auch bei der Pelopsäure fand Hr. H. Rose verschiedene

Dichtigkeiten, je nachdem sie schwächer oder stärker geglüht worden war. Allein dennoch verhält sich diese Säure ganz anders, als die Niobsäure. Ihr spec. Gewicht schwankt zwischen 5,495 und 6,725. Auch sie mufs wenigstens drei verschiedene Zustände der Dichtigkeit anzunehmen im Stande sein. Denn das spec. Gewicht der aus dem Chlorid bereiteten, nur bis zur Feuererscheinung erhitzten amorphen Pelopsäure erhöhte sich bedeutend, wenn sie im Kohlenfeuer geglüht wurde; verminderte sich aber sehr stark, wenn sie der Hitze des Porzellanofens ausgesetzt wurde, wobei sie den krystallinischen Zustand annahm.

Es wurde für die in Porzellanöfen geglühte Pelopsäure aus dem Columbit von Bodenmais das spec. Gewicht gleich 5,7887, 5,830 und 5,793 gefunden; das spec. Gewicht der eben so stark geglühten Pelopsäure aus dem Columbit von Nordamerika fand Hr. H. Rose jedoch viel höher, nämlich gleich 6,17. Das höchste spec. Gewicht der Pelopsäure, welches sie durch Glühen zwischen Kohlen zu erlangen vermag, ist höchst wahrscheinlich noch nicht erreicht worden. Es scheint um so höher zu werden, je länger das Glühen dauert. Die Resultate der verschiedenen Wägungen schwanken zwischen 6,088 und 6,725. Dabei geht die Säure nicht in den krystallinischen Zustand über.

Eben so schwanken die Resultate der Wägungen solcher Pelopsäure, die nur derjenigen Temperatur ausgesetzt worden war, bei welcher die Feuererscheinung eintritt. Sie liegen zwischen 5,704 und 6,236.

In einer späteren Arbeit hat Hr. H. Rose die Dichtigkeit der Tantalsäure zum Gegenstand einer Untersuchung gemacht. Er fand, dafs diese Säure gleichfalls ein verschiedenes spec. Gewicht hat, je nach der Temperatur, welcher sie ausgesetzt gewesen war. Doch gelang es ihm nicht, eine bestimmte Temperatur ausfindig zu machen, bei der sie stets von derselben Dichtigkeit erhalten werden könnte.

Wurde sie über der Spirituslampe nur so weit geglüht, dafs eben die bekannte Feuererscheinung vollendet war, so hatte sie das niedrigste spec. Gewicht (7,028 — 7,529). Beim Durchglühen zwischen Kohlen nahm das spec. Gewicht stets zu, und zwar um so mehr, je länger die Einwirkung der Hitze gedauert hatte, so dafs eine Säure, die anfänglich das spec. Gewicht 7,109 hatte, nach fünfzehnstündigem Glühen ein spec. Gewicht von 7,9944 erhielt.

Eine Portion der aus der schwefelsauren Verbindung dargestellten Tantalsäure hatte, nachdem sie der Hitze des Porzellanofens ausgesetzt war, ein spec. Gewicht von 8,257. Der Verfasser hat jedoch auch häufig gefunden, dafs das spec. Gewicht zwischen Kohlen geglühter Tantalsäure abgenommen hatte, nachdem sie im Porzellanofen geglüht worden war.

In einer letzten Abhandlung über einen ähnlichen Gegenstand hat endlich Hr. H. Rose die specifischen Gewichte weniger seltener Körper, als die, von denen eben die Rede gewesen ist, nachdem sie verschiedenen Temperaturen ausgesetzt worden waren, mitgetheilt. Seine Versuche mit Thonerde konnten deshalb nicht den eben erwähnten mit Sicherheit anzureihende Resultate geben, weil die über der Spirituslampe oder zwischen Kohlen geglühte Thonerde in Wasser gebracht sich stark erwärmt, was ohne Zweifel auf eine Hydratbildung schliefsen läfst. Das spec. Gewicht der über einer Spirituslampe anhaltend geglühten Thonerde betrug 3,87 — 3,899.

Durch Glühen derselben zwischen Kohlen schien es sich zu vermindern. Es wurde dann gleich 3,725 — 3,750 gefunden.

Das spec. Gewicht der im Porzellanofen geglühten Thonerde betrug jedoch 3,999, war also wieder bedeutend höher. Diese Zahl stimmt recht genau mit dem spec. Gewicht der in der Natur vorkommenden krystallisirten Thonerde überein, welches Graf Schafgotsch in ihren verschiedenen Modifikationen, als Corund, Saphir, Rubin etc. zwischen 3,899 und 4,008 fand.

Die Beryllerde, aus ihrer Auflösung in kohlensaurem Ammoniak durch Kochen und durch Glühen des erhaltenen Niederschlags über einer Spirituslampe dargestellt, bildet ein lockeres Pulver, das mit Wasser angerührt sich nicht wie die Thonerde erwärmt. Das spec. Gewicht derselben betrug 3,083 — 3,096, verminderte sich jedoch beim Glühen im Porzellanofen bedeutend, indem die Erde sich in eine aus kleinen sechsseitigen Prismen bestehende zusammengeballte Masse umwandelte. Ihr spec. Gewicht betrug nun 3,021 — 3,027.

Das spec. Gewicht der über einer Spirituslampe geglühten Magnesia genau zu bestimmen, ist Hrn. H. Rose wegen verschiedener Umstände nicht gelungen. Das der im Porzellanofen geglühten fand er gleich 3,644 — 3,650.

Zuletzt erwähnt Hr. H. Rose noch einiger Versuche mit Eisenoxyd. Das über einer Spirituslampe erhitzte Oxyd zeigte ein spec. Gewicht von 5,169. Es verminderte sich dasselbe jedoch, wenn es zwischen Kohlen geglüht wurde. Es betrug dann nur noch 5,037. Durch Glühen im Porzellanofen verliert aber das Eisenoxyd Sauerstoff, und ist daher das spec. Gewicht des so starker Hitze ausgesetzten Oxydes nicht bestimmt worden.

Prof. Dr. W. Heintz.

6. Maafs und Messen.

a. Maafse und Gewichte.

J. Dienger. Ueber ein deutsches Maafs- Gewichts- und Münzsystem. Grun. Arch. XII. Hft 2. Anh. p. 43*.

L. Frh. v. Gross. Gleiches Maafs und Gewicht für Deutschland. Jena 1848. 8°* Grun. Arch. XII. Hft. 2. Anh. p. 49*.

G. Karsten. Vorschläge zur allgemeinen deutschen Maafs- Gewichts- und Münzregulirung. Berlin 1848. 8°*. Grun. Arch. XII. Hft. 1. Anh. p. 1*.

H. Scheffler. Vorschläge zur Reform der deutschen Maafssysteme. Grun. Arch. XII. Hft. 1. Anh. p. 1*.

b. Mefsinstrumente.

Schofka. Wohlfeilste und genaueste Wage von beliebiger Tragkraft. Dingl. pol. J. CVIII. 329*; Enc. Zeitschr. d. Gewerbewes. 1848 p. 90*;

C. F. Schneitler. Die Instrumente der höheren und niederen Mefskunst sowie der geometrischen Zeichenkunst. Leipzig 1848. 8°; angez. Dingl. pol. J. CX. 396*;

Meynier. Hypsomètre C. R. XXVII. 426*		
de Lannoy. Niveau de pente. C. R. XXVII. 426*	}	nur Ankündigungen.
Perreaux. Cathétomètre C. R. XXVII. 527*		

Das Bedürfniss nach einem gemeinsamen deutschen Mafs, Gewichts- und Münzsystem ist ein unbestrittenes, die Revolution des Jahres 1848 gewährte analog der französischen im vorigen Jahrhundert eine Aussicht auf Realisirung dieses Bedürfnisses. Es konnte nicht fehlen, dafs Vorschläge zur zweckmäfsigsten Einrichtung eines neuen Systemes geschahen, und vier derselben sehen wir vor uns.

Vor Allem müssen wir fragen, was verlangen wir von einem solchen System. Die Antwort ist: leichte Handhabung im kleinen Handel, leichte Handhabung im grofsen Handel, bequeme Rechnung, möglichstes Anschliefsen an die zu verdrängenden Systeme; möglichste Annäherung an die Systeme benachbarter Staaten, bequemer Vergleich mit den für gewöhnlich zu messenden Gegenständen, und wenn es sein kann, mag die Mafseinheit durch eine natürliche Gröfse normirt sein.

Die letzte der hier angeführten Bedingungen wurde bei Einführung des metrischen Systemes in Frankreich in Folge der Autorität Laplace's überwiegend geltend gemacht. Das metrische System hat aber die Nachtheile, dass es diese Grundbedindung einer Normirung durch die Natur nicht einmal mit genügender Annäherung erfüllt, auch bei der Schwierigkeit, welche eine Meridianmessung selbstredend darbietet, aller Wahrscheinlichkeit nach nicht genügend erfüllen kann; ferner ist die decimale Eintheilung im Kleinhandel unbequem; es schliefst sich das metris he System weder an die verdrängten Systeme noch an die der benachbarten Staaten an, und endlich ist der Vergleich der Mafseinheit und Gewichtseinheit mit den zu messenden Gegenständen so fühlbar schwierig, dass z. B. ein metrischer Fufs (= $1/_3$ Meter) mit 12 Zoll und je 12 Linien, ein metrischer Stab (= 1, 2 Meter), ein metrisches Pfund (= $1/_2$ Kilogramm) in Frankreich gesetzlich erlaubt werden mussten.

Wird uns zur Aufgabe gemacht, ein neues Mafs- und Gewichtssystem zu finden, so werden wir vor Allem zu der Ueberzeugung kommen, dass dasselbe, welches es auch sein mag, allen oben gestellten Anforderungen nicht entsprechen kann. Hiernach drängt sich die weitere Frage auf, welche der gestellten Anforderungen sind die wichtigsten, so dass sie auf Kosten der übrigen durchgeführt werden müssen? Und hierin unterscheiden sich die verschiedenen der unter obigen Titeln vorgeschlagenen Systeme.

Die Bedingung der bequemen Handhabung im Kleinhandel ist von Allen anerkannt worden.

Herr Dienger und Herr v. Gross haben der Annäherung an das französische System den Vorzug gegeben und zwar als Mafseinheit aufgestellt

1 deutscher Fufs = 0,3 Meter

welches Grundmafs in Baden durch die neueste Regulirung gesetzliche Geltung bekommen hat. Herr Dienger theilt den Fufs in 10 Zoll und bringt so die bequemere Handhabung der bequemeren Rechnung zum Opfer; Herr v. Gross hält den ersteren Grund für wichtiger als den letzteren und theilt den Fufs in 12 Zolle. Als Einheit für Flüssigkeitsmafs schlägt

Herr Dienger

1 Kanne = $\frac{1}{20}$ Kubikfufs = 1,35 Litres

Herr v. Gross

1 Mafs = $\frac{7}{8}$ Litres

vor. Als Gewichtseinheit soll nach beiden

1 Zollcentner = 100 Pfund

1 Pfund = $\frac{1}{2}$ Kilogramm

sein. Hr. Dienger wünscht bei den Unterabtheilungen eine konsequentere Durchführung des Decimalsystems, während Herr v. Gross sich an den bis jetzt bestehenden Modus der Theilung möglichst anschliefst.

Wenn auch etwas radikaler aber ungleich konsequenter und allgemeiner praktisch sind die Vorschläge von Hrn. Professor Karsten. Hr. Karsten wünscht eine konsequente Durchführung des Decimalsystemes zur bequemeren Rechnung und bequemeren Handhabung im Grofsen; er wünscht, dass aufser den decimalen Unterabtheilungen auch Eintheilungen in $\frac{1}{2}$ $\frac{1}{4}$ u. s. w. erlaubt seien, um das System dem Detailhandel bequemer zu machen;

er verwirft das metrische System, als unbequem zum Vergleich mit den gewöhnlich zu messenden und zu wiegenden Gegenständen, uns als ungenau, wenn einmal das Meter eine durch die Natur normirte Gröfse sein soll. Als Linieneinheit wählt derselbe ein durch die Natur gegebenes und leichter als das Meter zu findendes Mafs, nämlich

> 1 deutscher Fufs = $\frac{1}{3}$ der Länge des Sekundenpendels unter 45° Breite, auf 0° Temperatur, den luftleeren Raum und den Meeresspiegel reducirt.

Diese Gröfse ist für die Praxis genau genug bekannt und zwar = 331,17808 Millimeter. Es verbinden sich mit Annahme dieser Mafseinheit noch die weiteren Vortheile, dafs sie ohngefähr mitten innen zwischen den in Deutschland bestehenden Mafseinheiten liegt und aus diesem Grunde, so wie wegen der geringeren Eifersucht gegen ein durch die Natur gegebenes, als gegen ein schon in einem oder mehren Staaten bestehendes Mafs sich leichter Eingang verschaffen würde, als ein willkürlich aufgedrungenes. Allerdings hat dieses System den Nachtheil, mit dem ausgebildetsten Systeme, dem französischen, nicht in nationaler Beziehung zu stehn.

Die Einheit der Körpermafse würde nach Hr. Karsten sein

> 1 Eimer = 1 Scheffel = 1 Kubikfufs;

die Einheit des Gewichtes ist

> 1 Centner = dem Gewicht eines Kubikfufses destillirten Wassers bei der gröfsten Dichtigkeit.

Die Vorschläge für das Münzsystem verlassen die bisherige Konsequenz, um den bestehenden Münzsystemen sich anzuschliefsen. Die Vereinigung des preufsischen Münzsystems mit dem in Süddeutschland üblichen ist angebahnt und würde sich leicht ganz herstellen lassen, wenn festgesetzt würde, dafs

> 1 Groschen = 10 Pfennigen (= 1 Sgr. preufsisch)
> 1 Mark = 10 Groschen
> 1 Dukaten = 10 Mark.

Nur der österreichische 20 Guldenfufs würde Schwierigkeiten machen. —

Auf der äufsersten Linken in dieser politisch-physikalischen Angelegenheit steht aber Herr Scheffler. Das eine Nützlichkeitsprincip im gewöhnlichen Leben bewegt ihn dazu, ein konsequent durchgeführtes Duodecimalsystem vorzuschlagen, und da sich dasselbe für Rechnungen gar wenig eignen will, schlägt Herr Scheffler vor, mittelst dieses konsequenten Mafs- und Gewichtssystemes auch allmälig unser unpraktisches dekadisches Zahlensystem durch ein duodekadisches zu verdrängen.

Nun meint Verf. als Längeneinheit

$$1 \text{ Fufs} = \frac{1}{3} \text{ Meter}$$

einzuführen. Derselbe wird alsdann aufwärts und abwärts von 12 zu 12 fortgeführt. Als Körpermafs gelten die Würfel der Linienmafse. Die Einheit des Gewichtes sei

$$1 \text{ Pfund} = \frac{1}{2} \text{ Kilogramm.}$$

Die Münzeinheit sei

$$1 \text{ Thaler} = 2 \text{ Frank französisch.}$$

Der Tag werde in 2·12 Stunden, aber jede Stunde in 12 Grad, jeder Grad in 12 Minuten, jede Minute in 12 Sekunden, und jede Sekunde in 12 Terzien eingetheilt (!!). — Auch der Kreis mufs seine auch trotz der französischen Revolution bewahrte Eintheilung verlieren, und erhält nun 288 Grad zu je 12 Minuten (u. s. w. zu Sekunden und Terzien) (!). Nicht weniger erhalten wir zu unseren drei quälenden Thermometerskalen noch eine vierte, deren Fundamentalabstand 144 Grad enthält.

Zum Schlufs sei mir noch die Bemerkung erlaubt, dafs meinen Ansichten die Vorschläge des Herrn Karsten am meisten entsprechen.

Schofka. Wohlfeilste und genaueste Wage von beliebiger Tragkraft.

Verf. erinnert daran, dafs die Tralles'sche hydrostatische Wage bei gleicher Genauigkeit die Vorzüge gröfserer Haltbarkeit und beträchtlicherer Wohlfeilheit vor den gewöhnlich gebräuchlichen chemischen Wagen habe. Er schlägt vor, Rappsöl oder Olivenöl als Flüssigkeit zu nehmen, und die Wage dadurch dauerhafter zu machen, dafs die (unter oder über dem Flüssigkeitsgefäfs befindliche) Wagschale besser durch 4 Stifte mit dem Schwimmer in Verbindung gesetzt werde als durch einen einzigen, wie es bis jetzt geschah.

C. F. Schneitler. Die Instrumente und Werkzeuge der höhern und niedern Messkunst, sowie der geometrischen Zeichenkunst, ihre Theorie, Konstruktion, Gebrauch und Prüfung. Mit 213 Holzschnitten.

Die vielfachen Vervollkommnungen, welche an Instrumenten und Methoden zur Messung von Linien und Winkeln in dem letzten halben Jahrhundert angebracht wurden, mufsten eine Zusammenstellung wünschenswerth machen. Verf. des vorliegenden Werkes hat diesem Bedürfnifs um so mehr und um so besser abgeholfen, als er eine detaillirte und motivirte Beschreibung der im Titel genannten Instrumente mit sehr übersichtlichen Zeichnungen in Holzschnitt begleitete. Das 16 Bogen starke Buch umfafst die Beschreibung 1. der Instrumente zum Messen von Linien; 2. der Instrumente zum Messen horizontaler Winkel; 3. der Instrumente zum Messen vertikaler Linien und Winkel; 4. der Nivellirinstrumente; 5. der Requisite zur graphischen Darstellung des Gemessenen; endlich werden 6. noch Handgriffe, die Konservation der Instrumente betreffend und Preisverzeichnisse anhangsweise hinzugefügt. — Bei allen bedeutendern Instrumenten, so wie dann, wenn die Beschreibung einer Methode oder einer Instrumentes die im Titel vorgezeichneten Grenzen überschreiten würde, ist durch Angabe der Literatur auf die ausführlichen Werke verwiesen.

Da das vorliegende Buch sich nicht zu einem Auszuge eignet, mögen diese allgemeinen Umrisse genügen.

Prof. Dr. v. Frilitzsch.

---

7. Statik und Dynamik.

Passot. Nouvelle solution du problème des forces centrales. C. R. XXVI. 482. XXVII. 23. 384. 488. 523. 564. (nur Titel).

Bertrand. La théorie des mouvements relatifs. C. R. XXVII. 210;* Inst. No. 764 p. 253*;

Didion. Mémoire sur les mouvements réels des projectiles. C. R. XXVI. 495*; Inst. No. 749. p. 141*;

E. Roche. Recherches sur la figure de la terre. C. R. XXVII. 443.*

W. W. Rundell. On the deviation of a falling body. Mech. mag. XLVIII. 485*;

Marianini. Aggiunta alla machina di Atwood per le esperienze de' gravi spinti verticalmente all' ingiù. Racc. fis. chim. III. 333*.

Crelle. Untersuchungen zur weiteren Entwicklung der Theorie der Dampfmaschinen. Berl. Monatsber. 1848 p. 171.

W. Grove. Résumé de quelques leçons sur les rapports des divers agents ou forces physiques. Quesn. rev. fr. XXXII; Inst. No. 750 p. 154*. No. 751 p. 162*. No. 752 p. 169*. No. 753 p. 176*;

Mayer. Sur la transformation de la force vive en chaleur et réciproquement. C. R. XXVII. 385*.

Die 5 ersten oben angezeigten Abhandlungen sind nur kurze Notizen oder Titel. Bei dem Citate von Passot ist dies schon bemerkt, der Inhalt der andern Notizen läſst sich mit wenigen Worten angeben. Herr Bertrand beschäftigte sich mit Untersuchungen über die relativen Bewegungen eines Systems von Körpern unter gegebenen Bedingungen, indem er den von Clairaut eingeschlagenen Weg verfolgte.

Herr Didion hat die in den Jahren 1844 und 1846 zu Metz angestellten Versuche mit Wurfgeschossen einer wiederholten

Untersuchung zum Grunde gelegt und unter der Annahme, dafs der Widerstand der Luft dargestellt werde, nicht blos durch ein Glied, welches dem Quadrate der Geschwindigkeit proportional ist, sondern durch zwei Glieder, welche dem Cubus und dem Quadrate der Geschwindigkeit proportional sind, — die Versuche in eine wohl befriedigende Uebereinstimmung mit seinen Formeln gebracht, doch dabei noch anderweitige vom Widerstande der Luft unabhängige Abweichungen gefunden, worüber er eine weitere Mittheilung verspricht (s. Berl. Ber. I. 77; II. 52).

Herr Roche beschäftigte sich mit den von Laplace über die Gestalt des Erdkörpers abgeleiteten Formeln und substituirte für die Constanten die durch die neueren Beobachtungen erhaltenen Zahlenwerthe; in Bezug auf die ebenfalls von Laplace untersuchte Dichtigkeit des Erdinnern bemerkt er, dafs man durch Prüfung verschiedener Hypothesen zu so engen Grenzen gelange, dafs das Dichtigkeitsgesetz mit einiger Wahrscheinlichkeit aufgestellt werden könne.

Herr W. Rundell stellte Fallversuche an in einem eine Viertelmeile (engl.) tiefen Schachte der Minen zu Cornwall und fand, dafs die Kugeln 10 bis 20 Zoll südlich von der Lothlinie fielen. Wegen des grofsen Betrages der südlichen Abweichung wurde das (ausführlich angegebene) Verfahren noch einmal geprüft, doch ohne Mangel befunden. Herr Rundell verspricht die Mittheilung der Details der einzelnen Versuche, bei deren Bericht wir spezieller auf die Sache eingehn werden.

Dr. Spoerer.

Marianini. Vervollständigung der Atwood'schen Maschine.

Die von Hrn. Marianini angegebene Verbesserung der Atwood'schen Fallmaschine besteht darin, dafs durch ein doppeltes Abheben von kleinen Gewichten erst eine gleichförmige Bewegung von irgend einer Geschwindigkeit, und dann durch das zweite Abheben eines kleinen Gewichtes vom heraufgehenden Laufgewichte abermals eine beschleunigte Bewegung, als Resultat also eine gleichförmige beschleunigte Bewegung mit beliebiger Anfangsgeschwindigkeit hervorgebracht wird.

Die hierzu nöthige mechanische Einrichtung ist folgende: In der Ebene des obern Randes, über welches die Schnur der Laufgewichte geht, und in gleicher Höhe mit diesem Rade befindet sich auf der Seite des heraufgehenden Laufgewichtes ein gleich grofses, ebenfalls um eine horizontale Achse drehbares zweites Rad, über welches, wie über jenes, eine Schnur geht, die an der äufsern Seite ebenfalls ein Gewicht, an der innern hingegen einen Ring, mittelst eines Durchmessers an der Schnur befestigt, und horizontal liegend, trägt. Der Durchmesser des Ringes ist so grofs, dafs bei seinem durch das Gegengewicht hervorgebrachten Heraufgehen, das ebenfalls, jedoch langsamer, in die Höhe gehende Laufgewicht der Maschine bequem durch den halben Ring hindurchgeht, wobei letzterer das auf dem Laufgewicht liegende kleine Gewicht in Form eines Stabes abhebt. Dies Laufgewicht wird hierdurch leichter, als das andere, bereits seines Uebergewichts auf die übliche Weise beraubte, und die gleichförmige Bewegung beider Gewichte wird abermals eine gleichförmig beschleunigte.

Um beim Heraufgehen des Ringes eine Rotation desselben zu vermeiden, bei welcher der zur Befestigung des Ringes dienende Durchmesser das heraufgehende Laufgewicht bei der Begegnung, oder dessen Schnur noch der Begegnung stören würde, ist vom Fufse der Maschine bis zu ihrem Kopfe ein durch ein Loch des Ringes gehender feiner Draht ausgespannt, welcher mithin keine Drehung des Ringes erlaubt.

Durch Variation der beiden Uebergewichte der Laufgewichte kann man die Beschleunigung der Bewegung beliebig reguliren, wogegen das Verhältnifs des Gewichtes und Ringes der zweiten Schnur dazu dient, die Bewegung des Ringes beliebig zu verzögern oder zu beschleunigen, somit also den Anfang der zweiten beschleunigten Bewegung der Laufgewichte beliebig eintreten lassen zu können. Läfst man aber die erneute Beschleunigung später eintreten, so kann man dasselbe auch mit dem Abheben des ersten Gewichtes thun, wodurch die Anfangsgeschwindigkeit für die beschleunigte Bewegung wächst.

v. Morozowicz.

Crelle. Untersuchungen zur weitern Entwickelung der Theorie der Dampfmaschine.

Herr Crelle giebt die Resultate seiner mathematischen Untersuchungen über Dampfmaschinen; die Mittheilung der Entwickelungen ist einem Anhange zu einer neuen Auflage des grofsen Werkes von Pambour über Dampfmaschinen vorbehalten, welches Herr Crelle deutsch herauszugeben im Begriff ist. — Bei der Untersuchung über die Wirkungen des Schwungrades für Maschinen, welche 1) eine drehende 2) eine auf- und niedersteigende Bewegung hervorbringen, werden ad 2 vorzugsweise nur die Maschinen mit Absperrung des Dampfes betrachtet, weil bei diesen die Bewegung ohne Schwungrad durchaus unmöglich ist. Als Beispiel wird für eine starke Dampfmaschine das Gewicht des Schwungrades berechnet, dabei geben die Formeln einen auffallend grofsen Werth, doch ist bemerkt, dafs das Gewicht viel geringer sein könne, wenn man die Maschine schneller arbeiten läfst, oder auch wenn man den Durchmesser des Schwungrades vergröfsert.

Für eine Dampfmaschine, welche zur Compression der Luft angewendet werden soll, ist — zumal bei einer Maschine mit Absperrung des Dampfes — das Schwungrad ganz unentbehrlich, weil der zu überwindende Widerstand am stärksten ist gegen Ende des Kolbenlaufs, indem dann die Luft am meisten zusammengedrückt ist, während die Wirkung des Dampfes, der sich nach der Absperrung immerfort ausgedehnt hat, am schwächsten ist. Indem der Verfasser vorschlägt, statt des durch fahrende Maschinen während der Fahrt erzeugten Dampfes, als bewegende Kraft, mitgeführte comprimirte Luft zu benutzen, berechnet er beispielsweise die Dimensionen einer Dampfmaschine von solcher

Kraft, dafs sie in der Minute 800 *C. F.* Luft bis auf 8 Atmosphären wirksamer Spannung zusammenprefst, soviel etwa nöthig wäre zu einer Fahrt von Berlin nach Potsdam. — — Demnächst wird die Frage erörtert, welche von den verschiedenen Dampfmaschinen die vortheilhafteste sei, nämlich welche mit einer bestimmten Menge verdampften Wassers (oder mit einem bestimmten Aufwande von Brennstoff) die gröfste Nutzwirkung hervorbringe. Es ergiebt sich, dafs die WOOLF'schen Maschinen, bei denen man die Absperrung nach Belieben verstärken kann, einen entschiedenen Vorzug verdienen. Es sind zur Vergleichung die Wirkungen berechnet, welche sich bei einem *C. F.* verdampften Wassers ergeben. — Von besonderem Interesse ist die Anwendung der Dampfmaschine, wenn durch Pumpen Wasser aus verschiedenen Tiefen zu heben ist (Wassersturz, Cataracte), wobei eine nach Umständen gröfsere oder geringere Kraft nöthig ist. Statt dafs jetzt eine gröfsere Kraft dadurch bewirkt wird, dafs man dem Feuer der Esse Zeit läfst mehr Wasser zu verdampfen, wird vorgeschlagen, die Maschine nicht unmittelbar auf die Pumpe wirken zu lassen, sondern auf dieselbe vermittelst eines einarmigen Hebels, so dafs durch Verlängerung oder Verkürzung des Hebelarms die für verschiedene Tiefen gerade erforderliche Kraft hervorgebracht wird.

Bei den jetzt gebräuchlichen Dampfmaschinen kann die durch die Feuerung erzeugte Wärme nicht vollständig zur Verdampfung des Wassers benutzt werden, sondern es mufs ein sehr beträchtlicher Theil der Wärme nur dazu hingegeben werden, damit dem Feuer gleichsam durch Einsaugung die nöthige Luft zugeführt werde; daher der Verf. vorschlägt, durch die Maschine selbst ein Luftgebläse treiben zu lassen; er berechnet, dafs die Maschine nur einen sehr geringen Theil ihrer Kraft (etwas über 5 Procent) dazu herzugeben habe. Bei dieser Einrichtung würde es dann gestattet sein, die Wärme der Feuerluft vollständig zunächst zur Verdampfung des Wassers und dann noch zum Vorwärmen des kalten Wassers zu benutzen. Ein Versuch mit einem Luftgebläse soll in Manchester gemacht worden sein und soll sich dasselbe bewährt haben. *Dr. Spoerer.*

W. Grove. Vorlesungen über die Beziehungen der verschiedenen physikalischen Agentien.

Meyer. Umwandlung der Kräfte in einander.

Die Vorlesungen des Hrn. Grove enthalten eine populäre Darstellung der Hervorbringung von mechanischen Bewegungen, Wärme, Licht, chemischen, electrischen und magnetischen Erscheinungen durch einander, und nicht immer ganz klare allgemeine Erörterungen darüber, aus denen er herzuleiten sucht, dafs alle diese Vorgänge in der That nur Bewegungserscheinungen seien, und dafs es bestimmte äquivalente Quantitäten derselben gebe.

Hr. Mayer reclamirt in seiner Note die Priorität für den Gedanken, dafs die Wärmeeinheit einer bestimmten Arbeitsgröfse proportional sei, worüber er im Juli 1846 ein Memoire der Akademie eingereicht hatte. In demselben war ein numerischer Werth für das mechanische Aequivalent der Wärme aus der Erwärmung der Gase auf dieselbe Weise berechnet, wie es Holtzmann in seiner Schrift „Ueber die Wärme und Elasticität der Gase" [1] schon 1845 gethan hatte. Er will das Princip 1840 gefunden haben, 1842 erschien in den Ann. d. Chem. u. Pharm. XLII. 234 seine erste Veröffentlichung darüber, in welcher er die Unzerstörbarkeit der Kräfte und ihre Aequivalenz in der Transformation behauptet hat. Im Jahre 1845 hat er in seiner Schrift „Die organische Bewegung" dasselbe auf den Menschen angewendet, und auch noch weitere physikalische Folgerungen gezogen, wie z. B. die Erwärmung der Magnete durch Wechsel ihrer Pole erschlossen.

Prof. Dr. Helmholtz.

[1] Berl. Ber. Jahrg. 1845. S. 98.

---

8. Hydrostatik und Hydrodynamik.

---

a. Theorie.

BOILEAU. Études sur les cours d'eau. (Troisième Mémoire.) C. R. XXVI. 97*.

BOILEAU. Études sur les cours d'eau. (Quatrième Mémoire.) C. R. XXVII. 484*.

J. J. BAEYER. Versuch einer Theorie der Kontraktion der Bewegung des Wassers beim Ausflufs aus Oeffnungen in dünnen, ebenen Wänden, bei unveränderlichem Niveau im Behälter mit besonderer Rücksicht auf praktische Anwendungen. CRELLE J. f. Bauk. XXV. 131*. C. R. XXVI 308*.

S. HAUGHTON. On the equilibrium and motion of solid and fluid bodies. Trans. of the Irish Ak. XXI. 151*.

F. STREHLKE. Zur Entscheidung der Frage über den Luft- und Wasserdruck. Programm der Petrischule zu Danzig. 1848. 4.; GRUNERT Arch. XII. Anhang p. 648*.

J. WEISSBACH. Ueber den Ausfluss des Wassers unter sehr hohem Drucke. Pol. Centrbl. 1848. p. 763*. Der Ingenieur I. 513.

J. WEISSBACH. Hydraulischer Apparat zu Versuchen bei den Vorträgen über Hydraulik. Pol. Centrbl. 1848. p. 209*.

Hr. BOILEAU bezeichnet, in dem selbst gegebenen Auszuge als den Inhalt seines der Akademie eingereichten Mémoires die Untersuchungen über den Ausflufs des Wassers aus vertikalen Oeffnungen, wenn in Folge eines vor der Oeffnung angebrachten Kanales gleicher Breite nur an einer Seite eine Kontraktion hervorgebracht wird; die Breite des Zuflufsgerinnes und der Oeffnung variirten zwischen $0^m,9$ und $1^m,638$; die Höhe der Oeffnung aber innerhalb solcher Grenzen, dafs Hr. BOILEAU für die Allgemeinheit seiner Resultate in Bezug auf praktische Anwendungen einstehen zu können glaubt. Seine Untersuchungen sind in 2 Formen angestellt worden: einmal, wo das aus der Oeffnung fliefsende Wasser sofort freien Abzug hat, das andremal, wo sich unterhalb der Oeffnung eine Anstauung innerhalb eines 2. Reservoirs bildet. Die wirkliche Ausflufsmenge Q liefs sich in diesen Fällen mit grofser Annäherung durch 2 Formeln darstellen, welche, gegründet auf die Beobachtung des natürlichen Hergangs des Phänomens, durch die Anwendung des Princips der Erhaltung der lebendigen Kräfte, wie es Poncelet gethan, erhalten worden; es sind dieselben:

$$(1)\qquad Q = \omega \cdot \sqrt{2g \cdot \frac{h}{1 - \frac{\omega^2}{O^2}}}$$

und

$$(2)\qquad Q = \omega \cdot \sqrt{2g \cdot \frac{h}{\omega^2\left(\frac{1}{O_1^2} - \frac{1}{O^2}\right) + \left(1 - \frac{\omega}{O_1}\right)^2}}$$

die erste für den freien Abflufs, die 2. für den Fall eines zweiten, unteren Reservoirs.

Die Bedeutung der Buchstaben in denselben ist:

O der Inhalt des Haupt-Querschnitts des Gewässers oberhalb der Oeffnung, wie er bei den Wehren definirt worden [1]

ω der Inhalt eines Querschnitts durch die strömende Wasserader oberhalb der Oeffnung, wo die Geschwindigkeiten noch parallel und wenig von einander abweichend sind,

O_1 ist der Inhalt eines Querschnitts unterhalb des höchsten Theiles der Anstauung, wo diese Bedingungen abermals erfüllt sind,

h ist die Differenz des Niveau's der Querschnitte O und ω im Falle der Formel (1), und O und O_1 im Falle der Formel (2).

Erreicht im 2. Falle die Höhe der Anstauung die obere Seite der Ausflufsöffnung, so kann man noch die erste Formel anwenden, indem man für h den Druck auf diese Seite substituirt.

Nebenbei hat Hr. Boileau auch den Fall der Kontraktion an der untern Seite der Oeffnung betrachtet und gefunden, dafs dann die Formel (1) gebraucht werden kann, wenn man nur für ω den Inhalt eines gedachten Querschnitts setzt, dessen Verhältnifs zu dem der Oeffnung und um ein Weniges für die verschiedenen Druckhöhen variirt.

[1] C. R. XXV. 6*. Berl. Ber. 1847 S. 48.

Das 4. Mémoire des Herrn Verfassers hat zum Zweck, die in seinem 2. Mémoire gegebenen Formeln für die Wassermengen, welche über Wehre fliefsen, in ihrer Anwendbarkeit für Fälle zu prüfen in denen die Einrichtungen von jenem Normal-Wehre abweichen. Es geht ferner daraus hervor, dafs:

1) die Wassermenge eines dem Normal-Wehre ähnlichen Wehres in einem Canal, dessen vertikale Wände aber divergiren, noch durch die gegebenen Formeln darstellbar ist,
2) dies noch stattfindet, wenn durch Wasseranstauungen unterhalb des Wehres das Wasser an diesen mehr oder weniger ansteigt,
3) die abgeflossene Wassermenge für die Einheit der Länge des Wehres bei schiefer Richtung desselben gegen den Strom geringer als bei senkrechter ist, und zwar im Verhältnifs von 1 : 1,083,
4) die abgeflossene Wassermenge über ein, einen an der Spitze etwas abgerundeten ausspringenden Winkel bildendes Wehr gleich der ist, die über ein gleich gegen den Strom geneigtes gradlinigtes Wehr fliefsen würde, dessen Länge gleich der Summe der Schenkel des Winkels,
5) bei einem Canal mit geböschten Wänden oberhalb des Wehres Seitenabweichungen der Flüssigkeitsadern entstehen, die den Gebrauch numerischer Coëffizienten erheischen. Hr. Boileau hat deren 2 Reihen angegeben, wovon eine sich, auf eine Neigung gleich der natürlichen Erdböschung, die andere auf eine Neigung von 60° sich bezieht.

Das Mémoire enthält aufser einigen Verbesserungen der numerischen Zahlen des 2. Mémoire's auch Erweiterungen jener Versuche; so wie endlich Untersuchungen über die von anderen Autoren für die über Wehre geflossenen Wassermengen gegebenen Formeln.

J. F. Baeyer. Versuch einer Theorie der Kontraktion der Bewegung der Flüssigkeiten.

Da die Beobachtungen zeigen, dafs bei kleinen Oeffnungen in den Wänden eines Behälters, wenn dieselben nur weit genug vom Boden ab liegen, um die Einwirkung desselben unwirksam zu machen, die Flüssigkeitsadern alle auf die Mitte der Oeffnung zu strömen, so nimmt der Hr. Verfasser an: diefs geschähe so, dafs die Theilchen, die vorher eine Halbkugelfläche bilden, auch nachher auf der Oberfläche einer andern Halbkugel sich befänden. Da nun diese Oberflächen im quadratischen Verhältnifs ihrer Entfernungen von der Oeffnung, d. h. ihrer Radien abnehmen, so müssen die Geschwindigkeiten in demselben Verhältnifs zunehmen, so dafs, wenn V und v 2 Geschwindigkeiten der Theilchen auf den Halbkugeln, deren Radien R und r, man haben würde:

$$V : v = r^2 : R^2$$

So geht die Bewegung fort, bis der Radius der Halbkugel gleich dem Radius der einstweilen kreisförmig angenommenen Oeffnung geworden ist; hier tritt bereits ein Sprung in der Bewegung ein, während nämlich in der Richtung auf den Mittelpunkt zu alle Theile in der Entfernung R die theoretische Geschwindigkeit $\sqrt{2gh}$ haben, ändert sich plötzlich ihre Bewegung in eine der Achse des ausfliefsenden Strahles parallele um, und mit dieser Aenderung wechselt auch das Gesetz. Es kommen von den Geschwindigkeiten der einzelnen Partikeln nur die Componenten parallel der Achse zur Wirkung, die Geschwindigkeit bleibt nur für das mittlere ungeändert gleich V, für die anderen ist sie geringer und wächst erst nach und nach wieder bis zum kleinsten Querschnitt des Strahles aufserhalb der Oeffnung. Hr. Baeyer nimmt nun an, dafs das Wachsthum dieser der Achse parallelen Geschwindigkeiten von der letzten Halbkugel an in geradem Verhältnifs der Quadrate der Entfernungen von der Oeffnung fortgehe, bis alle Theilchen in der Entfernung des kleinsten Querschnitts diejenige Geschwindigkeit parallel der Achse erreicht haben, die der Druckhöhe h entspricht, also $\sqrt{2gh}$, und die sie vorher schon in den Richtungen auf den Mittelpunkt zu hatten.

Es ergeben sich hieraus folgende Gesetze:

1) Alle Theilchen haben in der Entfernung R von der Oeffnung die Geschwindigkeit V; denkt man sich aber von der letzten Halbkugel an die Wassermasse als einen Cylinder

vom Querschnitt der Oeffnung mit einer mittleren Geschwindigkeit c herausgehen, so kann man jedes Wassertheilchen als auf eine eigene Oeffnung strömend, ansehen; und mufs dann für die mittlere Geschwindigkeit die mittlere Entfernung aller Wassertheilchen an der jedem zugehörigen Oeffnung suchen. Thut man dies für jeden durch die Achse gehenden Querschnitt bei einer Kreisöffnung, so ist diese mittlere Entfernung der mittlere Werth der Ordinaten eines Kreises, oder gleich der Halbkreisfläche dividirt durch den Durchmesser, also $= \frac{1}{4} R\pi$.

Man hat also, da hier das grade Verhältnifs anzusetzen ist:

$$c : V = (\tfrac{1}{4} R\pi)^2 : R^2$$
$$c = (\tfrac{1}{4}\pi)^2 \cdot V$$

woraus der Kontraktionscoëfficient $= 0{,}617$. Bossut gab ihn 0,617; Eytelwein 0,6176; d'Aubuisson 0,619; andere Versuche zwischen diesen schwankend.

4) Kennt man die Geschwindigkeit eines Theilchens senkrecht auf der Achse z, während dieselbe in der Achse c ist, so ist, da die Entfernung der letztern entsprechend $= \frac{1}{4} R\pi$, die der ersteren entsprechende $\sqrt{R^2\{1-(\frac{1}{4}\pi)^2\}}$ mithin wieder:

$$z : c = 1-(\tfrac{1}{4}\pi)^2 : (\tfrac{1}{4}\pi)^2$$
$$z = c \cdot \left(\left(\frac{4}{\pi}\right)^2 - 1\right)$$

setzt man beide Geschwindigkeiten zusammen, so findet man für den Winkel, den der ausfliefsende Strahl mit der Achse macht, $58^\circ\ 8'\ 54''$.

3) Die gröfste Geschwindigkeit V wird erst parallel der Achse im Punkte der gröfsten Zusammenziehung, d. h. des kleinsten Querschnitts erreicht; es sei diese Entfernung x, so hat man

$$c : V = (\tfrac{1}{4} R\pi)^2 : x^2,$$

für c seinen Werth giebt

$$x = R.$$

Es liegt also die gröfste Zusammenziehung in einem Punkte vor der Oeffnung, dessen Entfernung gleich dem Radius derselben.

4) Der Querschnitt der gröfsten Zusammenziehung sei ω_1, der der Oeffnung ω, so mufs:

$$c \cdot \omega = V \cdot \omega_1$$

sein, woraus:

$$\omega_1 = (\tfrac{1}{4} r\pi)^2 \cdot \pi = \varrho^2 \pi$$

wenn man

$$\varrho = \tfrac{1}{4} r\pi$$

setzt, woraus:

$$\varrho = r \cdot 0{,}7854.$$

Pollenius gab diesen Radius $= r \cdot 0{,}7884$

Borda fand ihn durch Messung $= r \cdot 0{,}802$.

Die 3 letzten Gesetze stimmen mit den Versuchen von Bossut, Venturi, Eytelwein und Michelotti.

Das Weitere der Arbeit des Hrn. Baeyer ist nun eine Ausführung jener Gesetze für gröfsere Oeffnungen jeder Gestalt mittelst in Reihen entwickelter Integrale, aus denen sich auch ergiebt, dafs die Formel $Q = \omega . k . \sqrt{2gh}$ nur richtig ist, wenn h über 10 R, da sonst an die Stelle von $\sqrt{2gh}$ eine Reihe tritt, deren Glieder den Werth von Q ändern, so lange die Druckhöhe gering ist.

In Bezug auf das Weitere mufs auf das Original verwiesen werden, in welchem sich schätzbare Tabellen befinden, die die zu benutzenden Coëfficienten für Geschwindigkeiten und Ausflufsmengen bei den verschiedensten Oeffnungen und Druckhöhen angeben; unter ihnen ist auch eine Tafel, in welcher aus den, bei den Versuchen von Poncelet und Lesbros in Metz angegebenen Daten die Ausflufsmengen nach den Formeln des Verfassers berechnet sind, und eine überraschende Uebereinstimmung mit den beobachteten Ausflufsmengen zeigen.

Am Schlufs befindet sich noch eine Anwendung auf oben offene Oeffnungen, d. h. Wehre, und eine Betrachtung über die Form des Wasserstrahls bei verschiedenen Formen der Ausflufsöffnung.

Hr. Haughton macht in seinem Mémoire eine Anwendung der Methode von Lagrange aus der Mécanique analytique für die Bewegung eines Systems von Molekülen, sei der aus ihnen zusammengesetzte Körper fest oder flüssig, homogen oder heterogen, krystallisch oder nicht, während NAVIER im 7. Theile der Mémoires de l'Institut es nur für homogene unkrystallisirte Körper that.

Die allgemeine Gleichung von der er ausgeht ist:

$$\iiint(X d\xi + Y d\eta + Z d\zeta)\, dm = \iiint \delta V \cdot dx \cdot dy \cdot dz$$

in welcher xyz die Coordinaten eines Punktes im Zustande der Ruhe, $x+\xi$, $y+\eta$, $z+\zeta$ die in der Bewegung sind. X, Y, Z, sind die Componenten der äufseren Kräfte, zu denen er auch die Gravitation der einzelnen Partikeln zu einander rechnet, das Moment δV enthält dann nur Molekularkräfte.

Sind nun m und m' 2 Massenpunkte, ϱ, α, β, γ Länge und Richtung ihrer Verbindungslinie, ihre Veränderungen dann ϱ', α', β', γ', so ist die Wirkung derselben auf einander eine Funktion dieser 8 Gröfsen, etwa

$$f = F_0 + 2F_1\varrho' + 3F_2\varrho'^2 + \cdots$$
$$+\left\{\begin{array}{l} A_1\alpha' + A_2\alpha'^2 + \cdots \\ + B_1\beta' + B_2\beta'^2 + \cdots \\ + C_1\gamma' + C_2\gamma'^2 + \cdots \end{array}\right\}$$

den letzten in Klammern eingeschlossenen Theil vernächlässigt nun HAUGHTON ganz, indem er sagt, dafs die Veränderung einer Molekularkraft, die durch Aenderung der Richtung von ϱ entsteht, als unendlich kleines 2. Ordnung anzusehen sei gegen eine Aenderung, die aus einer Ab- oder Zunahme von ϱ folgt; es bleibt so nur:

$$f = F_0 + 2F_1\varrho' + \cdots$$
$$\delta V = \Sigma(F_0\delta\varrho' + F_1\delta(\varrho'^2))$$
$$\iiint V \cdot dx dy dz = \iiint(F_0\varrho' + F_1\varrho'^2)\varrho^2 \sin\theta\, d\varrho\, d\theta\, d\psi = V_0 + V_1$$

Der Hr. Verfasser erklärt nun feste Körper so, dafs für solche $V_0 = 0$ ist, d. h. sich die inneren Kräfte in der Ruhe ohne äufsere das Gleichgewicht halten; in flüssigen kann V_1 als kleiner Theil meist gegen V_0 vernachlässigt werden, nur in den unvollständigen Fluiden sind V_0 und V_1 beizubehalten. Die folgende Entwicklung ist indefs allgemein gegeben, und zeigt durch sich selbst, dafs man auf die Bewegungsgleichungen fester Körper durch V_0, auf die Gleichungen der Hydrostatik durch V_1 kommt.

Bei der Hydrodynamik mufs zur Aufstellung der nöthigen Gleichungen V_1 berücksichtigt werden, weil diese, wie bekannt, aus den statischen Gleichungen nicht so ohne Weiteres folgen, wie bei festen Körpern.

Hr. Haughton geht hierauf zur Wellenbewegung über, und zwar zu dem Falle ebener Wellen, da im Allgemeinen die Gleichungen nicht integrabel sind; er zeigt dann, dafs zu einer bestimmten Richtung einer ebenen Welle es durch jeden Punkt des Körpers 3 mögliche Fortpflanzungsrichtungen der Bewegung giebt, und dafs die Quadrate der Geschwindigkeiten die reciproken Quadrate der 3 Achsen eines Ellipsoïds sind, dessen Mittelpunkt der angeregte Punkt ist. Eine sehr elegante, einfache geometrische Construktion für diese drei möglichen Wellen, deren Vibrationen auf einander senkrecht sind, ist folgende:

Man construire um den betrachteten Punkt als gemeinsames Centrum 6 Ellipsoïde, deren Gleichungen durch Coëfficienten der ursprünglichen Bewegungsgleichungen bestimmt sind, ziehe vom Centrum ein Loth zur Wellenebene, so trifft dies alle 6 Oberflächen; seien die 6 Radienvektoren nun $\varrho_{,}$ $\varrho_{,,}$ $\varrho_{,,,}$ $r_{,}$ $r_{,,}$ $r_{,,,}$ so construire man das Ellipsoïd

$$\frac{x^2}{\varrho_{,}^2}+\frac{y^2}{\varrho_{,,}^2}+\frac{z^2}{\varrho_{,,,}^2}+2\left(\frac{yz}{r_{,}^2}+\frac{xz}{r_{,,}^2}+\frac{xy}{r_{,,,}^2}\right)$$

dann sind die Richtungen der 3 Achsen dieses Ellipsoïdes die 3 möglichen Bewegungsrichtungen, die Achsen porportional den Geschwindigkeiten in denselben.

Zieht man Radienvektoren nach allen Richtungen, construirt zu jeder solchen Senkrechten auf einer Wellenebene das zugehörige Ellipsoïd, setzt dann auf jeder 3 Stücke, umgekehrt proportional den 3 Achsen ab, so giebt der Ort für die Endpunkte eine Fläche, die Hr. Haughton Oberfläche der Wellengeschwindigkeit (surface of wave-velocity) nennt. Die Oberfläche hingegen, die von Radienvektoren gebildet wird, die die umgekehrten Werthe der Wellengeschwindigkeit sind, nennt er die Fläche der Wellenverzögerung (surface of wave-slowness); sie ist die reciproke Polarfläche der Wellenfläche und dient zur Erkennung der Eigenschaften dieser.

Die Gleichung dieser Verzögerungsfläche ist vom sechsten Grade; die Fläche selbst besteht aus 3 Blättern und erlaubt einfach geometrisch die Richtung der reflektirten oder gebrochenen Wellen zu finden, wenn die Bewegung an die Grenzen zweier Medien stöfst; und zwarso: Um einen Punkt der als eben angenommenen Trennungsfläche als Mittelpunkt construire man für jedes Medium die Oberfläche der Wellenverzögerung; man ziehe nun vom Centrum eine Normale zur einfallenden Welle, bis sie die dieser correspondirende Fläche trifft; von diesem Treffpunkt fälle man ein Loth zur Trennungsfläche und verlängere dies bis zur zweiten Verzögerungsfläche; diese wird in 3 Punkten getroffen, welche mit dem Centrum verbunden 3 Richtungen bestimmen, die normal zu den 3 gebrochenen Wellen sind. Die Längen dieser Verbindungslinien sind obenein umgekehrt der Wellengeschwindigkeit proportional.

Um die reflektirten Wellen zu finden, verlängere man nur das Loth zur Trennungsfläche, jetzt Reflektionsfläche, rückwärts, so trifft es die Verzögerungsfläche desselben Mediums in 3 Punkten, die dieselbe Bedeutung für die Reflexion haben.

Aus Welle und Richtung des Strahles folgt so jedesmal eine bestimmte Richtung der Bewegung der Moleküle.

Die Grenzbedingungen des Problems entwickelt Hr. Haughton nur in dem Falle genauer, wo die Grenze eine Trennungsfläche zweier Medien ist, und zwar auch dann nur umständlicher, wo dieselbe eine Ebene (die der $x\ y$) ist. Seien für diesen Fall τ' und τ'' zwei Gröfsen, deren Bedeutung nachher gegeben werden soll, und setzt man:

$$p = \tau' \cdot \cos\lambda_{,} \quad q = \tau' \cdot \cos\mu_{,} \quad r = \tau' \cdot \cos\nu_{,}$$
$$f = \tau'' \cdot \cos\lambda_{,,} \quad g = \tau'' \cdot \cos\mu_{,,} \quad h = \tau'' \cdot \cos\nu_{,,}$$

so sind seine Bedingungen für die Grenze:

$$\frac{d^2f}{dt^2},\ \frac{d^2g}{dt^2} \text{ und } \frac{d^2r}{dt^2}$$

müssen beim Uebergange ihren Werth behalten; τ' und τ'' sind nun aus Differentialquotienten, Winkeln der Bewegungsrichtungen und aus Integralen, von der ursprünglichen Funktion f abhängig zusammengesetzt, und werden zweite und dritte Transversale genannt, gehörig zur Molekularbewegung τ in der Richtung α, β, γ. Von dieser gehen die 3 Componenten über in das neue Medium, von der zweiten Transversale bleibt vermöge der

Grenzbedingung die Componente senkrecht zur Trennungsfläche, von der dritten nur die parallel derselben unverändert in ihrem Werthe.

Die beiden Transversalen sind nur gedachte mathematische Linien, sie haben nur eine Bedeutung durch eine Erleichterung der Vorstellung und eine geometrische Construktion dessen, was an den Grenzen geschieht; sie sind die mathematischen Vibrationen zu der einen wirklichen, und geben mit diesen 6 Bedingungen, von denen Hr. Haughton dann noch zeigt, daſs dieselben in allen Fällen ausreichen, sei der Uebergang aus einem homogenen in ein homogenes, oder in ein krystallisirtes u. s. f.

Das kleine Schriftchen von Hrn. Strehlke bezweckt lediglich eine Widerlegung der bekannten v. Drieberg'schen Behauptungen, und kann natürlich ihr Inhalt hier weiter nicht besprochen werden. Die beschriebenen Versuche sind übrigens höchst lehrreich, sinnreich angeordnet und dabei einfach.

Bei allen bisherigen Versuchen über den Ausfluſs des Wassers sind unbedeutende Druckhöhen angewandt worden, die nur bei Michelotti 21 Fuſs erreichen.

Hr. Weissbach benutzt nun die ihm gebotene Gelegenheit, um die Gesetze des Ausflusses, der Contraktion etc. unter sehr groſsem Drucke zu prüfen, und so einem Mangel abzuhelfen, der bei den jetzt öfters angewandten Hochdruckturbeinen fühlbar geworden ist. In einem Schachte bei Freiberg ist nämlich eine Wassersäulenmaschine aufgestellt, die die Anwendung einer Druckhöhe von 122¼ Meter, also etwa 12 Atmosphären gestaltete; und zwar wurden die Versuche in der Art angestellt, daſs an die eigentliche, sogenannte Einfallsröhre unten eine Seitenröhre angebracht wurde, an die sich 2 enge Mundstücke mit und ohne Abrundung an der Einmündung ansetzen lieſsen, oder indem der Ausfluſs unmittelbar durch eine einmal kreisrunde, das andere Mal quadratische Oeffnung in dünner Wand geschah.

Die als Ausfluſsreservoir dienende Einfallsröhre war im Mittel 266 C. Meter weit, die Seitenröhre für die Mundstücke am Boden 19 C. M. lang, 4 C. M. weit. Oben endete die Einfallsröhre in einem Kasten, dessen Niveau durch einen Schwimmer beobachtet, fast constant blieb. Ein Hahn sperrte das Wasser während des Einsetzens der Mundstücke ab, das ausgeflossene Wasser wurde in einem Kasten aufgefangen, bei dem das Verspritzen durch eine eigene Art der Leitung verhindert wurde, und mit welchem diese letztere nur grade während der Dauer des Versuches kommunizirte.

Es zeigte sich nun beim Ausfluſs aus den Oeffnungen in dünner Wand deutlich die Contraktion, so wie die Wendung des Strahles bei der quadratischen Oeffnung; der Strahl zerschlug sich indeſs sehr nahe vor der Mündung. Beim Ausfluſs aus der Ansatzröhre mit Abrundung fiel der Strahl nicht durchsichtig aus, bei der ohne Abrundung war er ebenfalls trübe und immer in Schwankungen begriffen, auch schien er, wie es die Messungen der Ausfluſsmengen bestätigten, die Oeffnung nicht ganz auszufüllen.

In Zahlen ergeben sich folgende Resultate:

Röhre mit abgerundeter Einmündung

theoretische Geschwindigkeit	48,972 M.
aus der Ausfluſsmenge gefunden	47,311.

Das Verhältniſs beider $\mu = 0,966$.

Röhre ohne Abrundung:

gefundene Geschwindigkeit	35,714
theoretische	48,972

$\mu = 0,729.$

Der Ausfluſs aus einer kreisrunden Oeffnung ergab $\mu = 0,61$, der aus der quadratischen $\mu = 0,60$, beide denen bei kleinen Drucken fast gleich.

Zieht man die Reibungswiderstände während der Bewegung des Wassers mit in Rechnung, so ist μ im ersten Falle von 0,966 auf 0,967, im zweiten von 0,729 auf 0,739 zu erhöhen.

Herrn WEISSBACH's hydraulischer Apparat ist in der Hauptsache ein Blechgefäſs, in dessen einer Wand sich 3 Mündungen befinden, welche mit den nöthigen Rahmen zum Einsetzen verschiedenartiger Mundstücke und mit den erforderlichen Verschliefsungsklappen versehen sind. Letztere tragen Stiele, welche durch Stopfbüchsen in der Rückwand des Gefäfses gehen, um die Mündungen von aufsen beliebig schliefsen und öffnen zu können. Im obern Theile des Gefäfses sind 2 nach oben gehende Haken angebracht, deren Spitzen beim Durchgang des sinkenden Wasserspiegels den Anfang und das Ende des Versuches bezeichnen.

Die Entfernungen der 3 Seitenmündungen von der Mitte dieser beiden Spitzen verhalten sich wie 1:4:9, daher die durch sie in gleicher Zeit ausfliefsenden Wassermengen wie 1:2:3.

Hr. Weissbach hat über 100 verschiedene Versuche mit diesem Apparate und einem zweiten angestellt, der dazu dienen soll, die Reaktion des Wassers beim Ausflufs desselben aus Gefäfsen zu ermitteln. Es besteht derselbe aus einem aufgehangenen Ausflufsgefäfs, dem von oben durch eine Röhre ununterbrochen Wasser zugeführt wird. Der, der Bewegung des durch eine am untern Theile angebrachte Seitenöffnung ausfliefsenden Wassers entgegengesetzt gerichteten Reaktionskraft wird mittelst eines Winkelhebels von einem Laufgewichte das Gleichgewicht gehalten. Aus diesem Gewichte und dem Verhältnifs der Hebelsarme läfst sich die Reaktion des Wassers berechnen.

Mit dem letzten Apparate lassen sich auch Versuche über den Stofs des Wassers, und durch eine Combination beider Apparate Versuche über den Ausflufs des Wassers unter Wasser anstellen.

v. Morozowicz.

---

b. Hydraulik.

Delaurier. Description et figures de nouveaux systèmes de machines hydrauliques. C. R. XXVI. 141*.

Caligny. Expériences sur un nouveau système d'écluses de navigation. C. R. XXVI. 409*.

Caligny. Expériences sur un nouveau système de moteurs hydrauliques atmosphériques. C. R. XXVI. 420*. Inst. 745 p. 109*.

Caligny. Observations sur les intermittences d'un jet d'eau provenant de la manière dont l'orifice était bouché en partie par des pièces fixes. Inst. 747 p. 127*.

Guillemot. Figure et description d'une pompe à hélice. C. R. XXVI. 447*.

L. D. Girard. Mémoire descriptif d'une machine à élever les eaux, dite moteur-pompe; C. R. XXVII. 111. Dingl. p. J. CVIII 254*.

P. M. N. Benoit. Notice sur un niveau d'eau perfectionné. Bull. d. l. soc. d'enc. XLVII. 11*.

Rittinger. Beschreibung einer Quecksilber-Saug- und Druckpumpe. Dingl. p. J. CVII. 97*.

Bourdon. Dynamomètre. Inst. 742. p. 87.

---

9. Äerostatik und Äerodynamik.

Person. Sur le siphon. C. R. XXVII. 321*; Dingl. p. J. CX. 155*; Inst. No. 769 q. 294*.

Lefranc. Ein neues Barometer. Ann. d. ponts et chauss. 1846. 2. sémestre p. 316; Pogg. Ann. LXXIV 462*.

Vidi. Baromètre anéroïde. C. R. XXIV p. 975*; Pogg. Ann. LXXIII 620*; Fror. Not. VI. 216 Lit. gaz. No. 1612; Öfvers. af. Vet. Ac. För. 1847 S. 216*; Mech. Mag. XLIX 204*.

Gaudin. Ueber die von der Temperatur unabhängigen Sympiëzometer. Dingl. p. J. CVIII 260*; Mon. indl. 1847. No. 1157.

Fr. Pfeiffer. Ein neues Barometer. Haidinger Ber. IV 253*.

Höffer. Zwei bisher wenig bekannte neue Barometer des Mechanikus Kapeller in Wien. Haidinger Ber. IV. 299*.

Schrötter. Ein neues Barometer Ber. d. Wien. Ak. 1848 Hft. 2. p. 170*.

Zantedeschi. Dell' influenza delle variazioni di pressione nelle indicatione termometriche. Racc. fis. chim. III. 253*.

J. Weissbach. Ueber den Ausfluſs der Luft durch verschiedene Mündungen. Polyt. Centrbl. 1848. p. 758*. Der Ingenieur I. 513.

Hr. Person sagt in seiner Notiz:

Einen Heber zu construiren, welcher nachzieht, wenn man die Flüssigkeit auslaufen läſst, die nur den langen Schenkel erfüllt, ist ein gewöhnliches Problem, dessen Lösung man aber nirgends findet; Péclet giebt zwar eine solche in seinem: traité de physique, sie ist indeſs irrig. Indem er mit a, b, c die Längen der 3 Schenkel des Hebers bezeichnet, wovon einer horizontal und die andren vertikal, findet er für die Länge von c welche das Nachziehen der Flüssigkeit bewirken kann:

$$c > 2a + b.$$

Man kann mittelst Quecksilber leicht den Irrthum nachweisen, d. h. einen Heber construiren, welcher die vorhergehende Bedingung erfüllt und nicht nachzieht. Die wahre Bedingung des Nachziehens ist:

$$c > a + \frac{a+b}{1-\frac{a}{H}}$$

wo H die Höhe der Flüssigkeit bezeichnet, welche dem atmosphärischen Druck das Gleichgewicht hält.

Diese Formel ist gleichbedeutend mit:

$$c > 2a + b + (a+b)\frac{a}{H-a},$$

der Irrthum Péclet's ist also das Glied $(a+b)\frac{a}{H-a}$, welches bei kleinern Hebern und wenig dichten Flüssigkeiten unbedeutend ist, aber zunimmt, so wie a gegen H bedeutender wird, wie es beim Quecksilber der Fall ist.

In den Annales des ponts et chaussées beschreibt Hr. Lefranc das von Poggendorff erwähnte Barometer, welches die Vorzüge des Bunten'schen besitzt, aber frei von dessen Nachtheilen ist, denn es kann von Jedem, der nur einigermaſsen Glasröhren zu biegen und auszuziehen versteht, leicht angefertigt werden, und ist dem Zerbrechen weniger ausgesetzt. Die Verbesserung besteht wesentlich in Folgendem: Der kurze Schenkel eines Heberbarometers ist oben dünner, jedoch cylindrisch ausgezogen; auf diesem ausgezogenen Theile sitzt ein guter, etwas konischer Kork so, daſs die Spitze etwa 8—10^{mm} darüber hinausragt. Auf diesem Kork stekt eine Röhre aus Glas, von der Weite des langen

Schenkels, unten etwas konisch und mit einem dickeren Rande versehen. Die Art des Verschlusses, Fällens und Aufhängens giebt Hr. Lefranc noch ausführlich an.

Aufser dem Hauptvorzuge, der Luft keinen Zutritt zur Torricellischen Leere zu lassen, hat dies Barometer auch noch den, bei schnellem Neigen nicht dem Zerschlagenwerden ausgesetzt zu sein, weil das Quecksilber durch die engere Oeffnung nur langsam zutritt.

Das neue Barometer des Herrn Vidi besteht aus einer luftleer gemachten Metalldose, deren oberer Deckel so dünn ist, dafs er den Veränderungen des atmosphärischen Druckes nachgiebt, sich also dem Boden nähert, oder von diesem entfernt, wenn der Druck zu- oder abnimmt. Dadurch setzt der Deckel einen Zeiger in Bewegung, dessen Gang an einer experimentell nach dem gewöhnlichen Barometer festgestellten Eintheilung den stattfindenden Luftdruck angiebt.

Nach dem Urtheil Poggendorff's wird dies neue Barometer das Quecksilberbarometer nicht überflüssig machen, erscheint aber als ein ganz brauchbares Instrument da, wo es auf keine gröfsere Genauigkeit in der Ablesung als eine Viertel Linie ankommt, da es sich wegen seiner Form und Gröfse leicht transportiren läfst.

Temperaturveränderungen haben keinen merklichen Einflufs auf das Instrument.

Hr. Gaudin giebt 2 verschiedene Construktionen für von der Temperatur unabhängige Sympiezometer (Barometer mit Luftreservoir); die Instrumente gestatten die Anwendung minder dichter Flüssigkeiten als Quecksilber, und sollen empfindlicher sein als Barometer. Die unklaren Originalberichte lauten:

1) Man steckt ein bis zwei Meter tief in den Boden eines Kellers einen gläsernen Kolben von 15 bis 20 Liter Rauminhalt, nachdem man an seine Mündung eine Bleiröhre von sehr kleinem Kaliber angekittet hat, die man in das zu den Beobachtungen bestimmte Zimmer leitet. Diese Röhre

wird an eine vertikale Glasröhre von 2—3 Millimeter Durchmesser angepafst, deren unterer Theil in ein cylindrisches Reservoir taucht, welches Wasser enthält, worin Chlorkalcium aufgelöst ist. Nachdem man die Flüssigkeitssäule mittelst eines Mundstücks mit Hahn, das an die Hülse gelöthet ist, welche die Bleiröhre mit der Glasröhre verbindet, durch Saugung auf die geeignete Höhe in der vertikalen Röhre hinauf getrieben hat, wird die Säule je nach dem atmosphärischen Druck innerhalb einer 15 mal so grofsen Wandelskala, als die des Quecksilberbarometers ist, oscilliren. Die Temperatur ist dabei von so geringem und langsamem Einflufs, dafs die Angaben dieses Barometers beim Gebrauche nicht merklich durch sie afficirt werden.

2) Man denke sich ein umgekehrtes Luftthermometer, dessen Haarröhre an das Reservoir eines Flüssigkeitsthermometers mit Terpentinöl und Quecksilber geschweifst wurde. Die Röhre dieses letzteren, welche vom untern Theil des gemeinschaftlichen Reservoirs ausgeht, setzt sich, nachdem sie kreisförmig gebogen wurde, vertikal fort. Ist Alles so eingerichtet, so wird, wenn die Grade dieses Flüssigkeitsthermometers 2,8 Millimeter grofs sind, das Quecksilber bei jedem Temperaturwechsel von 1° cent. auch ebensoviel in der vertikalen Röhre steigen oder fallen und diese Vermehrung oder Verminderung des Druckes wird auf das Luftthermometer wirken; da aber gleichzeitig durch diesen Temperaturwechsel der Druck der Luft sich um ebensoviel verändert hat, so wird die durch die Terpentinölsäule in der Haarröhre angezeigte Luftgränze (Index) nicht von ihrer Stelle weichen. Verändert sich hingegen der Druck, so befolgt auch die Terpentinölsäule einen Gang, welcher von dem Kaliber der beiden Thermometerröhren, vom Querschnitt der Kugel des Flüssigkeitsthermometers und von der im Luftthermometer durch die Verrückung des Index hervorgebrachten Veränderung der Spannung bedingt ist.

Da endlich das Kaliber der Luftthermometerröhre sich auf einen Quadratmillimeter reduciren läfst, während das Kaliber des Flüssigkeitsthermometers wenigstens 5—6 Quadratmillimeter beträgt, so erhält man für die Barometerskala noch leicht Millimeter statt Centimeter. Die Reservoirs müssen mit schlechten Wärmeleitern umgeben sein, damit die Atmosphäre auf den Inhalt beider nur langsam und in gleichem Grade ihren Einfluſs äuſsert.

Der Hr. Verfasser empfiehlt dergleichen Instrumente namentlich für Landwirthe.

Das Instrument des Hrn. Pfeiffer ist ein transportabeles Gefäſsbarometer, bei dem das Eintreten von Luft in die Röhre auf eine sehr sinnreiche Weise vermieden ist. Der untere Theil der graden Barometerröhre ist in eine etwas dünnere Röhre ausgezogen; sie wird mittelst eines durchbohrten Korkstöpsels, der den Deckel des Gefäſses bildet, in der Achse einer weiten, cylindrischen Röhre, dem Gefäſse des Barometers, festgehalten. Das untere Ende dieser weiten Röhre ist mit einem zweiten Korkstöpsel fest verschlossen. Der obere Kork hat noch eine zweite Durchbohrung, in welcher eine feine Röhre für den Luftzutritt angebracht ist, deren oberes, äuſseres Ende hakenförmig umgebogen ist, um dem Staub den Eintritt zu wehren.

Die Hauptröhre reicht in das Gefäſs bis zur Mitte, das Quecksilber steht etwas höher, wodurch bewirkt wird, daſs bei Umkehrung des Instruments (vom Verschluſs der zweiten, kleinern Röhre einstweilen abgesehen), das untere Ende der Barometerröhre stets unter Quecksilber bleibt, Luft daher nie zutreten kann. Der Verschluſs der engern Röhre beim Umkehren oder vielmehr die Verhütung des Ausflusses von Quecksilber in diesem Falle durch die engere Röhre geschieht nun folgendermaaſsen:

Unmittelbar unter dem obern Kork und unter dem innern Ende der kleinen Röhre ist im Gefäſs eine Lederscheibe, die die Luft sehr gut hinzutreten, beim Umkehren aber kein Quecksilber herauslaufen läſst, so angebracht, daſs sie die Barometerröhre fest umschlieſst und an die Wände des Gefäſses fest angespannt ist. Sie bildet also eigentlich bei aufrecht stehendem Barometer den für die Luft durchdringbaren Deckel, bei der Umkehrung den für Quecksilber undurchdringlichen Boden.

Das eine der beiden Barometer des Mechanikus Kapeller ist ein Gefäfsbarometer; das Gefäfs, in dessen Mitte die Barometerröhre steht, ist unten zur Niveauregulirung mit einer Schraube versehen, oben mit einem Lederdeckel geschlossen, durch welchen die Luft hinzutreten kann; die Röhre ist in ihrem unteren Theile an ein enges, grades Rohr angeschmolzen, um das Aufsteigen von Luftblasen zwischen dem Quecksilber und dem Glase unmöglich zu machen. Eine Stahlspitze, welche das Niveau anzeigt, ist durch Vergleich mit einem Normalbarometer eingestellt.

Die zweite Art sind genau wie die durch die Bunten'sche Vorrichtung verbesserten Gay-Lussac'schen Barometer, nur mit der Abänderung, dafs hier der oben offene, kürzere Schenkel mit Leder zugebunden ist, während er dort oben zu ist und der Luft der Zutritt nur durch eine Cappillaröffnung gestattet wird, durch welche kein Quecksilber ausfliefst.

Hr. Schrötter hat dem Barometer eine neue Einrichtung gegeben, die es in Bezug auf Sicherheit, Genauigkeit und Bequemlichkeit des Ablesens den besten bekannten gleichstellen soll, und den Preis des Instruments zugleich auf die Hälfte ermäfsigt. Das Wesen der neuen Einrichtung besteht darin, dafs von der obern Kuppe der Barometerröhre im Innern des leeren Raumes eine Glasspitze herabgeht, welche mit der Oberfläche des Quecksilbers durch Heben oder Senken der Röhre bei feststehendem Gefäfse in Berührung gebracht wird. Eine zweite Spitze geht vom Deckel des Gefäfses herab; die Oberfläche des Quecksilbers in letzterem wird auf die gewöhnliche Weise mittelst einer Bodenschraube eingestellt. Die Barometerröhre ist am obern Theile so weit, dafs aller Kapillar-Einflufs wegfällt. Zur feinen Verschiebung der Röhre dient eine Mikrometerschraube, und eine Skala an der Röhre giebt den Barometerstand.

Bei Gelegenheit von Untersuchungen über strahlende Wärme operirte Hr. Zantedeschi mit 7 Thermometern, von denen 6 ihre Kugeln mit verschiedenen Substanzen bestrichen hatten. Während vorher ihre Angaben stets genau übereingestimmt hatten, war nun das eine, dessen Kugel mit gelöstem Fischleim bestrichen, stets voraus, und zwar stand es bei 30° *C.* etwa 3° höher als die andern, darunter immer weniger, für Temperaturen von 7—6° war es den übrigen fast gleich. Dieser stete höhere Stand sowohl bei steigender als fallender Wärme liefs sich nicht durch ein besseres Strahlungsvermögen, noch durch gröfsere Wärmeleitungsfähigkeit erklären; Hr. ZANTEDESCHI erklärte ihn sich durch eine Zusammenziehung des Ueberzugs der Kugel und ihrer dadurch bewirkten Zusammendrückung bei steigender Temperatur und bestätigte diese seine Erklärung direkt durch einen Versuch, welcher zeigte dafs ein Streifen dieses Fischleim, 2mm breit, $\frac{1}{2}$mm dick 15mm bei +12° *C.* lang, bei +20° *C.* nur noch 14mm lang war und erst am andern Tage für jene Temperatur die ursprüngliche Länge wieder annahm.

Um nun zu untersuchen, wie weit der Veränderung des Barometerstandes ein ähnlicher Einflufs zuzuschreiben sei, liefs Hr. ZANTEDESCHI folgendes Thermometer construiren: Eine Röhre von Glas, an einem Ende offen, an einem geschlossen, hatte unweit des letzteren eine Seitenöffnung, durch welche die Kugel eines Thermometers hineingebracht wurde; die Röhre desselben war rechtwinklig umgebogen, und stand daher aufrecht der ersten Röhre parallel. Die Theilung war auf dem Thermometerrohr selbst, der Nullpunkt genau für 28 Zoll Quecksilberdruck festgestellt.

Nachdem nun 47 Centim. Quecksilber in das weitere Rohr gebracht waren, deren Druck von allen Seiten auf die Thermometerkugel wirkte, wurde das gröfsere Rohr überall mit schmelzendem Eise umgeben, und es fand sich, dafs der Nullpunkt in der That um $\frac{1}{4}$° *C.* höher war, als zuvor; bei 6 Centim. Druck betrug die Erhöhung nur $\frac{1}{6}$° *C.*; diese beiden Zahlen waren aber dieselben so oft der Versuch wiederholt wurde, es hatte also in der That eine Zusammenpressung der Kugel stattgefunden. Nimmt man nun an, dafs die gröfsten Barometerschwankungen innerhalb 3 Zoll liegen, so wird die Verrückung des Nullpunkts der Thermometerskalen etwa im Maximum $\frac{1}{6}$ — $\frac{1}{4}$° betragen, natürlich für 760mm Normaldruck; bei Messungen auf Höhen wird der Nullpunkt der Thermometer stets zu tief, in Tiefen, am Meeresgrunde z. B., zu hoch liegen.

Zur Abhülfe dieses störenden Einflusses kann Hr. Zantedeschi vorläufig nichts Anderes angeben, als die Thermometerkugeln mit Wänden von etwa $1\frac{1}{2}^{mm}$ Dicke herzustellen, bei welcher er innerhalb der oben erwähnten Grenzen der Barometerschwankungen keine merkliche Verschiebung des Nullpunkts, d. h. Zusammendrückung der Kugel mehr wahrnahm.

Hr. Weissbach hat über den Ausflufs der Luft durch verschiedene Mündungen auf der Friedrich-August-Hütte im Plauenschen Grunde bei Dresden Versuche angestellt, deren Resultate in Folge der durch den Drang der Umstände gebotenen Beobachtungsweise indefs nicht ganz befriedigend ausgefallen sind; es war nämlich kein Abschlufs zwischen dem Regulator und dem Gebläse vorhanden, und man mufste daher zu dem Auskunftsmittel schreiten, die Luft im Regulator bis zu einer möglichst hohen Spannung zusammen zu pressen, dann das Gebläse ruhen zu lassen und während einer gewissen Zeit bei verschlossener Mündung das Sinken des Manometerstandes in Folge des Ausflusses der Luft durch nicht zu ermittelnde Oeffnungen im Gebläse aus dem Verbindungsrohr zwischen dem Gebläse und dem Regulator zu beobachten, nunmehr die Mündung zu öffnen und das Sinken des Manometers während eines gleichen Zeitraums weiter zu verfolgen, endlich bei wieder verschlossener Mündung das Fallen bis nach Verlauf des dritten gleichen Zeitintervalls zu beobachten. Flofs dann im Intervall Eins durch die unbekannten Oeffnungen die Luftmenge M_1; im letzten M_3 aus, so kann man als im mittleren Intervall, also während des eigentlichen Versuches ausgeflossene Luftmenge, die beobachtete weniger $\frac{M_1+M_3}{2}$ annehmen.

Der Coëfficient der Ausflufsmenge ist dann nach der von Hrn. Weissbach in seiner Ingenieur- und Maschinenmechanik Bd. I. S. 480 gegebenen Formel berechnet, nach welcher:

$$\mu F = \frac{2V}{t \cdot \sqrt{2gb\frac{p}{\gamma}}} \cdot (\sqrt{h_0} - \sqrt{h_n}) \left(1 + \frac{h_0 + h_n}{8b}\right)$$

wo F der Querschnitt der Oeffnung, t die Ausflufszeit in Sekunden, V das Volumen des Reservoirs, h_0 den anfänglichen Manometerstand, h_n den Manometerstand nach Verlauf der Zeit t, b den äufsern Barometerstand, p den Druck der Luft auf die Flächeneinheit, γ das Gewicht der Cubikeinheit Luft bedeutet.

Die gefundenen Coëfficienten sind dann:

für ein conisches Mundstück	μ = 0,940658
für ein cylindrisches Ansatzrohr	= 0,906561
für eine Mündung in dünner Wand	= 0,53858.

Für ein kurzes Mundstück findet man Werthe über 1, die natürlich zu verwerfen sind; dasselbe findet bei einzelnen Versuchen mit conischen Mundstücken statt, so wie denn überhaupt die gefundenen Werthe von fast allen bisjetzt beobachteten sich merklich entfernen und ihre Anwendung daher wohl kaum rathsam ist.

v. Morozowicz.

10. Elasticität.

A. Elasticität fester Körper.

G. Wertheim. Mémoire sur l'équilibre des corps solides homogènes. Ann. de ch. et. de ph. XXIII. 52*; C. R. XXVI. 206*; Quesn. rev. sc. XXXII. 309*; Pogg. Ann. LXXIV. 150*. LXXVIII. 381* und 476*; Polyt. Centrbl. 1848 p. 768*;

G. Wertheim. Note sur la torsion des verges homogènes. Ann. de ch. et de ph. XXV. 209*; C. R. XXVII. 649*; Inst. No. 782 p. 397*;

A. T. Kupffer. Recherches expérimentales relatives à l'élasticité des métaux. Bull. de St. Pét. VII. 289*.

G. Kirchhoff. Note relative à la théorie de l'équilibre et du mouvement d'une plaque élastique C. R. XXVII. 394*.

O. Bonnet. Mémoire sur la théorie des corps élastiques. Jour. polyt. cah. 30, p. 171*.

Hodgkinson. Further researches of the defective elasticity of solid bodies. Athen. 1848 No. 1087 p. 863. (nur Titel).

Bei seinen Versuchen über die Zusammendrückbarkeit der Flüssigkeiten[1] hatte Regnault auch die Elasticitätscoëfficienten der Stoffe bestimmt, aus denen die Piezometer bestanden, die er anwandte. Er hatte zur Berechnung derselben Formeln benutzt, die aus den allgemeinen Gleichungen für die Formveränderungen elastischer Körper folgen, die Navier, Poisson, Cauchy, Lamé und Clapeyron durch die Betrachtung der Molekularkräfte hergeleitet haben. Die so erhaltenen Werthe der Elasticitätscoëfficienten waren alle gröfser als diejenigen, die Hr. Wertheim für dieselben Stoffe aus Dehnungsversuchen gefunden hatte. Regnault fafste daher Zweifel in Betreff der Richtigkeit jener allgemeinen Gleichungen, und veranlafste Hrn. Wertheim zur direkten Prüfung einer aus diesen sich ergebenden Folgerung. Die Folgerung ist die, dafs, wenn ein prismatischer oder cylindrischer Körper durch einen Zug in der Richtung seiner Axe um ein Weniges ausgedehnt wird, seine Querdimensionen eine Contraction erleiden, die $= \frac{1}{4}$ der Längendilatation ist, sein Volumen also eine Vergröfserung erfährt, die $= \frac{1}{2}$ der Längendilatation ist.

Schon Cagniard Latour hatte diesen Satz einer experimentellen Prüfung unterworfen, und ihn bestätigt gefunden; doch war, wie Hr. Wertheim ausführt, seine Methode, namentlich die Art, wie er die Volumensveränderung bestimmte, nicht genau genug, um seinem Resultate Sicherheit zu geben. Mit feineren Mitteln hat dieser den Satz noch einmal geprüft, und hat ihn nicht bewährt gefunden.

Ein hohler Cylinder von Messing oder Glas, der mit einer Flüssigkeit gefüllt war, wurde einem longitudinalen Zuge unterworfen. Mit dem Innern desselben communicirte eine Capillar-

[1] Mém. de l'Ac. d. sc. à Par. 1847. p. 429*.

röhre; aus der Senkung der in dieser enthaltenen Flüssigkeitssäule konnte die Vergröfserung der Höhlung des Cylinders berechnet werden. Seine Längendilatation wurde mit Hülfe eines Cathetometers bestimmt. Das Verhältnifs dieser beiden Gröfsen ergab sich nicht $= \frac{1}{2}$, wie die Theorie es fordert, sondern nahe $= \frac{1}{3}$.

Die Versuche wurden mit 3 messingnen und 5 gläsernen Cylindern von verschiedenem Umfange und verschiedener Dicke der Wand angestellt; ein jeder von diesen wurde der Wirkung verschiedener Gewichte ausgesetzt, die alle klein genug waren, dafs sie keine merkbare bleibende Dehnung hervorbrachten. Als die am meisten zu fürchtende Fehlerquelle nennt Hr. Wertheim die Aenderungen der Temperatur, die die Flüssigkeit in der Capillarröhre, wie bei einem Thermometer, fallen oder steigen machen. Die Art, wie er ihren Einflufs zu eliminiren suchte, beruht auf der Annahme, dafs die Temperaturänderung der Flüssigkeit eine kurze Zeit hindurch gleichmäfsig vor sich geht. Er beobachtete schnell hinter einander 3 Niveaustände: 1) vor Anhängung des ausdehnenden Gewichtes, 2) während der Wirkung, 3) nach Fortnahme desselben; das arithmetische Mittel aus dem ersten und dritten Niveaustande weniger dem zweiten sah er als die Senkung der Flüssigkeitssäule an, die bei constanter Temperatur stattgefunden haben würde.

Ein entsprechendes Resultat hat Hr. Wertheim bei einer andern Reihe von Versuchen erhalten, die er mit vollen Kautschukstäben von quadratischem Querschnitte angestellt hat. Er dehnte diese in der Länge um ein gewisses Stück aus, und mafs mit einem Tasterzirkel die dabei eintretenden Quercontraktionen. Bei nicht zu bedeutenden Längenausdehnungen fand er die Contraktion der Seite des Querschnitts nahe $= \frac{1}{3}$ der Längendilatation; es folgt hieraus, dafs auch hier die Vergröfserung des Volumens nahe $= \frac{1}{3}$ der Längendilatation war.

Hiernach glaubt Hr. Wertheim die bisher angenommenen Grundgleichungen der Theorie der Elasticität verwerfen zu müssen, als nicht in Uebereinstimmung mit der Erfahrung. Er setzt andere an ihre Stelle. Diese leitet er her aus Gleichungen[1], die

[1] Exerc. d. math. III. 160*.

Cauchy durch eine Betrachtung erhalten hat, bei der er nicht auf die Molekularkräfte zurückgeht. Diese Gleichungen enthalten eine unbestimmte Constante mehr, als die aus der Betrachtung der Molekularkräfte abgeleiteten; sie werden identisch mit ihnen, wenn man die Constante aus dem Satze bestimmt, den Cagniard Latour experimentell bewiesen zu haben glaubte. Diese Constante bestimmt Hr. Wertheim nun so, dafs jenes Verhältnifs zwischen der räumlichen und linearen Dilatation, das nach Cagniard Latour $= \frac{1}{2}$ sein sollte, $= \frac{1}{3}$ wird.

Mit Hülfe der so modificirten allgemeinen Gleichungen für die Formveränderungen elastischer Körper hat Hr. Wertheim aus Regnault's Beobachtungen die Elasticitätscoëfficienten der Stoffe berechnet, aus denen die von diesem benutzten Piezometer bestanden; diese Stoffe waren Kupfer, Messing und Glas. Für die Elasticitätscoëfficienten derselben erhielt er Werthe, welche verschieden waren von denen, die Regnault durch Benutzung der alten Gleichungen gefunden hatte, und welche sich an diejenigen nahe anschlossen, die seine direkten Versuche ergeben hatten.

Will man nach den Gleichungen des Hrn. Wertheim den Elasticitätscoëfficienten berechnen aus Beobachtungen über Dehnung, Biegung, Longitudinal- oder Transversal-Schwingungen eines Stabes, so hat man dazu dieselben Formeln als früher anzuwenden, andere dagegen, wenn man ihn aus Beobachtungen über Torsion oder Torsions-Schwingungen bestimmen will. In diesem Falle erhält man nach den Formeln des Hrn. Wertheim für den Elasticitätscoëfficienten einen Werth, der $= \frac{16}{15}$ des Werthes ist, den die bisher angenommenen Formeln geben würden. Im Zusammenhange hiermit steht, dafs das Verhältnifs der Schwingungszahlen zweier Töne, deren einen ein Stab bei longitudinalen Schwingungen, den anderen bei Torsionsschwingungen giebt, nach den modificirten Gleichungen einen anderen Werth hat, als nach den alten, und dafs diese beiden Werthe in dem Verhältnisse $1 : \sqrt{\frac{16}{15}}$ zu einander stehen. Diese Umstände sprechen für die Modifikation; die Elasticitätscoëfficienten nämlich, die man aus Beobachtungen der Torsion oder der Torsionsschwingungen mit Hülfe der alten Gleichungen abgeleitet hat, sind meistens zu klein. Hr. Wertheim führt als Beleg hierfür die Versuche von Coulomb[1], Savart[2], Duleau[3], Giulio[4] an. Er hat diese Versuche nach seinen Formeln berechnet und dadurch Werthe für die Elasticitätscoëfficienten erhalten, die nahe mit den auf anderen Wegen gefundenen übereinstimmen. Aehnliches gilt von jenem Verhältnisse der Schwingungszahlen. Es sei n die Zahl der Schwingungen, die dem tiefsten Longitudinaltone entspricht, welchen ein cylindrischer Stab, der in seiner Mitte befestigt ist, geben kann, n^1 die Zahl der Schwingungen, die den tiefsten Torsionstone desselben Stabes entspricht, so ist nach Poisson $\frac{n}{n^1} = 1{,}5811$, und nach den Gleichungen des Hrn. Wertheim $\frac{n}{n^1} = 1{,}6330$. Savart hat dieses Verhältnifs durch Beobachtung $= 1{,}6668$, Hr. Wertheim selbst $= 1{,}6309$ gefunden.

Hr. Kupffer hat die Elasticität verschiedener Metalldrähte nach der Coulomb'schen Methode untersucht, dieser aber eine gröfsere Schärfe gegeben dadurch, dafs er das Trägheitsmoment der den Draht spannenden Masse nicht aus ihren geometrischen Verhältnissen berechnete, sondern auf die Weise experimentell bestimmte, die Gauss bei Magnetometern in Anwendung gebracht hat, und dadurch dafs er die Schwingungsdauer, auch wie es bei Magnetometern geschieht, mit Hülfe eines Spiegelapparates ermittelte. Die untersuchten Drähte bestanden aus Eisen, Messing, Platin, Silber, Gold; sie hatten alle eine Länge von ungefähr 10 Fufs. Bevor aus der beobachteten Schwingungsdauer der Torsionscoëfficient berechnet wurde, wurde dieselbe auf den leeren Raum und auf eine Temperatur von $13\frac{1}{2}^0$ R. reducirt; Temperaturänderungen zeigten nämlich einen erheblichen Einflufs auf die Dauer. Die zu diesen Reductionen nöthigen Data wurden

[1] Mém. de l'ac. de sc. à Par. an. 1784 p. 229*.
[2] Ann. de. ch. et de ph. 2. sér. XLI. 373*.
[3] Leçons de mécanique à l'École des Ponts et Chaussées I. 105.
[4] Mem. d. ac. di Torino, 1842 p. 329*.

an dem Apparate selbst durch Versuche bestimmt, indem die Gröfse der Oberfläche des schwingenden Körpers und die Temperatur verändert wurden. Noch eine dritte Reduktion war nöthig; es fand sich die Schwingungsdauer noch abhängig von der Amplitude; sie wurde auf eine unendlich kleine Amplitude reducirt. Ist t die Schwingungsdauer bei unendlich kleiner Amplitude, T dieselbe bei der Amplitude s, so fand Hr. Kupffer aus seinen Versuchen:

$$t = T - \alpha\sqrt{s}$$

wo α eine Gröfse bedeutet, die unabhängig ist von s, aber abhängig von der Natur des Drahtes und dem Trägheitsmomente der angehängten Masse. Aus t wurde der Torsionscoëfficient berechnet, aus diesem nach der von Poisson abgeleiteten Formel der Elasticitätscoëfficient. Die Werthe dieses, die für denselben Draht aus Versuchen sich ergaben, bei denen die Belastung eine verschiedene war, zeigen eine grofse Uebereinstimmung. Indem Hr. Kupffer aus diesen das Mittel nahm, erhielt er für die Elasticitätscoëfficienten seiner verschiedenen Drähte die folgenden Werthe:

Eisen No. 1	18571
Eisen No. 2	17850
Messing	9446
Platin	15924
Silber	7080
Gold	6794.

Die Einheit des Gewichtes ist hier 1 Kilogramm, die Einheit der Fläche 1 Quadratmillimeter.

Mit Hülfe dieser Zahlen sucht Hr. Kupffer eine Relation zwischen dem Elasticitätscoëfficienten, der Wärmecapacität und dem thermischen Ausdehnungscoëfficienten für diese Metalle als durch die Erfahrung begründet nachzuweisen. Diese Relation spricht aus, dafs der Druck der gleichmäfsig auf die Oberfläche eines Körpers ausgeübt werden mufs, um ihn um soviel zu comprimiren, als eine Wärmequantität ihn ausdehnt, die eine Wassermasse von gleichem Volumen um 1° C. erwärmt, für alle Körper constant ist. Die Rechnung giebt für diesen Druck im Mittel 43, 52 Atmosphären. Die, freilich nicht unbedeutenden, Abweichungen der einzelnen Werthe von diesem Mittel schreibt Hr. KUPFFER hauptsächlich der Ungenauigkeit der für die thermischen Ausdehnungscoëfficienten zu Grunde gelegten Zahlen zu.

Der Berichterstatter hat in einer Note in den *C. R.* den Gang der Betrachtungen angedeutet, die ihn zu einer nothwendigen Aenderung der POISSON'schen Theorie des Gleichgewichts und der Bewegung einer elastischen Platte [1] geführt haben. Die von POISSON aufgestellten Gleichungen enthalten nämlich einen inneren Widerspruch, indem die Lösung seiner partiellen Differentialgleichung schon durch 2 Grenzbedingungen bestimmt ist, er aber 3 Grenzbedingungen als zu erfüllen gegeben hat. Der Berichterstatter hat die 2 Grenzbedingungen abgeleitet, die an die Stelle dieser 3 gesetzt werden müssen. Ist F die Componente, senkrecht zur Mittelfläche der Platte der Druckkräfte, die auf eine Linie wirken, welche durch einen Punkt p der Contour der Mittelfläche im Sinne der Dicke der Platte gezogen ist, sind ferner N und T die Drehungsmomente derselben Kräfte in Bezug auf zwei Axen, die durch p gehen, in der Ebene der Mittelfläche liegen, und von denen die erste Tangente, die zweite Normale der Contour ist, so lassen sich die 3 von POISSON aufgestellten Grenzbedingungen unter der folgenden Form darstellen:

$$F+(F)=o \qquad N+(N)=o \qquad T+(T)=o.$$

Hier bedeuten (F), (N), (T) gewisse Funktionen der Differentialquotienten der Verrückung. Bei derselben Bezeichnung sind die vom Berichterstatter gefundenen Gleichungen:

$$N+(N)=o, \qquad F+\frac{dT}{ds}+(F)+\frac{d(T)}{ds}=o$$

wo s den Bogen der Contour der Mittelfläche bezeichnet.

Bei der Ableitung derselben hat er eine Form der Bedingung für das Gleichgewicht eines beliebig gestalteten elastischen Körpers benutzt, die, so viel ihm bekannt, bisher nicht angegeben ist, die Form nämlich:

$$\delta P - \delta K \int dV \{\lambda^2+\mu^2+\nu^2+\Theta(\lambda+\mu+\nu)^2\} = o.$$

[1] Mém. d. l'Ac. d. sc. à Par. an. 1829. p. 357*.

Hier bedeutet δP das virtuelle Moment der äufseren Kräfte, die auf den Körper wirken, dV das Element seines Volumens, λ, μ, ν die Hauptdilatationen dieses Elementes; K und Θ sind 2 Constanten, von denen der Elasticitätscoëfficient q in der Weise abhängt, dafs

$$q = 2K\frac{1+3\Theta}{1+2\Theta}$$

ist. Nach Poisson ist $\Theta = \frac{1}{2}$, nach Wertheim $= 1$ zu setzen.

Hr. Bonnet hat die Differentialgleichungen für das Gleichgewicht und die Bewegung elastischer Körper abgeleitet, indem er als Coordinaten die Parameter dreier Systeme von Oberflächen, die einander senkrecht schneiden, benutzte.

Prof. G. Kirchhoff.

B. Zusammendrückbarkeit der Flüssigkeiten.

Grassi. Note sur la compressibilité des liquides C. R. XXVII. 153*; Dingl. p. J. CX. 31*; Pol. Centrbl. 1848 p. 1335; Arch. d. sc. ph. et nat. IX. 58.

Hr. Grassi theilt einige Resultate seiner Untersuchungen über die Zusammendrückbarkeit der Flüssigkeiten mit. Er hat dieselben durch Anwendung der von Regnault gegebenen Methoden[1] erhalten. Die Zusammendrückbarkeit des luftfreien, destillirten Wassers bei verschiedenen Temperaturen hat sich ergeben:

Temperatur	
9°C	0,0000505601
10°,8	0,0000487053
13°,4	0,0000477446
25°,9	0,0000458425
34°,8	0,0000455727
43°,0	0,0000444137
53°,3	0,0000443355.

[1] Mém. de l'Ac. de. sc. à Par. 1847. p. 429*.

Bei Alkohol und Aether nimmt nach Hrn. Grassi die Zusammendrückbarkeit mit dem Drucke zu, während Colladon und Sturm das Gegentheil gefunden hatten. Nach ihm ist die Zusammendrückbarkeit des Alkohols bei einem Drucke von $1^{m},748$ Quecksilber = 0,0000824516, bei einem Drucke von $7^{m},158$ Quecksilber = 0,00008587, die des Aethers bei einem Drucke von $2^{m},589$ Quecksilber = 0,00011137, bei einem Drucke von $5^{m},945$ Quecksilber = 0,00013073. Unter Zusammendrückbarkeit ist hier immer die Verkleinerung des Volumens für eine Vermehrung des Druckes um eine Atmosphäre verstanden.

Prof. G. Kirchhoff.

11. Gase und Dämpfe.

Forton-Hermann. Mémoire sur la compression des fluides gazeux C. R. XXVI. 601*.

Babinet. Note sur la correction barométrique relative à la variation de la pesanteur. C. R. XXVI. 265*; Inst. No. 739—40. p. 69*; Arch. d. sc. ph. et nat. VII. 306*;

Shortrede. On a formula for the elastic force of vapour at different temperatures. Proc. of the roy. soc. Febr. 17. 1848. Phil. mag. XXXII. 303*. Inst. No. 759. p. 219.

J. H. Alexander. On a new empirical formula for ascertaining the tension of vapour of water at any temperature. Sill. Journ. 1848; Phil. mag. XXXIV 1 und 98*; Arch. d. sc. ph. et nat. XII. 44.

Die Arbeit von Hrn. Fortin-Hermann ist nur angezeigt.

Hr. Babinet giebt eine genauere Interpolationsformel für die Variation der Schwere nach der geographischen Breite zum Zweck genauer barometrischer Messungen.

Die gewöhnliche Formel

$$l_\lambda = l + (l'' - l) \sin^2 \lambda$$

wo λ die Breite, l die Länge des Pendels am Aequator, l'' die am Pole, l_λ die in der Breite λ bezeichnet, giebt

$$l_{45} = \tfrac{1}{2}(l + l'')$$

was nicht der Fall ist. Er bezeichnet l_{45} mit l', und giebt folgende genauere Formel

$$l_\lambda = l + (l'' - l) \sin^2 \lambda - \left(\frac{l'' + l}{2} - l'\right) \sin^2 2\lambda.$$

Ist h ein beobachteter Barometerstand, so findet man den auf die Breite 45° reducirten durch folgende Formel

$$b = h\left[1 - \frac{l'' - l}{2l'} \cos 2\lambda + \frac{l'' + l - {}_2l'}{2l'} \cos^2 2\lambda\right].$$

Den Faktor von h schlägt er deshalb vor in Tafeln zu bringen.

Capitän Shortrede hat die Formeln für die Spannkraft des Dampfes einer neuen Discussion unterworfen; er findet die Formel von Magnus am besten stimmend mit den zuverlässigeren Versuchsreihen, namentlich mit denen der französischen Academie für höhere Temperaturen und denen von Magnus selbst für niedere. Weil dieselbe aber für das Luftthermometer bestimmt ist, formt er sie zum praktischen Gebrauche um für das Quecksilberthermometer. Nach der im ersten Bande des Jahresberichts S. 92 eingeführten Bezeichnungsweise ist

$$\log.\ \varepsilon = s - \frac{1625}{225 + t}$$

in Atmosphären und Centesimalgraden

$$\log.\ e_1 = 6{,}47712125 - \frac{2925}{373 + t_1}$$

in englischen Zollen und Fahrenheitschen Graden.

Er vergleicht damit die Versuche von Robison, Southern, Dalton, Taylor, Arzberger, Ure und dem Amerikanischen Comité, und zeigt, dafs dieselben weiter von einander abweichen als von der Formel.

Herr Alexander hat ebenfalls in einer umfangreichen Abhandlung eine neue Formel aufgestellt und mit einer Ableitung versehen, welche er für rationell hält.

Dieselbe ist denen von TREDGOLD und MELLET sehr ähnlich.

$$c_1 = \left(\frac{t_1}{180} + \frac{990}{1695}\right)^6$$

Die Zahl 990 ist die latente Wärme des Dampfs nach CLÉMENT und DÉSORMES, 1695 ist das Verhältnifs des Volumens des Dampfes zu dem des Wassers. Ihr Hauptvorzug soll sein, dafs sie nur Zahlen enthält, die sich der Physiker schon bei andern Gelegenheiten merken müsse; es folgt aufserdem eine sehr ausführliche Zusammenstellung der danach berechneten Werthe mit verschiedenen Versuchsreihen, namentlich denen von REGNAULT; die von MAGNUS kennt der Verfasser nicht. Die berechneten Werthe sind unter 100° meist zu grofs, über 100 zu klein.

Prof. Dr. Helmholtz.

---

12. Absorption.

— — — — — — — — — —

---

13. Eudiometrie.

V. REGNAULT, J. REISET et MILLON. Recherches chimiques et physiques sur le phénomène de la respiration dans les diverses classes d'animaux. C. R. XXVI. 4; Inst. No. 731 p. 2. No. 732 p. 11. No. 733 p. 19; Quesn. rev. sc. XXXII. 301.

V. REGNAULT. Résultats des recherches faites dans son laboratoire sur la composition de l'air atmosphérique à Paris pendant le mois de Janvier 1848. C. R. XXVI. 155; Inst. No. 736 p. 45; ERDM. u. MARCH. XLIV. 50.

DOYÈRE. Recherches sur la véritable constitution de l'air atmosphérique. C. R. XXVI. 193; Phil. mag. XXXIII. 165; Quesn. rev. sc. XXXII. 298; Inst. No. 737 p. 53.

V. REGNAULT. Observations sur quelques passages du mémoire lu par Mr. DOYÈRE. C. R. XXVI. 233; Quesn. rev. sc. XXXII 309.

---

14. Veränderung des Aggregatzustandes.

— — — — — — — —

---

15. Hygrometrie.

Babinet. Note sur un atmidoscope. C. R. XXVII. 529*.

Das Atmidoscop ist bestimmt, die Gröfse der Verdunstung d. h. die Menge des in einer bestimmten Zeit an einem Orte von der Einheit der Oberfläche verdampfenden Wassers anzugeben. Es wurde in seiner einfachsten Form mit freier Wasseroberfläche bereits um die Mitte des vorigen Jahrhunderts erfunden und benutzt, bis es später durch die verschiedenen Hygrometer verdrängt wurde. Bei dem von Herrn Babinet beschriebenen Atmidoscop verdampft das Wasser an einer porösen Wand, welche in dem der Par. Acad. vorgelegten, von Lerebours verfertigten Exemplare aus einem Stück einer Bunsenschen Zelle besteht. Die Menge des verdampften Wassers wird aus der Niveauänderung in einer senkrechten mit dem Reservoir in Verbindung stehenden Röhre gefunden. Das Instrument gibt natürlich die Gesammtwirkung aller auf die Verdampfung einwirkenden Ursachen, eine Eigenschaft, welche es besonders charakterisirt und die seine Anwendung für mancherlei praktische Zwecke in demselben Grade empfiehlt, als sie seinem allgemeinern wissenschaftlichen Gebrauche entgegensteht.

Dr. R. Grossmann.

Zweiter Abschnitt.

A k u s t i k.

1. Theorie.

J. Challis. Theoretical determination of the velocity of sound. Phil. mag. XXXII 276*.

Airy. Remarks on Professor Challis's theoretical determination of the velocity of sound. ibd. 339*.

J. Challis. On the velocity of sound. ibd. 494*.

J. Challis. Additional analytical considerations respecting the velocity of sound. ibd. XXXIII 98*.

G. G. Stokes. On a difficulty in the theory of sound. ibd. 349*.

J. Challis. On the vibrations of an elastic fluid. ibd. 360*.

J. Challis. Further investigation of the nature of aërial vibrations. ibd. 462*.

R. Moon. On a difficulty suggested by Prof. Challis in the theory of sound. Proc. of the Cambridge Philos. Society 1848 Novb. — Philos. Mag. XXXIV 136*.

G. G. Stokes. On some points in the received theory of sound. ibd. 52*.

J. Challis. Continuation of researches in the mathematical theory of aërial vibrations. ibd. 88*.

Eli. W. Blake. A determination of the general law according to which pulses differing in intensity are propagated in elastic media with remarks on the received theory of the velocity of sound. Sill. Amer. Journal. vol. V. 372*.

G. Wertheim. Mémoire sur la vitesse du son dans les liquides C. R. XXVII 150*. — Ann. d. ch. et d. ph. XXIII 434*. — Inst. No. 762. p. 237*. Pogg. Ann. LXXVII 427* und 544*; Arch. d. sc. ph. et nat. IX. 52*.

Sc. Russel. On the effect of the rapid motion of the observer on sound. Athen 1848 No. 108 b. p. 835*; Inst. No. 768 p. 288*; Arch. d. sc. ph. et nat. IX. 138*.

Robert-Lefébvre. Théorie mathématique des sons musicaux. C. R. XXVII 648*.

A. Seebeck. Ueber die Schwingungen gespannter und nicht gespannter Stäbe. Ber. d. Sächs. Ges. I. 159; Pogg. Ann. LXXIII 442*.

A. Seebeck. Versuche über die Töne steifer Saiten. Ber. d. Sächs. Ges. I. 365*.

Duhamel. Sur la résonnance multiple des corps. C. R. XXVII 457*. Inst. No. 775. 341. Ann. d. ch. et d. ph. XXV 45; Arch. d. sc. ph. et nat. X. 52*.

Der Unterschied der nach hydrodynamischen Principien berechneten Schallgeschwindigkeit 916,322 Fufs engl. und der beobachteten von 1089 Fufs ist bisher hergeleitet worden von der Erwärmung und Erkältung, welche die Luft bei ihrer Verdichtung und Verdünnung erleidet. Bei Berücksichtigung dieses Umstandes entspricht nämlich einer gleichen Dichtigkeitsänderung eine gröfsere Aenderung der Spannung, als es nach dem Mariotte'schen Gesetze der Fall sein würde, und demgemäfs wird bekanntlich auch die Fortpflanzungsgeschwindigkeit elastischer Wellen vergröfsert. Nun ist die durch direkte Versuche ermittelte Gröfse der Erwärmung der Gase durch Compression allerdings nicht hinreichend, um den ganzen Unterschied zu erklären, indessen haben wir auch allen Grund anzunehmen, dafs die gefundenen Zahlen durch die bei solchen Versuchen nicht zu vermeidenden Verluste von Wärme zu klein ausgefallen sind.

Hr. J. Challis hat in den vorn citirten Aufsätzen im Phil. Mag. diese Erklärung als ungenügend darzustellen und eine ganz neue rein hydrodynamische Theorie der Schallbewegung zu entwickeln gesucht, aus welcher sich eine gröfsere Geschwindigkeit der Fortpflanzung ergeben sollte, als aus der bisherigen. Der erste Einwand Bd. XXXII. S. 283., dafs die elastische Kraft der Luft bei Verdichtung mit Temperaturänderung zwar gröfser, bei Verdünnung aber kleiner sein müsse als ohne dieselbe, während eine gröfsere Schallgeschwindigkeit nur durch Vermehrung der elastischen Kraft in beiden Fällen erzeugt werden könne, beruht auf einem Mifsverständnifs, welches bei einem so fertigen Mathematiker überrascht. Derselbe ist von Hrn. Airy ibd. 343 zurückgewiesen, indem er erinnert, dafs es nicht auf die absolute Gröfse der elastischen Kräfte ankomme, sondern auf ihren Unterschied von denen des Gleichgewichtzustands, und dafs dieser Unterschied in beiden Fällen vergröfsert sei. In den weiteren Aufsätzen Bd. XXXII 498 und XXXIII sucht Hr. Challis dagegen aus den Gleichungen für die Schallbewegungen mit Berücksichtigung des Einflusses der Erwärmung nachzuweisen, dafs dieser Einflufs nicht blos in einer Aenderung der Fortpflanzungsgeschwindigkeit bestehen könne, sondern auch den Charakter der Bewegung ändere. Dagegen ist zu erinnern, dafs alle unsere Theorien kleiner elastischer Schwingungen nur eine Art von Bewegung darstellen sollen, welcher sich wirklich stattfindende Bewegungen immer mehr nähern, je kleiner sie sind; deshalb sind wir berechtigt in den Gleichungen die Aenderungen der Dichtigkeit gegen die ganze Dichtigkeit, die Geschwindigkeiten der schwingenden Theile gegen die Fortpflanzungsgeschwindigkeit zu vernachlässigen, wie es auch Hr. Moon in seiner oben citirten Antwort gegen Hrn. Challis thut, und dann reducirt sich der Einflufs der Temperaturänderung wirklich auf eine blofse Aenderung der Schallgeschwindigkeit, wie es auch aus den von letzterem selbst aufgestellten Gleichungen folgt.

Um eine neue Theorie des Schalls zu gründen, sucht Hr. Challis in seinem ersten Aufsatze ein partikuläres Integral der hydrodynamischen Gleichungen, durch welches eine nach einer Richtung sich fortpflanzende Bewegung dargestellt wird. Wir haben bekanntlich zweierlei Systeme von hydrodynamischen Gleichungen, eines für Bewegungen von endlicher Gröfse, und ein zweites einfacheres für unendlich kleine Schwingungen. Nennen wir ϱ die Dichtigkeit, p den Druck, u die Geschwindigkeit in Richtung der x, v die in Richtung der y, w die in Richtung der z für den Punkt dessen Coordinaten x, y, z sind zur Zeit t, ferner a^2 die Constante, welche der Gleichung genügt $p = a^2\varrho$, und betrachten wir nur Fälle, in welchen sich eine Funktion φ von x, y, z und t so finden läfst, dafs $u = \frac{d\varphi}{dx}$, $v = \frac{d\varphi}{dy}$, $w = \frac{d\varphi}{dz}$, so reducirt sich bekanntlich das System der exakten Gleichungen für Bewegungen von Gasen, welche nicht dem Einfluſs äuſserer Kräfte ausgesetzt sind, auf folgende zwei:

$$\text{I.}\left\{\begin{aligned} & c-a^2\ln.\varrho=\frac{d\varphi}{dt}+\tfrac{1}{2}\left[\left(\frac{d\varphi}{dx}\right)^2+\left(\frac{d\varphi}{dy}\right)^2+\left(\frac{d\varphi}{dz}\right)^2\right] \\ & -\frac{d.\ln.\varrho}{dt}=\frac{d.\ln.\varrho}{dx}\cdot\frac{d\varphi}{dx}+\frac{d.\ln.\varrho}{dy}\frac{d\varphi}{dy}+\frac{d.\ln.\varrho}{dz}\frac{d\varphi}{dz}+\frac{d^2\varphi}{dx^2} \\ & \qquad +\frac{d^2\varphi}{dy^2}+\frac{d^2\varphi}{dz^2}\end{aligned}\right.$$

Die Gleichung für unendlich kleine Schwingungen erhält man hieraus, wenn man die höheren Dimensionen der Ableitungen von φ wegläſst, und ϱ eliminirt:

$$\text{II.}\left\{\begin{aligned} & o=\frac{d^2\varphi}{dt^2}-a^2\left(\frac{d^2\varphi}{dx^2}+\frac{d^2\varphi}{dy^2}+\frac{d^2\varphi}{dz^2}\right) \\ & \text{Eine ganz ähnliche existirt für } \varrho \\ & o=\frac{d^2\varrho}{dt^2}-a^2\left(\frac{d^2\varrho}{dx^2}+\frac{d^2\varrho}{dy^2}+\frac{d^2\varrho}{dz^2}\right)\end{aligned}\right.$$

Hr Challis benutzt zunächst nur die letzteren Gleichungen, und findet als ein seiner Forderung entsprechendes partikuläres Integral

$$\frac{d\varphi}{dz}=w=mf\sin.\left[\frac{2\pi}{\lambda}\left(z-at\sqrt{1+\frac{c\lambda^2}{\pi^2}}+c\right)\right]$$

wo λ die Wellenlänge bezeichnet und f irgend eine Funktion von x und y, welche der Gleichung entspricht

$$\frac{d^2f}{dx^2}+\frac{d^2f}{dy^2}+4cf=0.$$

Dieses Integral zeigt also Vibrationen an, parallel der Axe der z, welche sich parallel dieser selben Axe mit der Geschwindigkeit $a\sqrt{1+\frac{c\lambda^2}{\pi^2}}$ fortpflanzen; letztere ist, da c in der Untersuchung als Bezeichnung einer nothwendig positiven aber noch unbestimmten Gröſse eingeführt ist, stets gröſser als die sonst gefundene Fortpflanzungsgeschwindigkeit a. Die Funktion f, welche die Vertheilung der Gleichgewichtsstörungen in Ebenen darstellt, die auf der z Axe senkrecht stehn, muſs zwei willkührliche Funktionen von x und y enthalten, da sie durch eine partielle Differenzialgleichung zweiten Grades gegeben ist. Als einfachsten Fall betrachtet Hr. Challis den, wo die Störungen nach allen

Richtungen senkrecht auf der Axe der z dieselben sind, also nur von der Entfernung von dieser Axe abhängen; er erhält so eine bestimmte Funktion für f, welche Verdichtungswellen bezeichnet von der Gestalt concentrischer Ringe, welche in der Richtung der z fortschreiten. Die Wellen nehmen bei wachsendem Durchmesser der Ringe an Intensität ab, die intensivste Welle aber schreitet längs der Axe dieser Ringe fort innerhalb einer cylindrischen Hülle; der Durchmesser dieser Hülle hängt von der Gröfse c ab. Diese Art von Bewegung in einem cylindrischen Faden betrachtet Hr. Challis als die elementare, er nennt sie „nicht divergirende Wellen," und bemüht sich schliefslich nachzuweisen, dafs die Gröfse $c\lambda^2$, welche die gröfsere Fortpflanzungsgeschwindigkeit bedingt, nur von der Natur des Stoffes abhängig sei, aber dies ist die schwache Stelle seiner Untersuchung.

Hr. Airy hat darauf gezeigt, dafs sich die von Hrn. Challis gefundenen Bewegungen zusammensetzen lassen aus ebenen Wellen, deren Normalen gleiche Winkel mit der Axe der z bilden, und je zwei in derselben Ebene mit dieser Axe liegen. Liegen z. B. diese Normalen in der Ebene der xz, und bilden mit ihr den Winkel α, so sind die Geschwindigkeitsgleichungen für die eine

$$w_{\prime} = m \sin \left\{\frac{2\pi}{\lambda}(x \sin\alpha + z \cos\alpha - at)\right\}$$

und für die andere

$$w_{\prime\prime} = m \sin \left\{\frac{2\pi}{\lambda}(-x \sin\alpha + z \cos\alpha - at)\right\}$$

ihre Summe

$$w = 2m \cos \left\{\frac{2\pi}{\lambda} x \sin\alpha\right\} \sin\left\{\frac{2\pi}{\lambda}(z \cos\alpha - at)\right\}$$

die letztere Gleichung kann geschrieben werden ganz übereinstimmend mit der von Hrn. Challis gefundenen

$$w = mf \sin \left\{\frac{2\pi}{\lambda_1}(z - a_1 t)\right\}$$

wo $\lambda_1 = \dfrac{\lambda}{\cos\alpha}, a_1 = \dfrac{a}{\cos\alpha}$ und $f = \cos\left\{\dfrac{2\pi}{\lambda} x \sin\alpha\right\}$. Bei einem solchen Zusammenwirken zweier ebenen Wellensysteme laufen also die einzelnen Phasen nach der Halbirungslinie des Winkels den ihre Normalen bilden mit einer gröfseren Geschwindigkeit ab, als die Fortpflanzungsgeschwindigkeit des Schalls beträgt; dieselbe hängt aber ab von der Gröfse des Winkels α, und ist keine Unveränderliche. Durch Zusammensetzung verschiedener ähnlicher Paare von verschiedener Intensität, Wellenlänge und Lage, deren Normalen aber alle denselben Winkel mit der z Axe bilden, kann man den allgemeineren von Hrn. Challis behandelten Fall darstellen, die Ringsysteme dagegen, wenn man alle diejenigen Wellensysteme zusammensetzt, welche gebildet werden, wenn man ein solches Paar um die z Axe rotiren läfst.

Hr. Challis verwahrt sich in seinem zweiten Aufsatze gegen diese Zerlegung seiner nicht divergirenden Wellen in ebene Wellen, indem er den partikulären Integralen der allgemeinen Bewegungsgleichungen, welche die Bewegung ebener und sphärischer Wellen darstellen, alle physikalische Bedeutung abspricht, weil, wie er nachzuweisen sucht, diese Gleichungen auf physikalische Vorstellungen angewendet in Widersprüche führen. Für ebene Wellen braucht er zu diesem Behufe die vollständigen Gleichungen I. Setzt man voraus, dafs die Bewegungen nur der Axe der z parallel seien, dafs Druck und Geschwindigkeit in den auf z senkrechten Ebenen gleich seien, und eliminirt man ϱ aus den Gleichungen I, so erhält man die exakte Gleichung für ebene Wellen:

$$\frac{d^2\varphi}{dt^2}-\left\{a^2-\left(\frac{d\varphi}{dx}\right)^2\right\}\frac{d^2\varphi}{dx^2}+2\frac{d\varphi}{dx}\frac{d^2\varphi}{dx\,dt}=0$$

und ein entsprechendes Integral derselben ist:

$$w=\psi(z-(a+w)t)$$

wo ψ eine willkührliche Funktion der in Parenthese beistehenden Gröfse ist. Dieser Ausdruck bezeichnet eine Bewegung, bei welcher die Phasenpunkte ohne Bewegung mit der Geschwindigkeit a fortschreiten, diejenigen aber, in denen die Geschwindigkeit m ist, mit der $a+m$. Es läfst sich aus der Integralgleichung leicht der entsprechende Ausdruck für die Dichtigkeiten ableiten. Man findet

$$\ln\frac{\varrho}{\varrho_0}=\frac{1}{a}w$$

wo ϱ_0 die Dichtigkeit in der Gleichgewichtslage bezeichnet. Den positiven Werthen von w entsprechen demnach Werthe von $\varrho > \varrho_0$, den negativen solche von $\varrho < \varrho_0$. Es schreiten also in den durch die obige Integralgleichung gegebenen Wellensystemen die Phasen der gröfseren Dichtigkeit schneller fort, als die der geringeren, und die Wellen müssen im Fortschreiten ihre Gestalt ändern. Hr. Challis spricht nun der obigen Gleichung, von deren Richtigkeit man sich übrigens leicht durch Integriren überzeugen kann, alle physikalische Gültigkeit ab, weil bei diesem ungleichmäfsigen Fortschreiten verschiedener Phasen derselben Welle es endlich dazu kommen müsse, dafs ein Punkt ohne Geschwindigkeit einen ihm voranliegenden der Verdünnungsphase einhole, und überhole, und er zugleich eingeholt und überholt werde von einem der hinter ihm liegenden Verdichtungsphase, so dafs nach jener Gleichung in demselben Punkte der z Axe gleichzeitig Verdünnung, Verdichtung und normale Dichtigkeit, positive, negative und keine Geschwindigkeit vorhanden sein müsse, was in diesem Falle der physikalischen Anwendung Unsinn sei, deshalb könne diese Form des Integrals überhaupt nicht mögliche physikalische Verhältnisse aussprechen. Indessen kann dieses Princip nicht zugegeben werden. Wenn die Differenzialgleichungen alle Bedingungen der betrachteten Bewegungen enthalten, so mufs auch jedes ihnen entsprechende reelle partikuläre Integral einen möglichen Fall solcher Bewegung aussprechen. Führt dasselbe aber aus anwendbaren Werthen über zu nicht anwendbaren, so mufs an der Grenze beider ein in den Differenzialgleichungen nicht berücksichtigtes Verhältnifs vorkommen. Dieses ist in diesem Falle von Hrn. Stokes aufgefunden. Bei der Aufstellung der hydrodynamischen Gleichungen I. mufs man nämlich die Voraussetzung machen, dafs die Dichtigkeits- und Geschwindigkeitsänderungen bei dem Uebergange von einem Theilchen auf die benachbarten continuirliche seien, also $\frac{d\varrho}{dx}$ und $\frac{dw}{dx}$ endliche Gröfsen. Jene Gleichungen finden aber keine Anwendung mehr, sobald an irgend einer Stelle eins dieser Verhältnisse unendlich geworden ist. Das mufs aber eintreten, sobald irgend ein Punkt der Verdichtungsphase irgend einen von geringerer Dichtigkeit erreicht. Nur bis zu diesem Augenblicke ist die obige Gleichung gültig; was dann geschieht kann nicht mehr aus den Gleichungen I. abgeleitet werden, sondern mufs durch eine besondere Betrachtung ermittelt werden. Am passendsten scheint der Vergleich mit einer überschlagenden Wasserwelle zu sein. Jedenfalls müssen aber die eintretenden Aenderungen in der ganzen Ausdehnung der Welle gleichmäfsig eintreten, so dafs doch wieder ebene Wellen anderer Form entstehen, und nach denselben Gesetzen fortschreiten wie vor der Aenderung.

Damit ist die prinzipielle Schwierigkeit beseitigt. Uebrigens möchte in der Praxis die Formänderung ebener Schallwellen und ihre Brandung kaum von Wichtigkeit sein bei der ungemein geringen Amplitüde reiner musikalischer Töne. Ist w verschwindend klein gegen a, so verändert sich die obige exakte Formel in die bekannte

$$w = \psi_{(z-at)}.$$

Uebrigens ist zu bemerken, dafs wir in den Fällen, wo wir die exakte Formel anwenden müssen, nicht mehr Wellen verschiedener Richtung durch Addition zusammensetzen dürfen, weil die ungestörte Superposition der Schwingungen bei einer solchen Intensität derselben nicht mehr stattfindet. Es äufsert sich dies in der Rechnung dadurch, dafs eine Summe partikulärer Integralgleichungen die Gleichungen I. nicht mehr erfüllt.

Ein leichter zu beseitigender Einwand von Hrn. Challis gegen die gewöhnliche Theorie des Schalles bezieht sich auf die Kugelwellen. Das bekannte partikuläre Integral der Gleichungen für kleine Schwingungen für diese Art der Bewegung ist

$$\varrho - \varrho_0 = \frac{\psi_{(at-r)}}{r}.$$

Nehmen wir an, es sei nur eine einzelne Welle vorhanden, deren Mitte den Radius R habe, deren Breite 2ε dagegen vernachlässigt werden könne, und die in einem gleichmäfsig mit ruhender Luft angefüllten Raume fortschreite, so ist der Ausdruck für die Quantität von Masse, welche in dem von der Welle durchlaufenen Raume mehr vorhanden ist als im ruhigen Zustande

$$= 4\pi R \int_{R-\varepsilon}^{R+\varepsilon} \psi_{(at-r)}\, dr.$$

Sie wächst also mit der Zeit in demselben Verhältnisse wie der Radius, wenn das Integral einen bestimmten positiven Werth hat, und da die unbestimmte Funktion darin nach Belieben geändert werden kann, so kann man dem Integral jeden beliebigen Ziffernwerth ertheilen. Nach Hrn. CHALLIS würde also diese Integralgleichung die Folgerung zulassen, dafs sich die Quantität der vorhandenen Materie entweder vermehren oder vermindern könne. Hr. STOKES weist Bd. XXXIV S. 54 dagegen nach, dafs die Gleichung, welche man aus jener Integralgleichung der Dichtigkeit für die Geschwindigkeit der Lufttheilchen ableiten könne, aufser den Vibrationen die der Wellenbewegung angehören, noch eine zum Centrum gerichtete oder von ihm ausgehende Geschwindigkeit angebe, wenn der Ausdruck $\int \psi_{(r-at)} dr$ einen positiven oder negativen Werth habe, und dafs daher die Vermehrung oder Verminderung der Masse rühre. Die Antwort von Hrn. CHALLIS dagegen ibd. S. 91 ist keine.

In dem gröfsten Theil seiner späteren Aufsätze bemüht sich Hr. CHALLIS nachzuweisen, dafs seine nicht divergirenden Wellen den Forderungen der exakten Bewegungsgleichungen Genüge leisten. Er findet für Wellenformen, welche ohne Veränderung der Gestalt parallel der Axe der z fortschreiten sollen, eine bestimmte Gestalt, ausgedrückt durch eine Cosinusreihe von $z - a_1 t$, (Bd. XXXIII S. 363. Gleichung 1 und 2.) während die Vertheilung rund um die Axe der z ausgedrückt bleibt durch eine partielle Differenzialgleichung zweiten Grades nach x und y. Die mathematische Entwicklung erregt einige Bedenken, weil er mehrere Male Sätze, die aus den ungenaueren Gleichungen II geflossen waren, erst nachdem er sie eine Weile gebraucht hat, durch andere ersetzt, welche aus den exakten Gleichungen hergeleitet sind. Aber selbst wenn seine nicht divergirenden Wellen unveränderlich fortschreiten, so beweist das noch nichts für die Nothwendigkeit, dafs wir alle Schallwellen in solche zerlegen müssen, weil in allen Fällen, wo die exakteren Gleichungen gebraucht werden müssen, überhaupt keine einfache Zusammensetzung und Zerlegung der Wellen mehr stattfindet. In denjenigen Fällen aber, wo die nicht exakten Gleichungen anwendbar sind, ist es eine kühne Hoffnung, dafs durch Zusammensetzung seiner linearen Wellen zu ebenen und sphärischen eine andere Bewegung herauskommen soll, namentlich eine andere Fortpflanzungsgeschwindigkeit, als die der ebenen Wellen, in welche nachweislich jene linearen aufgelöst werden können.

Hr. Blake hat den Unterschied der aus dem Mariotte'schen Gesetz berechneten Schallgeschwindigkeit von der wirklichen noch auf eine andere Weise zu erklären versucht. Er sucht nämlich auf elementare Weise sich einen Ausdruck zu verschaffen für die Aenderung jener Geschwindigkeit durch Steigerung der Intensität des Schalls. Dieser Ausdruck ist aber falsch, weil er ihn herleitet aus der Annahme, dafs alle Theile der Welle sich mit gleicher Geschwindigkeit fortbewegen, was nach der oben hingestellten exakten Integralgleichung für ebene Wellen nicht der Fall ist. Er nimmt dann an, dafs erst Schall von einer gewissen Intensität gehört werde, und dafs die beobachtete Schallgeschwindigkeit eben deshalb gröfser sei, als die für eine verschwindend kleine Intensität berechnete.

Hr. Wertheim hat eine ausgedehnte Arbeit zur Bestimmung der Schallgeschwindigkeit in verschiedenen Flüssigkeiten ausgeführt. Er berechnet dieselben aus den Tönen von Orgelpfeifen, in welchen die betreffende Substanz in Longitudinalschwingungen versetzt wird. Der erste Theil seiner Arbeit besteht in einem Studium der Eigenthümlichkeiten dieser Bestimmungsweise an den Tönen, welche solche Pfeifen in der Luft geben. Bekanntlich sollten die Schwingungszahlen von Tönen verschiedener Pfeifen genau im umgekehrten Verhältnifs der Pfeifenlängen stehn, wenn die Luftbewegung in denselben rein longitudinal wäre. Da dieselbe aber an den beiden Oeffnungen der Pfeife beträchtlich von dieser Voraussetzung abweicht, so trifft dieses Gesetz nie genau zu, und zwar desto weniger, je weiter die Pfeife ist. Hr. Wertheim hat angenommen, diese Störung könne bei einer und derselben Pfeife, der man verschiedene Längen giebt, nach ihrer Wirkung gleichgesetzt werden einer bestimmten

Verlängerung der Pfeife, und hat diese letztere berechnet aus den Tönen, welche er bei drei verschiedenen Pfeifenlängen erhielt. Diese Annahme ist aber nur annähernd richtig, wie sich theils aus Experimenten Anderer[1], theils aus den Wertheim'schen selbst ergiebt, da in allen Fällen, wo die Correktionen einen beträchtlichen Werth annehmen, die drei Werthe, welche man durch Combination je zweier von den drei Beobachtungen berechnen kann, merklich sich unterscheiden, und zwar meist in demselben Sinne. Die Gröfse dieser Correktionen ist veränderlich nach der Weite der Pfeife, nach der Gestalt der Mundöffnung, Stärke des Anblasens u. s. w.; sie ist in vielen der angeführten Versuche sehr beträchtlich bis zu $\frac{2}{5}$ der kürzesten Pfeifenlänge. Eine zweite Schwierigkeit bei genauen Bestimmungen macht die Veränderlichkeit des Tons nach der Heftigkeit des Anblasens; je gröfser die letztere, desto höher wird der Ton, daher auch der aus den Obertönen berechnete Grundton stets höher liegt als der direkt beobachtete. Hr. Wertheim hat sich dieser Störung dadurch zu entziehen gesucht, dafs er die drei zusammengehörigen Versuche bei gleicher Ausflufsgeschwindigkeit, kontrollirt durch gleichen Druck des Manometers, anstellte, und wenn er Obertöne erhielt, aus diesen den zugehörigen Grundton berechnete. Er fand dabei, dafs die Druckhöhen, welche die den einfachen Zahlen entsprechende Reihe der Obertöne hervorriefen, wuchsen im Verhältnifs der Quadrate dieser Zahlen. Die so berechneten Schallgeschwindigkeiten stimmen ziemlich mit der direkt beobachteten $332^m,3$; meist sind sie etwas kleiner bis zu 2 p. C. Um die Pfeifen in tropfbaren Flüssigkeiten ertönen zu machen, mufs die Mundöffnung schmaler und kürzer sein, als in der Luft; Hr. Wertheim hat viele Versuche anstellen müssen, um die beste Stellung der Lippen der Pfeife zu finden, hat aber endlich an offenen Pfeifen ebenso klare und reine Töne erhalten, wie in der Luft; von anderen Nebentönen der Lippen oder des Metalls der Pfeife soll man dieselben leicht durch den Klang unterscheiden können; wesentlich für das Gelingen ist, dafs die Flüssigkeiten von Staub und Luftblasen rein sind. Die Correktionen und

[1] Siehe Liscovius in Poggd. Ann. LVIII. 95.

Unregelmäfsigkeiten sind im Wasser meist geringer als in der Luft. Das Mittel seiner Versuche für Wasser zwischen 10 und 20° *C.* ist 1173^{m},4, wovon die einzelnen Versuche bis zu 3 p. *C.* abweichen. Mit dem Coëfficienten $\sqrt{\frac{3}{2}}$ multiplicirt, über dessen Bedeutung nachher, giebt dieselbe 1437^{m},1, welche Gröfse fast zusammenfällt mit der von Colladon und Sturm im Genfer-See bei 9° gefundenen, 1435^{m}.

Es folgen noch Bestimmungen der Schallgeschwindigkeit vom Meerwasser in demselben, von verschiedenen anderen Flüssigkeiten in einem kleineren Apparate angestellt. Ich gebe in der folgenden Tabelle unter *v* die noch nicht mit $\sqrt{\frac{3}{2}}$ multiplicirte Schallgeschwindigkeit, unter *c* die cubische Zusammendrückung durch 100 Atmosphären.

		v.	*c.*
Seinewasser	15°	1173,4	0,00491
—	30°	1250,9	0,00433
—	40°	1324,8	0,00388
—	50°	1349,0	0,00375
—	60°	1408,2	0,00346
Meerwasser		1187,0	0,00467
Kochsalzlösung		1275,0	0,00349
Alkohol von 36 Grad		1049,9	0,00733
Absoluter Alkohol		947,0	0,00947
Terpenthinöl		989,8	0,00800
Aether		946,3	0,01002.

Die Werthe der Zusammendrückbarkeit sind berechnet unter der Voraussetzung, dafs die Schallgeschwindigkeit im unbegrenzten Medium erhalten werde aus der in der Orgelpfeife bestimmten durch Multiplikation mit $\sqrt{\frac{3}{2}}$.

Hr. Wertheim bemerkt, dafs die bisher direkt gemessenen Werthe derselben mit Ausnahme der des Aethers hinreichend übereinstimmen mit den berechneten, und dafs die Uebereinstimmung noch gröfser sei mit den neusten, noch nicht veröffentlichten Versuchen von Grassi [1].

[1] s. oben I. 10. B. S. 94.

Mit dem Faktor $\sqrt{\frac{3}{2}}$ hat es folgende Bewandtnifs. Denken wir uns im Innern einer nach den Richtungen der Coordinaten verschieden stark geprefsten festen elastischen Masse ein Massenelement abgegrenzt durch Ebenen, welche den Coordinatenebenen parallel sind, so wird der Druck, den es in Richtung der x ausübt, X eine lineare Funktion der verschiedenen Compressionen nach den drei Axen sein. Ist die Längeneinheit auf der Axe der x geworden $1-\Delta x$, auf der der y, $1-\Delta y$, auf der der z, $1-\Delta z$, so wird sein

$$X = a^2 \Delta x + b^2(\Delta y + \Delta z)$$
$$Y = a^2 \Delta y + b^2(\Delta x + \Delta z)$$
$$Z = a^2 \Delta z + b^2(\Delta x + \Delta y).$$

Entstehen nun in einer festen unbegrenzten elastischen Masse ebene Wellen normal auf der Axe der x, so werden die Massenelemente nur in der Richtung der x comprimirt und dilatirt, weil seitlich in Richtung der y und z ebenso comprimirte Theilchen daneben liegen, also werden Δy und Δz null werden, und die Kräfte, welche die Fortpflanzung der Wellen bestimmen, werden

$$X = a^2 \Delta x.$$

Wenn s^2 die Dichtigkeit bezeichnet, wird die Fortpflanzungsgeschwindigkeit $\frac{a}{s}$. Entstehen aber in einem Stabe longitudinale Wellen, und kann sich in jedem Querschnitt nach den Seiten hin das Gleichgewicht herstellen, so dafs der Druck nach den Seiten hin 0 wird, so erhalten wir aus unseren Gleichungen

$$X = a^2 \Delta x + b^2(\Delta y + \Delta z)$$
$$0 = a^2 \Delta y + b^2(\Delta x + \Delta z)$$
$$0 = a^2 \Delta z + b^2(\Delta x + \Delta y),$$

woraus sich ergiebt

$$X = \left(a^2 - \frac{2b^4}{a^2+b^2}\right)\Delta z.$$

POISSON hatte aus theoretischen Betrachtungen hergeleitet, dafs $\frac{a^2}{b^2} = 3$ sei, WERTHEIM[1] hat experimentell gefunden, dafs

[1] C. R. XXVI 206.

es = 2 sei, danach ergiebt sich in unserem letzten Ausdrucke:

$$X = \tfrac{2}{3}\, a^2 \Delta x$$

und die Schallgeschwindigkeit $= \sqrt{\tfrac{2}{3}} \frac{a}{s}$. Dieselbe ist also um $\sqrt{\tfrac{2}{3}}$ kleiner, wenn die Masse quer gegen die Fortpflanzungsrichtung des Schalls sich frei ausdehnen kann und dadurch einen Theil ihrer Spannung verliert, als wenn dies nicht der Fall ist. Da Wertheim das Verhältnifs der Schallgeschwindigkeit in einem verhältnifsmäfsig dünnen Wassercylinder zu der im unbegrenzten Raume ebenso grofs gefunden hatte, wie das derselben in einem elastischen Stabe zu der in einer Masse von drei Dimensionen, so schliefst er, dafs die Flüssigkeiten während der Schallschwingungen nicht Zeit hätten, die Gleichheit des Drucks nach allen Seiten herzustellen, und deshalb sich ebenso bewegten wie feste elastische Körper. Wir können indessen diese Erklärung der Versuche nicht annehmen, weil der Unterschied der Schallgeschwindigkeiten im Stabe und im unbegrenzten Körper wesentlich davon abhängt, dafs sich jener nach den Seiten ausdehnen kann, was bei der von der Pfeife aus Messing oder Glas eingeschlossenen Wassermasse in den besprochenen Versuchen nicht der Fall war. Nun ist allerdings eine Messingröhre einer comprimirten Wassermasse gegenüber nicht als so absolut fest zu setzen, wie sie es bei den Luftschwingungen ist. Schon bei den letzteren erniedrigt sich der Ton der Pfeife, wenn sie aus Holz gefertigt wird, und noch mehr, wenn ein Theil der Wand durch eine nachgiebigere Substanz, z. B. Pergament, ersetzt wird, und etwas Aehnliches mufs bei Wasserschwingungen in Messingröhren vorkommen. Indessen kann dieser Einflufs nicht von der Art der Röhre unabhängig sein, er mufs proportional sein ihrem Radius, umgekehrt proportional ihrer Wanddicke und ihrem Elasticitätscoëfficienten. Ob sich die Resultate der Wertheim'schen Versuche dadurch erklären lassen, mufs künftigen Untersuchungen vorbehalten bleiben.

Hr. Seebeck hat eine Rechnungsmethode angegeben, um für die Transversalschwingungen nicht gespannter Stäbe die Lage der Knoten, der Wendepunkte, der Punkte der stärksten Schwingung und Biegung nach einem gemeinsamen Verfahren für die verschiedenen Befestigungsarten der Enden bis zu beliebig genauen Näherungswerthen berechnen zu können. Die Tonhöhen waren schon aus den Untersuchungen von D. Bernoulli, Euler und Poisson bekannt, die Knoten für Stäbe mit zwei freien Enden durch ersteren, Riccati und Strehlke. Hr. Seebeck ermittelt aus der allgemeinen Gleichung für die Form eines schwingenden Stabes

$$y = Ae^{\alpha x} + Be^{-\alpha x} + C\sin\alpha x + D\cos\alpha x$$

mit Berücksichtigung der Bedingungen für die Enden zuerst die verschiedenen Werthe von α, verschiedenen Tönen entsprechend, und bringt dann, indem er $y = 0$ für die Knoten, $\frac{d^2y}{dx^2} = 0$ für die Wendepunkte setzt, die Gleichung auf die Form

$$\sin\left(\alpha x - \frac{\pi}{4}\right) = \delta\sqrt{\tfrac{1}{2}},$$

wo $\delta = e^{-\alpha x} \pm e^{-\alpha(l-x)} \pm e^{-\alpha l}(\sin\alpha x + \cos\alpha x)$ und für alle Töne mit Ausnahme des ersten eine sehr kleine Gröfse ist. Man setzt es $= 0$, erhält dadurch einen ersten Näherungswerth von αx, mit diesem einen genaueren von δ und so fort. Für den ersten Ton ist der erste Näherungswerth $\alpha x = 1{,}04$. In dieser Form giebt die Gleichung die Entfernung der Knoten eines Stabes, dessen eines Ende eingeklemmt ist, das andre frei, vom freien Ende, die der Wendepunkte desselben vom festen Ende; die der Knoten eines an beiden Enden freien Stabes und die der Wendepunkte eines an beiden Enden eingeklemmten Stabes von einem beliebigen der beiden Enden. Setzt man dagegen

$$\delta = -e^{-\alpha x} \mp e^{-\alpha(l-x)} \pm (\sin\alpha x + \cos\alpha x),$$

so giebt die Gleichung die Wendepunkte eines freien Stabes und die Knoten eines an beiden Enden eingeklemmten.

Ist der Stab an einem Ende angestemmt, am andern eingeklemmt oder frei, so verhält sich sein angestemmtes Ende ganz so wie die Mitte eines an beiden Enden eingeklemmten oder freien Stabes sich bei den geraden Tönen verhält, und man führt so diese Fälle auf die vorhergehenden zurück. Ist der Stab mit beiden Enden angestemmt, so theilt er sich ganz einfach in gleiche Theile ab. Hr. Seebeck giebt dann noch eine Tafel der so berechneten Werthe für die verschiedenen Fälle.

Um die Correktion zu ermitteln, welche bei Berechnung der Töne gespannter Seiten durch deren Steifheit bedingt wird, hatten Savart und Duhamel die Regel aufgestellt, dafs

$$n^2 = n_{,}^2 + n_{,,}^2,$$

wo n die Schwingungszahl der steifen gespannten Saite, $n_{,}$ die derselben ungespannt, $n_{,,}$ die derselben gespannt und als nicht steif betrachtet. Hr. Seebeck zeigt, dafs dies theoretisch nur gerechtfertigt sei, wenn beide Enden um Queraxen drehbar und nicht eingeklemmt seien. Um die Correktion genauer zu ermitteln ist derselbe von der allgemeinen Bewegungsgleichung eines gespannten Stabes ausgegangen. Ist p das Gewicht der Längeneinheit des Stabes, P das spannende Gewicht, und $a\frac{d^2y}{dx^2}$ das elastische Moment, so dafs bei einem cylindrischen Stabe vom Halbmesser r und dem Elasticitätsmodulus m, $a = \frac{mr^4\pi}{4}$ ist, so ist die Bewegungsgleichung

$$\frac{d^2y}{dt^2} = \frac{Pg}{p}\frac{d^2y}{dx^2} - \frac{ag}{p}\frac{d^4y}{dx^4}.$$

Ein besonderes Integral dieser Gleichung, welches einem einzelnen Tone von der Schwingungszahl n entspricht, ist

$$y = A_{,}e^{\alpha x + nt} + B_{,}e^{-\alpha x + nt} + C_{,}\sin(\beta x + nt) + D_{,}\cos(\beta x + nt)$$
$$+ A_{,,}e^{\alpha x + nt} + B_{,,}e^{-\alpha x - nt} + C_{,,}\sin(\beta x - nt) + D_{,,}\cos(\beta x + nt)$$

wenn

$$\alpha^2 = \frac{P}{2a} + \sqrt{\frac{P^2}{4a^2} + \frac{n^2p}{ag}},$$

$$\beta^2 = -\frac{P}{2a} + \sqrt{\frac{P^2}{4a^2} + \frac{n^2p}{ag}}.$$

Die Coëfficienten A, B, C, D bestimmen sich aus den Bedingungen, denen die Enden unterworfen sind. Sind beide Enden eingeklemmt, so erhält man

$$\operatorname{tg}\beta l = \frac{2\alpha\beta}{\alpha^2-\beta^2}\left\{1+2(e^{-2\alpha l}+e^{-4\alpha l}+\ldots)-\frac{2}{\cos\beta l}(e^{\alpha l}+e^{-3\alpha l}+\ldots)\right\}$$

und kann daraus Näherungswerthe berechnen, indem man vorläufig setzt

$$\operatorname{tg}\beta l = \frac{2\alpha\beta}{\alpha^2-\beta^2} = \frac{2n}{P}\sqrt{\frac{ap}{g}}$$

und aus dem oben angegebenen Werthe von β^2 findet

$$n^2 = \frac{ag}{p}\beta^4 + \frac{Pg}{p}\beta^2.$$

Hr. Seebeck fand die Ergebnisse der Rechnung bei einem mit den nöthigen Vorsichtsmafsregeln angestellten Versuche an einer starken und kurzen Stahlsaite vollkommen genau bestätigt. Für gewöhnliche Saiten von geringer Steifheit giebt Hr. Seebeck mit Vernachlässigung der zweiten Potenzen von $\sqrt{\frac{a}{Pl^2}}$ folgende Formel

$$n = n_{\shortparallel}\left(1+2\sqrt{\frac{a}{Pl^2}}\right)$$

$$= n_{\shortparallel}\left(1+\frac{r^2}{l}\sqrt{\frac{m\pi}{P}}\right).$$

Die Correktion beträgt ungefähr die Hälfte für Saiten, deren eines Ende an einen Steg nur angelehnt frei herunterhängt, also wie das angestemmte Ende eines Stabes sich bewegt.

Fehler der harmonischen Reinheit der Obertöne treten erst auf, wenn man die zweite Potenz von $\sqrt{\frac{a}{Pl^2}}$ berücksichtigen mufs. Man erhält für die Schwingungsmenge des $i$ten Tones in der Zeit 2π.

$$n = iN(1+i^2\delta),$$

wenn

$$N = \frac{\pi}{l}\sqrt{\frac{Pg}{p}\left(1+4\sqrt{\frac{a}{Pl^2}}+12\frac{a}{Pl^2}\right)}$$

und

$$\delta = \tfrac{1}{2}\pi\frac{a}{Pl^2}.$$

Bei den gewöhnlichen Monochordsaiten ist diese Abweichung schon völlig unmerklich; sind die Saiten aber so stark, dafs sie merklich wird, so klingt auch der Grundton unrein wegen der Beimischung unreiner Obertöne.

Die Arbeit von Hrn. Duhamel enthält Erörterungen über die Superposition der Schwingungen an tönenden festen Körpern; es ist darin nichts neues enthalten.

Prof. Dr. Helmholtz.

---

2. Physiologische Akustik.

Bonnafont. Mémoire sur la transmission des ondes sonores à travers les parties solides de la tête, pour juger des divers degrés de sensibilité des nerfs acoustiques. C. R. XXVI. 139*;

Segond. Mémoire sur la voix inspiratoire. C. R. XXVI. 252*;

Segond. Note sur les mouvements de totalité du larynx. C. R. XXVII. 85.

Bonnafont. Über die Schallleitung durch die Kopfknochen, als Mittel die Empfindlichkeit der Gehörnerven zu beurtheilen.

Auszug aus einer mit Bezug auf chirurgische Praxis geschriebenen Abhandlung. Von allgemeinem Interesse darin sind folgende Bemerkungen:

1. Die Stellen des Schädels, von denen aus sich der Schall am leichtesten nach den Gehörnerven verbreitet, scheinen zu sein der Zitzenfortsatz des Schläfenbeins, die Schläfen-Scheitelbeingegend, der Jochfortsatz (wohl der des Schläfenbeins). Die Prüfung geschieht mittelst aufgesetzter Stimmgabeln.

2. Es stellt sich heraus, dafs in Fällen, wo wegen angeborner oder zufälliger Verschliefsung der äufseren Gehörgänge

Taubheit vorhanden ist, der Schall der aufgesetzten Stimmgabeln nichts desto weniger vernommen wird. Dies giebt alsdann eine schätzbare Indication ab für etwa vorzunehmende Heilversuche.

Bei einem zehn Monat alten Kinde mit angeborner Atresie der äufseren Gehörgänge brachte das Aufsetzen verschiedener Stimmgabeln lebhafte Äufserungen des Mifsbehagens hervor. Um sich zu überzeugen dafs diese nicht, wie einige Ärzte muthmafsten, allein von der Erschütterung durch die Stimmgabeln herrührten, sondern von der Wahrnehmung des Schalls, stellte Hr. Bonnafont den Versuch noch mit einer aufserordentlich hohen Stimmgabel an, welche das *c* der achten Octave eines Pianoforte angab, und dessen äufserst kurze und schnelle Schwingungen keine merkliche Erschütterung bewirken konnten: aber der Erfolg blieb derselbige.

Segond. Über die Erzeugung der Stimme bei dem Einziehen des Athems.

Nur die Ergebnisse der Arbeit finden sich mitgetheilt.

1. Die Stimmbildung ist nicht wesentlich an das Ausathmen geknüpft. Der Mensch kann beim Einathmen sprechen und singen.

2. Bei Individuen mit wohlgeübtem Kehlkopf besitzt auch die Einathmungsstimme zwei Register entsprechend der sogenannten Brust- und Kehlkopfstimme der Ausathmungsstimme und zwar reiche; in vielen Fällen die Bruststimme bei der Einathmung tiefer herab, hingegen die Kopfstimme höher hinauf, als die bei der Ausathmung.

3. Die Aussprache bei der Einathmung unterscheidet sich von der bei der Ausathmung durch eine gewisse Weichheit; viele Buchstaben erscheinen verändert und das *R* insbesondere kann gar nicht ausgesprochen werden.

4. Die Bauchredekunst besteht lediglich darin, mit der Einathmungsstimme zu sprechen.

5. Mehrere Hausthiere benutzen die Einathmungsstimme.

6. Die grofse Mannigfaltigkeit und Stetigkeit (continuité) der

Töne bei den Singvögeln erklärt sich daraus, dafs sie beide Stimmen, sowohl die Ausathmungs- als die Einathmungsstimme benutzen.

7. Endlich die Laute mehrerer Batrachier beruhen ausschliefslich auf der Einathmungsstimme.

Segond. Über die Gesammtbewegungen des Kehlkopfes.

Ergebnisse:

1. Die Gesammtbewegungen des Kehlkopfes dienen die Länge des Stimmrohrs den verschiedenen, durch die Stimmritze erzeugten Tönen anzupassen; unter gewissen Umständen kann indefs der Constr. phar. inf., der jene Bewegungen vorzüglich hervorbringt, seine Wirkung mit der der Spannmuskeln der Stimmritze vereinigen, sei's indem er den vorderen Winkel der Stimmritze spitzer macht, sei's indem er mit Hülfe seines Ansatzes am Ringknorpel die Winkelbewegung zwischen diesem und dem Schildknorpel unterstützt.

2. Bei der normalen Stimmbildung sieht man den Kehlkopf in die Höhe steigen und herabsinken in dem Mafs als der Ton sich beziehlich erhöht und vertieft.

3. Wenn, während des Singens, gleichviel ob mit hellem Klange (timbre clair) oder mit dumpfem (timbre sombre), der Singende plötzlich die Stimme anstrengt, wird der Kehlkopf unbeweglich festgestellt, und erst mit aufhörender Anstrengung wieder frei.

4. Es kann vorkommen dafs, im Widerspruch mit dem Vorgang bei der normalen Stimmbildung, der Kehlkopf herabsteigt beim Übergang von einem tiefern zu einem höhern Tone. Dies ist der Fall dann, wenn der höhere Ton zugleich mit Anstrengung erzeugt werden soll, und der Grund davon ist zu suchen darin, dafs die den Kehlkopf feststellenden Muskeln zugleich streben ihn herabzuziehen.

Dr. E. du Bois-Reymond.

---

3. Akustische Phänomene.

G. Wertheim. Mémoire sur les sons produits par le courant électrique. C. R. XXVI. 505*; Inst. No. 749. p. 142*; Ann. d. ch. et d. ph. XXIII. 302*. Quesn. rev. sc. XXXIII. 119*; Arch. d. sc. ph. et nat. VIII. 206*; Pogg. Ann. LXXVII. 43*.

Scott-Russell. On the effect of the rapid motion of the observer on sound. Athen. 1848 No. 1086 p. 835*. Inst. No. 768 p. 288*; Arch. du sc. ph. et nat. IX. 138*.

Nontigny. Chahay . . . . . Note sur le même sujet. Inst. No. 787 p. 37*; Bull. de Brux. 1848.

G. Wertheim. Über die durch den elektrischen Strom hervorgebrachten Töne.

Die Töne welche unter gewissen Umständen bei der Magnetisirung von Eisenstäben und in eisernen Leitern des galvanischen Stromes auftreten, sind von Neuem[1] der Gegenstand einer kritischen Untersuchung des Hrn. Wertheim geworden.

Hr. Wertheim sagt: „Wenn wir zeigen können dafs der Strom, sei es dafs er um das Eisen herumfliefst, sei es dafs er dasselbe durchströmt, in dem Eisen eine plötzliche Formveränderung, oder eine augenblickliche Erschütterung hervorbringt, wenn wir ferner bestimmen können, nach welcher Richtung diese mechanische Wirkung statt findet und wenn wir aufserdem nachweisen, dafs dieselbe Wirkung, in derselben Richtung durch eine andere rein mechanische Kraft hervorgebracht, denselben Ton wie der Strom hervorruft, dann wird es unnöthig sein, für die Erklärung dieser Erscheinung irgend eine besondere Hypothese zu suchen; denn es wird klar sein, dafs der Ton durch die Schwingungen entsteht, welche jede plötzliche Formveränderung begleiten und die Ansichten werden nur noch über die Art und Weise getheilt sein können, wie der Strom diese Erschütterung hervorruft."

[1] Die früheren Untersuchungen s. Berl. Ber. I. 143—148* II. 149—153*.

Nach dem eben Gesagten war es daher vor Allem nöthig, eine Formveränderung bei der Magnetisirung nachzuweisen. Eine Volumenveränderung konnte mittelst einer thermometerartigen, mit Flüssigkeit gefüllten Vorrichtung, in welcher sich der zu magnetisirende Stab befand, von Hrn. W. nicht bemerkt werden. Dagegen wurde an einem in der Mitte eingeklemmten Stabe, über welchen die magnetisirende Spirale so geschoben wurde, dafs er genau in der Axe derselben blieb, vermittelst eines auf das Ende des Stabes eingestellten Mikroscops beim Durchgang des Stromes durch die Spiralen eine sehr geringe Verlängerung in der Richtung der Axe wahrgenommen, welche sich jedoch wegen ihrer Kleinheit einer genaueren Messung entzog; Veränderungen im Querschnitt liefsen sich nicht entdecken. Die Verlängerung ist am gröfsten, wenn sich die Spirale am Ende des Stabes befindet; sie wird um so geringer, je mehr sie sich dem Befestigungspuncte nähert und W. hält es sogar für wahrscheinlich, dafs beim Befestigungspuncte selbst die Verlängerung in eine Verkürzung übergeht.

Wird die Spirale parallel mit sich selbst so verschoben, dafs der Eisenkern nicht mehr in der Axe liegt, so findet aufser der Verlängerung auch noch eine radiale Bewegung des Stabes statt, welche weit beträchtlicher ist und sich für verschiedene Intensitäten sehr wohl messen läfst.

Aehnliche Versuche sind bereits von Joule [1] angestellt worden, welcher die Verlängerung eines Stabes durch Magnetisirung vermittelst eines Fühlhebels messen konnte und zugleich bemerkte, dafs diese Verlängerung nach dem Verschwinden des magnetisirenden Stromes nur theilweise verschwand.

Beim Durchgang eines Stromes durch einen eisernen Leiter wurden analoge Erscheinungen von Beatson [2] beobachtet, welche sich deutlich von den durch die Erwärmung hervorgebrachten unterschieden. Aufserdem hat Hr. Wertheim noch einige Versuche über die Elasticität des Eisens nach der Magnetisirung angestellt und seine früheren Versuche bestätigt gefunden, nach

[1] Berl. Ber. III. 490*.
[2] Berl. Ber. II. 151*.

welchen die Magnetisirung im ersten Augenblick ohne Einfluſs auf die Elasticität ist und eine sehr geringe Veränderung sich erst nach einer langen Dauer des Versuchs wahrnehmen läſst.

Es blieb nun noch übrig zu erweisen, daſs durch die mechanische Wirkung des electrischen Stromes dieselben Töne hervorgerufen werden, als durch andere rein mechanische Kräfte. Die Versuche, welche Hr. Wertheim darüber angestellt hat, erledigen auch diesen Gegenstand vollständig. Ein Stab, in der Mitte befestigt, dessen Enden in der Axe einer von einer Spirale umgebenen Glasröhre sich befanden, gab durch Reibung denselben Longitudinalton, er mochte magnetisirt sein oder nicht; im Augenblicke, wo der magnetisirende Strom geschlossen oder unterbrochen wurde, hörte man einen Ton, unabhängig von der Schnelligkeit, mit welcher die Unterbrechungen sich folgten; dieser Ton war ebenfalls stets der Longitudinalton des Stabes; als solcher war er unabhängig von der Gröſse und Gestalt des Querschnitts.

Hatte der Stab eine excentrische Stellung zur Spirale, so wurde auſser dem Longitudinalton noch ein sehr schwacher Transversalton gehört, welcher ebenfalls von der Anzahl der Stromunterbrechungen unabhängig gewesen zu sein scheint. Dieselben Resultate wurden mit einem ausgespannten Drahte erhalten.

Eine runde Platte von starkem Eisenblech, in ihrem Mittelpunkte horizontal über einer verticalen Spirale von etwas gröſserem Durchmesser concentrisch befestigt, gab beim Schlieſsen des Stromes ein Gemisch von Tönen, gleich dem, welches entsteht wenn man die Platte so streicht, daſs drehende Schwingungen (vibrations tournantes) entstehen. Knotenlinien wurden nicht erhalten, schon vorhandene nicht verändert; nur bei sehr starken Strömen wurde etwas Sand gegen die Peripherie geschleudert. War die Platte von sehr dünnem Weiſsblech, so konnte man sich leicht überzeugen, daſs der Rand der Platte sehr stark gegen die innere Wand der Spirale hinabgezogen wurde, woraus sich auch leicht die Bewegung des Sandes gegen die Peripherie hin erklären läſst.

Wird ein Strom durch einen eisernen Stab geleitet, so hört

man bei jedesmaligem Schliefsen und Unterbrechen des Stromes den Longitudinalton; doch mufs man sich hüten diesen Ton mit dem Geräusche des Funkens zu verwechseln, welches sich mit grofser Leichtigkeit durch die festen Leiter fortpflanzt. Für denselben Strom wird dieser Ton um so schwächer, je gröfser der Querschnitt des Stabes ist. Für denselben Stab bleibt ferner die Höhe des Tones ungeändert, und nur die Intensität nimmt ab, wenn der Strom nur durch einen Theil des Stabes fliefst. Wird der Strom nur durch ein kleines Stück des Stabs geleitet, so wird der Ton um so schwächer, je näher dieses leitende Stück dem Befestigungspuncte liegt; diese Versuche zeigen deutlich die Aehnlichkeit der hier besprochenen Töne mit den durch Reibung hervorgebrachten Longitudinaltönen. An gespannten Drähten hört man beim Durchleiten eines Stromes ebenfalls den Longitudinalton, während man bei ungespannten Drähten nur ein kurzes Geräusch ähnlich dem des Funkens hört.

Die Versuche, bei welchen ein Strom zugleich durchgeleitet und herumgeleitet wurde, gaben nur Resultate, welche man aus den früheren Versuchen ableiten konnte.

Bei nicht magnetischen Metallen und Glas trat wie zu erwarten war keine der beschriebenen Erscheinungen ein, während sie bei Stahl im allgemeinen deutlicher als bei weichem Eisen waren.

Aufser den erwähnten Tönen wurde bei einzelnen Versuchen noch ein klirrendes metallisches Geräusch (bruit de ferraille) wahrgenommen, dessen Wesen jedoch noch nicht genügend erklärt werden konnte.

Die gemachten Mittheilungen zeigen hinlänglich, dafs man die Aufgabe, welche oben in wortgetreuer Uebersetzung wiedergegeben ist, jetzt für vollkommen gelöst halten darf.

Dr. R. Grossmann.

Scott Russell, Montigny, Crahay. Einflufs einer schnellen Bewegung des Beobachters auf die Tonhöhe.

Herr Scott Russell hat Gelegenheit gehabt, das von Doppler[1] zuerst erschlossene, von Buy's-Ballot beobachtete

[1] Berl. Ber. 1845. S. 154.

Phänomen der Veränderung eines Tones durch Bewegung des tönenden Körpers oder des Beobachters bei viel gröſserer Geschwindigkeit dieser Bewegung zu prüfen. Der Beobachter befand sich auf einer Locomotive, welche sich 50 bis 60 engl. Meilen in der Stunde (22,2 bis 26,6 *mt.* in der Secunde) fortbewegte, wobei die Veränderung des Tones einer feststehenden Locomotivenpfeife im Augenblick des Vorbeifahrens einen ganzen Ton beträgt. Um ebensoviel werden die von feststehenden Körpern zurückgeworfenen Geräusche des Eisenbahnzuges im Vergleich zu den direkt vernommenen scheinbar verändert. Die dadurch bedingte Dissonanz ist nach dem Verfasser Grund, warum das Geräusch unter Brücken und in Tunnels so unangenehm wird. Gegen seine Erklärung des Phänomens, welche mit der von Doppler übereinstimmt, machte D. Brewster mündliche Einwendungen, indem er es physiologischen Ursachen zuschieben zu müssen meint, und es mit den subjectiven Licht- und Farbenerscheinungen vergleicht, welche durchbrochene rotirende Schirme hervorbringen. Welcher Zusammenhang dazwischen sein solle, ist nicht angegeben.

Herr Montigny bemerkt, daſs er dasselbe Phänomen an dem Tone einer Kirchenglocke mehrere Jahre früher bemerkt, indem er sich durch möglichst schnelles Laufen gegen sie hin, oder von ihr fort bewegte, und sich auch dieselbe Erklärung davon gegeben habe. (Es muſs, wie Hr. Crahay hinzufügt, schnelles Laufen dazu gehören, die Beobachtung in dieser Weise zu machen).

Unter den günstigsten Umständen kann man, wie Referent beobachtet hat, die besprochene Erscheinung an den Geläuten von Schlitten wahrnehmen, welche möglichst schnell auf einer guten Bahn dahinfahren. Wenn der Beobachter dicht an der Bahn steht, hört er im Augenblicke, wo der Schlitten an ihm vorüberfährt, den Ton der Glocken meist um einen halben Ton sinken.

Prof. Dr. Helmholtz.

4. Akustische Apparate.

Hyde Clarke. Diffusion of sound. Mech. mag. XLIX. 218. 268.

G. T. P. Diffusion of sound. Mech. mag. XLIX. 447.

A. Bain. Verbesserungen an musikalischen Instrumenten. Dingl. p. J. CVIII. 342; Lond J. XXXII. 243.

Rapport de M. Kerrès sur un instrument de musique dit: panorgue-piano, présentant une association de l'orgue expressif avec le piano, inventé par Mr. Julien-Jaulin. Bull. d. l. soc. d'enc. XLVII. 299;

Whinshaw. On the telakouphanon or speaking trumpet. Athen. 1848 No. 1086 p. 845.

Hr. H. Clarke will in den oben angeführten Notizen, die weder neue Versuche noch neue theoretische Untersuchungen enthalten, die Aufmerksamkeit auf die praktische Anwendung der Fortleitung des Schalles lenken.

Hr. G. T. P. liefert die Beschreibung eines musikalischen Instrumentes der Eingeborenen von Afrika, bei welchem der Ton des tönenden Körpers durch einen kurzen Elfenbeinstab zum Resonanzboden geleitet wird.

Die Verbesserungen des Hrn. Bain an verschiedenen Instrumenten so wie die des Hrn. Julian-Jaulin an dem panorgue-piano, einer Art Physharmonika haben, nur eine praktische Bedeutung.

Die intensive Fortpflanzung des Schalles durch Röhren und durch das Sprachrohr veranlafst Hr. Whinshaw eine gröfsere praktische Benutzung dieser Eigenschaft, etwa zu telegraphischen Zwecken, in Vorschlag zu bringen.

Dr. R. Grossmann.

Dritter Abschnitt.

Optik.

1. Theoretische Optik.

Ernst. Nouvelle théorie de la lumière. C. R. XXVI. 482* (nur Titel).

A. Cauchy. Mémoire sur les trois espèces de rayons lumineux qui correspondent aux mouvements simples du fluide éthéré. C. R. XXVII. 621*; Inst. No. 782 p. 398*;

J. Jamin. Mémoire sur la réflexion de la lumière par les substances transparentes. C. R. XXVI. 383*; Inst. No. 743. p. 93*; Quesn. rev. sc. XXXII. 503*; Pogg. Ann. LXXIV. 248*;

J. Jamin. Mémoire sur la réflexion de la lumière. C. R. XXVII. 147*.

A. Cauchy. Note sur la lumière réfléchie par la surface d'un corps opaque et spécialement d'un métal. C. R. XXVI. 86*; Pogg. Ann. LXXIV. 543*;

A. Cauchy. Mémoire sur les conditions relatives aux limites des corps et en particulier sur celles qui conduisent aux lois de la réflexion et de la réfraction de la lumière. C. R. XXVII. 99*; Inst. No. 761. p. 229*;

Plücker, Sur la réflexion de la lumière dans le cas des surfaces du second degré analogue à celle qui aux foyers des sections coniques a donné le nom. Crelle J. XXXV. 100*;

J. Jamin. Mémoire sur la couleur des métaux. C. R. XXVI. 83*; Inst. No. 735. p. 38*; Ann. d. ch. et de ph. XXII. 311*; Arch. d. sc. ph. et nat. VII. 305*; Pogg. Ann. LXXIV. 528*;

R. Clausius. Über die Intensität des durch die Atmosphäre reflektirten Sonnenlichtes. Crelle J. XXXVI. 185;

Cauchy. Über die drei Arten der leuchtenden Strahlen, welche den einfachen Bewegungen des Äthers entsprechen.

In den Comptes rendus werden nur die Resultate des in diesem Memoire Verhandelten angegeben. Es sind dies die folgenden.

1. Diejenigen Strahlen, welche sich ungeschwächt fortpflanzen, thun dies mit Geschwindigkeiten, deren Quadrate die reellen Wurzeln einer Gleichung vom dritten Grade sind. Die zwei ersten Wurzeln entsprechen den von den Physikern beobachteten Strahlen, und werden einander gleich in den isophanen Mitteln, wenn die Strahlen in einen einzigen zusammenfallen. Sie sind von einander, aber sehr wenig, verschieden bei den ein- und zweiaxigen Krystallen und bei den isophanen Körpern, welche die Polarisationsebene drehen. Sie werden imaginär bei den Metallen und den undurchsichtigen Körpern.

2. Die Gesetze der Reflexion und Refraktion lassen sich aus zwei Principien herleiten. Das erste Princip besteht darin, dafs die einfachen einfallenden, reflektirten und gebrochenen Bewegungen solche sind, welche der Vfr. correspondirende zu nennen pflegt. Das zweite ist das Princip der Continuität der Bewegung im Aether. Nach dem letzten Princip behalten die unendlich kleinen Verschiebungen ξ, η, ζ eines Aethertheilchens, genommen parallel mit drei rechtwinkligen Axen der x, y, z, in unendlich kleinen Entfernungen von der Trennungsfläche zweier Mittel denselben Werth beim Uebergang aus dem ersten Mittel in das zweite; und dasselbe findet statt mit den Differenzial-Coëfficienten, bezogen auf x, wenn die Trennungsfläche senkrecht auf der Axe der x angenommen wird. Man erhält auf diesem Wege sechs Bedingungsgleichungen, welche genügen, wenn die Differenzial-Gleichungen der Aetherbewegung sich nahezu auf Gleichungen der zweiten Ordnung reduciren lassen. Im entgegengesetzten Falle kommen noch neue Bedingungsgleichungen hinzu, welche unmittelbar aus dem erwähnten Princip folgen. Uebrigens lassen sich ξ, η, ζ in verschiedene Theile zerlegen,

welche den einfallenden, reflektirten und gebrochenen Strahlen entsprechen.

3. Auf dem angegebenen Wege kommt man auf die von Hrn. Cauchy gegebenen Formeln für die Polarisation und Intensität des reflektirten und gebrochenen Lichts für durchsichtige wie undurchsichtige Körper. Und diese Formeln reduciren sich in erster Annäherung auf die Fresnel'schen, wenn der Körper durchsichtig ist und das unter einem bestimmten Winkel auffallende Licht geradlinig polarisirt zurückgeworfen wird.

4. Der oben erwähnte dritte Lichtstrahl, dessen Existenz auch die Erfahrung bestätigt, verschwindet, wenn das einfallende Licht entweder nach der Einfallsebene polarisirt ist oder sich parallel oder senkrecht gegen die reflektirende Fläche fortpflanzt, und erlischt in jedem Mittel in einer angebbaren Entfernung von dieser Fläche. Wenn man die Einheit durch den Auslöschungscoëfficienten des dritten Strahls dividirt, so erhält man einen Quotienten, dessen Werth sich beim Uebergang aus dem ersten Mittel in das zweite ändert, wofern nicht die reflektirende Fläche das Licht unter einem bestimmten Winkel vollständig polarisirt; und multiplicirt man die Differenz zwischen beiden Werthen mit der Charakteristik des gebrochenen Strahls, so ist das Produkt derselbe kleine Coëfficient, welchen die auf die durchsichtigen Körper sich beziehenden von Jamin bestätigten Formeln enthalten.

5. Die Existenz des dritten Strahls wird überdies bewiesen durch den Lichtverlust, der bei schiefen Incidenzen im reflektirten Licht beobachtet wird, und durch die von Arago entdeckte Erscheinung, daſs das unregelmäſsig reflektirte Licht senkrecht gegen die Austrittsebene polarisirt ist.

J. Jamin. Über die Zurückwerfung des Lichtes von durchsichtigen Körpern.

Hr. Jamin theilt hier als Resultat seiner Versuche mit, daſs keine Substanz unter dem Polarisationswinkel das Licht vollständig polarisire; daſs vielmehr die Polarisation des reflektirten

Lichts stets eine elliptische sei, und namentlich der Phasenunterschied von π bis 2π variire, wenn die Incidenz von 0° bis 90° wachse. Um sich von der Wahrheit der Behauptung zu überzeugen, dürfe man nur recht intensives Licht anwenden. Polarisirtes Sonnenlicht verschwinde nach der Reflexion unter dem Polarisationswinkel nie vollständig. Noch entscheidender aber sei es, dafs das polarisirt einfallende Sonnenlicht, wenn es nach der Reflexion durch einen Quarz-Compensator gehe, die durch diesen erzeugten parallelen Farbenstreifen verschiebt, was ohne das Vorhandensein eines Phasenunterschiedes unmöglich ist. Es besteht nämlich der (von Babinet herrührende) Compensator, den Hr. Jamin hier in Anwendung bringt, aus zwei dreiseitigen Quarzprismen, die gleiche, aber sehr schwache brechende Winkel haben, und in deren einem die parallelen Kanten der optischen Axe parallel sind, während in dem anderen die Kanten einen rechten Winkel mit der optischen Axe bilden. Diese Prismen werden so übereinander geschoben, dafs die dicke Seite des einen über der dünnen Seite des anderen liegt, und die Axen sich folglich senkrecht kreuzen. Da die gewöhnlichen und ungewöhnlichen Strahlen des ersten Prismas im zweiten nur resp. gewöhnlich und ungewöhnlich gebrochen werden, so werden diejenigen Strahlen, welche in der Linie, in welcher gleich dicke Stellen der Prismen übereinander liegen, austreten, keine Gangunterschiede zeigen können, wenn vor dem Eintritte solche nicht schon vorhanden waren. Ist demnach das Einfallslicht linear und nach dem Hauptschnitt polarisirt, so wird jene Linie bei einer der Hauptstellungen des analysirenden Nikols dunkel erscheinen, und neben derselben zu beiden Seiten werden parallele Farbenstreifen auftreten, welche von den ungleichen Wegen der gewöhnlichen und ungewöhnlichen Strahlen im Quarz herrühren. Läfst man dagegen elliptisch polarisirtes Licht einfallen, so wird die vorher schwarz erschienene Linie von Strahlen durchwandert, die denselben Phasenunterschied zeigen, wie die beiden Componenten des elliptischen Einfallslichts, und es erscheint eine schwarze Linie da, wo dieser Gangunterschied durch die verschiedene Dicke der beiden Quarzprismen compensirt wird. Das System der Farbenstreifen wird also aus der Lage verschoben erscheinen, in welcher es sich unter Anwendung linearen Einfallslichtes befand.

Jamin. Ueber die Zurückwerfung des Lichtes.

In dieser Schrift theilt Hr. Jamin Folgendes als Resultate seiner Untersuchungen über die Reflexion des Lichts mit.

Die reflektirenden Körper haben mit seltenen Ausnahmen sämmtlich, wie die Metalle, keine Polarisationswinkel, sondern nur ein Polarisations-Maximum, und das reflektirte Licht ist elliptisch polarisirt. Ordnet man die Körper nach der Gröfse ihres Brechungsverhältnisses, von den am stärksten brechenden ausgehend, so findet man, dieselben der Reihe nach durchlaufend, dafs die Elliplicität des reflektirten Lichts sich allmählig dem Linearen nähert. Der Uebergang in die lineare Polarisation tritt bei einem Brechungsverhältnifs von beiläufig 1.4 wirklich ein; nachher aber, bei weiterer Abnahme des Brechungsverhältnisses kommt die elliptische Polarisation wieder zum Vorschein, und zwar mit allmähliger Zunahme der kleinen Ellipsen-Axe. Die Ellipticität diesseits und jenseits des Scheidepunktes von 1.4 ist aber verschiedener Art. Bei den Körpern von stärkerer brechender Kraft ist der nach der Einfalls-Ebene polarisirte Theil des Lichtstrahls der voreilende; bei den von geringerer brechender Kraft, der verzögerte. Jene Substanzen nennt Hr. Jamin positiv, diese negativ.

An die Stelle des Polarisationswinkels, dessen Begriff nur noch für die wenigen Körper an der Grenze zwischen den positiven und negativen Substanzen passen würde, tritt der vom Vrf. so genannte Haupt-Einfallswinkel, dadurch charakterisirt, dafs bei demselben der Phasenunterschied den Werth $\frac{3\pi}{2}$ erreicht.

Wegen des allgemeinen Stattfindens elliptischer Polarisation reicht zur Bestimmung der Reflexion auch nicht mehr die Kenntnifs der Hauptincidenz aus, sondern es mufs, wie bei den Metallen, das Verhältnifs der Amplituden der beiden Componenten im reflektirten Licht hinzukommen. Diese zweite Constante, welche in der Regel nur einige Tausendstel beträgt, bestimmt die Ellipticität und nimmt im Allgemeinen mit dem Brechungsverhältnifs ab. Inzwischen giebt es von diesem Gange zahlreiche Ausnahmen, wie z. B. den Turmalin und die Steinkohle, welche stärker elliptisch polarisiren, wie der Diamant und das Antimonglas, obgleich diese das Licht viel stärker brechen.

Cauchy. Ueber das von der Oberfläche eines undurchsichtigen Körpers besonders eines Metalles zurückgeworfene Licht.

Diese Note enthält nur eine Angabe der nachstehenden Intensitätsformeln des reflectirten Lichts für undurchsichtige Körper.

In denselben stellen Θ und ε zwei Constanten vor, so gewählt, dafs $\Theta\cos\varepsilon$ und $\Theta\sin\varepsilon$ resp. das Brechungsverhältnifs und den Auslöschungscoëfficienten bei senkrechter Incidenz ausdrücken. Ferner sind I^2 und J^2 die Intensitäten, wenn das einfallende Licht resp. senkrecht oder parallel zur Einfallsebene polarisirt ist; τ endlich bezeichnet den Einfallswinkel.

Für die senkrechte Incidenz gilt alsdann:

$$I^2 = J^2 = \operatorname{tang}\left(\psi - \frac{\pi}{4}\right),$$

während ψ sich aus $\cot\psi = \cos\varepsilon\sin(2\operatorname{arc}\operatorname{tang}\Theta)$ ergibt.

Für schief einfallendes Licht gilt:

$$1.\quad I^2 = \operatorname{tang}\left(\varphi - \frac{\pi}{4}\right),\quad J^2 = \operatorname{tang}\left(\chi - \frac{\pi}{4}\right),$$

wo φ und ψ durch die Gleichungen

$$2.\quad \begin{cases} \cot\varphi = \cos(2\varepsilon - v)\sin\left(2\operatorname{arc}\operatorname{tang}\dfrac{U}{\Theta^2\cos\tau}\right) \\ \cot\psi = \cos v\sin\left(2\operatorname{arc}\operatorname{tang}\dfrac{\cos\tau}{U}\right) \end{cases}$$

$$3.\quad \cot(2v - \varepsilon) = \cot\varepsilon\cos\left(2\operatorname{arc}\operatorname{tang}\frac{\sin\tau}{\Theta}\right),$$

$$U = \left(\frac{\sin 2\varepsilon}{\sin 2v}\right)^{\frac{1}{2}}\Theta$$

bestimmt sind.

Ist das einfallende Licht weder im Azimuth 0° noch im Azimuth 90° polarisirt und bezeichnet δ den Phasenunterschied der beiden nach diesen Azimuthen zerlegten Componenten nach der Reflexion, so hat man

$$\tang \delta = \tang 2\omega \sin v$$

während $$\tang \omega = \frac{U}{\sin\tau \tang\tau} \text{ ist.}$$

Zur Bestimmung der Constanten Θ und ε geht man auf den Fall des Einfalls unter dem Winkel des Polarisations-Maximums zurück, in welchem Falle $\delta = 45^0$ ist, und die letzten beiden Formeln

$$\omega = \frac{\pi}{4}, \quad U = \sin\tau \tang\tau$$

liefern.

Dabei hat man $$v = 2\Pi,$$
unter Π das Azimuth im reflektirten Licht verstanden, wenn das einfallende Licht im Azimuth 45^0 polarisirt war; und es ergibt sich aus den Formeln 3.

$$\tang(2\varepsilon - v) = \tang v \cos(\pi - 2\tau), \quad \Theta = \left(\frac{\sin 2v}{\sin 2\varepsilon}\right)^{\frac{1}{2}} U.$$

Bei dieser Gelegenheit wiederholt Hr. CAUCHY die Bemerkung, dafs das Brechungsverhältnifs der Metalle weit geringer ist, als man sonst annahm, und dafs z. B. für Quecksilber dasselbe nicht, wie man von verschiedenen Seiten behauptete, 4·9 oder 5·8, sondern 1·7 ist.

Endlich werden noch statt der Formeln 2. Näherungsformeln angegeben, darauf beruhend, dafs $\frac{1}{\Theta}$ stets sehr klein ist, und daher die Formeln 3. nahezu $v = \varepsilon$, $U = \Theta$ liefern, so dafs, da hiernach ε und Θ wenig sich ändern, wenn der Einfallswinkel von 0^0 abweicht,

$$\cot\varphi = \cos\varepsilon \sin\left(2 \operatorname{arc} \tang \frac{1}{\Theta \cos\tau}\right)$$

$$\cot\chi = \cos\varepsilon \sin\left(2 \operatorname{arc} \tang \frac{\cos\tau}{\Theta}\right)$$

nahezu genommen werden darf.

Für Stahl z. B. weichen die hiernach berechneten Werthe von $\tau = 0$ bis $\tau = 75$ um weniger als 0,01 von den Werthen der vollständigen Formeln ab.

Cauchy. Ueber die Bedingungen der Körperbegränzung, besonders über die, welche zu den Gesetzen der Zurückwerfung und Brechung des Lichtes führen.

Die Comptes rendus enthalten aufser vorstehendem Titel nicht viel mehr, als das Versprechen, den von Herrn Cauchy in der Akademie gelesenen Auszug aus diesem Memoire später nachzuliefern. Nur im Allgemeinen wird bemerkt, dafs in demselben die Bewegungsverhältnisse an der Grenze zweier Körper besprochen werden, und namentlich die Reflexion und Refraktion einfacher Bewegungen (mouvemens simples). Dabei wird vornehmlich das Gesetz hervorgehoben, dafs die einfachen erregenden Bewegungen nebst den reflektirten und gebrochenen zu denen gehören, welche der Vfr. correspondirende Bewegungen nennt; und dafs für diejenigen Mittel, die ein einziges Molekülsystem enthalten, zur Bestimmung der Richtung und Amplitude der Schwingungen das Princip der Gleichheit des beiderseitigen Drucks gegen die Gränzfläche hinreiche — für diejenigen Mittel dagegen, welche aufser den Körpermolekülen Aethermoleküle enthalten, das von Hrn. Cauchy sogenannte Princip der Continuität der Bewegungen im Aether gleichzeitig zur Anwendung kommen müsse.

Plücker. Zurückwerfung des Lichtes von Flächen zweiten Grades.

Hr. Plücker giebt hier zuvörderst einen neuen Beweis für das Theorem, dafs alle Strahlen, welche von Punkten einer der reellen Focalen einer Fläche zweiter Ordnung ausgehen, nach der Reflektion von dieser Fläche wieder durch dieselbe Focale gehen. Es beruht dieser Beweis auf der Betrachtung, dafs — da der Winkel zwischen dem einfallenden und reflektirten Strahl von der durch den Einfallspunkt gehenden Normale halbirt wird, und die Normale auf den Tangenten senkrecht steht — der einfallende Strahl, der reflektirte Strahl, jene Normale und die an dem Einfallspunkt in der Einfallsebene gezogene Tangente Harmonikallinien bilden. Dadurch reducirt sich der Beweis darauf, daſs man zeigt, daſs von den beiden Punkten, in welchen die Normale und Tangente eines Punktes der Fläche einen der Hauptschnitte trifft, der eine in den Polaren des anderen liegt — die Polare bezogen auf die in jenem Hauptschnitte befindliche Focale — und dieser Nachweis ist für das Ellipsoid und dessen elliptische Focale analytisch ausgeführt.

Hierauf sucht der Verf. diejenigen Punkte der Fläche zweiter Ordnung, welche die von einem gegebenen Punkte M der Focale ausgehenden Strahlen nach einem zweiten gegebenen Punkte M' derselben reflektiren, indem er die auf dasselbe Resultat führende Aufgabe stellt: Welche Flächenpunkte, wenn sie mit O bezeichnet werden, so liegen, daſs ihre Normale in der Ebene OMM' zu liegen kommt.

Es findet sich dabei, daſs die gesuchten Punkte in einer auf dem Hauptschnitt der Focale senkrechten Ebene sich befinden, mit dem Nebenergebniſs, daſs die gegebene Fläche in jenen Punkten, d. h. in ihrer Durchschnittslinie mit der genannten senkrechten Ebene von einer Revolutionsfläche berührt wird, deren Brennpunkte M und M' sind.

Für den Fall des Ellipsoids ergibt sich, wenn

$$\frac{x^2}{\alpha^2}+\frac{y^2}{\beta^2}+\frac{z^2}{\gamma^2}=1$$

deren Gleichung, und

$$Ax+By+C=0, \quad z=0$$

die Gleichungen der durch M und M' gehenden geraden Linie sind, daſs jene senkrechte Ebene durch die Gleichung

$$A\frac{\alpha^2-\gamma^2}{\alpha^2}x+B\frac{\beta^2-\gamma^2}{\beta^2}y+C=0$$

sich darstellt.

Diese Ebene erweist sich überdies als die auf die gegebene Fläche bezogene Polarebene des auf die Focale bezogenen Pols der Linie MM'.

Läſst man den Punkt M' die Focale beschreiben, indem man die Linie MM' um M dreht, und stellt P den Pol von MM', und Q den auf die Hauptschnittsfigur bezogenen Pol der Tangente an M vor: so bewegt sich natürlich P auf der Tangente an M, und die auf der Ebene des Hauptschnitts senkrechte Ebene, welche die gegebene Fläche in der reflektirenden Linie trifft, dreht sich um diejenige Gerade, welche durch Q gehend normal auf der Hauptschnittsebene steht. Schneidet ferner die Tangente an M die gegebene Fläche in den Punkten L und K, und stellen N und R die Berührungspunkte der resp. von L und K an die Focale gezogenen zweiten Tangenten vor, so reducirt sich die reflektirende Curve auf die Punkte L und K, sobald P in diese Punkte rückt, und die Punkte N und R sind die Erleuchtungsgrenzen Seitens der von M ausgehenden Strahlen. Befindet sich nämlich P zwischen L und K, so trifft die durch Q gehende Polarebene nicht mehr die gegebene Fläche, und es kann folglich dann auch zu keiner Reflexion kommen.

Die analytische Ausführung, obwohl kurz und einfach, ist hier übergangen, weil nach den gegebenen Andeutungen dieselbe sich leicht reproduciren läfst.

J. Jamin. Ueber die Farben der Metalle.

Die Farben der Körper führt Hr. Jamin zurück auf die mit der Farbe variirende Schwächung des reflektirten Lichts, und weist solches hier für eine Reihe von Metallen nach. Zur Berechnung der Intensität des reflektirten Lichts für die gewöhnlich unterschiedenen Farben des Spektrums bediente er sich der durch Versuche mehrfach bewährten Formeln Cauchy's, und zwar insbesondere der für den Fall der senkrechten Incidenz geltenden, weil sich für diese Incidenz die ziemlich verwickelten allgemeinen Formeln sehr vereinfachen.

Diese Formeln sind, wenn die Intensität des einfallenden Lichts als Einheit vorausgesetzt wird und J die Intensität des reflektirten Lichts, i den Winkel der wiederhergestellten Polarisation bedeutet

$$J = \operatorname{tang}(\varphi - 45)$$

$$\cot\varphi = \cos 2A \sin 2\left(\operatorname{arc\,tang}\frac{1}{\sin i \operatorname{tang} i}\right)$$

$$\operatorname{tang} A = k,$$

wo k eine Constante vorstellt, welche die Schwächung des Lichts nach einmaliger Reflexion unter dem Winkel des Polarisations-Maximums ausdrückt.

Wie man sieht, bedarf es hierbei für jeden reflektirenden Körper und jede Farbe der Kenntnifs der zwei Constanten i und k, welche Hr. Jamin daher zuvor mit möglichster Schärfe bestimmte.

Bezeichnet a das Polarisations-Azimuth des einfallenden Lichts, so dafs $\sin a$ und $\cos a$ das Verhältnifs der Amplituden für die nach den Azimuthen 90° und 0° polarisirten Componenten darstellen, so wird das Amplituden-Verhältnifs nach 2, 4, 6, etc. Reflexionen unter dem Polarisations-Maximum $k^2 \tang a$, $k^4 \tang a$, $k^6 \tang a$, etc. Sind daher x', x'', x''', etc. die in diesen Fällen beobachteten Azimuthe des reflektirten Lichts, so hat man zur Bestimmung der Constante k die Formeln

$$\tang x' = k^2 \tang a, \quad \tang x'' = k^4 \tang a, \quad \text{etc.}$$

Da k meistens viel kleiner als Eins ist, also die Azimuthe x', x'', x''', etc. mit zunehmender Reflexionszahl rasch abnehmen und leicht mit den Messungsfehlern vergleichbar werden, so nahm Hr. Jamin bei dessen Bestimmung a nahe $= 90°$, und wendete, um bei mehrfachen Reflexionen noch einen merkbaren Lichteindruck zu erhalten, prismatisch zerlegtes Sonnenlicht an.

Die untersuchten Metalle waren Silber, Glockengut, Stahl, Zink, Spiegelmetall, Kupfer, Messing.

Bei allen diesen Substanzen zeigte sich eine entschiedene, wenn auch unregelmäfsige Abnahme des Werthes von i vom Roth zum Violett — also umgekehrt wie bei den durchsichtigen Körpern. Hinsichtlich des Azimuths der wiederhergestellten Polarisation, entsprechend dem Fall, wo das einfallende Licht im Azimuth 45° polarisirt ist, offenbarte sich ein verschiedenes Verhalten, nach welchem die genannten Metalle in drei Klassen zerfallen. Bei der ersten Klasse, das Silber, Kupfer, Messing und Glockengut umfassend, nimmt das Azimuth vom Roth zum Violett hin ab (die Differenz zwischen dem Azimuth für das Roth und Violett beträgt für das Silber 1° 50′, für das Glockengut 7° 12′, für das Kupfer 12° 25′, für das Messing 12° 2′). Bei der zweiten Klasse, welcher das Zink und der Stahl angehören, nimmt umgekehrt das Azimuth vom Roth zum Violett zu (beim Zink im Ganzen um 10° 36′, beim Stahl um 4° 52′). Beim Spiegelmetall, welches allein die dritte Klasse vertritt, nimmt endlich das Azimuth vom Roth bis zum Grün ab, und vom Grün bis zum Violett wiederum zu.

Was nun die Intensität betrifft, so zeigen die obigen Formeln, dafs dieselbe zu- oder abnimmt, wenn die Constanten i und k zu- oder abnehmen, und man kann, da die Werthe von i von einem Metalle zum anderen nur wenig variiren, während die Azimuthe grofse Differenzen zeigen — behaupten, dafs im Allgemeinen die Metalle um so mehr Licht reflektiren je gröfser das Azimuth ist.

Da ferner bei den Metallen der ersten Klasse beide Constanten vom Roth zum Violett abnehmen, so nimmt bei ihnen auch die Intensität mit der Brechbarkeit der Farbe ab, so dafs ihre Farben bei einfallendem weifsen Licht sich mehr oder weniger dem Roth nähern, wie dies in der That die Erfahrung bestätigt, indem sie ein mehr oder weniger orangefarbenes Gelb darbieten. Da ferner die Abnahme der Intensität vom Roth zum Violett wegen der höheren Potenzirung des k um so rascher wird, je mehr sich die Zahl der Reflexionen steigert, so mufs die Farbe mit zunehmender Reflexionszahl einem immer reineren Roth zugehen — und auch diese theoretische Folgerung bewährt sich durch die Erfahrung.

Bei der zweiten Klasse nehmen vom Roth zum Violett die Werthe von i ab, während die Azimuthe wachsen. Es kann also hier, je nachdem jene Abnahme oder diese Zunahme überwiegt, das reflektirte Licht dem einen oder dem andern Ende des Spektrums zugehören, oder endlich indem sich beide nahezu compensiren, das Licht weifslich erscheinen.

Die nach der Newton'schen chromatischen Regel berechneten Resultate aus den durch die Cauchy'schen Formeln gewonnenen Intensitätswerthen für 1 und 10 Reflexionen sind in der folgenden Tabelle enthalten, wo U den Winkel der Metallfarbe mit dem Anfange des Roth in dem Newton'schen Farbenkreise bedeutet, und Δ und $1-\Delta$ das Verhältnifs dieser Farbe und des weifsen Lichts im reflektirten Strahl vorstellen.

	Nach einer Reflexion			Nach zehn Reflexionen		
	U	$\varDelta$	$1-\varDelta$	U	$\varDelta$	$1-\varDelta$
Kupfer	69° 56′ Orange, sehr roth	0.113	0.887	43° 29′ Roth	0.812	0.188
Glockengut	83° 10′ Orange-gelb	0.065	0.935	40° 40′ Roth	0.767	0.233
Messing	103° 13′ Gelb	0.112	0.888	62° 50′ Orange, sehr roth	0.349	0.650
Silber	89° 0′ Orange, sehr gelb	0.013	0.987	84° 32′ Orange, gelb	0.124	0.876
Zink	180° 57′ Blau	0.021	0.979	264° 58′ Indigoblau	0.188	0.812
Stahl	74° 33′ Orange, roth	0.017	0.983	—22° 50′ Violett	0.089	0 912
Spiegelmetall	67° 23′ Orange, sehr roth	0.028	0.972	53° 59′ Roth, orange	0.292	0.708

Die Uebereinstimmung dieser Zahlen mit der Erfahrung ist so vollkommen, als es sich nur wünschen läfst.

Das Kupfer z. B. zeigt in der Wirklichkeit nach einer Reflexion eine verwaschene orangeröthliche Farbe, und nach vervielfältigten Reflexionen ein fast homogenes Roth. Andererseits liegt bei 60° die Grenze zwischen Roth und Orange, und es entspricht also in der That dem in der Tabelle stehenden, dem Kupfer zukommenden Werthe von U, nämlich dem Werthe 69° 56′, eine dem Roth nahe liegende Stelle im Orange, während dadurch, dafs die Rechnung auf 113 farbige Strahlen 887 weifse gibt, das Matte der Farbe begründet wird. Ferner liegt nach 10 Reflexionen die berechnete Bestimmungsfarbe (43° 29) mitten im Roth, und das scharfe Hervortreten dieser Farbe wird dadurch angezeigt, dafs auf 812 farbige Strahlen nur 188 weifse kommen sollen.

Ebenso bestätigen die Zahlen (bei 94° 55′ liegt die Grenze zwischen Gelb und Orange) das verwaschene Orange des Glokkenguts und das mehr, ausgesprochene Gelb des Messings nach einer Reflexion; ferner die Uebereinstimmung der Glockenmetallfarbe bei einer Reflexion mit der Silberfarbe nach mehreren Reflexionen; etc.

R. Clausius. Ueber die Intensität des durch die Atmosphäre reflektirten Sonnenlichts.

Dieser Aufsatz bildet die Fortsetzung einer Abhandlung desselben Verfassers über die Lichtzerstreuung in der Atmosphäre (Crelle Bd. 34), und hat zum Gegenstand 1. die Bestimmung der vom ganzen Himmel zur Erde gelangenden Lichtmenge, und 2. die Bestimmung der Helligkeit des Himmels an seinen verschiedenen Stellen.

Die Grundvoraussetzung dabei ist, dafs die Lichtzerstreuung in der Atmosphäre durch äufserst feine, selbst bei klarem Himmel in der Luft schwebende Dunstbläschen bewirkt werde. Ferner ist bei der Brechung überall getrennt gehalten 1. das von den Dunstbläschen reflektirte Licht, welches von den direkten Sonnenstrahlen herrührt, 2. dasjenige Licht, welches an mehr als an einem Bläschen Reflexionen erlitten hat. Der Verfasser hat jenes einmalig reflektirtes, dieses mehrmals reflektirtes Licht genannt.

Hinsichtlich des ersten Lichtantheils wird zunächst das von einem einzelnen von der Sonne beschienenen Dunstbläschen reflektirte Licht untersucht, und dabei zuerst das Sonnenlicht in einem Punkte vereinigt gedacht, so dafs sämmtliche auffallende Strahlen als unter sich parallel angesehen werden dürfen.

Bemerkt man nun, dafs ein Strahl, welcher unter einem Winkel i auf die äufsere Fläche eines kugelförmigen Bläschens trifft, und partiell in das Innere dringt, wenn er an der Innenfläche eine oder mehrere Reflexionen erleidet, dort immer unter einem Winkel einfällt, welcher gleichfalls sehr nahe gleich i ist: so sieht man ein, wenn die Intensität der einfallenden Strahlen gleich Eins, die Intensität der an der äufseren Oberfläche reflektirten Strahlen gleich R gesetzt wird, wofern keine Absorption in Bläschen selbst statt findet — dafs der Theil der eindringenden Strahlen, welcher nach einmaliger Reflexion an der Innenfläche des Bläschens wieder heraustritt, die Intensität $(1-R^2)R$; der Theil, welcher nach zwei inneren Reflexionen austritt, die Intensität $(1-R^2)R^2$; der nach drei inneren Reflexionen austretende Theil die Intensität $(1-R)^2 R^3$ hat; etc. Denkt man ferner die Bläschen-Oberfläche in unendlich schmale auf der Richtung der Einfallsstrahlen senkrechte Zonen getheilt, so dafs alle auf eine und dieselbe Zone treffende Strahlen als unter einerlei Winkel einfallend betrachtet werden können, und nimmt die gesammte Lichtmenge, welche auf die Bläschen fällt zur Einheit: so ist die Lichtmenge, welche auf eine dieser Zonen fällt, $\frac{1}{2}\sin\psi\, d\psi$, wenn ψ und $\psi + d\psi$ die in Bogentheilen vom Radius Eins ausgedrückten Winkel vorstellen, um welche die Strahlen durch die erste Reflexion an den beiden Rändern der Zone von ihrer Richtung abgelenkt werden, und wo also, wenn i den Einfallswinkel am ersten Rande bedeutet, $\psi = \pi - 2i$ ist. Die unter dem Winkel i einfallenden Strahlen werden dann nach der ersten Reflexion auf der Innenfläche gleichfalls um ψ, aber nach der entgegengesetzten Seite abgelenkt, nach zwei Reflexionen im Innern um 2ψ, nach drei Reflexionen um 3ψ, etc., und es ist die reflektirte Lichtmenge in diesen Parthieen der Reihe nach $\frac{1}{2}\sin\psi\, d\psi . R$, $\frac{1}{2}\sin\psi\, d\psi (1-R)^2 R$, $\frac{1}{2}\sin\psi\, d\psi (1-R)^2 R^2$, $\frac{1}{2}\sin\psi\, d\psi (1-R)^2 R^3$, etc. Denkt man sodann das Bläschen von einer grofsen concentrischen Kugel umgeben, so wird von jeder der genannten reflektirten Strahlen-Parthieen eine Zone der Innenfläche derselben erleuchtet, und man bekommt ein Maafs für die Erleuchtung einer jeden dieser Zonen, wenn man die sie erleuchtenden Lichtmengen durch die Gröfse der Zone dividirt. Wählt man dabei die gesammte Kugelfläche zur Flächeneinheit, so gewinnt man damit als Verhältnifszahlen der Erleuchtung für die Zonen, welche dem äufseren Ablenkungswinkel ψ, dem inneren Ablenkungswinkel ψ, den Ablenkungswinkeln 2ψ, 3ψ, etc. entsprechen, nach der Reihe

$$\frac{\sin\psi}{\sin\psi} R, \quad \frac{\sin\psi}{\sin\psi}(1-R)^2 R, \quad \frac{1}{2}\frac{\sin\psi}{\sin 2\psi}(1-R)^2 R^2,$$

$$\frac{1}{3}\frac{\sin\psi}{\sin 3\psi}(1-R)^2 R^3, \quad \text{etc.}$$

Will man nun die Gesammt-Erleuchtung einer Zone der umschriebenen Kugel bestimmen, so mufs man die Erleuchtungen summiren, welche sie 1. von dem einmal an der äufseren Fläche des Bläschens reflektirten Licht erhält; 2. von dem einmal an der inneren Fläche derselben reflektirten Licht; von dem zweimal an der Innenseite reflectirten Licht; etc. Nennt man φ den die Lage der Zone bestimmenden Ablenkungswinkel, so ist die Erleuchtung Seitens der ersten und zweiten Lichtparthie, resp.

$$\frac{\sin\varphi}{\sin\varphi}R,\quad \frac{\sin\varphi}{\sin\varphi}(1-R_{,})^2R_{,};$$

Seitens der dritten Lichtparthie, weil deren ursprüngliche (nach der ersten Reflexion bewirkte) Ablenkung sowohl $\frac{1}{2}\varphi$ wie $\frac{1}{2}(2\pi-\varphi)$ gewesen sein kann,

$$\frac{1}{2}\frac{\sin\frac{1}{2}\varphi}{\sin\varphi}(1-R_{,,})^2R_{,,}^2+\frac{1}{2}\frac{\sin\frac{1}{2}(2\pi-\varphi)}{\sin\varphi}(1-R_{,,,})^2R_{,,,}^2.$$

Seitens der vierten Lichtparthie, welche den ursprünglichen Ablenkungen $\frac{1}{3}\varphi$, $\frac{1}{3}(2\pi-\varphi)$, $\frac{1}{3}(2\pi+\varphi)$ entsprechen werden

$$\frac{1}{3}\frac{\sin\frac{1}{3}\varphi}{\sin\varphi}(1-R_{\text{IV}})^2R_{\text{IV}}^3+\frac{1}{3}\frac{\sin\frac{1}{3}(2\pi-\varphi)}{\sin\varphi}(1-R_{\text{V}})^2R_{\text{V}}^3$$

$$+\frac{1}{3}\frac{\sin\frac{1}{3}(2\pi+\varphi)}{\sin\varphi}(1-R_{\text{VI}})^2R_{\text{VI}}^3;\quad \text{etc.}$$

Die Buchstaben R sind hier verschieden markirt, weil sie, verschiedenen Einfallswinkeln angehörend, verschiedene Werthe haben.

Stellt man sich unter der umschriebenen Kugel das Himmelsgewölbe vor, so bezeichnet φ den Abstand der Himmelsstelle von der Sonne.

Die Voraussetzung, das Sonnenlicht gehe von einem einzigen Punkte aus, übt zwar wenig Einflufs aus für die der Sonne nicht allzu nahen Stellen. In der Nähe von $\varphi = o$ und $\varphi = \pi$ aber macht sich der Unterschied der Einfallswinkel der von verschiedenen Punkten der Sonne ausgehenden Strahlen zu merklich, um vernachläfsigt werden zu können, und es hat daher Hr. Clausius eine Correction für die in der Nähe von $\varphi = o$ und $\varphi = \pi$ liegenden Ablenkungen angebracht.

Von den hiernach unter der Annahme, dafs das Brechungsverhältnifs des Wassers 1,333 sei, berechneten numerischen

Werthen (welche ein Minimum in der Nähe von $\varphi = 140$ geben) nehmen wir folgende auf:

φ	Intensität	φ	Intensität
0°	1.0198	100°	0.1042
1°	0.9764	120°	0.0906
20°	0.6502	140°	0.0870
40°	0.3968	160°	0.0907
60°	0.2234	179°	0.3232
80°	0.1398	180°	1.9267

Meistentheils erst in der dritten Decimale von diesen Werthen abweichende Resultate gibt folgende einfache empirische Formel:

$$0.0917 + 1\cdot 24 \ \sin^{4\frac{1}{2}}(130 - \varphi).$$

Wenn man lieber die ganze vom Bläschen reflektirte Lichtmenge zur Einheit nimmt, welche in Bezug auf die alte Einheit sich gleich 0.19265 findet, so gibt diese Formel, indem man dieselbe durch 0.19265 dividirt,

$$0.4760 + 6.4366 \ \sin^{4\frac{1}{2}}(130^0 - \varphi) = F(\varphi),$$

und diese Formel ist es, welche der Verfasser im Verfolg überall für die vollständige Formel in Anwendung bringt.

Hiernach geht die Untersuchung auf die erste Frage nach der vom ganzen Himmel zur Erde gelangenden Lichtmenge über, und zwar zunächst auf die Lichtmenge, welche auf die Flächeneinheit der Erdoberfläche fällt, dabei diejenige Lichtmenge zur Einheit genommen, welche die Flächeneinheit von der Sonne empfangen würde, wenn dieselbe im Zenith stände, und ihr Licht von der Atmosphäre keine Schwächung erlitte.

Bei dem Theile des Lichts, welchen die Dunstbläschen durch einmalige Reflexion (d. h. von dem direkt auffallenden Sonnenlicht) liefern, ist von einer dem früheren Aufsatz entnommenen Formel ausgegangen, welche für diese gesammte reflektirte Lichtmenge

$$\varrho M = \varrho \, \frac{1 - e^{-ca}}{c}$$

gibt, wo ϱ den von Hrn. CLAUSIUS überall als constant angesehenen Absorptions-Coëfficienten bedeutet, und a für δh, c für sec γ steht, während δ die Undurchsichtigkeit der Luft, h die

Höhe der Atmosphäre und γ die Zenithdistanz der Sonne bezeichnet.

Stellt dann p die gegen die Erde hin reflektirte, aus dem Ausdrucke $F(\varphi)$ hergeleitete Lichtmenge eines einzelnen Bläschens vor, so läfst sich der von der gesammten Atmosphäre in dieser Weise nach unten reflektirte Lichtantheil durch $p\varrho M$ vorstellen, wovon indefs noch der auf dem Wege nach der Erde stattfindende Lichtverlust, über dessen Berechnung der erste Aufsatz Anleitung gibt, zu subtrahiren bleibt.

Der Werth von p wird gefunden, indem man die oben betrachtete das Bläschen umgebende Kugel durch eine mit der Erdoberfläche parallele Ebene halbirt gedacht, die Erhellung eines Elements der unteren Halbkugel mittels $F(\varphi)$ bestimmt, und den so gewonnenen Ausdruck über die ganze Halbkugel hin integrirt. Es ergibt sich dabei

$$p = \tfrac{1}{2}C + \tfrac{1}{2}A\,(\tfrac{1}{8} - \tfrac{1}{8}\pi \sin K + \sin^2 K - \tfrac{1}{4}\cos K \cos\gamma$$
$$+ \tfrac{1}{3}\pi \sin K \cos K \cos\gamma \int_0^{\frac{1}{2}\pi} \sqrt{(1 - \sin^2\gamma \sin^2 w)}\,dw),$$

wo C, A, K die Constanten aus $F(\varphi)$ bezeichnen, nämlich $C = 0.4760$, $A = 6.4366$, $K = 130^\circ$ ist.

Aus dieser Formel finden sich z. B. folgende zusammengehörige Werthe von γ und p

γ	p	γ	p
0°	0.7530	50°	0.6913
10°	0.7512	60°	0.6568
20°	0.7452	70°	0.6126
30°	0.7342	80°	0.5594
40°	0.7167	90°	0.5000.

Der Lichtantheil, welcher von der Reflexion von mehr als einem Bläschen herstammt, wird aus Formeln des früheren Aufsatzes bestimmt, und als Endformel

$$\tfrac{1}{2}\varrho^2 N \frac{v}{1 - \varrho(1 - v)}$$

gefunden, wo $N = 0.5222\,M - 0.08405\,e^{-ca}$

$$v = \frac{1 - e^{-a}}{2a} + \tfrac{1}{2}e^{-a} - \tfrac{1}{2}a \int_a^\infty \frac{e^{-x}}{x}\,dx,$$

oder, wenn man mit dem Verf. $a = 0.28768$ annimmt, $v = 0.67474$ ist.

Endlich wird noch das Licht in Rechnung gebracht, welches von der Erde zurückgeworfen, und vom Himmel wieder zurückgestrahlt wird, und dafür der Ausdruck

$$L \frac{Aw}{1 - Aw}$$

gefunden, wo $w = \frac{2}{s} \varrho (1 - u) \frac{v}{1 - \varrho (1 - v)}$,

$$u = e^{-a} - a e^{-a} + a^2 \int_a^\infty \frac{e^{-z}}{z} dz,$$

oder, wenn für a der obige Werth genommen wird, $u = 0.61178$ ist, und wo ferner L die theils von der Sonne direkt, theils mittels der Atmosphäre indirekt auf die Erde fallende Lichtmenge, und A die Lichtmenge vorstellt, welche die Erde zurückstrahlt, wenn das Einfallslicht gleich Eins gesetzt wird.

Nimmt man nach LAMBERT's Annahme $A = \frac{1}{12}$, so geben die angeführten Formeln für die gesammte der Erde zukommende Lichtmenge J von 10 zu 10 Graden Zenith-Distanz nachstehendes Resultat, wobei nach dem früheren Aufsatz die von der Sonne direkt eingestrahlte Lichtmenge zu $\frac{e^{-ac}}{c}$ angesetzt ist.

γ	J	γ	J
0°	0.93599	50°	0.56686
10°	0.92031	60°	0.41957
20°	0.87387	70°	0.25933
30°	0.78783	80°	0.11049
40°	0.69442		

Der zweite Theil des Aufsatzes beschäftigt sich mit der Helle des Himmels in seinen verschiedenen Punkten.

Die Helle einer Fläche ist offenbar proportional der Lichtmenge, welche dieselbe ins Auge schickt, dividirt durch die scheinbare Gröfse der Fläche. Nimmt man nun die Lichtmenge zur Einheit, welche die Sonne auf eine ihren Strahlen senkrecht entgegengehaltene Flächeneinheit wirft, vorausgesetzt, dafs die Atmosphäre keine Schwächung bewirkt, also, wenn f die Gröfse der Pupille bedeutet, f als Helle der Sonnenscheibe für einen aufserhalb der Atmosphäre stehenden Beobachter, und bezeichnet durch λ die Lichtmenge, welche eine Flächeneinheit einer unendlich dünnen Luftschicht von der Dicke dy verbreitet, wofür in dem ersten Aufsatz der Ausdruck

$$\delta e^{-\delta(h-y)\sec\gamma}\,dy$$

gefunden worden ist (unter y die Höhe der Schicht über der Erdoberfläche verstanden): so wird ein Stück jener Schicht von der scheinbaren Gröfse der Sonne, wenn der Radius der letzteren gleich σ gesetzt wird, aus der Entfernung R vom Auge, die Lichtmenge

$$\lambda R^2 \operatorname{tang}^2 \sigma\pi$$

oder sehr nahe $\lambda R^2\sigma^2\pi$

aussenden. Eine mit dem Radius R um jene Scheibe beschriebene Kugelfläche würde diese Lichtmenge gleichmäfsig über sich vertheilt erhalten, und folglich der auf die Pupille fallende Theil

$$\lambda R^2\sigma^2\pi\frac{f}{4R^2\pi} \quad \text{d. h.} \quad \tfrac{1}{4}\sigma^2\lambda f,$$

in Vergleich zu der der Sonnenscheibe folglich

$$\tfrac{1}{4}\sigma^2\lambda$$

sein. Hierbei ist aber vorausgesetzt, dafs die Luftschicht dem Auge senkrecht gegenübersteht. Soll daher das Licht in einer Richtung bestimmt werden, welche mit der Normale gegen die (horizontal gedachte) Schicht den Winkel β bildet, so hat man noch mit $\sec\beta$, und um den Lichtverlust auf dem Wege bis zum Auge in Rechnung zu bringen, überdies mit $e^{-\delta y \sin\beta}$ zu multipliciren. Dies gibt für den aus einmaliger Reflexion entspringenden Lichtantheil

$$\tfrac{1}{4}\sigma^2 F(\varphi)\sec\beta\,\lambda e^{-\delta y\sec y}$$

und für den aus mehrmaliger Reflexion entspringenden Theil, wenn man denselben als gleichförmig zerstreut ansieht,

$$\tfrac{1}{4}\sigma^2\sec\beta\cdot\lambda e^{-\delta y\sec\beta}.$$

Um endlich den Lichteffekt der ganzen Luftsäule bis zur Grenze der Atmosphäre zu erhalten, werden die vorstehenden Ausdrücke noch von $y = o$ bis $y = h$ zu integriren sein.

Auf diese Weise ergibt sich für den ersten Lichtantheil

$$\tfrac{1}{4}\sigma^2 F(\varphi)\sec\beta\frac{e^{-\delta.h\sec\beta}-e^{-\delta h\sec\gamma}}{\sec\gamma-\sec\beta},$$

und für das übrige Licht, wenn man das von den mehrmaligen Reflexionen, und das von der Erde reflektirte und wieder zurückgestrahlte Licht zusammenfaſst, insofern alsdann dem Obigen zufolge für λ,

$$\varrho^2 N + L\frac{A}{1-Aw}$$

zu setzen ist,

$$\tfrac{1}{4}\sigma^2 \frac{1-e^{-a\sec\beta}}{a}\left(\varrho^2 N + L\frac{A}{1-Aw}\right).$$

Nach diesen Formeln ist am Schluſs eine Tabelle berechnet, welche für einige Sonnenstellungen die Helligkeit einzelner Himmelsstellen enthält, und welche wir hier folgen lassen. Für dieselbe ist die Helligkeit der Sonne, wie sie einem Beobachter auſserhalb der Atmosphäre erscheinen würde, gleich 1,000,000 angenommen. Ferner stellt *H* die Helle der Sonne vor, wie sie nach der Lichtschwächung in der Atmosphäre erscheint, und *Az* stellt das, von der durch die Sonne gehenden Vertikal-Ebene an gerechnete Azimuth vor.

γ	*H*	Helle des Himmels							
		in der Nähe d Sonne.	im Zenith.	60° vom Zenith			am Horizont		
				Az = 0	*Az* = 90°	*Az* = 180°	*Az* = 0	*Az* = 90°	*Az* = 180°
0°	750.000	6.825	6.825	3.475	3.475	3.475	5.051	5.051	5.051
20°	736.000	7.125	4.536	5.243	3.323	2.560	6.108	4.961	4.498
40°	686.000	8.142	2.900	7.592	2.872	2.093	8.133	4.667	4.084
60°	562.500	10.227	1.719	10.227	2 278	1.773	10.367	4.039	3.555
70°	431.200	11.541	1.312	7.216	1.925	1.583	9.892	3.443	3.109
80°	190.800	10.413	0.880	4.347	1.389	1.216	5.925	2.306	2.220

Prof. Dr. F. W. G. Radicke.

2. Optische Phänomene.

A. Entstehung des Lichts. Spiegelung. Brechung. Beugung und Interferenz. Absorption. Spektrum.

J. W. Draper. On the production of light by chemical action. Phil. mag. XXXII. 100*; Inst. No. 750 p. 153*; Fror. Not. VII. 17. 33*; Arch. d. sc. ph. et nat. VIII. 208*.

Melloni. Sulla luce azzurra della grotta di Capri; estratto da G. Belli. Racc. fis. chim. III. 315*; (s. a. Rendic. del. a. di Napoli 1846 p. 363; Annali di fisica del prof. Majocchi fasc. V. 1847 p. 137).

Zantedeschi. Della luce azzurra trasmessa dai corpi opachi ridotti in lamine sottili o in polvere finissima sospesa in un liquido. Racc. fis. chim. III. 311* (s. a. Dupasquier Journ. d. pharm. et d. chim. X. 20; Berl. Ber. I. 181).

Mitscherlich. Ueber die Lichtbrechung durch die Wärme. Berlin. Monatsber. 1848 p. 309*.

Haidinger. Bemerkungen über den Glanz der Körper. Wien Stzgeb. 1848 Hft. 4 p. 137.

Fizeau et Foucault. Des interférences dans le cas des grandes différences de marche entre les rayons interférents et plusieurs applications de ces procédés d'observations. C. R. XXVI. 680*; Inst. No. 755 p. 189*.

B. Powell. On a new case of interference of light. Athen. 1848. No. 1086 p. 834*; Inst. No. 767 p. 282*.

E. Brücke. Ueber das Wesen der braunen Farbe. Pogg. Ann. LXXIV. 461*; Phil. mag. XXXIII. 281*; Inst. No. 785 p. 21*.

— — Ueber die Aufeinanderfolge der Farbe in den Newton'schen Ringen. Pogg. Ann. LXXIV. 582*.

Melloni. Researches on the radiations of incandescent bodies and on the elementary colours of the solar spectrum. Phil. mag. XXXII. 262; Pogg. Ann. LXXV. 62.

D. Brewster. Observations on the elementary colours of the spectrum in reply to M. Melloni. Phil. mag. XXXII. 489*; Pogg. Ann. LXXV. 81*; Arch. d. sc. ph. et nat. IX. 59*.

Crahay. Sur les raies longitudinales dans le spectre. Inst. No. 765 p. 268*; Bull. de Brux. XV.

H. Knoblauch. Ueber die Longitudinalstreifen im Sonnenspektrum. Pogg. Ann. LXXIV. 389*; Inst. No. 785 p. 23*.

Kuhn. Bemerkungen über die fixen und die longitudinalen Streifen im Spektrum. Pogg. Ann. LXXV. 455*.

Ragona-Scina. Sulle linee transversali e longitudinali dello spettro e su altri fenomeni relativi allo spettro luminoso. Racc. fis. chim. III. 17*; 269*.

Entstehung des Lichtes.

J. W. Draper. Ueber die Erzeugung des Lichtes durch chemische Aktion.

Im vorigen Jahresberichte [1]) war eine Untersuchung des Hrn. Draper besprochen worden, in welcher der Zusammenhang zwischen der Temperatur eines brennenden Körpers und der Natur des von ihm ausgesendeten Lichtes aufgesucht wurde.

Hr. Draper sucht in der vorliegenden Arbeit das Problem allgemeiner aufzufassen indem er die Frage stellt:

Kann man einen Zusammenhang angeben zwischen den chemischen Bedingungen, die bei einem brennenden Körper stattfinden müssen und zwischen der Natur des ausgesendeten Lichtes?

Der Gang der in 8 Abschnitten dargestellten Untersuchung ist folgender:

1. Prismatische Analyse der Flammen verschiedener Dämpfe und Gase, und Beweis, dafs jede Flamme alle Farben des Spektrums enthält.

Der experimentelle Beweis dieses Satzes ist neu, obwohl nicht unerwartet. Hr. Draper zeigt nämlich, dafs in den sogenannten monochromatischen Flammen nur eine Farbe sehr überwiegend ist, alle übrigen aber vorhanden sind. Eine Weingeistflamme mit Kochsalz liefert bekanntlich reines Gelb, aber die Flamme ist nicht monochromatisch im strengsten Sinne, denn das Blau der Weingeistflamme verschwindet nicht, es wird nur von dem Gelb unterdrückt. Die specielle Färbung einer Flamme rührt also von der prädominirenden Farbe her.

2. Prismatische Analyse des Lichtes eines brennenden einfachen festen Körpers und Beweis, dafs mit steigender Temperatur immer brechbarere Strahlen auftreten.

Hr. Draper beweist diesen Satz experimentell dadurch, dafs er das Licht von brennender Kohle prismatisch zerlegt, und findet, dafs beim Weifsglühen alle Farben des Spektrums darin enthalten sind, die während des Abkühlens in regelmäfsiger Folge

[1] Berl. Ber. III. p. 132 und 297.

vom Violett anfangend verschwinden bis endlich beim Rothglühen nur noch das rothe Ende des Spektrums übrig bleibt.

Dies ist nun freilich kein neues Resultat; wir wissen noch weiter aus den Arbeiten von Melloni, dafs auch für niedrigere Temperaturen, bei denen keine für unser Auge sichtbaren Strahlen von dem warmen Körper ausgehen, dasselbe Gesetz gilt: je höher die Temperatur um so mehr Strahlen und zwar um so stärker brechbare Strahlen werden von dem Körper ausgesendet. Ja man hat bekanntlich wegen dieses Gesetzes gefolgert, dafs die Sonne ein Körper sehr hoher Temperatur sein müsse, weil ihr Licht Strahlen aller Brechbarkeit enthält, namentlich, wie wir aus der chemischen Wirkung des Sonnenlichtes wissen, Strahlen der gröfsten Brechbarkeit, die bei den irdischen Licht- und Wärmequellen grofsentheils zu fehlen scheinen. Etwas anders ausgedrückt führt aber dieses Gesetz zu Untersuchungen, die Hr. Draper in den spätern Abschnitten verfolgt. Dieser Ausdruck lautet: Es besteht ein Zusammenhang zwischen der Farbe (Brechbarkeit des Lichtes) eines brennenden Körpers, und der Intensität des chemischen Processes; je intensiver der chemische Process ist um so brechbarer ist das Licht des brennenden Körpers.

3. Beschaffenheit der Flamme, Beweis, dafs sie aus einer Reihe von verschiedenfarbigen Schichten bestehen.

Wenn das so eben angeführte Gesetz richtig ist, so folgt, dafs bei einer Flamme, bei welcher der Verbrennungsprocess von Innen nach Aufsen zunimmt, die innern Theile der Flamme die am wenigsten brechbaren Strahlen aussenden, also die Rothen, die äufseren Theile die brechbarsten, also die Violetten, und dafs zwischen ihnen alle Uebergänge der Farben liegen. Von jedem Punkte der Oberfläche einer Flamme scheinen also alle Farben herzukommen, während in der That von allen hinter einander liegenden Punkten alle verschiedene Farben ausgehen.

Hr. Draper beweist dies experimentell, indem er vor einer Flamme einen horizontalen Spalt aufstellt, durch diesen das Licht auf ein Prisma fallen läfst und das Spektrum untersucht. Kommt wirklich das Violett von der äufseren Schicht, das Roth von der inneren, so kann das Spektrum beim Roth nicht so breit sein wie beim Violett, weil der innere Durchmesser der Flamme kleiner ist wie der äufsere. Das Experiment bestätigt dies: alle prismatischen Farben werden in der richtigen Folge gesehen, aber die Seiten des Spektrums sind nicht parallel sondern nähern sich nach dem rothen Ende zu immer mehr.

In den folgenden Abschnitten, nämlich:

4. Erklärung der Natur gefärbter Flammen, z. B. der blauen Kohlenoxydgas- und der rothen Cyanwasserstoffgasflamme;
5. desgleichen für den Fall, dafs die Verbrennung in Sauerstoff vor sich geht;
6. Einflufs der Einführung von Luft in das Innere einer Flamme, wodurch das Roth und Orange verschwindet und Violett entsteht;

sucht Hr. DRAPER an einzelnen Beispielen nachzuweisen, wie jedesmal bei erhöhter chemischer Aktion das blaue Ende des Spektrums prädominirt, bei schwacher chemischer Aktion das rothe Ende. Interessant ist die Beschreibung der Spektra einzelner Flammen, obwohl man eine genaue Angabe über die festen Linien vermifst.

7. Physische Ursache der Lichtentstehung durch chemische Aktion.

Aus diesem Zusammenhange der Lichtentwicklung mit dem chemischen Processe schliefst Hr. DRAPER, dafs jede chemische Thätigkeit mit einer vibratorischen Bewegung verbunden ist. Alle Theile der Körper sind in einer unaufhörlichen Vibration begriffen. Das was wir Temperatur nennen hängt von der Häufigkeit und der Amplitude dieser Vibrationen ab. Wird durch irgend einen Process z. B. durch Chemismus diese vibratorische Bewegung so gesteigert, dafs ungefähr vierhundert Billionen Schwingungen in einer Sekunde stattfinden, so fängt das Glühen an und wir sehen r o t h (bei 977° F.); bei noch gröfserer Steigerung der Vibrationen steigt ebenso die Temperatur und zu gleicher Zeit wird das Licht orange, gelb, grün, blau, violett. Ist es nicht sehr natürlich, schliefst Hr. DRAPER, dafs, wenn alle chemischen Processe mit vibratorischen Bewegungen verbunden sind, die Anzahl der Vibrationen um so gröfser wird je intensiver der chemische Process ist? Aber vermehrte Vibrationen und vergröſserte Brechbarkeit sind identisch.

Diese Speculation ist für uns nicht neu; der innige Zusammenhang zwischen den Licht- und Wärmeerscheinungen hat schon oft zu Betrachtungen der Art Anlaſs gegeben. Was uns aber interessiren kann ist, daſs Hr. Draper unwillkührlich durch seine Untersuchung zu einer Hypothese hingetrieben wird, gegen die er früher in verschiedenen Abhandlungen geschrieben hat, ich meine zu der Hypothese von der Identität der Licht- und Wärmeschwingungen. Hr. Draper hat seiner Zeit besondere tithonische Strahlen im Sonnenlichte angenommen, Hr. Hunt ist ihm darin gefolgt und beide schlossen, durch gewisse Absorptionsversuche verleitet, daſs ein leuchtender Körper besondere Wärme-, Licht- und chemisch-wirkende Strahlen aussende. Consequenterweise würde man einem leuchtenden Körper wie z. B. der Sonne hiernach zumuthen eine ganze Reihe verschiedener Strahlenarten auszusenden, etwa: leuchtende, wärmende, chemisch-wirkende, phosphorescenzerregende, vielleicht auch Magnetismus und Electricität hervorrufende, kurz so viele Arten von Strahlen als wir verschiedenartige Wirkungen kennen. Es scheint mir, um diese Verwicklung zu vermeiden, viel natürlicher nur eine Art der ausgesendeten Strahlen oder Schwingungen anzunehmen und die Verschiedenheit der Wirkung lieber in der verschiedenen Beschaffenheit der bestrahlten Körper zu suchen.

Wir besitzen schon sehr viele Data, welche die Identitätstheorie oder die Einerleiheit der von den Körpern erregten Strahlungen wahrscheinlich machen; eine solche Theorie lieſse sich nicht nur sehr viel weiter bis in Einzelheiten verfolgen als Herr Draper in der vorliegenden Arbeit es gethan hat, sondern auch in groſsen Umrissen noch bedeutend erweitern. Es ist hier nicht der Ort eine solche Darstellung zu versuchen und ich muſs mich daher darauf beschränken nur im Allgemeinen anzugeben, wie man sich etwa diese Einerleiheit der Vibrationen, welche bald Licht bald Wärme etc. erregen, vorstellen mag.

Die Körpertheile sind in Schwingungen begriffen, innerhalb gewisser Gränzen nehmen wir die Häufigkeit dieser Vibrationen durch das Gehör wahr. Sind es nun die häufiger werdenden

Schwingungen der Körpertheile selbst, welche Licht- und Wärme-Empfindung erregen oder sind es die secundären Schwingungen des Aethers, welche erregt werden durch die Vibrationen der Körpertheile? Diese Frage bleibt unentschieden, jedoch wird zwischen beiden Arten von Vibrationen eine nothwendige Wechselwirkung bestehen müssen.

Jeder Körper sendet nun Wärmestrahlen aus, die mit steigender Temperatur stets brechbarer werden. In dem Augenblick wo die Wärmestrahlen dieselbe Brechbarkeit wie die rothen Lichtstrahlen haben, sehen wir sie als rothe Strahlen, und wir sehen sie so lange sie noch nicht brechbarer sind als die lavendelgrauen Strahlen des Spektrums. Unser Auge ist also, könnte man sagen, ein Thermoskop für die Strahlen innerhalb der Gränzen des sichtbaren Spektrums, aber ein Thermoskop von sehr unregelmäfsigem Gange, denn es empfindet am intensivsten die Strahlen von einer mittleren Brechbarkeit.

Nehmen die Schwingungen an Häufigkeit und Brechbarkeit noch mehr zu, so reichen die Hülfsmittel nicht mehr aus, mit denen wir die weniger brechbaren Strahlen erkannten, das Thermometer zeigt keine Wärme mehr, das Auge kein Licht, die Schwingungen sind zu schnell. Aber die Daguerre'sche Platte, das Talbot'sche Papier unterrichten uns, dafs es noch brechbarere Strahlen giebt, die ebenso wirken wie die für uns noch sichtbaren und dafs nur unser Gesichtsorgan nicht geeignet ist sie zu erkennen.

Die scheinbaren Widersprüche, die sich darin finden, dafs ein Strahl von bestimmter Brechbarkeit nur die eine Art der Wirkung hervorbringt, oder dafs man in einem bestimmten Strahle die eine Art der Wirkung aufheben kann während die andere bleibt: diese Widersprüche lassen sich sehr gut durch die verschiedenartige Absorption erklären [1].

In dem letzten 8. Abschnitte: Ueber die physische Ursache der Fraunhofer'schen dunklen Linien, macht Herr Draper darauf aufmerksam, dafs in dem Fraunhofer'schen Spektrum die Differenzen der Wellenlängen der mit *A B C*..... be-

[1] Ich erinnere nur an die Untersuchung E. Brücke's über die Absorption im Auge, s. Berl. Ber. 1846. p. 226.

zeichneten Strahlen in einfachen Verhältnifsen zu einander stehen, und schliefst daraus, dafs eine Periodicität (Interferenz) Ursache der Linien sein müsse.

Die physische Ursache der Spektrallinien auf Interferenzen zurückzuführen war bekanntlich schon durch WREDE versucht worden; allein es kann dabei nicht genügen nur die von FRAUNHOFER mit Buchstaben bezeichnete Liniengruppen in Betracht zu ziehen, weil für diese die erwähnte Regelmäfsigkeit sich einfach darum ergeben mufs, weil FRAUNHOFER einige kenntliche Liniensysteme aussuchte, die ungefähr in gleichen Abständen von einander gelegen sind.

Spiegelung und Brechung.

Von der MELLONI'schen Erklärung des Lichtes der blauen Grotte in Capri ist schon im vorigen Jahrgange Bericht erstattet worden. Der oben in der Literatur angeführte Auszug des Hrn. BELLI aus der Arbeit des Herrn MELLONI enthält nichts Neues, sondern ist nur zur Vervollständigung der Literatur aufgeführt.

Der Leser erinnert sich aus dem ersten Jahrgange dieses Berichtes [1]) einer Abhandlung DUPASQUIERS, in welcher dieser Gelehrte darzuthun sucht, dafs alle Körper in hinlänglich fein vertheiltem Zustande blaues Licht hindurchlassen, ein Licht, welches man bis dahin als den feinen Goldblättchen eigenthümlich angenommen hatte. Hr. ZANTEDESCHI giebt in der oben angeführten Abhandlung einen kurzen Auszug dieser Arbeit, welchem er eine Verwahrung gegen die Allgemeinheit des Phänomenes hinzufügt. Man bemerke allerdings bei sehr vielen Körpern das erwähnte blaue Licht, bei sehr vielen anderen aber auch andere Farben. Z. B. findet Herr ZANTEDESCHI bei Anwendung der DUPASQUIER'schen Beobachtungsweise das durchgelassene Licht wirklich blau: bei Kupferoxydul und oxyd, Eisenoxyd, kohlensaurem Eisenoxyd,

[1] Berl. Ber. I. 181*.

kohlensaurem Kupferoxyd. Dagegen zeigen andere Färbungen Chromgrün (blassgelb), Chromsäure (schön gelb), Kupferammoniak (violett). Er hält es daher für voreilig, das Phänomen als allgemein gültig auszugeben.

Die Arbeit des Herrn Mitscherlich ist bis jetzt nur dem Titel nach bekannt geworden.

Hr. Haidinger theilt in einem Aufsatze über den Glanz der Körper Bemerkungen mit, welche darthun, dafs die von den Mineralogen verschieden bezeichneten Arten des Glanzes (Glasglanz, Demantglanz u. s. f.) mit bestimmten anderen optischen Eigenschaften der Körper in Verbindung stehen, dafs z. B. der Metallglanz den am stärksten, der Demantglanz den schwächer, der Glasglanz den noch schwächer lichtbrechenden Körpern zukommt. Zu scharfen physikalischen Definitionen über die verschiedenen Arten des Glanzes gelangt indessen der Verf. nicht.

Beugung und Interferenz.

Die HH. Fizeau und Foucault haben zwei Abhandlungen über Beugungs- und Interferenzphänomene der Pariser Akademie überreicht (s. Berl. Ber. I. 187*. II. 183*). Der Commissionsbericht, welcher in der oben citirten Stelle abgedruckt ist, giebt über die Beobachtungen der HH. Fizeau und Foucault nichts Neues. Da indessen der Druck beider Abhandlungen in den Mémoires des Savants étrangers beschlossen worden ist, so werden wir später Gelegenheit haben die Untersuchungen der gedachten Herren mitzutheilen.

Unter dem Titel: „Ueber einen neuen Fall der Interferenz des Lichtes“ ist in dem Bericht von der Sitzung der Brit. Assoc.

in Swansea eine kurze Notiz von Herrn B. Powell enthalten. Die Beschreibung lautet wörtlich: Der Hauptversuch, diese neue Art der Interferenz darzuthun, besteht darin, dafs man eine Glasplatte oder einen andern durchsichtigen Körper in ein Flüssigkeitsprisma eintaucht (z. B. eine Kronglasplatte in ein Prisma mit Sassafras- oder Anis-Oel), so dafs sie die obere oder dickere Hälfte des Prisma einnimmt, alsdann erscheint das Spektrum bedeckt mit dunklen Linien, welche parallel der Kante des Prisma's sind, und welche an Anzahl und Breite je nach dem Brechungsvermögen der Platte, der Flüssigkeit und der Dicke der Platte variiren. Platten von doppelt brechenden Medien geben zwei übereinanderliegende Reihen von Streifen, selbst wenn die Doppelbrechung sehr schwach ist, wie z. B. bei Quarz.

Die Erklärung des Phänomens scheint sehr einfach zu sein, indem offenbar der Gangunterschied der Strahlen, welche durch die Flüssigkeit allein, und derer die durch die Flüssigkeit und die Platte gehen, die Ursache der Interferenzen sein mufs.

Zwei Arbeiten des Herrn Brücke haben im Jahre 1848 unsere Kenntnifs der durch Interferenz entstehenden Farben bereichert. Es ist bekannt, dafs im Bilde des Sonnenspektrums das Braun fehlt und man wufste daher, wie Hr. Brücke meint, die Stellung des Braun zu den Spektralfarben nicht anzugeben. Dies ist jedoch nicht ganz richtig, wir lernen zwar aus der oben angeführten Notiz die Stellung des Braun viel genauer als Complementärfarbe des Herschel'schen Lavendelgrau kennen, aber dafs Braun eine weniger als Roth brechbare Farbe ist, wissen wir aus einem sehr einfachen Beugungsversuch. Man lasse Sonnenlicht durch einen Spalt auf eine weifse Wand fallen, so ist der innere Rand des Beugungsspektrums roth, macht man den Spalt allmählig enger, so tritt eine intensiv braune Farbe auf, die nothwendig derselben Seite des Spektrums angehören mufs wie das Roth, aber noch weniger brechbar oder von gröfserer Wellenbreite sein mufs wie aus der Entstehung dieser Beugungsspektra leicht einzusehen ist. Herr Brücke weist die Stellung dieser braunen Farbe im Spektrum nach, indem er

Gypsblättchen terrassenförmig abspaltet und unter dem Polarisationsmikroskop untersucht. An der dünnsten Stelle ist das Blättchen bei parallelen Nicols farblos durchsichtig (weil der Gangunterschied des ordentlichen und außerordentlichen Strahles noch keine halbe Wellenlänge beträgt) dann folgt lavendelgrau, dann violett etc. Bei gekreuzten Nicols zeigt sich nur das Braun an den Stellen wo das Lavendelgrau war.

Es ist allerdings auffallend, daſs im reinen Sonnenspektrum das Braun nicht sichtbar ist, allein es rührt dies nur von der geringen Intensität dieser Farbe her, welche auch bewirkt daſs die lavendelgraue Farbe auf der andern Seite des Spektrums nicht bemerkt wurde. Bei der Wiederholung von Versuchen, die Sir D. Brewster über Linien diesseits des Roth angestellt hat [1]), Versuche, die leider nicht bekannt geworden sind, habe ich diesseits des Roth ein entschiedenes Braun wahrgenommen, nachdem ich groſse Sorgfalt darauf verwendet habe daſs weder von dem helleren Theile des Spektrums mein Auge getroffen werden, noch störendes diffuses Licht in das Fernrohr gelangen konnte. Bei den Schwerd'schen brillanten Beugungsphänomenen sieht man ebenfalls wegen der Helligkeit der andern Farben kein Braun und Lavendelgrau, aber indem man von der Mitte einer Beugungsfigur das Fernrohr nach dem Rande hinführt, treten Spektra höherer Ordnung mit solchen Mischfarben auf, welche das Vorhandensein der beiden fraglichen Farben deutlich erkennen lassen.

In der zweiten der oben angeführten Arbeiten von Herrn Brücke wird die Farbenfolge in den Newton'schen Farbenringen mit gröſserer Genauigkeit gegeben wie bisher. Die Feststellung dieser Farbenfolge geschah auf ähnliche Weise wie die Beobachtung der braunen Farbe. Herr Brücke spaltete Gypsblättchen terrassenförmig ab und beobachtete die Farben unter dem Polarisationsmikroskop.

Um die Farbenfolge in den Ringsystemen nach der Newton'schen Bezeichnung und nach der von Hrn. Brücke veränderten vergleichen zu können, setze ich die folgende Tafel hieher, welche die Farbenringe im reflektirten Lichte und die Complementärfarben nach Brücke enthält.

[1] S. Berl. Ber. III. 126*

	NEWTON[1] im reflektirten Lichte.	BRÜCKE	Complementärfarbe.
1stes Ring-system.	Black	Schwarz	Weifs
	Blue	Lavendelgrau	Braun
	White	desgl. mit leichtem Stich in's Grüne	dunkel Rothbraun
		blass strohgelb	tief Violett mit Grau gemischt
	Yellow	Braungelb	unreines dunkel Violett
		tief Orange	Graublau
	Red	tief Roth	blasses und unreines Grün
2tes		Purpur	Hellgelbgrün
	Violet	Violett	Hellgelb
		Indigo	Goldgelb
	Blue	Himmelblau	Orange
	Green	Hellgrün	Roth
	Yellow	Gelb	tief Purpur
	Red	Hellorange	Violett
		Roth	Blau und Grün
3tes		Purpur	Hellgelbgrün
	Purple	Violett	
		Indigo	unreines Gelb
	Blue	Blau	
		Meergrün	Fleischfarbe
	Green	brillant Grün	Roth
		blass Gelbgrün	Purpur
	Yellow	falbes Gelb	Graublau
		Fleischfarbe	Meergrün
	Red	Roth	brillantes Grün
4tes		mattes Grün	
	Green	Grün	
		Graugrün	schmutzig Roth
	Red	Grauroth	
		Fleischroth	
5tes	Greenish Blue	matt Blaugrün	matt Fleischroth
	Red	matt Fleischroth	matt Blaugrau
		Röthlichgrau	
6tes	Greenish Blue	blass Blaugrün	
	pale Red	sehr mattes Fleischroth	
7tes	Greenish Blue		
	reddish White		

[1] Optics. Book II. part. I. Obs. 4; edit. S. Horsley T. IV. p. 124*.

Die Mühe, so feine Farbennüancen zu beschreiben, ist sehr dankenswerth, allein bei der Armuth unserer Sprache ist es durchaus unmöglich Bezeichnungen zu finden, die mit Sicherheit die gemeinten Farben angeben. Man kann übrigens an dem Schema selbst sehr deutlich erkennen wie, namentlich bei den ersten Systemen, das Braun und Lavendelgrau die alten Bezeichnungen modificiren. Auf der andern Seite muſs man die Sorgfalt und Schärfe bewundern, mit der Newton seine Beobachtungen macht, wenn man a. a. O. liest, wie er die zu einfachen Farbennamen durch genaue Beschreibung modificirt.

Spektrum.

Herr Brewster hat schon vor längerer Zeit die Ansicht aufgestellt, daſs der Newton'schen Meinung entgegen Farbe und Brechbarkeit nicht dasselbe sei. Er ist der Meinung, daſs es nur 3 Farben giebt: das Roth, das Gelb und das Blau, welche, jede in andern Mengenverhältniſsen, durch das ganze sichtbare Spektrum vertheilt seien [1].

Zu dieser Ansicht gelangte er durch die Bemerkung, daſs die Farben des reinen Spektrums durch absorbirende Medien in ihrem Charakter verändert, z. B. Orange in Gelb und in Roth, Grün und Blau in Gelb verwandelt werden können. Wenn diese Meinung richtig ist, so muſs es blaue, gelbe und rothe Strahlen jeder Brechbarkeit geben, also auch weiſses Licht jeder Brechbarkeit, und könnte man in irgend einem Theile des Spektrums durch absorbirende Substanzen die Strahlen in solchem Verhältniſse schwächen, daſs die richtige Mischung für weiſs übrig bliebe, so würde man ein weiſses Licht haben, welches durch das Prisma nicht zerlegt werden könnte, weil es ja aus Strahlen

[1] Eine kurze Darstellung dieser Ansicht s. in Sir David Brewster's Leben Th. Newton's in der Uebersetzung von Goldberg S. 52, auch die Anmerk. von Brandes p. 318. Die Versuche selbst in den Edinb. Trans. 183. XI. 442. cnf. Pogg. Ann. XXIII. 435. XXVIII. 386. XXXIII. 233. XXXVIII. 50; Journ. d. Sav. April 1832; Bibl. univers.

gleicher Brechbarkeit besteht. Diesen merkwürdigen Versuch hat Brewster angestellt, es ist ihm gelungen solche absorbirende Substanzen zu finden und z. B. aus dem hellsten Theile des Spektrums ein breites Bündel weifsen Lichtes abzuscheiden.

Die Originalabhandlung Brewster's ist mir nicht zugänglich gewesen, ich entnehme diesen Passus der oben citirten Antwort des Herrn Brewster an Herrn Melloni. Dieser Versuch ist so merkwürdig, dafs es von grofser Wichtigkeit ist denselben zu wiederholen, und doch glaube ich, mufs Hrn. Brewster Recht gegeben werden, wenn er behauptet, keiner der lebenden Physiker habe die in der erwähnten Abhandlung beschriebenen Versuche wiederholt.

So viel zur Einleitung des Referates über die beiden oben citirten Abhandlungen von Melloni und Brewster. Schon im vorigen Jahrgange[1]) hatte ich über zwei Angriffe von Airy und Draper auf die erwähnte Brewster'sche Ansicht und die Antworten von Brewster auf diese Angriffe berichtet. Dieses Jahr bringt eine Fortsetzung des Streites, der nur darum so lange Zeit geruht hat, wie es scheint, um jetzt desto heftiger zu entbrennen. Herr Melloni nämlich, indem er der Akad. zu Neapel Bericht ablegt über die Draper'sche Arbeit: von der Entwicklung des Lichtes durch Wärme, von der ebenfalls im vorigen Jahresberichte die Rede gewesen ist[2]), nimmt sich Draper's gegen Brewster an, indem er die Unzulässigkeit der Brewster'schen Ansicht von den Farben im Sonnenspektrum durch Wiederholung eines der Brewster'schen Versuche darzuthun sich bemüht. Dieser Versuch besteht einfach darin, dafs das Spektrum durch ein Cobaltglas betrachtet wird, wobei drei Räume im Spektrum absorbirt werden und nach Brewster einige der übrigbleibenden Farben ihre Natur verändern, während nach Melloni diese Veränderung entweder nicht stattfindet oder nur subjektiv ist. Ich halte mich nicht bei der genauen Beschreibung des Versuches auf, weil man gestehen mufs, dafs die Art wie Herr Melloni den Versuch wiederholte nicht geeignet ist, die Brewster'sche Ansicht zu erschüttern. Herr Melloni bildet nämlich

[1] Berl. Ber. III. 131*.
[2] Berl. Ber. III. p. 132* und p. 297 s. a. a. O.

ein Spektrum von einem Lichtbündel, welches durch eine kreisrunde Oeffnung von 0,4 Zoll Durchmesser oder durch eine quadratische in diesen Kreis eingeschriebene Oeffnung eintritt. Die Zerlegung der Farben kann in diesem Falle nur sehr unvollkommen sein, und wenn Herr Melloni schliefst, die von Herrn Brewster gesehene Farbe sei durch Mischung entstanden, so kann dies allerdings seinen Versuch treffen, nicht aber den Brewster'schen, der mit einem Spektrum von viel gröfserer Reinheit angestellt wurde.

Dieser Angriff wäre meiner Ueberzeugung nach daher von Hrn. Brewster glücklich abgeschlagen, aber man mufs hoffen dafs es nicht der letzte gewesen ist, damit ein so wichtiger Punkt der Optik bald eine gründliche Untersuchung erfahre, damit wir erfahren ob wirklich Farbe und Brechbarkeit verschiedene Dinge sind, und ob bei der Absorption nicht etwa, wie wir bisher meinen, Strahlen von einer bestimmten Wellenlänge ausfallen, sondern von dieser bestimmten Wellenlänge nur die, welche einer Farbe angehören, während andre gleich grofse Wellen unabsorbirt hindurchgehen. Ist Hrn. Brewster's Ansicht richtig, so ist eine grofse Revolution in unseren Vorstellungen von dem Wesen der Farbe eine nothwendige Folge.

Ueber die vorgeblichen festen Longitudinallinien im Sonnenspektrum sind im Jahre 1848 noch einige Arbeiten erschienen, von denen ich nach dem Berichte im letzten Jahrgange [1]) nicht Viel mehr zu sagen habe. Die oben citirte Abhandlung von Hrn. Knoblauch ist die Darstellung der von uns gemeinschaftlich ausgeführten Versuche, von denen ich im vorigen Berichte schon das Wesentliche angegeben habe. Herr Kuhn und Herr Crahay haben gleichzeitig Versuche unternommen, welche, wie die unsrigen beweisen, dafs die Longitudinallinien Zantedeschi's nur in Fehlern der Apparate ihren Ursprung haben.

[1] Berl. Ber. III. p. 126.

Hr. Ragona-Scina hat 2 neue Abhandlungen über die transversalen und longitudinalen Streifen im Sonnenspektrum bekannt gemacht. Was die erste Abhandlung betrifft[1]), so ist die grofse Mühe zu bedauern die er auf eine ganz überflüssige Untersuchung verwendet hat. Er beginnt nämlich seine Abhandlung mit den Worten: „es ist eine beachtungswerthe Thatsache, dafs der Focus für die transversalen Linien mit dem Einfallswinkel der Strahlen auf das Prisma sich verändert.“ Sodann bestimmt er experimentell die Stelle des Focus für verschiedene Incidenzen, eine Arbeit, der er durch die Betrachtung überhoben worden wäre: dafs die Divergenz der gebrochenen Strahlen sich mit dem Einfallswinkel gegen das Prisma ändert.

Der weitere Verlauf der Untersuchung führt ihn zu der Ansicht, dafs die Fraunhofer'schen Linien, das Resultat von Interferenzen, hervorgebracht seien durch die Wechsel-Wirkung der 4 einfachen Farben: des Roth, Gelb, Grün und Blau, bei welcher Gelegenheit er die so eben erwähnte Brewster'sche Ansicht über die Farben des Spektrums bespricht und sich ihr sonach annähert.

In der zweiten Abhandlung[2]) sucht er nachzuweisen, dafs die Zantedeschi'schen Longitudinallinien gleichfalls durch Interferenzen entstehen, ein Nachweis, der nach dem über diese Linien Gesagten für uns überflüssig ist.

G. Karsten.

B. Polarisation. Optische Eigenschaften an Krystallen.

Jamin. Sur les houppes colorées de Haidinger. C. R. XXVI. 197*; Pogg. Ann. LXXIV. 145*; Quesn. rev. sc. XXXII. 292*; Inst. No. 737 pag. 53*.

Ehrenberg. Ueber eine neue einflufsreiche Anwendung des polarisirten Lichtes für mikroskopische Auffassung des Organischen und Anorganischen. Berl. Monatsb. 1848 p. 238*.

— — Ueber die einfache Lichtbrechung der Hefe. Berl. Monatsb. 1848 p. 290*.

[1] Racc. fis. chim. III. 17*.
[2] Ibid. p. 269*.

BREWSTER. On the phaenomenon of luminous ringe in calcareous spar and beryl, as produced by tubular cavities containing the two new fluids. Phil. mag. XXXIII. 489*; Inst. 1849 No. 792 p. 79*.

HAUSMANN. Ueber das Irisiren der Mineralien. Götting. Univ. Nachr. 1848 No. 3 p. 34; Inst. No. 750 p. 150*.

HAIDINGER. Ueber den Zusammenhang des orientirten Flächenschillers mit der Lichtabsorption farbiger Krystalle. Ber. d. Wien. Ak. Hft. 2 p. 146*; POGG. Ann. LXXVI. 99*.

— — Ueber den Pleochroismus des oxalsauren Chromoxydkalis. Ber. d. Wien. Ak. Hft. 3 p. 112*; POGG. Ann. LXXVI. 107*.

— — Ueber den metallähnlichen Schiller des Hypersthens. Ber. d. Wien. Ak. Hft. 4 p. 3*; POGG. Ann. LXXVI. 294*.

— — Ueber den Pleochroismus des Vivianits. Ber. d. Wien. Ak. Hft. 2 p. 138*.

JAMIN. Ueber die HAIDINGER'schen Farbenbüschel.

Herr JAMIN hat Versuche angestellt, um die von MOIGNO gegebene Erklärung der HAIDINGER'schen Farbenbüschel experimentell zu bestätigen. Diese Erklärung ist darauf gegründet, daſs, wenn ein polarisirtes Strahlenbündel auf einen Satz geneigter Glasplatten fällt, dann die Intensität des gebrochenen Strahls ein Minimum erreicht, wenn die Einfalls- und Polarisationsebene parallel sind, und ein Maximum, wenn diese beiden Ebenen senkrecht auf einander stehen. Bietet man nun dem Strahlenbündel ein System concaver oder convexer Linsen dar, so muſs immer in irgend einem Querschnitt derselben das Minimum, der dunkle Büschel, und senkrecht darauf das Maximum, der helle Büschel, erzeugt werden. Dies wurde an einem Linsensystem nachgewiesen und angenommen, daſs im Auge durch den Bau der Cornea und Krystalllinse ähnliche Bedingungen vorhanden wären.

EHRENBERG. Ueber eine neue einfluſsreiche Anwendung des polarisirten Lichtes für mikroskopische Auffassung des Organischen und Anorganischen.

Nach Erwähnung der Verdienste, welche sich BOECK in Christiania, CARPENTER in London und von ERLACH in Bern um derartige Untersuchungen erworben haben, hebt der Verfasser als allgemeines Resultat der bis zur neuesten Zeit angestellten Beobachtungen hervor,

> dafs die meisten organischen Substanzen in höherem oder geringerem Grade doppeltbrechend sind, dafs die Doppelbrechung bei Pflanzentheilen stärker als bei Thiersubstanzen, und im jüngeren Zustande der Theile schwächer im älteren stärker ist.

Als specielle Resultate werden u. A. angeführt:

Keines der polygastrischen Infusorien erscheine im ganzen Gewebe doppeltbrechend. Dadurch dafs Spirogyren und Conferven sich deutlich durch Doppelbrechung als Pflanzen zu erkennen geben, die Gallionellen aber nicht, entstehe ein neuer Grund des Anschlusses dieser letzteren an die polygastrischen Thiere. Aehnliche Schlüsse werden auf mehrere andere Organismen angewandt.

Die Seeschwämme zeigen in ihren weichen Fasern prächtige Doppelbrechung wie Pflanzen; ihre Kieseltheilchen verhalten sich wie sämmtliche geformte Kieselabsonderungen der Pflanzen (Phytolitharien) einfach brechend.

Alle Muschelschalen zeigen sich krystallinisch. Die Kieselschalen der Polygastern und Polycystinen dagegen erweisen sich als unkrystallinische Kieselerde opal- oder glasartig.

Vulkanischer Sand und Staub (Bimsstein- oder Obsidianfragmente) seien von allem unorganischen Quarzsande durch einfache Brechung, von allen organischen Kieseltheilen durch Unregelmäfsigkeit der Formen verschieden. Diese Unterscheidung finde eine richtige Anwendung in der mikroskopischen Analyse des atmosphärischen Passatstaubes, dessen vorherrschende Mischung sich auf diese Weise als nicht vulkanisch zu erkennen gebe.

Als das schönste von allen optischen Bildern, welche bei diesen Beobachtungen hervortreten, wird ein breites zweifarbiges Strahlenkreuz bezeichnet, welches sich bei 100maliger diametraler Vergröfserung auf den Schuppen der Blätter von Hippophaë rhamnoides und besonders Elaeagnus argentea zeigt.

Der Verfasser spricht schliefslich die Ueberzeugung aus, dafs das polarisirte Licht künftig in so vielen Fällen über organische, amorphe und krystallisirte Zustände Aufschlufs geben wird, dafs der mikroskopisch-polarisirende Apparat den Chemikern, Mineralogen und Geologen unentbehrlich sein werde.

Brewster. Ueber die Erscheinung von Lichtringen im Kalkspath und Beryll, erzeugt durch röhrenförmige Höhlungen in diesen Krystallen.

Hr. Brewster hatte schon 1844 mitgetheilt, dafs die beiden Lichtringe, welche man zuweilen im Kalkspath wahrnimmt, wenn man durch denselben hindurch einen leuchtenden Körper betrachtet, von einer grofsen Menge kleiner im Krystall liegender röhrenförmiger Höhlungen erzeugt werden, welche einer Kante des primitiven Rhomboeders parallel sind. Die Deutlichkeit der Ringe und die Farben, welche man an ihnen wahrnimmt, wechseln je nach der Stellung des Kalkspaths gegen das einfallende Licht. Beide Ringe sind senkrecht auf einander polarisirt. Trifft das Licht beim Durchgange durch den Krystall auf eine innere Grenzfläche, so entstehen aufser den beiden primären Ringen noch zwei secundäre. Im dunkeln Zimmer und bei Anwendung des Sonnenlichts sollen diese Ringe eins der schönsten optischen Phänomene bilden.

Ein indischer Beryll hat ebenfalls leuchtende Ringe dargeboten, wenn man ein Licht durch ihn hindurch betrachtete. Die röhrenförmigen Höhlungen, durch welche sie erzeugt waren, lagen hier der Axe der sechsseitigen Säule parallel und enthielten jene beiden Flüssigkeiten, welche Brewster in mehreren Mineralien, namentlich auch im Topase angetroffen hat. Der Verfasser nimmt an, dafs die bei hoher Temperatur in jenen mit Flüssigkeit erfüllten Höhlungen sich bildenden Gase beim Festwerden des Minerals eine Pression ausgeübt hätten, durch welche die doppelbrechende Wirkung der zunächst angrenzenden Krystalltheile modificirt worden wäre. Wenn der Kalkspath oder Beryll von Flächen begrenzt wird, welche senkrecht auf der Krystallaxe stehen, so verwandeln sich die Ringe in gerade Linien.

Beim Sapphir oder Sternkorund, wo drei Systeme von Höhlungen vorhanden sind, die den Seiten eines gleichseitigen Dreieckes parallel laufen, geben die drei dadurch erzeugten Systeme von Lichtlinien bei der Reflexion die bekannten schönen sechsstrahligen Bilder. Diese Systeme von Linien werden in Ringe verwandelt, wenn die Schliffflächen des Sapphirs nicht parallel der Richtung der Höhlen sind.

Hausmann. Ueber das Irisiren der Mineralien.

Der Verfasser untersucht die verschiedenen Ursachen des Irisirens der Mineralien. Zuweilen entsteht die dünne Schicht, welche die Farben hervorbringt, durch einen feinen Ueberzug irgend einer fremden Substanz, wobei besonders das Eisen- und Mangan-Oxydhydrat eine grofse Rolle spielen.

Am häufigsten bildet sich aber jene Schicht durch eine an der Oberfläche entstehende Veränderung in der Zusammensetzung des Minerals, besonders durch Aufnahme von Sauerstoff, womit häufig die Aufnahme von Wasser verbunden ist.

Häufig tritt die Oxydation ohne Ausscheidung eines Elements des Minerals ein, wie beim Arsenik und Wismuth; ferner bei manchen geschwefelten Metallen, welche eine dünne Schicht von schwefelsaurem Salze bilden, wie dies vom Bleiglanz angenommen wird; unter den schon sauerstoffhaltigen Mineralien wird das Magneteisen als Beispiel eines Minerals angeführt, das noch Sauerstoff hinzunimmt, ohne ein anderes Element abzugeben.

Die Bildung der irisirenden Schicht durch Oxydation, die mit dem Verlust eines Elements des Minerals verbunden ist, kommt bei geschwefelten Metallen am häufigsten vor, wo der Schwefel abgegeben wird und das Metall sich in Oxyd oder Oxydhydrat verwandelt; dies findet beim Schwefelkies, Kupferglanz, Kupferkies, Buntkupfererz statt. Letzteres ist durch die Schnelligkeit ausgezeichnet, womit die irisirende Oberfläche sich erzeugt, und übertrifft darin noch das Arsenik. Die Feuchtigkeit der Luft wirkt hierbei besonders fördernd. Ein Stück Buntkupfererz unter einer Glocke, in welcher sich concentrirte Schwefelsäure befand, blieb ein ganzes Jahr lang unverändert; ein Stück dagegen unter einer Glocke, in der die Luft mit Wasser in Verbindung war, irisirte nach zwei Stunden. Unter den Schwefelmetallen ist ferner der Antimonglanz durch Bildung einer Schicht von Antimonocher zum Irisiren sehr geneigt.

Die Erzeugung des Irisirens ohne Oxydation findet seltener Statt; sie kommt z. B. bei der Einwirkung von Schwefelwasserstoff auf Silber vor.

In allen Fällen, wo die Oxydation im Spiele ist, wird das Irisiren durch Temperatur-Erhöhung befördert.

Bei einigen Mineralien ist oberflächliche Verglasung als Ursache des Irisirens beobachtet worden, so beim Lepidomelan, Ilvait, Arfvedsonit, Gadolinit.

Haidinger. Ueber den Zusammenhang des orientirten Flächenschillers mit der Lichtabsorption farbiger Krystalle.

Es wird daran erinnert, dafs Babinet in Beziehung auf die Licht-Absorption in farbigen doppelbrechenden Krystallen das Gesetz gefunden, dafs in negativen Krystallen der ordentliche, in positiver der aufserordentliche Strahl stärker absorbirt wird, dafs also der stärker gebrochene Strahl auch der stärker absorbirte ist.

Die Mehrzahl der in Beziehung darauf geprüften Krystalle folgt diesem Gesetz. Es hat sich aber ferner bei der Untersuchung mehrerer trichromatischer oder optisch zweiaxiger Substanzen ein Zusammenhang zwischen den Absorptions-Erscheinungen und dem Flächenschiller herausgestellt, wonach der Flächenschiller und der mehr absorbirte Strahl in ihrer Polarisationsrichtung übereinstimmen würden.

Diese optisch zweiaxigen Krystalle sind:

1. Chrysolepinsaures Kali und
2. Aloëtinsaures Kali.

Die nadelförmigen Krystalle beider Substanzen zeigen, in vertikaler Stellung durch die dichroskopische Loupe betrachtet, das ordentliche Bild dunkler, das aufserordentliche heller, die erstere Substanz das eine röthlich braun, das andere gelblich braun, die letztere das eine honiggelb, das andere weingelb. Beide gehören also nach Babinet's Gesetz zu den negativen Krystallen.

Beide stimmen aber auch darin überein, dafs ihr dunkellasurblauer Flächenschiller in der Richtung der Hauptaxe polarisirt ist.

3. Krokonsaures Kupferoxyd.

Die Krystalle, welche in ihrer Form an die rhombischen Tafeln des Schwerspaths erinnern, zeigen, wenn man mit der dichroskopischen Loupe so durch dieselben hindurchsieht, dafs der scharfe Winkel des Prismas von 72° 2′ nach oben gekehrt ist, das obere ordentliche Bild heller, das untere aufserordentliche dunkler: der Krystall ist also positiv. Zugleich ist aber auch sein schöner lasurblauer Schiller nicht mehr in der Richtung der Axe sondern senkrecht darauf polarisirt.

4. Platinsaures Ammoniak.

Auch diese Krystalle sind wie das eben erwähnte Kupfersalz positiv und stimmen auch in der Polarisationsrichtung ihres Flächenschillers mit jenem überein.

Haidinger. Ueber den Pleochroismus des oxalsauren Chromoxydkalis.

Die Krystalle dieser Substanz gehören zum zwei- und eingliedrigen System. Von den drei Farben, welche die dichroskopische Loupe in diesen Krystallen darbietet, jenachdem das Licht in der Richtung der Mittellinie der optischen Axen oder in zwei darauf senkrechten Richtungen schwingt, sind zwei zwischen seladon- und lauchgrün und zwar das eine stärker ins Violettgraue, das andere mehr ins gelblich grüne ziehend; das dritte ist Berliner Blau.

In ferneren Mittheilungen giebt Herr Haidinger Nachricht über den Pleochroismus und Flächenschiller des Hypersthens (Pogg. Ann. LXXVI. p. 294) und über den Pleochroismus des Vivianits (Ber. d. Wien. Ak. Hft. 2. p. 131).

Dr. Ewald.

C. Meteorologische Optik.

Hansteen. Sur les aurores boréales observées à Christiania de 1837 —1846. Arch. de sc. ph. et nat. Avril 1848 p. 307*; Mém. de l'Ac. d. Belg. XX.

— — Ueber das Nordlicht in Norwegen während der Winter 1847 und 48. Inst. No. 778; Fror. Not. VIII, 22, p. 346*.

Morgan and Barber's Auroral Observations. Mech. Mag. XLVIII. pag. 546.

W. Pringle. Aurora borealis. Phil. Mag. XXXII. p. 232*.

A. Weld. Account of the Aurora borealis as sun at Stonyhurst Observatory. Octbr. 1848. Phil. Mag. XXXIII. pag. 376*; Fror. Not. IX, 10, p. 153*.

Arago. Quelques renseignements sur les particularités qu'a presentées l'aurore boréale du 17 Novbr. d'après les observations faites à Circy, au Havre, à Grenoble, à Montpellier, à Bordeaux, à Venise, à Florence, à Pise, à Madrid. C. R. XXVII. p. 585*; Inst. No. 777 und 779; Fror. Not. IX, 2, p. 23*.

J. W. Lubbock. On Shooting Stars. Phil. Mag. XXXII. p. 81* und XXXII. p. 170*.

J. P. Joule. On Shooting Stars. Phil. Mag. XXXII. p. 349*; Inst. No. 755*.

Edward Huntington. A meteor visible for a considerable time. Lill. Journ. 1848, V, p. 437*.

D. Phares. Meteor. Sill. Journ. 1848, VI, p. 148*.

Coulvier-Gravier. Observations sur les étoiles filantes. C. R. XXVII. pag. 185*.

Boucher. C. R. XXVII. p. 297*.

Dubois fils. C. R. XXVII. p. 298*.

M. Faye. C. R. XXVI. p. 281*.

C. Beinert. Der Meteorit zu Braunau am 14. Juli 1847. Ber. d. M. d. F. d. N. in Wien Bd. IV. No. 1—6, 1848, p. 349.

Babinet. Observations physiques pendant l'éclipse totale de lune du 19 mars 1848. C. R. XXVI. p. 345*.

Powell. Details sur l'éclipse annulaire du 9 octobre 1847. Inst. No. 767 p. 281*.

W. Pringle. On a remarkable Solar Spot. Phil. Mag. XXXII. p. 232*.

W. Pringle. On a late Solar Spot. Phil. Mag. XXXII. p. 308*.

W. Pringle. On the duration of a Solar Spot. Phil. Mag. XXXIII. p. 460*.

William J. Henwood. Notice of a colourless Atmospheric Arch seen in the interior of Brazil. Phil. Mag. XXXIII. p. 295.

Sauteyron. Sur un phénomène d'optique météorologique. C. R. XXVI. p. 643*.

Babinet. Sur le même phénomène. C. R. XXVI. p. 643*.

Nordlicht. Zodiakallicht.

Hansteen. Theorie des Nordlichts.

Herr Hansteen hat in dem Zeitraume von 1837 — 1846 zu Christiania 285 Nordlichter beobachtet und gefunden, dafs dieselben viel häufiger zur Zeit der Tag- und Nachtgleichen eintreten als zur Zeit des Wintersolstitiums, wie schon Hr. de Moiran bemerkte. Zur Zeit des Sommersolstitiums konnte während dieses ganzen Zeitraumes keine Spur des Phänomens beobachtet werden, wahrscheinlich wegen der sehr starken Dämmerung. Schon Ritter zeigte, dafs ein Maximum der Frequenz der Nordlichter zu der Zeit eintrete, wo die Schiefe der Ekliptik ihren mittleren Werth erreiche: dies bestätigt der Verf. indem er 1806, 1816 und 1842 und 43 solche Maxima beobachtete. Er entwickelt sodann seine Ansicht über das Nordlicht. Es besteht nach ihm aus sehr feinen parallelen leuchtenden Streifen, deren Richtung nahezu der Richtung der Inklinationsnadel parallel ist. Diese sind bisweilen so dicht, dafs die Erscheinung wie ein Vorhang aussieht, in welchem man die Fäden erblickt. In diesem Falle ist die Masse in starker flammender Bewegung. Manchmal indessen theilt sich das Ganze in bestimmte Strahlenbündel. Hr. Hansteen stellt sich die Sache so vor, dafs sich die Strahlen des Nordlichts von der Oberfläche der Erde unter einem Winkel erheben, der gleich ist der magnetischen Inklination, dafs sie jedoch erst ihre leuchtende Eigenschaft erlangen, nachdem sie die Gränzen der Atmosphäre erreicht haben. Bei ihrem Durchgange durch die Atmosphäre schlagen sie dort den Wasserdampf nieder und trüben die Durchsichtigkeit der Luft; es ist nämlich eine ganz gewöhnliche Beobachtung, dafs der vorher ganz heitere Himmel sich in einer Minute vollständig bedeckt und sich ebenso schnell wieder aufheitert. Blickt man gegen den magnetischen Norden, so sieht man zuerst den undurchsichtigen Theil der Streifen, welcher dunkel oder schwarz erscheint. In dem Maafse, als man den Blick erhebt, sieht man die oberen oder leuchtenden Theile der Fäden, hinter den dunklen Füfsen der nähern Fäden. Die Zahl der dunklen Fäden vermindert sich beständig, jemehr die Richtung des Blickes sich der Richtung der Inklinationsnadel nähert; im magnetischen Zenith selbst ist der Himmel rein und es bildet sich die Krone. In allen andern Richtungen decken die Fäden einander und scheinen nur einen einzigen zu bilden, und wenn sich das Phänomen nach dem südlichen Horizont hinzieht, so erblickt man auch hier ein dunkles Segment. Oft entstehen die Fäden in einer bestimmten Zone der Erde, indem sie einen Ring um den magnetischen Pol bilden; es zeigt sich alsdann am Himmel ein leuchtender Kreis, der aber nur auf dem magnetischen Pol als ein solcher gesehen werden kann. Wenn er sehr hoch ist, so kann man zu Christiania mehr als die Hälfte davon sehen, wo er jedoch alsdann elliptisch erscheint.

Hr. HANSTEEN hat bemerkt, dafs während eines Nordlichts und selbst mehrere Tage nachher, die Intensität der Inklination sich bedeutend vermindert und erst nach und nach ihren gewöhnlichen Werth wiedererlangt, wogegen die mittlere tägliche Inklination fast unverändert bleibt. In Bezug auf das Rauschen des Nordlichts, welches man in Christiania wohl kennt, ist es nöthig, dafs das Nordlicht eine Krone bilde, d. h. dafs die Fäden mit Heftigkeit rings um den Beobachter aus der Erde fahren und dafs die Luft sehr ruhig ist.

Nach SILJESTRÖM's Beobachtungen in Finnmark unter dem 70. Breitengrade lassen sich im Gange des Nordlichts zwei Perioden unterscheiden, wo die magnetischen Störungen in einem durchaus entgegengesetzten Sinne stattfinden, wo sich die entgegengesetzten magnetischen Elemente successiv vermehren oder vermindern. Die gleichzeitigen Veränderungen dieser Elemente folgen nach ihm mit einigen Ausnahmen dieser einfachen Gesetze: in dem Grade wie sich die Deklination nach W. vermindert, vermehrt sich gleichzeitig die Inklination. Was nun die Lufterscheinung selbst betrifft, so gelang es ihm, nur soviel festzustellen, dafs während der ersten Periode das Nordlicht im Allgemeinen nur den nördlichen Theil des Himmels einnahm, während es sich in der zweiten Periode mehr nach S. ausbreitete; es scheint demnach, dafs die erwähnten magnetischen Veränderungen mit einem Uebergange des Lichts von N. nach S. in Verbindung stehen.

Im Mech. Mag. befindet sich ein Bericht über ein Werk betitelt: An Account of the Aurora Borealis seen near Cambridge Octbr. 24, 1847; together with those of Septbr. 21, 1846 and March 19, 1847 seen at the Cambridge Observatory. By J. H. Morgan and J. T. Barber. With twelve coloured Engravings. Es enthält eine ausführliche Beschreibung der drei Nordlichter mit Abbildungen der verschiedenen Stadien derselben.

Beobachtete Erscheinungen.

Am 26. Januar 1848 beobachtete Herr W. Pringle gegen 10 Uhr ein schönes Nordlicht, welches, obgleich nicht so groſsartig in der Abwechselung der Erscheinungen als das am 24. Oct. 1847, doch bemerkenswerth wegen der Intensität seines Glanzes war. Später löste sich das Ganze in einen milchweiſsen Nebel auf.

Am 18. October 1848 beobachtete Herr A. Weld in dem Observatorium des Honge-hurst-College ein ausgezeichnet schönes Nordlicht. Um 6 Uhr 45 Min. röthete sich der nordöstliche Himmel und ein Lichtbogen, eine Menge blasse Strahlen schiessend, zog sich von NNO. nach NW. Das Roth wurde bald zum feurigen Purpur und die Lichtstrahlen nahmen an Glanz und Stärke zu, während eine wellenartige Bewegung die ganze Erscheinung belebte. Um 8 Uhr nahm die Erscheinung bedeutend ab, aber um 9 Uhr trat sie mit erneuter Schönheit hervor. Die Strahlen gingen bis über den Zenith und bildeten eine Krone, welche etwa 18° südlich von demselben zu liegen schien; ihr Azimuth lag 41° nach W. Der Himmel glich jetzt einem karmoisinroth funkelnden Fächer über einer hellen Lichtfläche ausgebreitet, auf welcher durch einen Wechsel der Schattirungen in Karmoisin und Weiſs schwingende Bewegungen sichtbar wurden, während gleichzeitig dann und wann helle Lichtwellen mit Blitzesschnelligkeit vorüberzogen. Um 9½ Uhr verminderte sich der Glanz und um 10½ Uhr verschwand das Roth, während sich eine leichte Färbung des Himmels noch mehrere Stunden erhielt.

Am 17. November wurde an vielen Orten Frankreichs und Italiens und auch zu Madrid ein Nordlicht beobachtet. Zu Montpellier begann es um 9 Uhr. Anfangs hatte es Aehnlichkeit mit der ersten Morgenröthe, nahm aber bald an Intensität zu, so dafs alle Sterne im grofsen Bären, der Leier, dem Fuhrmann und andere mit Ausnahme der Vega verschwanden. Aus dem leuchtenden Bogen begannen von Zeit zu Zeit Lichtstrahlen zu schiessen, welche oft den Zenith erreichten. Nach 10 Uhr nahm es ab; dauerte jedoch noch bis zur Morgendämmerung. Dasselbe Nordlicht, wiewohl schwächer, wurde zu Pisa von Herrn Mateucci beobachtet. Jedoch trat hier der merkwürdige Umstand ein, dafs auf dem Bureau des elektromagnetischen Telegraphen die Maschinen plötzlich zu funktioniren aufhörten, dasselbe geschah auf der Station zu Florenz und ihre Wirksamkeit begann erst nach Mitternacht wieder einzutreten, als das Nordlicht längst verschwunden war, ohne dafs irgend eine Aenderung weder in den Säulen noch in den Maschinen selbst getroffen worden wäre. — Dasselbe Nordlicht wurde von Herrn Nell de Bréauté zu La Chapelle bei Dieppe beobachtet. Der Himmel war bedeckt und die Nacht sehr finster, als plötzlich um ½ 10 Uhr der ganze Himmel wie durch Rothfeuer erhellt schien. Schon um 10½ Uhr war es vollständig verschwunden.

Sternschnuppen. Feuerkugeln. Meteorsteine.

J. W. Lubbock. Ueber Sternschnuppen.

Um das plötzliche Verschwinden der Sternschnuppen zu erklären, kann man von drei Hypothesen ausgehen. Entweder 1) die Körper leuchten mit eignem Lichte, explodiren dann und theilen sich in kleine Stücke, welche zu klein sind um noch länger mit blofsem Auge gesehen zu werden; oder 2) die Körper leuchten mit eignem Licht und hören plötzlich auf leuchtend zu sein, oder 3) die Körper erhalten ihr Licht von der Sonne und hören auf sichtbar zu sein, wenn sie in den Erdschatten treten. Bei den ersten beiden Voraussetzungen giebt uns das Verschwinden des Sterns keinen Aufschlufs über seine Stellung oder über seine Entfernung von der Erde und alles, was man mit Bestimmtheit behaupten kann, ist, dafs wenn er ein Satellit der Erde ist, er, wegen der Schnelligkeit seiner Bewegung, in keiner grofsen Entfernung von der Oberfläche der Erde sein mufs, viel näher als der Mond, während der Widerstand, den er beim Durchgange durch die Luft erleiden müfste, so grofs ist, dafs es wahrscheinlich ist, dafs er sich aufserhalb der Gränzen unserer Atmosphäre befindet.

Nimmt man aber die dritte Voraussetzung an so kann man, wenn man Zeit und Ort des Verschwindens der Sternschnuppe kennt, ihre Entfernung von dem Ort des Beobachters oder von dem Mittelpunkt der Erde berechnen. Die Bestimmung des Orts des Verschwindens wird zwar immer unsicher bleiben, jedoch kann man sie ungefähr aus der Stellung der Sternschnuppen zu den benachbarten Sternen im Augenblicke des Verschwindens ableiten.

Herr Lubbock geht nun in die Einzelnheiten der Berechnung ein, welche anzustellen ist, um die Entfernung der Sternschnuppen vom Mittelpunkt der Erde zu finden. Hat man diese gefunden, so mufs man den Körper auf zweierlei Weise betrachten, erstens indem man annimmt, er sei ein Satellit der Erde und zweitens, er bewege sich um die Sonne. Hier wird man aber die Störungen in Betracht ziehen müssen, welche besonders stark durch den Mond werden hervorgebracht werden, denn diese Störungen werden 14mal gröfser sein als die, welche Jupiter im Sonnensystem hervorbringt; und die Unregelmäfsigkeiten der Sternschnuppenbahn werden noch gröfser sein, wenn diese excentrisch ist.

Wahrscheinlich wird man finden, dafs ein Theil der Sternschnuppen Satelliten der Erde sind, ein anderer Theil sich aber um die Sonne bewegt. Wären sie Satelliten der Erde, so würde bei ihrer daraus folgenden kurzen Umlaufszeit eine kleine Anzahl derselben die so häufige Erscheinung der Sternschnuppen erklären können. Wären sie aber Planeten, so müfste ihre Anzahl aufserordentlich grofs sein, da derselbe nur selten wiedergesehen werden könnte. In diesem Falle würde aber öfters, wenn die Sternschnuppen in die Nähe der Erdbahn kommen, die Anziehung der Erde auf dieselben viel stärker werden, als die der

Sonne und in Folge davon müfsten sich diese Körper fortan als Satelliten um die Erde bewegen.

Man hat öfter die Vermuthung aufgestellt, dafs solche Körper aus dem Monde ausgeworfen sein könnten. Doch giebt die Oberfläche des Mondes keine Anzeichen grofser Bewegung. Anders ist es mit der Sonne; auf ihrer Oberfläche bemerkt man beständig Wechsel von enormer Gröfse, welche durch die in ihrem Innern wirkenden Kräfte hervorgebracht werden. Hr. Lubbock hat erst kürzlich Sonnenflecke beobachtet, welche sogar mit blofsem Auge sichtbar waren und von welchen an den folgenden Tagen selbst durch ein gutes Fernrohr keine Spur mehr zu finden war.

Wenn ein Körper von der Oberfläche der Sonne geworfen wird, so mufs er, wenn man ihn unabhängig von den Planeten betrachtet, eine Ellipse beschreiben, deren einen Brennpunkt die Sonne bildet und so mufs er, mag die Kraft die ihn geschleudert hat auch noch so grofs sein, immer zur Sonne zurückkehren ohne einen ganzen Umlauf vollendet zu haben. Betrachtet man indessen dabei die Wirkung der andern Planeten und namentlich Jupiters, so scheint es durchaus nicht unmöglich, dafs ein so geworfener Körper jetzt die Sonne umkreisen und viele vollständige Umläufe als Komet beschreiben kann. Auf diese Weise wäre es vielleicht sogar möglich, wenn man die Störungen der bekannten Kometen und namentlich derer mit kleiner Periheldistanz für frühere Zeiten berechnete, den Zeitpunkt aufzufinden an dem sie die Sonne verlassen haben.

J. P. Joule. Ueber Sternschnuppen.

Herr Joule ist der Meinung, dafs die Feuererscheinung, welche die Meteore zeigen, durch den Widerstand hervorgebracht werde, welchen unsere Atmosphäre dem schnellen Laufe dieser Körper entgegensetzt. Wenn ein Stein von 6 Kubikzoll Gröfse mit einer Geschwindigkeit von 18 Meilen in der Sekunde in unsere Atmosphäre eintritt, wo diese etwa $^1/_{100}$ ihrer Dichtigkeit an der Erdoberfläche hat, so wird der Widerstand wenigstens

51,600 Pfd. sein. Wenn der Stein sich mit diesem Widerstande noch 20 Meilen fortbewegt, so wird sich eine Hitze entwickeln, welche hinreicht um die Temperatur von 6,967,980 Pfd. Wasser um 1° F. zu erhöhen. Wenn der Stein auch nur $1/_{100}$ dieser Hitze selbst aufnimmt, also eine Hitze, welche die Temperatur von 6,967 Pfd. Wasser um 1° F. zu erhöhen vermag, so reicht diese doch schon hin um alle bekannten Materien zu schmelzen und zu verflüchtigen.

Die verschiedenen Erscheinungen, welche die Meteore darbieten, erklärt Hr. Joule theils aus ihrer verschiedenen Gröfse theils aus ihrer verschiedenen Geschwindigkeit, welche zwischen 4 und 40 Meilen in der Sekunde variirt.

Beobachtete Meteore.

Herr C. Hantington bemerkte am 20. Januar zu Rom um 5 Uhr Abends eine grofse und glänzende Feuerkugel, welche einen Schweif hinter sich liefs. Der gröfsere Theil dieses Schweifes verschwand schnell, aber ein Theil blieb noch 12 bis 13 Minuten lang sichtbar. Dieser bestand zuerst aus zwei hellen und scharf begränzten Lichtlinien, welche sich nach und nach verbreiterten und ein unregelmäfsiges Oblongum bildeten, wobei die Lichtstärke nachliefs und sie nun einer Wolke glichen, deren Licht jedoch noch so hell war, dafs sie durch einige Cirrhuswolken, welche darüber hingingen, bemerkt werden konnte.

In der Nacht des 15. April 1848 wurde zu Whitesville ein glänzendes Meteor gesehen und beim Verschwinden desselben ein lauter Knall gleich einem Sechspfünder gehört. Es war so hell, dafs die Gegenstände trotz dem Mondschein Schatten warfen.

Hr. Coulvier-Gravier hat auch im Jahre 1848 in den Nächten des August die Sternschnuppen beobachtet und aus diesen Beobachtungen geht hervor, dafs die Zahl der stündlich fallenden Meteore ziemlich gleichmäfsig von den letzten Tagen des Juli bis zum 9. August zunimmt.

Hr. Boucher beobachtete zu Dijon am 1. Septbr. um 7 Uhr 45 Min. ein Feuermeteor, desgleichen Hr. Dubois am 2. August zu Paris.

Hr. Faye theilt den Auszug eines Briefes von Hrn. Balard über eine am 22. Februar beobachtete Feuerkugel mit.

Meteorsteine.

Ueber den am 14. Juli 1847 zu Braunau niedergefallenen Meteoriten hat Herr C. Beinert ein Werk herausgegeben, in welchem alle Umstände, welche dieses Phänomen begleiteten, ausführlich beschrieben und die Zeugenaussagen vollständig aufgeführt sind. Viele Aufmerksamkeit verdient besonders die Ansicht der HH. Boguslawski und Göppert dafs, nach der Form zu urtheilen, die zwei gefallenen Stücke nur Kugelfragmente seien und dafs eigentlich noch zwei Stücke, eines von $36\frac{1}{2}$ Pfd., das andere von $25\frac{7}{20}$ Pfd. fehlen müfsten, so dafs der ganze Meteorit ein Gewicht von $134\frac{1}{16}$ Pfd. gehabt hätte.

Verfinsterungen. Sonnenflecke. Regenbogen. Halos.

Babinet. Ueber das Licht des Mondes bei totaler Verfinsterung.

Es ist bekannt, dafs bei einer totalen Mondfinsternifs der Mond nicht vollkommen unsichtbar wird. Das Licht, welches den Mond hierbei erleuchtet, kann aus drei Quellen hervorgehen: 1) Von dem Theil der Erdatmosphäre, welcher von der Sonne erleuchtet wird und vom Monde aus gesehen werden kann: dies Licht wird weifs sein; 2) von dem durch die regelmäfsige Lichtbrechung der Atmosphäre in den Schatten reflektirten Licht, dessen Strahlen die Axe des Schattenkegels schon in einer geringeren Entfernung erreichen als sich der Mond befindet; dies Licht wird in Folge der Absorption indigofarben oder blau sein, nämlich von der Art der am meisten brechbaren Strahlen; endlich 3) giebt es gebeugtes Licht, welches sich in den Erdschatten verbreitet. Dieses ist um so mehr roth oder orange, je näher man es dem Centrum des Erdschattens nimmt, denn es sind die am wenigsten brechbaren Strahlen, welche sich am reichlichsten durch Beugung fortpflanzen. Diese letztere Färbung ist allein bei der Mondfinsternifs sichtbar, wobei man zugleich bemerkt, dafs der dem Centrum des Erdschattens benachbarte Theil dunkler gefärbt ist.

Beobachtete Phänomene.

Herr Powell hat mehrere Beobachtungen der ringförmigen Sonnenfinsternifs am 9. October 1847 zusammengestellt. Die Beobachter waren die Herren Mauvais und Goujon zu Orleans, Schaub zu Cilly in Steyermark, Kapitän Jacob zu Bombay, Major Lysaght zu Hingolee und Forster zu Brügge. Sie bemerkten alle mehr oder weniger deutlich kurz vor der Bildung des vollständigen Ringes die Bildung einer Reihe deutlich von einander getrennter leuchtender Punkte zwischen den genäherten Hörnern der Sonne, welche sich einen Augenblick später zu einem Ringe vereinigten. Sie sind der Meinung, dafs diese Erscheinung durch die hervorragenden Bergspitzen des Mondes hervorgebracht werde.

W. Pringle. Ueber Sonnenflecke.

Am 25. Januar 1848 um $1^h\ 30^m$ beobachtete Herr Pringle in Edinburgh einen grofsen Sonnenfleck mit blofsem Auge von der Gestalt und Gröfse einer grofsen Bohne, als gerade ein Nebel gestattete in die Sonne zu sehen. Derselbe Fleck wurde auch von Herrn Wauchope gesehen. Durch ein Fernrohr betrachtet erschien der Fleck als zwei Centralflecken, welche von einer grofsen Menge kleiner Flecken umgeben waren.

Die Beobachtungen von Sonnenflecken mit blofsem Auge scheinen selten zu sein und besonders günstig möchte für dergleichen Beobachtungen der Sonnenauf- und Untergang sein. So wurde auch im Jahre 1590 auf einem Schiffe an der Küste von Afrika von Herrn Hakluyt am 7. und 8. Decbr. bei Sonnenauf- und Untergang ein Sonnenfleck von der Gröfse eines Schillings bemerkt. Dies war noch vor der teleskopischen Entdeckung der Sonnenflecke.

Es scheint als wenn derselbe Fleck, welchen Herr PRINGLE am 25. Januar 1848 beobachtete, schon am 19. November 1847 von Hrn. LUBBOCK gesehen worden sei. Dieser sah auch mit blofsem Auge einen grofsen Fleck, welcher durch ein Fernrohr als zwei erschien, welche von einer Anzahl kleinerer umringt waren. Den Fleck vom 25. Januar sah Hr. PRINGLE am 14. Februar wieder erscheinen; doch hatte er sich jetzt mehr zusammengezogen: die beiden Centralflecken hatten sich vereinigt und mehrere von den kleinern waren ineinandergeflossen. Die in letzterer Zeit häufigeren Beobachtungen gröfserer Sonnenflecke, welche ihre Gestalt schnell verändern, scheinen anzudeuten, dafs die grofsen Kräfte, welche die Oberfläche der Sonne in Bewegung setzen, jetzt im Zunehmen sind und es wäre wohl möglich, dafs wir im Laufe der Zeit einmal wieder die Hälfte des Sonnenkörpers verdunkelt erblicken, wie dies nach dem Berichte des ABULFERAGIUS im 70. Jahre des Kaisers HERACLIUS während eines Zeitraums von 9 Monaten stattfand. Die Erklärung dieses grofsartigen Ereignisses ist noch nicht erfolgt, vielleicht möchte sich jedoch unsre Kenntnifs von der physikalischen Beschaffenheit der Sonne sehr erweitern, wenn, wie Hr. LUBBOCK anräth, bei der Berechnung der Störungen irgend eines Kometen, sein Ursprung bis zur Masse der Sonne zurückgeführt werden könnte, von welcher er durch den Zusammenstofs der sich dort entgegenwirkenden Kräfte geschleudert wurde.

Es ist von DICK und Andern festgestellt worden, dafs kein Sonnenfleck bekannt ist, welcher länger gedauert hat, als der vom Jahre 1676, welcher 70 Tage lang beobachtet wurde. Hr. PRINGLE hat jedoch guten Grund zu glauben, dafs derjenige grofse Fleck, welcher am 21. November 1848 am Rande der Sonnenscheibe verschwand, noch länger gedauert hat. Am 19. August beobachtete er am östlichen Rande der Sonne einen doppelten oder zwei nebeneinander liegende Flecken, welche, als sie vorschritten, an Gröfse zunahmen und am 23. dem blofsen Auge als ein Fleck sichtbar waren. Ihre gröfsesten Durchmesser betrugen 27,000 und 31,000 Meilen, während sie mit Einschlufs des Halbschattens ungefähr $\frac{1}{8}$ schmäler in der Breite waren. Sie waren ungefähr 10,000 Meilen von einander entfernt, obgleich sie in den ersten 2 oder 3 Tagen an ihrem nördlichen Ende durch eine gekrümmte Reihe kleiner Flecken mit einander verbunden schienen. Doch verschwand diese bald in dem Halbschatten des gröfsern Flecks. Sie hatten eine ovale Form und wurden bis zum 28. oder 29. beobachtet, als sich der Kern des einen in mehrere Theile theilte. Sie verschwanden vermuthlich am 31. August am westlichen Rande.

Am 16. September bemerkte er einen grofsen Fleck so weit am östlichen Rande der Sonne vorgeschritten, dafs man deutlich einige schwarze Kerne in den Rändern des Halbschattens, aber keinen grofsen Kern im Centrum unterscheiden konnte. Am 17. erschien dies noch deutlicher. Da sich von den beiden Flecken des Augusts keine Spur mehr zeigte, so war es klar, dafs sie sich in diesen einen vereinigt hatten. Die sanft gerundeten Umrisse der beiden ovalen Flecken hatten sich durch die Vereinigung in ein grofses unregelmäfsiges Polygon verwandelt und der Halbschatten hatte, wie durch den Zusammenstofs zweier Kräfte, durch die Erschütterung eckige Hervorragungen bekommen. Am 17. hatte der Fleck einen gröfsesten Durchmesser von etwa 50,000 Meilen und am 21. von etwa 60,000 M. und er war jetzt beinahe eine Woche lang dem blofsen Auge sichtbar. Am 27. war er dicht am Westrande und verschwand wahrscheinlich am Tage darauf.

Ungefähr 14 Tage später am 13. October bemerkte er ihn wieder etwa $\frac{1}{4}$ Zoll vom östlichen Rande der Sonne entfernt. Die Unregelmäfsigkeit des Umrisses war noch zu bemerken, obgleich die Ecken und Hervorragungen geringer geworden waren, auch hatte sich der ganze Fleck sehr zusammengezogen und mafs jetzt nur noch nahe dem Centrum der Sonne 44,000 M. Am 26. October erschien er als ein dunkler Fleck oder Linie kaum zu unterscheiden von der Begränzungslinie des westlichen Sonnenrandes. Am 9. November zeigte sich der Fleck wieder als eine schwache Depression am Ostrande. Beim Vorschreiten zeigte sich, dafs er wieder viel an Gröfse verloren hatte und seine Gestalt jetzt etwas dreieckig geworden war. — Der beobachtete Fleck hatte also etwa 95 Tage gedauert, wobei noch unentschieden bleibt ob er nicht am 4. oder 5. December wiedererschienen ist, welche Beobachtung zu machen Herr Pringle leider verhindert wurde.

Farbloser Regenbogen.

In der Nähe des Dorfes Cattas Atlas, 16 Meilen von Gongo Soco in Brasilien, bemerkte Herr Henwood am 12. Mai 1848 Morgens 7 Uhr einen farblosen Regenbogen in dem Nebel, welcher die Thäler des hügelichen Landes ausfüllte. Er glich sowohl hinsichtlich der Gröſse als in jeder andern Beziehung dem gewöhnlichen Regenbogen, nur daſs sein oberer Theil vollkommen farblos war. Am untern Theile zeigte er jedoch eine sehr schwache violette Färbung, welche am südöstlichen Ende mehr hervortrat als am andern.

Am 10. Juni 9 Uhr 45 Min. beobachtete Herr Sauteyron einen schönen Bogen ungefähr 25° südlich vom Zenith in der Nähe des Mondes. Er war ganz weiſs ohne alle prismatischen Farben und fing nach und nach von SW. nach NO. an zu verschwinden.

Auch Hr. Babinet hat diese Erscheinung lange beobachtet; es war ein schmaler Wolkenstreif, welcher den Himmel von NO. nach SW. durchzog und Hr. Babinet glaubt, daſs er nur in Folge der Perspektive bogenförmig erschien. Er hält diese Erscheinung für einen Dampfstreifen, wie dergleichen bisweilen die Läufe von Flüssen bezeichnen und welche sich bei einem gewissen Feuchtigkeitszustande der Luft lange erhalten und sogar in ferne Gegenden fortgeführt werden können.

H. Poselger.

---

3. Physiologische Optik.

SZOKALSKI. Das Anpassungsvermögen des Auges vom pathologischen Gesichtspunkte aus betrachtet. GRIESINGER's Archiv für physiologische Heilkunde. 7. Jahrgang p. 694.

ESTIN. Erfahrung an operirten Blinden. Inst. No. 778 p. 372.

BREWSTER. Ueber muscae volitantes. Phil. Mag. XXXII. 1. Edinb. Trans. XV. 377; Arch. d. sc. ph. et nat. VIII. 299.

J. JAMIN. Ueber die HAIDINGER'schen Farbenbüschel. C. R. XXVI. 197; Quesn. rev. sc. XXXII. 144; Inst. No. 737 p. 53; POGG. Ann. LXXIV. 145.

Chr. DOPPLER. Ueber die Anzahl der menschlichen Gesichtswahrnehmungen. Abh. d. Böhm. Ges. der Wissensch. V. 389. Separatdruck Prag 1848 bei Borrosch und André. 4.

— — Versuch einer systematischen Klassifikation der Farben. — Ebendaselbst.

DOVE. Ueber Scheiben zur Darstellung subjectiver Farben. POGG. Ann. LXXV. 526.

GRÜEL. Ueber einen Apparat für subjective Farbenerscheinungen. POGG. Ann. LXXV. 524.

HARLESS. Physiologische Beobachtung und Experiment. Nürnberg 1848. 8. p. 45.

HEINEKEN. On a singular irregularity of vision. Phil. Mag. XXXII. 318.

R. HAMILTON. Gesichtsfehler in Folge unregelmäfsiger Strahlenbrechung nebst Nachtblindheit. Fror. Not. VII. 219.

H. TAYLOR. On the apparent motion of the figures in certain patterns of blue and red worsted. Phil. Mag. XXXIII. 345; Fror. Not. IX. 33; Arch. d. sc. ph. et nat. X. 304.

Herr SZOKALSKI hat eine Theorie der Akkommodation aufgestellt, welche er in folgenden Worten einführt: „Ich nehme an, dafs durch gemeinschaftliche Zusammenziehung der geraden Augenmuskeln der sehnige Ring, den sie um die Hornhaut bilden, den Bulbus gegen das Fettpolster drücke und etwas abflache, wodurch der Glaskörper nach vorne ausweichen und die Linse sich vorschieben mufs. Durch dieses Vorschieben der Linse wird nicht nur der Abstand derselben von dem gelben Flecke vergröfsert, sondern auch die Wölbung dieser Linse und des wässrigen Meniskus vermehrt, wodurch auch die lichtbrechende Eigenschaft dieser Theile zunimmt. Was aber die Zusammenziehung und Erweiterung der Pupille anbelangt, so betrachte ich sie als mit dem Akte der Akkommodation associirte Funktionen, deren Nothwendigkeit weiter unten erhellen wird. (Der Verf. folgt der bekannten Ansicht, dafs beim Sehen in die Nähe die Randstrahlen vor der Retina zur Vereinigung kommen würden, wenn die Iris sie nicht abblendete).

Da die Art, wie der Verfasser diese Theorie zu begründen sucht, zeigt, dafs er sich eine Aufgabe gestellt hatte, der seine Kräfte wenig gewachsen waren, so glaube ich auf dieselbe nach dem was bereits früher in diesen Berichten über die verschiedenen Akkommodationstheorien gesagt ist, nicht näher eingehen zu dürfen. Dagegen mufs ich aus dem Verlaufe der Abhandlung die Angabe des Verfassers, welcher Augenarzt am Hospital Sainte Reine d'Alice in Burgund ist, hervorheben, dafs noch nach Verlust der Linse ein nicht ganz unbeträchtliches Akkommodationsvermögen vorhanden sein kann. Er sagt:

Untersucht man (an operirten Staarblinden) das Sehvermögen bei einem Individuum, dessen Akkommodation durch das Alter geschwächt wurde, oder in Fällen wo in Folge einer hinzugetretenen Entzündung nach der Operation die Beweglichkeit des Bulbus ersteifte, so erhält man natürlich nur negative Resultate. Untersucht man hingegen einen jungen Menschen, dem man leicht begreiflich machen kann, um was es sich handelt, der fähig ist, von seinen Empfindungen genau Rechenschaft zu geben, dessen Auge keinem zu starken Eingriffe ausgesetzt wurde, so wird man finden, das sein Gesicht durch das Verschwinden der Linse weitsichtig geworden ist, dafs es aber in den Gränzen der Weitsichtigkeit sein Anpassungsvermögen behält. Ich habe vor einigen Jahren einen jungen Zögling der Normalschule in Paris behandelt, der mit der Frage der Akkommodation des Auges aus der Physik sehr vertraut war. Er stach sich mit einer Nadel in's Auge, indem er sich eines Abends in der Dämmerungsstunde einen Knopf annähen wollte. Die Pupille war sehr erweitert, und die Nadel fuhr durch die Hornhaut und die vordere Kapsel durch. Acht Tage nachher, als der Kranke zu mir kam, war die Hornhautwunde schon geheilt und kaum sichtbar, während die Kapsel sich bedeutend eingerissen zeigte. Die Pupille blieb beweglich, und als drei Monate nachher die Linse durch Resorption verschwand, kehrte das Sehvermögen wieder zurück. Das Auge zeigte sich aber presbyop und der Kranke mufste sich eines convexen Glases No. 6 bedienen, um die Schweite dieses Auges mit dem anderen gleichzustellen. Um die Akkommodation dieses Auges zu erforschen, bediente ich mich zweier Stecknadeln, welche in der Entfernung von etwa 15 Zoll hinter einander in die Kante eines schmalen Brettchens gesteckt wurden. Das Brettchen wurde dann in die Richtung der Sehaxe des verwundeten, mit seinem Glase bewaffneten Auges gestellt, und da zeigte sich, dafs jedesmal, wenn der Kranke die erste, etwa 7 Zoll von dem Auge entfernte Stecknadel fixirte, ihm die zweite undeutlich erschien. Fixirte er hingegen die zweite, so zeigten sich die Umrisse der ersten schattig und unbestimmt. Mit dem unbewaffneten Auge sah er diese erste Nadel ganz deutlich, erst in der Entfernung von 17 Zoll, er war aber nichts desto weniger im Stande, eine oder die andere Stecknadel nach Belieben mit dem Blicke zu fixiren.

Bei Gelegenheit einer Diskussion, welche im Juni 1848 in der British association von Brewster und Whewel über die Frage geführt wurde, ob die Entfernung der Objekte Gegenstand der direkten Gesichtswahrnehmung sei oder nicht, und welche übrigens nichts Neues darbietet, bekräftigte Hr. Estin, Augenarzt aus Bristol, aus seiner Erfahrung, dafs operirte Blinde zuerst nicht nur von der Entfernung der Objekte sehr unvollkommene Vorstellungen haben, sondern auch von der Richtung, in der sie liegen, und von ihrer Form. Einer der Operirten schlofs sogar lange Zeit beim Betasten der Gegenstände die Augen, weil ihn der Gesichtseindruck mehr verwirrte als belehrte, bis er endlich nach und nach das Sehen erlernt hatte.

Herr Brewster giebt Beschreibung und Abbildung seiner Muscae volitantes und der Veränderungen, welche sie im Laufe der Jahre erlitten haben. Es sind Diffraktionsschatten von Gegenständen im Glaskörper, deren Ort er bestimmt, indem er die Entfernung der Doppelbilder mifst, welche sie in zwei Systemen von homocentrischen Strahlen zeigen. Diese Doppelbilder schlägt er auch als Prüfungsmittel vor, um die wahren Muscae (welche keine Besorgnifs erregen) von den Retinaflecken zu unterscheiden, die natürlich niemals Doppelbilder geben können. Um die Muscae in verschiedener Tiefe des Auges genauer zu beobachten, gebraucht er Linsen von verschiedener Brennweite, welche die Strahlen in gröfserer oder geringerer Entfernung vor der Retina zur Vereinigung bringen. Zur Regulirung der Lichtstärke gebraucht er Blendungen mit sehr kleiner Oeffnung. Die Deutlichkeit der wahren Muscae ist nach seinen Versuchen unabhängig von der Reizbarkeit der Retina. (Vergleiche über denselben Gegenstand Listing und Mackenzie im Jahresbericht von 1845.)

Herr J. Jamin giebt für die Entstehung der Haidinger'schen Büschel dieselbe Erklärung wie von Erlach (siehe diesen Jahresbericht von 1846 p. 224). Er erweitert dieselbe dahin, dafs er die Nothwendigkeit der gelben Farbe durch eine Rechnung begründet haben will, die aber weder selbst mitgetheilt ist noch die Daten, welche ihr zu Grunde gelegt sind. Die violette Farbe hält der Verfasser für subjectiv.

Hr. Doppler hat die Anzahl der verschiedenen Gesichtswahrnehmungen zu ermitteln gesucht, zu deren Perception das menschliche Auge gelangen kann. Er geht dabei von folgenden Annahmen aus: 1) Zwei Punkte, die als gesondert wahrgenommen werden sollen, müssen um einen Gesichtswinkel von mindestens 44 Sekunden von einander entfernt sein. 2) Die Zahl der in Rücksicht auf Lichtstärke und Farbe unterscheidbar verschiedenen Eindrücke kann auf eine Million geschätzt werden. 3) Die Gröfse des Theils des Gesichtsfeldes, welchen wir mit einem Male zu übersehen im Stande sind, beträgt höchstens den 8. Theil der Kugeloberfläche.

Die auf diesen Grundlagen angestellte Rechnung ergiebt, dafs die gesuchte Zahl mit einer Eins zu schreiben ist, der

8097708131767680000

Nullen angehängt sind.

In einer zweiten Abhandlung (Versuch einer systematischen Klassifikation der Farben) giebt Herr Doppler ein Schema, nach dem alle Farben in consequenter Weise geordnet werden können.

Die geometrische Figur, in der man alle denkbaren Farben unterbringen kann ist, wie Herr Doppler zeigt, ein Kugeloktant, an dessen centraler Ecke das Schwarz steht. Auf den drei rechtwinklig auf einander stehenden Radien sind Roth, Gelb und Blau mit steigender Lichtintensität aufgetragen. Die Linie, welche mit diesen drei Radien gleiche Winkel macht, enthält das neutrale Grau vom Schwarz bis zum Weifs.

Demnach befinden sich auf den Bögen die sekundären Mischungsfarben d. h. die verschiedenen Arten von Orange, Grün und Violett, auf den drei planen Flächen die Uebergänge dieser Farben zum Schwarz und auf der sphärischen Fläche die Uebergänge der drei Hauptfarben und der sekundären Mischungsfarben zum Weifs. Die Farben auf der sphärischen Fläche sind also schon tertiäre Mischungsfarben, und dasselbe gilt von allen Farben welche man irgendwo in den Winkelraum verlegen mufs. Man erhält drei Componenten, wenn man die drei rechtwinkligen Coordinaten zieht, welche den Ort der Farbe in Bezug auf die drei Axen, deren Durchschnittspunkt die Ecke ist, bestimmen. Man kann aber begreiflicher Weise auch alle diese Farben ansehen als bestehend aus Grau in Verbindung mit einer Hauptfarbe oder in Verbindung mit einer sekundären Mischungsfarbe, auf welche Anschauungsweise Herr Doppler seine Nomenclatur für diese Farben gründet und sie z. B. als Blaugrau, Blaugrüngrau, Grüngrau, Gelbgrüngrau, Gelbgrau etc. bezeichnet.

Herr Dove construirte Scheiben nach Art der von Fechner in Pogg. Ann. Bd. XLV. p. 227 beschriebenen, aber nicht schwarz und weifs, sondern aus Weifs und irgend einer Farbe des Spektrums bestehende. Diese Scheiben zeigen, wenn sie mit einer gewissen nicht zu grofsen Geschwindigkeit gedreht werden, den weifsen Grund in der Ergänzungsfarbe zu derjenigen Tinte, welche neben dem Weifs aufgetragen ist.

Herr DOVE construirte noch andere Scheiben, welche die subjektiven Farben sehr schön zeigten. Auf schwarzem Grunde wurden zwischen zwei concentrischen Kreisen, deren Mittelpunkt die Drehungsaxe war, Kreise gezeichnet, deren Durchmesser dem Abstande der concentrischen Kreise gleich kam, und die, indem sie die concentrischen Kreise und sich selbst berührten, einen zusammenhängenden Ring bildeten. Diese Kreise waren nun abwechselnd farbig und weifs. Bei schneller Drehung stellte sich das Ganze als ein gefärbter Ring dar, indem das beigemischte Weifs die Intensität des Farbeneindrucks verminderte. So wie aber die Drehung nachliefs traten die weifsen Kreise mit der lebhaftesten subjektiven Farbe hervor. Dabei erschienen die Kreise als schmale Ellipsen, deren Längenaxe dem Drehungsmittelpunkte zugekehrt waren, weil man auf dem gegebenen Raume mehr Kreise zu sehen glaubte als wirklich vorhanden waren.

Im gleichen hat Herr DOVE Weifs erzeugt durch Anbringen von drei passend gefärbten Gläsern in einer Drehscheibe. Er bediente sich hierzu wie zu den übrigen Versuchen mit Vortheil eines von Herrn GRUEL construirten und beschriebenen (POGG. Ann. LXXV. 524) Apparates, der die zu drehende Scheibe in vertikaler Ebene an einer horizontal liegenden Axe trägt, die durch ein Uhrwerk bewegt wird, wobei man durch eine angebrachte Druckschraube die Drehung beliebig verlangsamen kann.

Herr E. HARLESS befestigte an einer Stange, die durch ein Schwungrad in Bewegung gesetzt wurde, zwei Halbscheiben von verschiedener Farbe in einiger Entfernung von einander. Wenn er auf diese in der Richtung der sich drehenden Axe sah, glaubte er zwei rotirende Scheiben von verschiedener Farbe hinter einander zu sehen, und wenn ja eine Mischung der Farben eintrat, so war dies nur auf der hinteren Scheibe, die vordere erschien immer in ihrer eigenen. Er glaubte sich hierdurch zu der Ansicht berechtigt, dafs die Netzhaut verschiedene Eindrücke auseinander halten kann, von welchen sie gleichzeitig aber räumlich hinter einander d. h. in verschiedenen Tiefen afficirt wird. Er gab aber diese Ansicht sofort auf, als er eine vollkommene Mischung der Farben eintreten sah, nachdem er vor die Scheiben ein Diaphragma aufgestellt hatte, welches von der vordern Halbscheibe für den Beobachter so viel abschnitt, dafs ihre scheinbare Gröfse der der hinteren gleich wurde.

Herr Heineken fand, nachdem er zwei Stunden lang beim Theilen eines Yard's in tausend Theile zugebracht und dabei das linke Auge geschlossen hatte, dafs er, als er dasselbe wieder öffnete, die Gegenstände dreifach sah, während ihm das rechte Auge allein dieselben einfach zeigte. Der Zustand hielt etwa zwei Stunden an. Ein ander Mal beobachtete er Morgens nach dem Aufstehen Halbsehen (visus dimidatus) auf dem rechten Auge, welches eine halbe Stunde anhielt.

R. Hamilton. Gesichtsfehler in Folge von unregelmäfsiger Strahlenbrechung nebst Nachtblindheit.

Herr Hamilton beobachtete an einem seiner Patienten eine Hornhaut, deren Wölbung in der Weise asymmetrisch um die Axe war, dafs die horizontal und die vertikal divergirenden Strahlen beträchtlich verschiedene Vereinigungsweiten hatten. (Vergl. diese Berichte über d. J. 1845 p. 207 u. f.) Der Fall wurde mittelst des Scheiner'schen Versuchs näher geprüft. Die Entfernung des deutlichen Sehens fing beim linken Auge für horizontal divergirende Strahlen mit 5½ bis 6 Zoll, für vertikal divergirende mit 8½ bis 9½ Zoll an. An dem andern Auge, welches sehr kurzsichtig war, fand sich derselbe Fehler in geringerem Grade. Der Fall war complicirt mit Nachtblindheit.

Wenn man ein rothes Muster auf blauem Grunde vor den Augen hin und herbewegt, so scheinen sich die rothen Flecken auf dem blauen Grunde zu bewegen. Herr Taylor leitet diese Erscheinung von dem direkten (gleich gefärbten) Nachbilde ab, welches das Blau des Grundes im Auge zurückläfst. Dieses bringt nach ihm den Anschein von Schatten hervor, die sich hinter den rothen Flecken hin- und herbewegen und daraus entsteht die Täuschung, als ob dieselben vor dem Grunde schwebten und sich bewegten.

Herr Taylor ist der Meinung, dafs diese Erscheinung nur bei roth und blauen Mustern vorkomme, was nach andern Beobachtern nicht der Fall ist. Auch ist zu bemerken, dafs dergleichen Scheinbewegungen schon an dem völlig ruhenden Muster einer Wandtapete beobachtet sind. (Vergl. diese Berichte. Jahrgang 1845 p. 223.)

E. Brücke.

---

4. Chemische Wirkung des Lichtes.

Veränderungen der Materie durch die chemischen Strahlen des Lichtes. (I.)

E. Becquerel. De l'image photographique colorée du spectre solaire. C. R. XXVI. 181*; Ann. d. ch. et d. ph. XXII. 451*; Quesn. rev. sc. XXXII. 289*; Bull. d. l. soc. d'enc. XLVII. 274*; Inst. No. 736 p. 45*, No. 737 p. 54*; Mech. mag. XLIX. 213*; Pol. Centrbl. 1848 p. 1421*; Erdm. u. March. XLIV. 358*; Dingl. p. J. CX. 25*; Fror. Not. VI. 122*; Arch. d. sc. ph. et nat. VIII. 202*; Pogg. Ann. LXXVII. 82*.

— — De l'image photochromatique du spectre solaire et des images obtenues dans la chambre obscure. C. R. XXVII. 483*; Inst. No. 775 p. 340*; Ann. d. ch. et d. ph. XXV. 447; Pogg. Ann. LXXVII. 512; Fror. Not. X. No. 219 p. 325.

A. Claudet. On photographic phaenomena referring to the various actions of the red and yellow rays on daguerreotype plates when they have been affected by daylight. Phil. mag. XXXII. 199*; Athen. 1848 No. 1086 p. 837*; Inst. No, 768 p. 291*; Sillim. J. VII. 272.

R. Hunt. On the influence of light in preventing chemical action. Athen. 1848 No. 1086 p. 837*; Inst. No. 768 p. 291*; Sillim. J. VII. 272.

C. S. Schönbein. Ueber die Einwirkung des Lichts auf Jodbleistärke. Pogg. Ann. LXXIII. 136*.

Theorie der chemischen Lichtstrahlen. (VI.)

S. E. Becquerel, A. Claudet, R. Hunt unter (I.).

Aktinometrie. (VII.)

A. Claudet. Description d'un photographomètre, instrument servant à mesurer l'intensité de l'action chimique des rayons de la lumière sur toutes les préparations photographiques, et à comparer la sensibilité de ces diverses préparations. C. R. XXVII. 370; Phil. mag. XXXIII. 329; Inst. No. 772 p. 318.

Von der Anfertigung der Lichtbilder. (VIII.)

Die Daguerreotypie. (1.) Verbesserungen des Verfahrens. (b.)

A. Claudet. On the question of priority respecting the discovery of the accelerating process in the daguerreotype operation. Phil. mag. XXXII. 215.

W. E. Kilburn. On the advantage of electrotyping daguerreotype plates. Phil. mag. XXXII. 541; Fror. Not. VII. 282.

T. Taylor. Daguerreotyp-Zange. Pol. Centrbl. 1848 p. 472; Phil. mag. XXXI. 393.

Lichtbilder auf Papier. (2.)

C. J. Jordan. Verfahren jodirtes Papier mittelst einer einzigen Auflösung zu bereiten. Dingl. p. J. CX. 78*; Mech. mag. XLIX.

Martin. Bericht über den Erfolg seiner photographischen Arbeiten. Ber. d. Wien. Ak. Hft. 5 p. 84*.

Praktische Benutzung der Lichtbilder. (3.)

C. F. Schneitler. Die Theilung der Kreisränder und Nonien mittelst der Daguerreotypie. Dingl. p. J. CVIII. 337; Pol. Centrbl. 1848 p. 1515.

Neue photographische Methoden. (4.)

Niépce de St. Victor. Note sur la photographie sur verre. C. R. XXVI. 637; Inst. No. 754 p. 183; Bull. d. l. soc. d'enc. XLVII. 335; Pol. Centrbl. 1848 p. 1093; Erdm. u. March. XLV. 230; Lond. J. XXXII. 459; Quesn. rev. sc. XXXIII. 127.

Poitevin. Nouveau procédé photographique. C. R. XXVII. 13; Pol. Centrbl. 1848 p. 1095; Dingl. p. J. CIX. 216; Inst. No. 760 p. 221.

A. Brachet. Procedé d'impression photographique. C. R. XXVII. 427.

— — Recherches sur un procedé pour obtenir par des moyens photogéniques la reproduction en nombre illimite des caractères typographiques faits à la main sur un carreau de vitre enfumé. C. R. XXVII. 451.

Moser'sche Bilder etc. (IX.)

S. oben I. 1. p. 3.

Herr E. Becquerel macht in einer kurzen Notiz bekannt, dafs es ihm durch Anwendung von freiem Chlor gelungen ist, auf Daguerreotypplatten eine empfindliche Schicht herzustellen, welche im Sonnenspektrum die jedem Theile desselben entsprechenden Farben annimmt, also im Roth roth wird, im Gelb gelb u. s. f. Diesseit des Roth geht die Farbe in das Purpur über. Die Farben sind bis jetzt nicht zu fixiren gewesen.

Man wird sich erinnern, dafs schon Herschel im Spektrum Färbungen auf photographischem Papiere erhielt, welche den Farben des Spektrums entsprachen. Ob die Farben auf die Platte wirklich die Spektralfarben sind; ob man also erwarten kann, dafs die Gegenstände sich in ihrer natürlichen Farbe auf so präparirten Platten abmalen würden, müssen weitere Versuche erst zeigen.

Von der zweiten oben angeführten Arbeit des Hrn. E. Becquerel ist nur der Titel in den C. R. angeführt.

Fast in jedem der letzten Jahre sind Abhandlungen erschienen, welche Aufklärung über den Streitpunkt geben sollten: ob einige Farben des Lichtes die Eigenthümlichkeit besitzen eine chemische Wirkung fortzusetzen wenn sie von andern begonnen ist (rayons continuateurs von E. Becquerel) oder ob diese Farben, wie von andern Beobachtern behauptet wird, eine den übrigen Farben entgegengesetzte Wirkung besitzen.

Bekanntlich hatte E. Becquerel den Satz aufgestellt, dafs die am wenigsten brechbaren Lichtstrahlen, also namentlich die rothen keine chemische Wirkung anfangen, aber eine von den brechbareren Strahlen begonnene fortsetzen könnten. Hiergegen war unter Andern Moser aufgetreten mit der Behauptung, alle Farben könnten dieselbe chemische Wirkung hervorbringen und in verschiedener Zeit. Endlich kamen Herschel, Hunt, Claudet, und in Frankreich Fizeau und Foucault auf die alte Ansicht Ritter's, Seebeck's u. v. A. zurück: dafs ein Gegensatz in der Wirkung der minder und der stärker brechbaren Strahlen existire. Namentlich machte Herschel einige sehr merkwürdige Versuche bekannt, bei denen Strahlen diesseits des Roth, ein Papier wieder bleichten, welches durch die Wirkung des weifsen Lichtes geschwärzt worden war.

Im vorigen Jahre hatte in demselben Sinne Claudet eine Reihe von Versuchen der Roy. Soc. mitgetheilt, welche die zerstörende Wirkung der rothen und gelben Strahlen, und mithin das Ungegründete der E. Becquerel'schen Annahme nachwiesen. Im Wesentlichen ging daraus hervor, dafs rothes und gelbes Licht im Stande ist die Wirkung der andern Farben auf ein photographisches Präparat zu verhindern, oder eine schon stattgehabte Wirkung wieder zu vernichten. In einer späteren Notiz machte Claudet diese Thatsache dadurch wieder unsicher dafs er zwar seine früheren Behauptungen für Platten, die mit Bromjod präparirt werden, festhielt aber zugab, dafs für nur jodirte Platten die rothen und gelben Strahlen eine Wirkung haben könnten. Auf diese Mittheilung bezieht sich der oben citirte Aufsatz: „Ueber photographische Phänomene" etc.

Um diesen Widerspruch zwischen seinen älteren und den neueren Versuchen zu ergründen unternahm Hr. Claudet neue Versuche und fand bestätigt, dafs rothes und gelbes Licht für Silberplatten mit Bromjod präparirt eine negative oder zerstörende Wirkung ausüben, also das Gesetz der rayons continuateurs für sie ungültig ist. Dagegen scheine für die nur jodirten Silberplatten ein Umstand beachtenswerth, den Draper zuerst beleuchtet hat, dafs nämlich die Wirkung der rothen und gelben Strahlen nach der Jahreszeit variire. Hiernach, meint Hr. Claudet, sei es wohl möglich, dafs die ganz verschiedenen Beobachtungen von ihm, Hunt, E. Becquerel, Gaudi, Fizeau, Foucault, alle richtig seien, sie aber Umstände nicht berücksichtigt hätten, von deren Einflufs sie keine Vorstellung gehabt hätten. Schliefslich fordert er zu neuen Beobachtungen auf um diesen Punkt ins Reine zu bringen.

Eine andere Notiz von Hrn. Hunt über denselben Gegenstand ist im Athenaeum als Bericht über einen Vortrag in den Sitzungen der Brit. Assoc. enthalten. Der Versuch ist folgender: Auf sehr empfindliches photographisches Papier wird gleichzeitig das volle Sonnenlicht und ein Spektrum projicirt, dessen Farben durch ein besonderes gelbes Medium bis auf das Gelb absorbirt sind. Das Papier wird über und über geschwärzt bis auf den Theil, der gleichzeitig mit dem Sonnenlichte auch von dem gelben Lichte getroffen wurde, welcher Theil sich als ein breites weifses Band auf dunklem Grunde darstellte.

Herr Schönbein macht auf die aufserordentliche Licht-Empfindlichkeit einer Mischung von Jodblei mit Stärkekleister aufmerksam. Frisch aus Jodkalium und Bleisalpeter bereitetes Jodblei mit Stärkekleister so vermischt dafs ein stark gelb gefärbtes Gemenge entsteht, wird auf Papierstreifen gestrichen. Hr. Schönbein schlägt vor solche Papierstreifen zu benutzen, um die chemische Wirksamkeit der verschiedenen Farben und Arten des Lichtes zu untersuchen.

Hr. Claudet giebt ein Aktinometer, d. h. ein Instrument an, welches zur Messung der Intensität der chemischen Lichtwirkung bestimmt ist. Die Wirkung dieses Apparates beruht darauf, dafs durch eine auf einer schiefen Ebene herabfallende Scheibe, welche Oeffnungen von verschiedener Gröfse hat, das Licht während einer, aus der Höhe des Falls und der Neigung der Ebene messbaren Zeit auf eine Daguerre'sche Platte oder auf photographisches Papier fällt. Schwerlich wird dieser Apparat Anspruch machen dürfen das Problem eines Messinstrumentes für die chemische Wirkung des Lichtes zu lösen.

Als Entdecker der den Daguerre'schen Process beschleunigenden Wirkung des Bromjods ist Hr. Claudet bekannt. In der oben angeführten Notiz (Prioritätsfrage etc.) erwähnt Hr. Claudet, dafs ein Herr Goddard auf diese Entdeckung Anspruch mache, indem er schon vor ihm (nämlich am 12. Decbr. 1840, während Claudet's Note in der Roy. Soc. den 10. Juni 1841 gelesen wurde) einen kurzen Brief in der Literary gazette über die schnelle Wirkung des Bromjods bekannt gemacht habe. Hr. Goddard mag wohl die Benutzung des Bromjods vorgeschlagen haben, aber aus seiner Reklamation ist nicht ersichtlich, dafs Hrn. Claudet der Anspruch genommen werden müsse, das Bromjod zuerst wirklich angewendet, und die genaue Zusammensetzung dieser Substanz, auf welche viel ankommt, bekannt gemacht zu haben.

Hr. W. E. Kilburn beschreibt einen Versuch, der die Vorzüglichkeit der galvanisch versilberten Platten für den Daguerre'schen Process beweist. Eine gewöhnliche Daguerreotypplatte wird zur Hälfte versilbert, und dann wie gewöhnlich behandelt. Die galvanisch versilberte Hälfte zeigt sich erstens beim Poliren viel dunkler und glänzender und aufserdem ist sie stets empfindlicher gegen die Lichtwirkung wie die andere auf gewöhnliche Weise zubereitete Hälfte.

Im Phil. mag. am oben angef. O. ist eine Zange von der Erfindung des Herrn T. Taylor beschrieben, um Daguerreotypplatten beim Abwaschen damit zu halten. Ein gewöhnlicher passend gebogener Draht, oder auch eine Drahtzange leisten ganz dieselben Dienste.

Die Bereitung mit Jodsilber überzogenen Papieres erfordert bekanntlich mehre Operationen, bei welchen das Papier nafs gemacht und wieder getrocknet wird. Hr. Jordan giebt ein Mittel an schneller zum Ziele zu gelangen. Löst man Jodsilber in Jodkalium auf, überzieht dann Papier mit dieser Auflösung, läfst es trocknen und taucht es dann in Wasser, so zieht das Wasser das Jodkalium aus, während das Jodsilber gleichmäfsig verbreitet auf dem Papier zurückbleibt.

Herr Martin beschreibt das Verfahren, welches er bei der praktischen Anfertigung der Lichtbilder auf Papier befolgt. Der oben citirte Aufsatz bietet in technischer Rücksicht viel Interessantes; neue Thatsachen für die Wirkung des Lichtes ergeben sich nicht.

Hr. SCHNEITLER schlägt vor die Daguerreotypie zu benutzen, um von sehr genau getheilten Kreisrändern oder Nonien Abbildungen zu machen, die in jeder beliebigen Gröfse gleich feine Theilung haben könnten als das Originalinstrument. Wird sich, abgesehen von andern Schwierigkeiten wegen der Verzerrung des Bildes in der Camera obscura, nicht anwenden lassen.

In einer Notiz zeigt Herr NIÈPCE DE ST. VICTOR an, dafs er in seinem Verfahren auf Glas u. s. f. Photographien anzufertigen wieder einige Fortschritte gemacht habe. Das Princip des Verfahrens ist im vorigen Jahresberichte angegeben. Man versetzt Eiweifs (von 3 Eiern) mit gesättigter Jodkaliumlösung (ungefähr 12 Tropfen), schlägt das Eiweifs zu Schnee, bis es hinlänglich consistent ist, bringt es dann auf eine Glastafel, wenn es darauf angetrocknet ist, benäfst man es mit einer Lösung von salpetersaurem Silber. Nach der Wirkung des Lichts in der Camera obscura bringt man das Bild durch Gallussäure zum Vorschein und fixirt es mit Jodkalium. Das Verfahren ist also dem bei Lichtbildern auf Papier angewandten sehr ähnlich, indessen scheinen die Resultate nicht sehr genügend zu sein.

Herr POITEVIN wendet folgende Methode an, um Daguerre'sche Bilder auf photographisches Papier zu übertragen. Das in der Camera obscura vollendete und gequecksilberte Daguerre'sche Bild wird ohne Abwaschung in eine Lösung von schwefelsaurem Kupfer gebracht und mit dem negativen Pole der galvanischen Batterie verbunden. Das Kupfer schlägt sich nur auf den mit Quecksilber überzogenen Stellen des Bildes, also auf den Lichtern, nieder. Man wäscht dann die Platte ab, überzieht sie mit Gelatine, an welcher beim Trocknen das Kupfer adhärirt. Diese Gelatineplatte dient als negatives Bild zur Darstellung von positiven Photographien, weil das Kupfer (die Lichter des ursprünglichen Bildes) ja undurchsichtig ist, während durch die Gelatine hindurch das diffuse Licht auf das photographische Papier wirkt.

Die Arbeiten des Herrn BRACHET sind nur dem Titel nach bekannt geworden.

G. *Karsten.*

5. Optische Apparate.

E. BARBOTTE et ROSSIN. Sur un oculaire astronomique polyalde. C. R. XXVI. 43; Quesn. rev. sc. XXXII. 530; Bull. d. l. soc. d'enc. XLVII. 83.

A. GAUDIN. Recherches sur les matières réfractaires. C. R. XXVI. 94; Quesn. rev. sc. XXXII. 138.

E. WARTMANN. Note sur une méthode facile de mesurer la distance et la hauteur d'un point élevé accessible ou non accessible, fixe ou mobile à l'aide d'un seul instrument et en n'observant qu'à une seule station. Ann. d. ch. et de ph. XXIV. 208; Phil. mag. XXXII. 375.

Rapport sur les recherches saccharimètriques de Mr. CLERGET. C. R. XXVI. 240; Quesn. rev. sc. XXXII. 311.

Rapport sur le saccharimètre de Mr. SOLEIL. C. R. XXVI. 162; Quesn. rev. sc. XXXII. 311; Inst. No. 736 p. 45, No. 737 p. 55; Pol. Centrbl. 1848 p. 262.

BARBOTTE und ROSSIN. Ueber ein astronomisches Ocular.

In der Absicht die vergröfsernde Kraft der astronomischen Fernröhre zu verstärken ohne bedeutende Verlängerung derselben, versuchten BARBOTTE und ROSSIN Objectivlinsen mit hyperbolischer Krümmung herzustellen, um die bei gewöhnlichen Linsen auftretende sphärische Aberration zu vermeiden und dadurch, wenn der Versuch gelang, in den Stand gesetzt zu sein, die Krümmung des Objectivs zu vergröfsern und ohne Verlust der Randstrahlen seine Brennweite zu verkürzen. Wie viele ähnliche, so scheiterte auch dieser Versuch an den Schwierigkeiten der Ausführung.

Um nun dennoch dasselbe Resultat zu erreichen, schalten die Verfasser zwischen das Objectiv und seinem Brennpunkte noch eine bewegliche achromatische Concavlinse ein; dadurch wird der Ort des Bildes, welches vom Objectiv gebildet wird, dem Ocular näher gerückt und dasselbe mufs weiter aus dem Rohre herausgezogen werden. Man erhält also dadurch dieselbe Wirkung, wie wenn das Objectiv eine gröfsere Brennweite hätte, nämlich eine stärkere Vergröfserung, welche durch Verschiebung der eingeschalteten Concavlinse noch variirt werden kann, während das gesammte Fernrohr eine geringere Länge hat als ein derselben Vergröfserung entsprechendes Objectiv erfordern würde. Dafs dadurch das Gesichtsfeld kleiner wird, und dafs die äufserste brauchbare Vergröfserung durch die Lichtstärke, also auch durch die Gröfse des Objectivs bedingt wird, bedarf keiner weiteren Erklärung.

Gaudin. Untersuchungen über brechende Medien.

Herr Gaudin theilt der Pariser Akademie ältere Versuche mit über künstliche Darstellung von Edelsteinen und Schmelzversuche in einer starken Knallgasflamme. So interessant diese Versuche auch für den Mineralogen und Geologen sein mögen, so enthalten dieselben doch nur wenig, was von physikalischem Interesse ist. Hr. Gaudin ordnet die am schwersten schmelzbaren Körper in folgende Reihe: Platin, Kieselsäure, Thonerde, Chromoxyd, Iridium, Kalkerde und Magnesia, Kohle, und glaubt dafs auch die lichtbrechende Kraft dieser Substanzen in derselben Reihenfolge zunehme. Dafs Kalkerde und Magnesia leichter schmelzbar und zu verflüchtigen sind als Kohle, folgert er daraus, dafs beide in fein gepulvertem Zustande die Flamme färben.

Dr. R. Grofsmann.

Um die Höhe von Wolken zu messen schlägt Herr Wartmann vor, sich in einige Höhe und in mäfsige Entfernung über eine horizontale spiegelnde Fläche (einen Teich, einen Quecksilberspiegel oder einen gewöhnlichen horizontal gelegten Spiegel von einiger Ausdehnung) zu stellen, die Entfernung von dieser Fläche, oder den senkrechten Abstand über derselben, den Winkel der scheinbaren Entfernung der Wolke von ihrem Spiegelbilde und den Winkel, welchen der vom Spiegel reflektirte Strahl mit dem Lothe macht, zu messen, und hieraus die Entfernung der Wolke zu berechnen. Die Methode ist klar und die Vortheile springen in Betracht zu früheren Methoden in die Augen. Wie man aber dieselbe Methode mit Vortheil für horizontale Entfernungen, wie z. B. zur Messung der Entfernung feindlicher Truppen anwenden kann, will mir nicht einleuchten.

Dr. v. Feilitzsch.

Bericht über die saccharimetrischen Untersuchungen des Herrn Clerget.

Abgesehen von den Unvollkommenheiten der Instrumente, welche zur Bestimmung des Zuckergehalts von Lösungen durch die Drehung der Polarisationsebene dienen, tritt in der technischen Anwendung fast stets noch der Uebelstand hinzu, dafs die Lösungen aufser dem zu bestimmenden Rohrzucker gewöhnlich auch unkrystallisirbaren Zucker, dessen Drehungsvermögen dem des Rohrzuckers entgegengesetzt und bei verschiedenen Temperaturen nach Mitscherlich's Untersuchungen wesentlich verschieden ist, enthalten, und dafs man daher nur die Differenz beider Drehungen beobachten kann, also bei einer Beimischung von unkrystallisirbarem Zucker stets einen zu geringen Gehalt an Rohrzucker aus den Angaben des Instruments erhält. Auf diese Fehlerquelle sind besonders die Untersuchungen Clerget's gerichtet gewesen, über welche ebenfalls der Bericht der Pariser Akademie vorliegt, die beschlossen hat sie auch in das Recueil des savants étrangers aufzunehmen.

Die Bestimmungsmethode des Herrn Clerget gründet sich auf die Eigenschaft der Rohrzuckerlösungen, durch den zehnten Theil Salzsäure vollständig und sicher bei einer Temperatur von 68° C. in weniger als einer Viertelstunde in unkrystallisirbaren Zucker verwandelt zu werden; es wird nämlich zuvörderst das Drehungsvermögen der zu untersuchenden Lösung bestimmt, alsdann die Verwandlung des Rohrzuckers vermittelst Salzsäure vorgenommen und das Drehungsvermögen der so veränderten Lösung mit Berücksichtigung der Temperatur ebenfalls am Saccharimeter gemessen; die Differenz beider Messungen ist offenbar durch die Verwandlungen des Rohrzuckers in unkrystallisirbaren hervorgebracht; um aus derselben auf die Menge Rohrzucker schliefsen zu können, sind von Herrn Clerget Versuche angestellt und aus denselben für verschiedene Temperaturen Tabellen berechnet worden, welche die gesuchte Gröfse unmittelbar ergeben. Die Verdünnung der Lösung durch das Hinzufügen der Salzsäure darf natürlich nicht unberücksichtigt bleiben.

Aufser diesen Untersuchungen hat Hr. Clerget der Pariser Akademie noch eine Reihe von Apparaten vorgelegt, welche bestimmt sind den Saft aus zuckerhaltigen Pflanzentheilen auszupressen und für die saccharimetrische Untersuchung vorzubereiten; sie bestehen aus einer kleinen ganz von Metall construirten Presse und verschiedenen graduirten Röhren und Gläsern von geeigneter Form und Gröfse.

Bericht über das Saccharimeter von Soleil.

Bereits seit mehreren Jahren ist Hr. Soleil damit beschäftigt, die optischen Saccharimeter zu vervollkommnen. Es ist daher auch in diesen Berichten von den allmähligen Verbesserungen schon mehrmals gesprochen worden (s. Berl. Ber. I. p. 190; III, 215.).

Gegenwärtig liegt uns der Rapport der Pariser Akademie über das aus jenen Verbesserungen hervorgegangene Instrument vor. Die detaillirte Beschreibung desselben wird, durch Zeichnungen erläutert, im Recueil des savants étrangers erscheinen; es können daher hier nur einige Andeutungen über dasselbe gegeben werden.

Ein durch den Apparat gehender Lichtstrahl trifft auf dem Wege zum Auge des Beobachters zuerst auf ein drehbares Nicolsches Prisma, geht sodann durch eine 6^{mm} dicke Quarzplatte und ein zweites feststehendes Nicol, aus welchem er polarisirt und vollkommen gleichmäfsig gefärbt heraustritt.

Das auf diese Weise gefärbte und polarisirte Licht geht nun durch eine Soleil'sche Doppelplatte (double plaque, Berl. Ber. I, 190) in ein Rohr von 20 Centm. Länge, welches die zu untersuchende Lösung enthält; sodann gelangt es zu einer eigenthümlichen Vorrichtung, Compensateur genannt, welche die dem Lichte von der Lösung ertheilte Veränderung wiederaufheben soll, so dafs, nachdem es durch ein drittes Nicolsches Prisma, dessen Polarisations-Ebene derjenigen des zweiten parallel ist, gegangen, beide Hälften der double plaque gleich gefärbt erscheinen, wie das der Fall sein würde, wenn sowohl die Lösung als der Compensator fehlten.

Diese letztere Vorrichtung besteht aus zwei gleichdrehenden, senkrecht gegen die Axe geschnittenen prismatischen Bergkrystallplatten, welche, da sie auf einander verschiebbar sind, eine Platte von veränderlicher Dicke darstellen; mit diesen ist eine entgegengesetzt drehende Platte von constanter Dicke verbunden, so dafs das System dieser 3 Platten bald rechts, bald links drehend und in einer bestimmten Stellung, welche den Nullpunkt des Instruments giebt, gar nicht drehend wird. Es ist nun leicht einzusehen, dafs sich mit dieser Vorrichtung die Drehung einer zu untersuchenden Substanz jederzeit aufheben lassen und die dazu nothwendige Verschiebung der prismatischen Platten ein genaues Mafs jener Drehung geben wird. Bei dem vorliegenden Apparat liefs sich die Dicke der variabeln Platte leicht durch die Verschiebung bis auf den hundertsten Theil eines Millimeters, welcher einer Drehung der Polarisationsebene um 15 Minuten entspricht, messen. Es mufs noch bemerkt werden, dafs die Beobachtung durch eine Linsencombination, ähnlich der in dem Galileischen Fernrohr, unterstützt wird, welche zwischen den Beobachter und dem dritten Nicol angebracht ist. Dafs für Abhaltung alles störenden Lichts gesorgt ist, versteht sich von selbst.

Die Hauptvorzüge dieses Instruments sind unstreitig:

1) dafs eine Färbung der Lichtquelle oder der zu untersuchenden Substanz die Schärfe der Messung nicht beeinträchtigt;

2) dafs die Einstellung nicht auf eine bestimmte Farbe erfolgt, sondern dafs man blos auf die gleiche Färbung zweier neben einander liegender Flächenstücke zu achten hat;

3) dafs jeder Beobachter sich die Färbung, für welche sein Auge am empfindlichsten ist, durch Drehung des ersten Nicols verschaffen kann. *Dr. R. Grofsmann.*

Vierter Abschnitt.

Wärmelehre.

1. Wärmeentwicklung.

Favre et Silbermann. Recherches sur la chaleur dégagée pendant les combinaisons chimiques. C. R. XXVI. 595*; Arch. d. sc. ph. et nat. VIII. 309; (14ième mém.); C. R. XXVII. 111 (16ième mém.); C. R. XXVII. 362; Inst. No. 771 p. 369 (17ième mém.).

Th. Andrews. On the heat disengaged during the combination of bodies with oxygen and chlorine. Phil. mag. XXXII. 321. 426; Pogg. Ann. LXXV. 27. 244; Arch. d. sc. ph. et nat. VIII. 306.

— — On the heat disengaged during metallic substitutions. Phil. Trans. 1848 p. 91; Phil. mag. XXXII. 392; Inst. No. 756. 757. pag. 203.

Die Herren Favre und Silbermann haben sich die Aufgabe gestellt, die Quantität Wärme zu bestimmen, welche bei Austausch eines Metalls in einem Salze durch ein anderes erzeugt wird, worüber schon früher T. Andrews[1]) Versuche bekannt gemacht hat, und die Verbrennungswärme mehrerer Metalle zu bestimmen, deren gröfserer Theil nicht direkt verbrannt werden kann, oder beim Verbrennen eine seiner höheren Oxydationsstufen liefert.

Ihre Versuche gingen also dahin, einmal das Metall in verschiedenen Salzen durch ein anderes, das andere Mal das Oxyd in ihnen durch ein anderes zu ersetzen und die dabei frei werdende Wärme zu bestimmen. Doch sind in dem vorliegenden Auszuge ihrer Arbeit nur die Resultate der erst erwähnten Versuche gegeben, nebst einigen wenigen der letzteren, die nur dazu dienen sollen, die Verbrennungswärme der Metalle zu bestimmen.

Zu derselben bedienten sie sich des thermometrischen Apparates, den ich schon früher erwähnt habe[1]). In die muffelartige

[1] Berl. Ber. I. 331.
[2] Berl. Ber. II. 256.

Aushöhlung der grofsen Thermometerkugel wurde ein Gläschen, in das die zum Versuche verwendete feste Substanz gebracht wurde, eingeführt. Durch ein Sicherheitsrohr wurde die Flüssigkeit, die das zu zersetzende Salz enthielt, nachgefüllt. Ein gewundenes Rohr leitete für den Fall der Anwendung des Hydrates der verschiedenen Säuren das sich entwickelnde Wasserstoffgas ab. Es war von dem Quecksilber des Apparates umgeben, und somit seine Temperatur mit der des Quecksilbers vollkommen auszugleichen fähig, ehe es aus dem Apparat entwich.

Ihre Resultate fassen die Verfasser in folgenden Tabellen zusammen.

1. Verdrängung eines Metalls durch ein anderes:

1 Grm.	Formeln der auf einander wirkenden Stoffe.	nach der Reaction.	Wärmeeinheiten.
1) Zink . .	$\left\{ \begin{matrix} SO^4H \\ Zn \end{matrix} \right\}$	$\left\{ \begin{matrix} SO^4Zn \\ H \end{matrix} \right\}$	520
2) Zink . .	$\left\{ \begin{matrix} NO^6Ag \\ Zn \end{matrix} \right\}$	$\left\{ \begin{matrix} NO^6Zn \\ Ag \end{matrix} \right\}$	1187
3) Zink . .	$\left\{ \begin{matrix} SO^4Cu \\ Zn \end{matrix} \right\}$	$\left\{ \begin{matrix} SO^4Zn \\ Cu \end{matrix} \right\}$	693
4) Zink . .	$\left\{ \begin{matrix} C^4H^3O^4Pb \\ Zn \end{matrix} \right\}$	$\left\{ \begin{matrix} C^4H^3O^4Zn \\ Pb \end{matrix} \right\}$	466
5) Kupfer . .	$\left\{ \begin{matrix} NO^6Ag \\ Cu \end{matrix} \right\}$	$\left\{ \begin{matrix} NO^6Cu \\ Ag \end{matrix} \right\}$	501
6) Eisen . .	$\left\{ \begin{matrix} SO^4Cu \\ Fe \end{matrix} \right\}$	$\left\{ \begin{matrix} SO^4Fe \\ Cu \end{matrix} \right\}$	647

2. Auflösung der Oxyde in Säuren:

1 Grm. Oxyd oder Oxydhydrat, wie es niedergeschlagen wird.	liefert bei seiner Verbindung mit einer verdünnten Säure	Calorie's.
Wasser	jede Säure	0
Zinkoxyd	Schwefelsäure	241
	Salpetersäure	206
	Salzsäure	204
	Essigsäure	179
Eisenoxydul	Schwefelsäure	291
Kupferoxyd	Schwefelsäure	185
	Salpetersäure	148
Bleioxyd	Essigsäure	61
Silberoxyd	Salpetersäure	51
Zinkoxyd (wasserfrei)	conc. Salzsäure	245

Aus diesen beiden Tafeln ist die Verbrennungswärme folgender Metalle berechnet:

1 Grm.	Calorie's.
Wasserstoff	34462
Eisen	1332
Zink	1277
Kupfer	655
Blei	255
Silber	49

Eine einem Grm. Wasserstoff äquivalente Menge.				Calorie's.
Zink	entwickelt	mit	Sauerstoff	41503
Eisen	„	„	„	35964
Blei	„	„	„	26520
Kupfer	„	„	„	21280
Silber	„	„	„	5292

In früheren Arbeiten hatten die Hrn. FAVRE und SILBERMANN es wahrscheinlich zu machen gesucht, daſs ähnlich wie die organischen Radikale gleiche Zusammensetzung aber doch verschiedene Atomgewichte haben können, auch die Elemente dadurch daſs sie sich in gewissen Zuständen modificiren, zu Radikalen mit anderen Eigenschaften werden können. So glauben sie dieſs namentlich beim Schwefel nachgewiesen zu haben, dessen verschiedene Modifikationen jedoch schon bekannt waren.

In der letzten der oben citirten Abhandlungen untersuchen die Verfasser die Veränderung, welche das Sonnenlicht auf das Chlor ausübt, indem sie die Wärme ermitteln, welche gleiche Mengen vom Sonnenlicht $1\frac{1}{2}$ Stunden lang beleuchtet gewesenes und vor dem Licht möglichst geschütztes Chlor bei ihrer Verbindung mit Kali entwickelt. Die Versuche geschahen mit dem von ihnen angegebenen Quecksilbercalorimeter auf dieselbe Weise, wie sie früher beschrieben worden sind. Sie fanden, daſs

1 Grm. Chlor	gesonnt	478,85
	nicht gesonnt	439,70

Calorie's entwickelten. Die bedeutende Differenz von 39,15 Calorie's glauben die Verfasser nicht anders erklären zu können als auf folgende Weise:

Das Chlor kann sich nicht anders mit dem Kali verbinden, als wenn es sein Molekül modificirt. Dies geschieht durch die Sonnenstrahlen. Es kann aber auch durch sich entwickelnde Wärme geschehen, die dabei von ihm aufgenommen wird. Das nicht gesonnte Chlor braucht also einen Theil der Wärme, die es selbst entwickelt um sein Molekül zu modificiren. Diese Quantität Wärme geht der Beobachtung verloren.

Die Verfasser haben aufserdem sich bemüht, die Curve zu bestimmen, welche die Intensität der Einwirkung der verschiedenen Farben des Spektrums auf eine Mengung von gleichem Volumen Chlor und Wasserstoffgas ausdrückt. Sie stellten zu dem Ende etwa 50 mit dem Gemenge gefüllte Glasglocken von 5 Millimeter Durchmesser und 105 Millimeter Länge nebeneinander in einem mit Salzwasser gefüllten Trog auf, und liefsen nun die Strahlen eines Spektrums auf dieses System von Glocken einwirken.

Durch die Niveauhöhe der Flüssigkeiten in den einzelnen Röhren wird unmittelbar die gesuchte Curve gegeben. Sie fanden, dafs das Maximum der Einwirkung an einer anderen Stelle des Spektrums liegt, wenn man den Versuch um Mittag, als wenn man ihn des Morgens oder des Abends macht, und zwar des Morgens bei der Linie *H* des Spektrums, des Mittags bei der Linie *G*, des Abends bei der Linie *F*. Die Ursache dieser Verschiedenheit suchen die Verfasser in den weifsen Dünsten, die sich Nachmittags und gegen Abend in der Atmosphäre bilden.

Die Aufgabe, welche sich Hr. Andrews in seiner diesjährigen Arbeit über die Verbrennungswärme gestellt hat, ist, die Wärme zu bestimmen, welche bei der Verbrennung verschiedener Körper in Sauerstoff und Chlorgas erzeugt wird. Die erste Abtheilung derselben enthält die Bestimmung der Wärmemenge, welche gasförmige Körper erzeugen, indem sie durch Sauerstoffgas verbrannt werden. Die Methode, nach welcher er seine

Versuche ausgeführt hat, ist folgende: Die Mischung des zu verbrennenden Gases, dessen Menge bei Anwendung verschiedener Gase auf eine etwas verschiedene Weise bestimmt wurde, mit Sauerstoff wurde in ein cylindrisches kupfernes Gefäfs mit ziemlich dünnen Wänden von etwa 380 Kubikcentimeter Inhalt gebracht, in dessen einem Ende eine durch eine Schraube verschliefsbare Oeffnung angebracht war. Diese Schraube war durchbohrt und die Durchbohrung durch einen gut passenden Kork verschlossen, durch welchen ein Silberdraht in das Innere des Cylinders geleitet wurde. Ein anderer Silberdraht war an den Theil der Schraube angelöthet, welcher in das Innere des kupfernen Gefäfses hineinragte, sobald sie in dasselbe eingeschraubt war. Die Enden dieser beiden Drähte wurden durch einen höchst feinen Platindraht mit einander verbunden.

Das andere Ende des durch den Kork gehenden Drahtes war an einen Kupferdraht angelöthet, welcher das obere Ende des kupfernen Gefäfses umlief, aber von demselben isolirt war. Berührte man mit einem Pol einer Voltaischen Batterie das Aeufsere des Apparates, mit dem andern diesen Ring, so wurde der im Inneren befindliche Platindraht glühend und entzündete die darin enthaltene Gasmischung.

Dieser ganze Apparat wurde nun in einen anderen Cylinder von gröfserer Capacität gebracht, in welchem er durch zwei Spitzen so befestigt wurde, dafs er sich darin nur um seine Achse bewegen konnte. Der Zwischenraum zwischen beiden wurde mit Wasser gefüllt, und nun der ganze Apparat auf dieselbe Weise in einem dritten Cylinder befestigt, der seinerseits durch eine Kurbel, deren Achse auf der Achse des Cylinders senkrecht stand, in rotirende Bewegung versetzt werden konnte, und der dazu diente die Ausstrahlung der Wärme möglichst zu verhindern.

Der Versuch geschah nun auf folgende Weise: Nachdem der Apparat so vorgerichtet war, wie oben angegeben, wurde er, um ihm in allen seinen Theilen eine gleichmäfsige Temperatur zu ertheilen, mittelst der Kurbel einige Zeit gedreht. Darauf wurde der Deckel des ersten Cylinders geöffnet, und ein Kork, welcher ein Loch in dem Deckel des zweiten schlofs, herausgezogen. Durch diese Oeffnung wurde das Thermometer eingebracht, mittelst dessen die Temperatur des in ihm enthaltenen Wassers gemessen wurde, die beiläufig gesagt stets nur wenig unter der der umgebenden Luft war. Darauf wurde das Aeufsere des Apparates mit dem einen, der den oberen Rand des innersten Cylinders umgebende Ring mit dem anderen Pole einer Voltaischen Batterie in Berührung gebracht. Nachdem hiedurch die Verbrennung stattgefunden hatte, wurde die Oeffnung des zweiten Cylinders schnell durch den Kork und der dritte Cylinder mit seinem Deckel verschlossen, und der ganze Apparat wieder einige Zeit gedreht, worauf die Temperatur des Wassers von Neuem gemessen wurde.

Durch die Differenz der Temperatur des Wassers vor und nach der Verpuffung ist die Temperaturerhöhung des Apparates durch dieselbe gemessen.

Wenn man nun die Wärmemenge, welche dazu nöthig ist, um einen Gramme Wasser um 1° C. zu erwärmen, als Einheit annimmt, so mufs man, um aus dieser Zahl die erzeugte Wärmemenge zu bestimmen, die Menge des im Apparate befindlichen Wassers, und das Gewicht des Apparates nebst seiner specifischen Wärme kennen, woraus man dann den thermischen Werth desselben in Wasser berechnen kann. Diese Werthe hat Herr Andrews nach bekannten Methoden bestimmt.

Bei der Verbrennung des Wasserstoffs mittelst Sauerstoff hat der Verfasser die von dem ersteren zum Versuch verwendete Menge dadurch bestimmt, dafs das auf bekannte Weise gereinigte Gas, welches jedoch nicht ganz frei von atmosphärischer Luft erhalten werden konnte, einem eudiometrischen Versuche unterworfen wurde. Ein gemessenes Volumen desselben wurde nun in den kupfernen Cylinder gefüllt, darin mit Sauerstoff im Ueberschufs gemischt und nun der Versuch, wie erwähnt, vollendet. Im Mittel von vier gut übereinstimmenden Versuchen fand der Verfasser, dafs

1 Litre	Wasserstoff mit Sauerstoff verbrannt	3036
1 „	Sauerstoff mit Wasserstoff „	6072

1 Grm.	Sauerstoff mit Wasserstoff verbrannt		4226
1 „	Wasserstoff mit Sauerstoff	„	33808

Wärmeeinheiten entwickelt.

Bei der Verbrennung des Kohlenoxydgases wurde das auf bekannte Weise aus Oxalsäure bereitete und durch Kali gereinigte Gas mit Sauerstoff wie vorher verbrannt, aber seine Menge durch den Gehalt des dadurch entstandenen Gasgemenges an Kohlensäure bestimmt.

Im Mittel von vier Versuchen entwickelte

1 Litre	Kohlenoxydgas mit Sauerstoff	3057
1 „	Sauerstoff mit Kohlenoxydgas	6114
1 Grm.	„ „ „	4255
1 „	Kohlenoxydgas mit Sauerstoff	2431

Wärmeeinheiten.

Die Versuche mit Grubengas und ölbildendem Gase, welche wie die letzt erwähnten ausgeführt wurden, lieferten folgende Resultate:

1 Litre	Grubengas	entwickelte	mit	Sauerstoff	9420
1 „	Sauerstoff	„	„	Grubengas	4716
1 Grm.	„	„	„	„	3277
1 „	Grubengas	„	„	Sauerstoff	13108

Wärmeeinheiten.

1 Litre	ölbildendes Gas gab mit Sauerstoff	15016
1 „	Sauerstoff gab mit ölbildendem Gase	5005
1 Grm.	„ „ „ „ „	3483
1 „	ölbildendes Gas gab mit Sauerstoff	11942

Wärmeeinheiten.

Die zweite Abtheilung dieser Arbeit enthält die Bestimmung der Wärmemenge, welche bei Verbrennung fester oder flüssiger Körper im Sauerstoffgase erzeugt wird.

Der zu diesen Versuchen angewendete Apparat war dem ganz ähnlich, welchen der Verfasser zu den eben angeführten Versuchen benutzt hat. Der zu verbrennende Körper wurde in einer an Platindrähten aufgehängten Platinschale gewogen, und in einen mit Sauerstoff gefüllten kupfernen Cylinder gebracht, durch dessen Deckel ein von ihm isolirter stärkerer Platindraht geleitet war, den ein höchst feiner Platindraht mit den Drähten, woran die Platinschale aufgehängt war, verband. Ein kupferner Ring wurde, wie bei den früher beschriebenen Versuchen, isolirt an dem kupfernen Gefäfse befestigt und in leitende Verbindung mit dem durch den Deckel gehenden isolirten Platindraht gesetzt. Das Ganze wurde nun an dem einen Ende eines zweischenkligen Hebels in das mit Wasser gefüllte Calorimetergefäfs gebracht, welches wieder sich in einem leeren Cylinder zur möglichsten Vermeidung der Ausstrahlung von Wärme befand.

Die Temperatur des Wassers wurde bestimmt, nachdem mittelst des Hebels der die zu verbrennende Substanz enthaltende Kupfercylinder einige Zeit auf und nieder bewegt worden war, so jedoch dafs er niemals aus dem Wasser sich erhob. Darauf wurde die Verbrennung durch einen elektrischen Strom eingeleitet und nach Vollendung derselben der Apparat von Neuem bewegt, worauf wieder die Temperatur des Wassers bestimmt wurde.

Die Berechnung der Wärmeeinheiten, welche sich bei diesen Versuchen entwickelten, führte Hr. Andrews auf ähnliche Weise aus, wie bei den früheren, nur mufste die Correction wegen der Erwärmung und Abkühlung des Apparates durch die Luft eine andere sein, da hier der Versuch viel länger dauerte, als in jenem Falle. Zunächst fand er, dafs der Apparat sich selbst überlassen stets eine um 0°,3 C. höhere Temperatur annahm, als die umgebende Luft, welches er der Reibung beim Bewegen des inneren Cylinders, der von dem Beobachter ausstrahlenden Wärme und anderen Nebenumständen zuschreibt. Er berechnet daher den Gewinn und Verlust des Apparates an Wärme während m Minuten nach der Formel:

$$V = \mp m\,(a \pm 0^{\circ}{,}3)\; 0^{\circ}{,}0025.$$

In welcher Formel a die Differenz der Temperatur der Luft und des Apparates und V eben jenen Gewinn oder Verlust bedeutet.

Um diese Formel benutzen zu können nimmt Hr. ANDREWS an, dafs in den Versuchen, die 16 Minuten dauerten, die Temperaturzunahme des Apparates, welche stattfindet, während er noch nicht die Temperatur der Luft erlangt hat, der gleich sei, welche eintreten würde, wenn er während $1\frac{1}{2}$ Minuten seine Anfangstemperatur inne hätte, und dafs dagegen seine Temperaturabnahme gleich der sei, welche vor sich geht, wenn er 8 Minuten lang seine Endtemperatur besäfse. Bei den Versuchen, deren Dauer nicht sechzehn Minuten betrug, nahm er für die Dauer der Wärmeabgabe eine Minute und für die der Wärmeaufnahme die Hälfte der Dauer des Versuchs an.

Es ist klar, dafs diese Correction, wie auch Herr ANDREWS selbst bemerkt, nur eine annähernde ist. Da jedoch überhaupt der Einflufs der Luft nur unbedeutend ist, so kann sie immerhin genügen.

Kohlenstoff.

Zu den Versuchen mit diesem Elemente wendete Herr ANDREWS mit Königswasser ausgezogene Holzkohle an, die darauf zwei Stunden lang in der Rothglühhitze der Einwirkung eines Stroms trocknen Chlorgases ausgesetzt, und dann in der Luft geglüht war. Bei der Wägung derselben wendete er alle Sorgfalt an, um die Fehler zu vermeiden, welche durch die hygroskopische Beschaffenheit der Kohle entstehen konnten. Ebenso wurde die Asche berücksichtigt. Bei der Verbrennung bildete sich jedoch stets etwas Kohlenoxydgas, so dafs die gefundene Wärmemenge ohne Zweifel etwas zu gering ist. Im Mittel von acht Versuchen fand Hr. ANDREWS, dafs

1 Grm.	Kohlenstoff in Sauerstoff verbrannt	7678
1 „	Sauerstoff mit Kohlenstoff „	2879
1 Litre	„ „ „ „	4137

Wärmeeinheiten liefert.

Die erstere Zahl stimmt mit der von LAVOISIER gut überein, ist jedoch geringer, als die von FAVRE und SILBERMANN gefundene, welche 8080 ist.

Schwefel.

Bei der Verbrennung des Schwefels in Sauerstoff bildete sich stets eine kleine Menge Schwefelsäure; die gefundenen Zahlen sind daher etwas gröfser als die Wahrheit. Sie sind im Mittel

1 Grm.	Schwefel mit Sauerstoff		2307
1 „	Sauerstoff mit Schwefel		2307
1 Litre	„	„ „	3315.

Alkohol.

Der zu den Versuchen verwendete Alkohol war sorgfältigst von Wasser befreit. Hr. Andrews fand im Mittel von 4 Versuchen, dafs

1 Grm.	Alkohol mit Sauerstoff		6850
1 „	Sauerstoff mit Alkohol		3282
1 Litre	„	„ „	4716

Wärmeeinheiten liefert.

Phosphor.

Bei der Verbrennung dieses Körpers mufste natürlich an Stelle des Platinschälchens ein dünnes Meifsener Porzellanschälchen angewendet werden. Im Uebrigen geschah der Versuch wie die vorigen. Das mittlere Resultat von drei Versuchen war

1 Grm.	Phosphor mit Sauerstoff		5747
1 „	Sauerstoff mit Phosphor		4509
1 Litre	„	„ „	6479.

Zink.

Bei der Verbrennung dieses Metalls mufste der Verfasser etwas anders verfahren, als in den obigen Fällen. Um nämlich eine vollständige Verbrennung desselben zu erzielen, wurde es fein geraspelt und mit der Hälfte seines Gewichts an Quarzsand gemischt, und da es sich durch den electrischen Strom schwer anzünden läfst, so geschah die Entzündung mit Hülfe einer sehr geringen Menge Phosphor, deren Heizeffekt natürlich in Abzug gebracht wurde. Da jedoch trotz aller Vorsicht etwas Zink sich der Verbrennung entzogen haben mochte, so wurde die Menge des verbrannten Metalls aus der Menge des verbrauchten Sauerstoffs berechnet.

Der Verfasser berücksichtigt hier, wie bei den folgenden ähnlich angestellten Versuchen nicht, dafs bei der Verbrennung möglicher Weise dadurch etwas Wärme frei werden konnte, dafs die entstandene Phosphorsäure oder der beigemengte Quarzsand mit dem Metalloxyde eine chemische Verbindung einging.

Das Mittel der Resultate dreier solcher Versuche ist:

1 Grm.	Zink mit Sauerstoff				1301
1 „	Sauerstoff mit Zink				5366
1 Litre		„	„	„	7710.

Eisen.

Die Versuche mit diesem Metall wurden ebenso ausgeführt, wie die mit Zink, und war das Mengen des Metalls mit Quarzsand unnöthig. Im Mittel aus drei Versuchen fand Hr. ANDREWS folgende Zahlen:

1 Grm.	Sauerstoff mit Eisen			4134
1 Litre	„	„	„	5940.

Zinn.

Bei den Versuchen mit diesem Metall und den folgenden bestimmte der Verfasser die Menge des verbrauchten Sauerstoffs durch den Gewichtszuwachs, welchen jenes bei der Verbrennung erhilt. Das Zinn wurde mit Quarz gemischt, damit es nicht bei der Verbrennung zusammenschmelze, und zur Entzündung ein Milligramme Phosphor hinzugefügt, dessen Verbrennungswärme in Rechnung gezogen wurde. Das mittlere Resultat dreier Versuche ist:

1 Grm.	Sauerstoff mit Zinn			4230
1 Litre	„	„	„	6078.

Zinnoxydul.

Es wurde durch Kochen des Hydrats mit Kalihydrat dargestellt und in einem Strom von Kohlensäure bei Dunkelrothglühhitze getrocknet. Der Versuch wurde ebenso, wie der mit metallschem Zinn ausgeführt. Im Mittel von drei Versuchen fand Hr. ANDREWS folgende Zahlen:

1 Grm. Sauerstoff mit Zinnoxydul 4349
1 „ Zinnoxydul mit Sauerstoff 521
1 Litre Sauerstoff mit Zinnoxydul 6249.

Kupfer.

Das Kupfer wurde durch Erhitzen von Kupferoxyd in Wasserstoffgas dargestellt, und der Versuch wie die beiden letzten ausgeführt. Das Mittel dreier Versuche ist:

1 Grm. Sauerstoff mit Kupfer 2394
1 Litre „ „ „ 3440.

Kupferoxydul.

Diesen Körper erhielt der Verfasser durch Einwirkung von Kalihydrat und Traubenzucker auf eine Lösung von Kupfervitriol in der Kochhitze. Den gewaschenen Niederschlag trocknete er zuerst in der Luft bei niedriger Temperatur, dann in einem Strome von trockner Kohlensäure bei dunkler Rothglühhitze. Der Versuch wurde ebenso angestellt wie die zuletzt angeführten; die Verbrennung war jedoch erst nach einer halben Stunde vollendet, deshalb mufste der Einflufs der Lufttemperatur auf die Temperatur des Apparates bedeutender sein, als in den vorhergehenden Versuchen. Das mittlere Resultat aus drei Experimenten ist:

1 Grm. Sauerstoff mit Kupferoxydul 2288
1 „ Kupferoxydul mit Sauerstoff 256
1 Litre Sauerstoff mit Kupferoxydul 3288.

Der Verfasser glaubt aus seinen Versuchen den Schlufs ziehen zu dürfen, dafs die zuerst von Dulong aufgestellte Ansicht, dafs nämlich bei der Verbindung eines Metalls und der seines niederen Oxydes mit gleich viel Sauerstoff gleiche Wärmemengen entwickelt werden, richtig sei. Er fand nämlich, dafs bei der Vereinigung von 1 Grm. Sauerstoff mit Zinn 4230, von 1 Grm. Sauerstoff mit Zinnoxydul 4349 Wärmeeinheiten entwickelt werden, und ebenso bei der Verbindung von einem Grm. Sauerstoff mit Kupfer 2394 und mit Kupferoxydul 2288 Wärmeeinheiten.

In Beziehung auf die Gleichheit der von gleichem Volumen Wasserstoff und Kohlenoxydgas bei ihrer Verbrennung erzeugten Wärmemenge macht der Verfasser die Bemerkung, dafs diese

Uebereinstimmung nur zufällig sei, weil bei Verbrennung des Wasserstoffs nicht nur die durch diese Action selbst erzeugte, sondern auch die beim Flüssigwerden des Wasserdampfs entwickelte in Frage kommt. Die Summe beider ist erst gleich der bei Verbrennung des Kohlenoxydgases erzeugten Wärme.

Aus diesen Versuchen zieht endlich der Verfasser den Schlufs, dafs die Annahme von Dulong, wonach chemische Verbindungen bei ihrer Verbrennung ebenso viel Wärme entwickeln sollen, wie ihre Elemente, nicht richtig ist. Denn wenn man mit Hülfe dieser Hypothese einmal aus der Verbrennungswärme des Kohlenstoffs und des ölbildenden Gases, und das andere Mal aus der des Kohlenstoffs und des Grubengases die Wärmemenge berechnen wollte, welche ein Litre Wasserstoffgas bei seiner Verbrennung entwickelt, so würde man zwei ganz verschiedene Zahlen erhalten, nämlich 4471 und 3348.

In der zweiten Abhandlung beschreibt Hr. Andrews die Versuche, welche er zur Bestimmung der durch Verbrennen von Metallen in Chlorgas erzeugten Wärme angestellt hat. Zu dem Ende mufste der dazu verwendete Apparat etwas anders eingerichtet sein, wenn er gleich im Allgemeinen mit dem zuerst beschriebenen übereinkam.

Die Verbrennung nämlich mufste in einem Glasgefäfse geschehen, in welches das in einem zerbrechlichen Glasballon enthaltene gewogene Metall eingebracht wurde. Darauf wurde jenes mit Chlorgas durch Verdrängung der Luft mittelst eines Stroms dieses Gases gefüllt, und nachdem es durch Abschmelzen des Zu- und Ableitungsrohrs gut verschlossen war, wurde der Versuch auf dieselbe Weise beendigt, wie bei den Versuchen mit Gasen. Die Anwendung eines electrischen Stroms war unnöthig, da die angewendeten Substanzen sich ohne Beihülfe anderer Mittel in Chlorgas von selbst entzünden. Die Menge des verbrauchten Chlorgases wurde aus dem Gewicht Wasser bestimmt, welches bei Oeffnung einer der abgeschmolzenen Röhren unter Wasser in das Glasgefäfs eindrang. In allen Fällen war alles Chlorgas vollständig verzehrt.

Nur die enorme Hitze, welche bei Verbrennung des Kaliums in Chlorgas entsteht, und durch welche stets das Glasgefäfs zersprengt wird, macht den Versuch mit diesem Metalle schwierig. Da aber Hr. Andrews später fand, dafs ganz trocknes Chlorgas weder auf Kupfer noch auf Zink einwirkt, so wendete er zu diesen Versuchen statt des Glasgefäfses ein Messinggefäfs an, und dieselben gelangen vollkommen, wenn das Chlor vollständig ausgetrocknet war.

Die aus direkten Versuchen abgeleitete Formel für den erwärmenden oder abkühlenden Einflufs der Luft während des Versuchs war, wie oben

$$V = \mp m\,(a \pm 0^{\circ},5) \cdot 0^{\circ},01,$$

und der Verfasser nahm an, dafs die dadurch veranlafste Wärmezunahme gleich der sei, welche der Apparat erfahren müfste, wenn er eine Minute lang seine niedrigste Temperatur besäfse.

Die Resultate der Versuche mit Kalium, Zinn, Antimon, Arsenik, Quecksilber und Phosphor sind folgende:

1)	Ein Litre	Chlorgas	entwickelt	mit	Kalium	9329
	Ein Grm.	„	„	„	„	2943
	Ein „	Kalium	„	„	Chlorgas	2655
	Ein Aequiv.	Chlorgas	„	„	Kalium	13008
2)	Ein Litre	„	„	„	Zinn	2844
	Ein Grm.	„	„	„	„	897
	Ein „	Zinn	„	„	Chlorgas	1079
	Ein Aequiv.	Chlorgas	„	„	Zinn	3966
3)	Ein Litre	„	„	„	Antimon	2726
	Ein Grm.	„	„	„	„	860
	Ein „	Antimon	„	„	Chlorgas	707
	Ein Aequiv.	Chlorgas	„	„	Antimon	3804
4)	Ein Litre	„	„	„	Arsenik	2232
	Ein Grm.	„	„	„	„	704
	Ein „	Arsenik	„	„	Chlorgas	994
	Ein Aequiv.	Chlorgas	„	„	Arsenik	3114
5)	Ein Litre	„	„	„	Quecksilber	2605
	Ein Grm.	„	„	„	„	822
	Ein Aequiv.	„	„	„	„	3633

6) Ein Litre	Chlorgas	entwickelt	mit	Phosphor	1925	
Ein Grm.	„	„	„	„	607	
Ein „	Phosphor	„	„	Chlorgas	3422	(?)
Ein Aequiv.	Chlor	„	„	Phosphor	2683	

Wärmeeinheiten.

Bei diesen Verbrennungen bildeten sich Chlorkalium, Zinnchlorid, Antimonchlorid ($Sb\ Cl^3$), Arsenikchlorid ($As\ Cl^3$), eine Mengung von Quecksilberchlorür und Quecksilberchlorid, endlich Phosphorsuperchlorid ($P\ Cl^5$) gemengt mit etwas Phosphorsuperchlorür ($P\ Cl^3$).

Bei den Versuchen mit Zink und Kupfer fand der Verfasser, dafs die Wirkung des Chlors auf dieselben nur dann hinreichend stark und schnell war, wenn etwas Wasser in den Apparat gebracht wurde. Dadurch trat jedoch der Uebelstand ein, dafs die Resultate derselben die Summe zweier Wärmemengen angaben, nämlich der durch die Verbrennung und der durch die Auflösung der entstandenen Verbindung in Wasser erzeugten. Letztere hat der Verfasser durch besondere Versuche ermittelt und in Abzug gebracht.

Er fand, dafs die Menge Chlorzink, welche aus einem Grm. Chlorgas gebildet wird, bei ihrer Lösung in Wasser 162, und die aus einem Litre Chlorgas gebildete Menge Kupferchlorid 260 Wärmeeinheiten entwickelt. Bei den Versuchen mit Zink war die Bildung von etwas Zinksubchlorid nicht zu vermeiden. (Sollte nicht auch bei den Versuchen mit Kupfer etwas Kupferchlorür gebildet worden sein?) Die Resultate dieser Versuche waren:

1) Ein Litre	Chlorgas	entwickelt	mit	Zink	4524
Ein Grm.	„	„	„	„	1427
Ein „	Zink	„	„	Chlorgas	1529
Ein Aequiv.	„	„	„	„	6309
2) Ein Litre	Chlorgas	„	„	Kupfer	2734
Ein Grm.	„	„	„	„	859
Ein „	Kupfer	„	„	Chlorgas	961
Ein Aequiv.	Chlorgas	„	„	Kupfer	3805

Wärmeeinheiten.

Die Resultate seiner Versuche fasst Hr. ANDREWS in folgender Tabelle zusammen.

1. Verbindungen des Sauerstoffs.

	Menge des Sauerstoffs		
	1 Litre	1 Grm. od. Aequiv.	1 Grm. Substanz
Wasserstoff . . .	6072	4226	33808
Kohlenoxyd . . .	6114	4255	2431
Sumpfgas	4716	3278	13108
ölbildendes Gas . .	5005	3483	11942
Alkohol	4716	3282	6850
Kohle	4256	2962	7900
Schwefel	3315	2307	2307
Phosphor	6479	4509	5747
Zink	7710	5366	1301
Eisen	5940	4134	—
Zinn	6078	4230	—
Zinnoxydul . . .	6249	4349	521
Kupfer	3440	2394	—
Kupferoxydul . .	3288	2288	256

2. Verbindungen des Chlors.

	Menge des Chlors			
	1 Litre	1 Grm.	1 Aequiv.	1 Grm. Substanz
Kalium . .	9329	2943	13008	2655
Zinn . . .	2844	897	3966	1079
Antimon .	2726	860	3804	707
Arsenik . .	2232	704	3114	994
Quecksilber	2605	822	3633	—
Phosphor .	1925	607	2683	3422 (?)
Zink . . .	4524	1427	6309	1529
Kupfer . .	2734	859	3805	961
Eisen . .	2920	921	4072	1745

Aus diesen Versuchen geht hervor, daſs die Wärmemenge, welche ein Metall bei seiner Verbindung mit einem Aequivalent Sauerstoff und einem Aequivalent Chlor entwickelt, ziemlich gleich ist. Nur das Zink und Kupfer giebt mit Sauerstoff eine bedeutend geringere Verbrennungswärme als mit Chlor. Aber dies mag daher rühren, daſs diese letzteren Verbindungen sich nur bei Gegenwart von Wasser herstellen lieſsen.

Die vorliegende Arbeit schliefst der Verfasser mit einer mehr die Chemie als die Physik angehenden Bemerkung. Aus den Resultaten eines seiner Versuche zieht er jedoch noch mit einiger Zurückhaltung den Schlufs, dafs die Chlormetalle in ihrer wässrigen Lösung in Wasser nicht als solche, sondern als chlorwasserstoffsaure Salze enthalten seien. In einer früheren Arbeit fand er nämlich, dafs die Wärmemenge, welche entwickelt wird, wenn ein Aequivalent Kupfer durch Zink aus seiner Lösung gefällt wird, 3435 Einheiten beträgt. Diese mufs gleich der Differenz der Wärme sein, welche bei Verbrennung eines Aequivalents Zink und Kupfer in Sauerstoff entsteht, hinzuaddirt zu der Wärmemenge, welche bei Fällung des Kupferoxyds durch Zinkoxyd entsteht (353 nach früheren Versuchen). Die Rechnung ergiebt nach den neueren Versuchen 3325 Wärmeeinheiten, welches nahe genug übereinstimmt. Ebenso müfste jene Wärmemenge gleich der Differenz derjenigen sein, welche bei Verbindung eines Aequivalents Zink und Kupfer in Chlor entsteht. Diese Differenz ist aber nur 2504, also viel zu gering. Herr Andrews meint, dafs der Grund davon darin liegt, dafs diese letztere Zahl sich auf die trocknen Chlorverbindungen bezieht, die für die Substitution von Kupfer und Zink gefundene aber mit Hülfe ihrer Lösungen bestimmt ist, und dafs daher diese Stoffe in der wässrigen Lösung anders mit einander vereinigt seien, als in der ungelösten Substanz. Allein auch die Differenz der Wärmemengen, welche nach Andrews Versuchen bei Bildung von 1 Aequiv. Kupferchlorid und Chlorzink aus ihren Elementen bei Gegenwart von Wasser entwickelt worden, ist noch geringer als die bei Substitution eines Aequivalents Kupfer durch Zink entstehende. Jene beträgt nur 2858, diese 3435 Wärmeeinheiten. Grade diese Versuche sind jedoch noch so unvollkommen, dafs sich darauf wohl schwerlich ein solcher Schlufs mit Sicherheit bauen läfst.

Wenn im Allgemeinen zwar die Sorgfalt anerkannt werden mufs, welcher sich der Verfasser bei Ausführung seiner Versuche befleifsigt hat, so mufs ich doch, was ich schon in dem Jahresberichte für 1845 (S. 343) den Experimentatoren in diesem Felde vorgeworfen habe, auch hier wiederholen. Namentlich versäumt es Hr. Andrews meistens, die durch Veränderung des Aggregatzustandes der Elemente bei ihrer Verbindung bewirkte Wärmeentwickelung oder Wärmeabsorption in Rechnung zu ziehen. Denn es ist gewifs nicht gleichgültig in Beziehung auf die entwickelte Wärme, ob das Produkt der Verbrennung ein fester, flüssiger oder gasförmiger Körper ist und welchen dieser Aggregatzustände die zur Verbrennung verwendeten Stoffe besitzen.

Prof. Dr. W. Heintz.

2. Physiologische Wärmeerscheinungen.

Barral. Mémoire sur la statique chimique du corps humain. C. R. XXVII. 361*; Fror. Not. XI. 73.

C. Bergmann. Ueber die Verhältnisse der Wärmeökonomie der Thiere zu ihrer Gröfse. A. d. Gött. Stud. 1847. II. 2. p. 595.

Herr Barral hat einen kurzen Auszug gegeben von einer Arbeit über die Quantitäten der in dem menschlichen Körper ein- und austretenden chemischen Elemente, worin auch die mittleren Mengen der auf verschiedenen Wegen erzeugten und verausgabten Wärme berechnet sind. Auf die principielle Frage der thierischen Wärme scheint er die Versuche nicht ausgedehnt, vielmehr deren Erledigung im Sinne der gewöhnlichen Verbrennungstheorie vorausgesetzt zu haben. Er giebt als Resultat an, dafs von 100 im Körper erzeugten Wärmeeinheiten abgegeben werden im Mittel durch die Perspiration der Haut 24,1, an die eingeathmete Luft 7,3, an die eingenommenen Nahrungsmittel 2,2, mit den Ausleerungen 1,8. Es bleibt für Leitung und Strahlung 64,6.

In der Arbeit des Hrn. Bergmann werden eine Reihe zoologischer Thatsachen zurückgeführt auf ein aus der chemischen Wärmetheorie fliefsendes Gesetz. Wenn nämlich von zwei Thieren von ähnlichem Bau das eine nach den linearen Dimensionen

$n$mal gröſser ist als das andere, so ist seine Masse und somit die ganze in seinem Körper erzeugte Wärmemenge n^3mal gröſser, während die Hauptableitung der Wärme proportional der Oberfläche nur auf n^2 gewachsen ist. Daraus folgt, daſs durch Gröſsenverschiedenheiten verschiedener Thiere auch Verschiedenheiten im Bau und der Lebensweise bedingt sein müssen, sofern die letzteren auf die Erzeugung und Ausgabe von Wärme Einfluſs haben. Die speciellen Thatsachen, welche damit in Zusammenhang stehen zu besprechen, liegt auſserhalb des Interesses dieses Berichts.

Prof. Dr. Helmholtz.

---

3. Wärmeleitung.

---

de Sénarmont. Mémoire sur la conductibilité des corps cristallisés pour la chaleur. Ann. d. chim. et d. ph. XXII. p. 179*; Pogg. Ann. LXXV. p. 50*, 482*; Arch. d. sc. ph. et nat. VII. p. 221*.

de Sénarmont. Expériences sur les modifications que les agents mécaniques impriment à la conductibilité des corps homogènes pour la chaleur. C. R. XXVI. p. 501*; Inst. No. 749 p. 142*; Ann. d. chim. et d. ph. XXIII. p. 257*; Pogg. Ann. LXXVI. p. 119*; Ann. d. Chem. u. Pharm. LXVIII. p. 181*.

Duhamel. Mémoire sur la propagation de la chaleur dans les corps cristallisés. C. R. XXVII. p. 129*; Inst. No. 763 p. 246*.

Bonnet. Sur quelques cas particuliers de l'équilibre de température dans les corps dont la conductibilité varie avec la position et la direction. C. R. XXVII. p. 49*.

Bertrand. Mémoire sur les simplifications que peuvent apporter les changements de coordonnées dans les questions relatives au mouvement de la chaleur. C. R. XXVII. p. 557*.

Herr de Sénarmont veröffentlicht in der erstgenannten Abhandlung die Details seiner Untersuchungen über die Wärmeleitung in Krystallen, deren Resultate im Jahresbericht III. p. 245*ff. mitgetheilt worden sind.

Seine neuesten Beobachtungen beziehen sich auf die Wärmeleitung in Körpern, welche äufseren mechanischen Einwirkungen, wie Druck, Ausdehnung u. s. w. unterworfen sind. Der Verfasser stellte Versuche mit quadratischen Platten von Tafelglas, Flintglas und Porzellan an, welche 25^{mm} Seite und eine Dicke von 6, 7 bis 8^{mm} hatten.

Diese Platten wurden entweder in einen Schraubstock von derjenigen Form eingespannt, welche zum Pressen von Gläsern für optische Zwecke üblich ist, oder sie wurden durch eine Presse zusammengedrückt, welche statt der convexen Backen (wie an jenem Schraubstock) mit parallelen Wänden versehen war. Die Erwärmung ging von der Mitte der Scheiben aus, durch welche ein erhitzter Silberdraht hindurchgeführt wurde. Die Verbreitung der Wärme liefs sich (wie bei den Versuchen mit Krystallen) an dem Schmelzen einer Wachsschicht erkennen, mit der die Platte überzogen war.

Während vor dem Pressen die Fläche des geschmolzenen Wachses von concentrischen Kreisen begrenzt war, traten, wenn die Platten während der Erwärmung zusammengedrückt wurden, Ellipsen an die Stelle der Kreise und zwar so, dafs ihre kleine Axe mit der Richtung der Compression zusammenfiel. Bei Anwendung der gewöhnlichen optischen Presse ergab sich aus 19 Versuchen an 11 verschiedenen Platten ein Axenverhältnifs beim Porzellan zwischen 1,007 und 1,011; beim Tafelglas zwischen 1,009 und 1,010.

Beim Schraubstock mit parallelen Wänden zeigte sich als Resultat aus 27 Beobachtungen das Axenverhältnifs beim Porzellan zwischen 1,031 und 1,098; beim Tafelglas zwischen 1,048 und 1,072; beim Flintglas zwischen 1,058 und 1,061.

Die elliptische Form war schon ohne Messung ersichtlich und wurde niemals durch das Mangelhafte eines Versuchs verdeckt.

Aehnliche Resultate wie bei den genannten Körpern waren beim Bergkrystall wahrzunehmen, bei denen die krystallinische Structur allein schon ein Schmelzen des Wachses in elliptischen Formen bewirkte, und durch die Richtung der Zusammendrückung das Axenverhältnifs beliebig vergröfsert oder verringert werden konnte, je nachdem die mechanische Einwirkung einen gleichen oder entgegengesetzten Einflufs wie der krystallinische Zustand ausübte.

Während die Wärmeleitung beim Zusammendrücken der Platten im Sinne der Compression vermindert wurde, steigerte sie sich dagegen beim Ausdehnen; ein Resultat, das sich mit Sicherheit erkennen liefs, wenngleich die Erscheinungen nicht mit derselben Regelmäfsigkeit wie beim Pressen darzustellen waren, weil man, um die Ausdehnung durch mechanische Mittel bewirken zu können, Platten von gekrümmter Gestalt anwenden mufste.

Am gehärteten Glase zeigten sich ebenfalls Abweichungen im Vergleich mit den Erscheinungen an einfachen homogenen Gläsern.

Bei der Erklärung dieser Thatsachen würden vornehmlich die Aenderungen, welche die Dichtigkeit und die Wärmecapacität der Körper durch die mechanischen Einwirkungen erleiden, in Betracht kommen.

Herr Duhamel hat, als Fortsetzung seiner früheren Angaben über die isothermen Flächen in Krystallen [1]) die Lage derselben in besonderen Fällen theoretisch noch näher bestimmt; ferner die Verhältnisse untersucht, in denen sich die Wärme nach verschiedenen Richtungen hin fortpflanzt und in denen sie auf gewisse durch den Krystall gelegte Flächen auffällt. (C. R. XXVII. pag. 129*.)

Mathematische Ausdrücke für ähnliche Probleme theilt Herr Bonnet mit. (C. R. XXVII. p. 49*.)

Herr Bertrand bespricht die einfachen Formen der Gleichungen, welche die Vertheilung der Wärme in den Körpern darstellen. (C. R. XXVII. p. 557*.)

Dr. H. Knoblauch.

[1] Jahresber. III. p. 248*.

4. Specifische und gebundene Wärme.

C. C. Person. Recherches sur la chaleur latente de fusion. Deuxième partie. Ann. d. ch. et d. ph. XXIV. p. 129*; Pogg. Ann. LXXVI. p. 426 u. 586*; Arch. d. sc. ph. et nat. IX. 210.

— — Sur la congélation du mercure et sur sa chaleur latente de fusion. Ann. d. ch. et d. ph. XXIV. p. 257*; Arch. d. sc. ph. et nat. IX. 302.

— — Relation entre le coefficient d'élasticité des métaux et leur chaleur latente de fusion; chaleur latente du cadmium et de l'argent. Ann. d. ch. et de ph. XXIV. p. 265*; C. R. XXVII. p. 258*; Inst. No. 766 p. 269*; Pogg. Ann. LXXV. p. 460*; Arch. d. sc. ph. et nat. IX. 135.

A. C. Woestyn. Sur les chaleurs spécifiques. Ann. d. ch. et d. ph. XXIII. p. 295*; Pogg. Ann. LXXVI. p. 129*.

H. Kopp. Ueber die specifische Wärme einiger Flüssigkeiten. Pogg. Ann. LXXV. p. 98*.

Th. Andrews. Ueber die specifische Wärme des Broms. Pogg. Ann. LXXV. p. 335*; Quart. journ. of the chem. soc. 1848 No. 1. p. 19.

— — Ueber die latente Wärme der Dämpfe. Pogg. Ann. LXXV. p. 501*; Quart. journ. of the chem. soc. 1848 No. 1 p. 27.

Favre et Silbermann. Recherches sur les chaleurs dégagées pendant les combinaisons chimiques. C. R. XXVII. 56; Inst. No. 759 p. 213.

Herr Andrews hat die specifische Wärme des Broms untersucht. Die bei den Versuchen verwendete Substanz, deren Reinheit verbürgt wird, zeigte bei dem Barometerstande 29,9 Zoll engl. den Siedepunkt 58° C.

Die specifische Wärme wurde nach der Mischungsmethode, durch Eintauchen des in einer dünnen Glasröhre enthaltenen, und bis 10° C. unter seinem Siedepunkte erhitzten Broms in ein kälteres Wasserbad bestimmt. Sie ergab sich im Mittel aus 5 gut übereinstimmenden Versuchen zwischen 45° und 11° C. zu 0,1071. Der Hr. Verfasser schliefst daraus, dafs die für das Atomgewicht des Broms bisher in England übliche Zahl: 999,4 zu halbiren, also auf etwa 500 zu reduciren sei, wofür sich schon früher Berzelius aus anderen Gründen entschieden hat.

Unter dieser Annahme würde sich die Atomenwärme des Broms auf 53,55 stellen. Diese Zahl ist immer noch beträchtlich höher, als die Atomenwärme der übrigen einfachen Körper, die Regnault bekanntlich zwischen 38 und 42 gefunden hat; Herr Andrews bemerkt in Betreff dieser Anomalie, dafs das Brom eigentlich nicht so nahe bei seinem Siedepunkte, sondern im starren Zustande hätte untersucht werden müssen, wo sich seine specifische Wärme vermuthlich geringer gefunden haben würde.

Eine andere Untersuchung über die specifische Wärme liegt uns von Herrn H. Kopp vor. Dieselbe betrifft eine ganze Reihe von Flüssigkeiten. Auch hier ist die Mischungsmethode angewendet worden. Die zu untersuchende Flüssigkeit befand sich in einem verkorkten cylindrischen Glasfläschchen mit langem engen Halse, welches sie gewöhnlich fast ganz füllte. Dies wurde in einem Quecksilberbade von sehr beständiger Temperatur meist 20° bis 25° C. über die Temperatur des Kühlwassers erwärmt, dann schnell bis zum Korke in dieses getaucht, und die Temperaturerhöhung desselben in gewöhnlicher Art an einem genauen Thermometer beobachtet. Die Mängel dieses Verfahrens sind von dem Herrn Verfasser keineswegs übersehen worden, der auch für seine Resultate nicht die äufserste Genauigkeit beansprucht; bei den eigenthümlichen Schwierigkeiten indefs, mit denen die genaue Ermittelung der specifischen Wärme bei Flüssigkeiten verknüpft ist, erheben sich gegen die meisten derartigen Versuche, selbst gegen die genausten, mehr oder weniger bedeutende Bedenken, so dafs die vorliegenden Angaben hinsichtlich ihrer Zuverlässigkeit der grofsen Mehrzahl derselben wenig nachstehen werden. Dafs die feineren Correctionen, für den Wärmeaustausch mit der umgebenden Luft etc., nicht beachtet werden, erscheint unter den obwaltenden Umständen vollkommen gerechtfertigt.

Die Untersuchung erstreckt sich auf 16 verschiedene Flüssigkeiten; mit einer jeden wurden 6 oder 7 Versuche angestellt, die stets ziemlich gut unter einander übereinstimmten. Die Mittelwerthe sind in der folgenden Tafel zusammengestellt.

Namen der Flüssigkeiten.	Zusammensetzung.	Temperatur-Gränzen.	Specifische Wärme.
Senföl	$C_8 H_5 NS_2$	48° — 23°	0,432
Quecksilber		44° — 24°	0,0332
Holzgeist	$C_2 H_4 O_2$	43° — 23°	0,645
Alkohol	$C_4 H_6 O_2$	43° — 23°	0,615
Fuselalkohol	$C_{10} H_{12} O_2$	44° — 26°	0,564
Ameisensäure	$C_2 H_2 O_4$	45° — 24°	0,536
Essigsäure	$C_4 H_4 O_4$	45° — 24°	0,509
Buttersäure	$C_8 H_8 O_4$	45° — 21°	0,503
Ameisenäther	$C_6 H_6 O_4$	39° — 20°	0,513
Essigholzäther	$C_6 H_6 O_4$	41° — 21°	0,507
Essigäther	$C_8 H_8 O_4$	45° — 21°	0,496
Butterholzäther	$C_{10} H_{10} O_4$	45° — 21°	0,487
Valerianholzäther . . .	$C_{12} H_{12} O_4$	45° — 21°	0,491
Aceton	$C_3 H_3 O$ / $C_6 H_6 O_2$	41° — 20°	0,530
Benzol	$C_{12} H_6$	46° — 19°	0,450
Schwefelsäurehydrat . .	$SO_4 H$	46° — 21°	0,343

Endlich ist über specifische Wärme noch eine Abhandlung von Herrn A. C. Woestyn erschienen, worin derselbe die Behauptung aufstellt, dafs die Atomenwärme einer Verbindung, wie die eines Gemenges, sich direct aus der Zusammensetzungsformel mit Hülfe der Atomengewichte der Bestandtheile und deren specifischen Wärmen berechnen lasse, so dafs bei einem zusammengesetzten Körper

$$A = a_1 m_1 + a_2 m_2 + a_3 m_3 + \ldots$$

der aus m_1, m_2, m_3, Atomen verschiedener Bestandtheile, deren Atomengewichte: a_1, a_2, $a_3 \ldots$ und deren specifische Wärmemengen c_1, c_2, $c_3 \ldots$ sind, die Atomenwärme ausgedrückt würde durch die Formel:

$$a_1 m_1 c_1 + a_2 m_2 c_2 + a_3 m_3 c_3 + \ldots$$

Schon im Jahre 1842 hat Schroeder in Pogg. Ann. LII*. untersucht, wie die specifische Wärme eines zusammengesetzten

Körpers von der der Bestandtheile abhänge; und wenn wir auch die Resultate dieser Arbeit nicht als vollkommen erwiesen gelten lassen können (denn zur vollständigen Erledigung reichen, nach seiner eigenen Erklärung, die vorhandenen Daten nicht aus), so geht doch aus derselben unzweifelhaft hervor, dafs ein so einfaches Gesetz, wie das von Hrn. Woestyn aufgestellte, nicht stattfindet. Vielmehr scheint ein und derselbe Körper oft in verschiedenen Klassen von Verbindungen, je nach der Dichtigkeit, mit welcher er in die Verbindung tritt, verschiedene, aber nach einfachen Verhältnissen sich ändernde Atomenwärmen zu besitzen. Herr Woestyn dagegen glaubt, anscheinend ohne Kenntnifs von der Arbeit Schroeders, sein Gesetz durch die Erfahrung bestätigt zu sehen, und schiebt die Abweichungen theils auf ungenaue Beobachtungen der specifischen Wärme, theils schreibt er sie dem Umstande zu, dafs die verschiedenen Körper nicht alle in vergleichbarem Zustande, sondern die einen krystallisirt, andere derb, einige wasserfrei, andere im flüssigen Zustande untersucht werden mufsten. Er stützt sich (wie auch Schroeder gethan) ganz auf die Versuche von Regnault, und führt eine grofse Anzahl von Beispielen auf, wo die Rechnung befriedigend genug mit dem Ergebnisse des Versuchers übereinstimmt. Dieser Umstand verliert indefs alle Bedeutung, wenn man bemerkt, dafs Herr W. nur diejenigen von Regnault's Resultaten berücksichtigt hat, welche seiner Ansicht günstig sind. So führt er von den Legirungen, für welche Regnault selbst schon eine ähnliche Rechnung ausgeführt hat, die 9 ersten an, die Legirung aus 1 Blei, 2 Zinn und 2 Wismuth dagegen, und die Amalgame, welche bedeutende Abweichungen zeigen, werden nicht erwähnt. Ebenso wären die Daten vorhanden gewesen, das aufgestellte Gesetz an den Jodmetallen der Form R_2J_2 und an den Schwefelmetallen RS_2 zu prüfen. Auch hier treten, wenn die Rechnung ausgeführt wird, starke Differenzen auf.

Herr Person hat, in Fortsetzung seiner früheren Arbeiten über latente Schmelzwärme, auch in diesem Jahre mehrere Abhandlungen veröffentlicht, welche theils die genauere Beschreibung der Versuche enthalten, auf die er sich in seinen früheren Untersuchungen gestützt hat, theils neue hinzufügen.

Die Abhandlung über die latente Schmelzwärme des Quecksilbers giebt eine ausführliche Beschreibung der Versuche, deren Resultate bereits im vorjährigen Berichte nach einer vom Hrn. Verfasser der Pariser Akademie vorgelegten Notiz, mitgetheilt sind, und zu denen nichts wesentliches nachzutragen ist.

In einer anderen der Akademie vorgelegten Note untersucht Herr Person die Beziehung zwischen der latenten Schmelzwärme und den Elasticitätscoefficienten der Metalle, auf deren Vorhandensein er schon in einer früheren Arbeit aufmerksam gemacht hatte. Er führt zunächst aus, dafs die latente Schmelzwärme nicht den Elasticitätscoefficienten selbst proportional sein könne, sondern dafs sie proportional sein müsse einer Funktion derselben, welche die Arbeit darstellt, welche nöthig ist, um die Cohäsion der in der Gewichtseinheit enthaltenen Theilchen auf diejenige zurückzuführen, welche noch im flüssigen Zustande vorhanden ist. Diese Ansicht führt ihn durch Schlüsse, die nicht näher angegeben sind, auf die Formel:

$$\frac{l}{l'} = \frac{q}{q'} \cdot \frac{1 + \frac{2}{\sqrt{p}}}{1 + \frac{2}{\sqrt{p'}}}.$$

worin l und l' die latenten Schmelzwärmen,
q und q' die Elasticitätscoefficienten
und p und p' die specifischen Gewichte zweier Metalle sind.

Bei den Metallen, deren latente Wärme und deren Elasticitätscoefficienten bekannt sind, findet Herr Person seine Formel in befriedigender Weise bestätigt. So fand er

		nach der Formel	durch den Versuch
für Zinn und Blei	$\frac{l}{l'}$	5,28	5,23
für Zinn und Blei	$\frac{l}{l'}$	2,42	2,65
für Zink und Zinn	$\frac{l}{l'}$	2,00 2,09 2,11	1,97

für Zink und d'Arcets Legirung $\frac{l}{l'}$ nach der Formel 3,92 durch den Versuch 3,68.

Bei einigen Metallen hat der Herr Verfasser ferner aus dem specifischen Gewicht und dem Elasticitätscoefficienten die latente Schmelzwärme berechnet. So erhielt er, von Zink ausgehend:

für Eisen . $l = 60$
„ Platin . $l = 38$
„ Kadmium $l = 13{,}52$
„ Silber . $l = 20{,}38$.

Bei den letztgenannten beiden Metallen hat endlich Hr. Person die latente Schmelzwärme durch einen direkten Versuch für das Kadmium zu 13,66, für das Silber zu 21,07 gefunden; was mit den berechneten Werthen nahe übereinkommt.

Aus all diesem geht wohl unzweideutig hervor, dafs eine Beziehung zwischen der latenten Schmelzwärme und den Elasticitätscoefficienten der Metalle wirklich besteht, und dafs sie durch die Formel des Hrn. Person nahe genug dargestellt wird. Freilich dürfte diese wohl nur eine Näherungsformel sein; denn sie setzt z. B. voraus, dafs die Cohäsion beim Schmelzpunkte für alle Metalle gleich ist, was schwerlich in aller Strenge der Fall sein möchte; allein in einem so dunklen Felde, wie die Lehre von der latenten Wärme zur Zeit noch ist, ist es immer schon höchst dankenswerth, nur einiges Licht zu erhalten.

Eine ausführliche Abhandlung desselben Herrn Verfassers in den Ann. d. ch. et de ph. ist eine Fortsetzung der im vorigen Jahresberichte erwähnten Abhandlung in den Ann. d. ch. et d. ph. XXI. p. 295, und enthält die nähere Begründung und weitere Ausführung einiger bereits nach den C. R. mitgetheilten Notizen.

Herr Person beschäftigt sich darin zunächst mit der Bestimmung des absoluten Nullpunktes, d. h. der Constanten K in seiner Formel für die latente Schmelzwärme:

$$l = (K + t)(b - c)$$

und findet dieselbe, wie aus früheren Mittheilungen bekannt ist, gleich 160° C. (genauer 159,6). Bei dieser Berechnung werden keine andern Zahlendaten benutzt, als die specifische Wärme des Wassers, sowie die specifische und die latente Schmelzwärme des Eises; indefs hat bekanntlich Herr Person seine Formel mit jenem Werthe der Constanten bei einer grofsen Anzahl von Körpern nahezu bestätigt gefunden.

Der übrige Theil der vorliegenden Abhandlung beschäftigt sich mit den leichter schmelzbaren Metallen, Zinn, Blei, Wismuth und Zink, und mit einigen Legirungen der drei erstgenannten Metalle. Zunächst werden Versuche über die latente Schmelzwärme der genannten vier Metalle und über deren specifische Wärmen im flüssigen Zustande vollständig mitgetheilt.

Die Ergebnisse dieser Versuche sind in der folgenden Tafel zusammengestellt:

	Schmelzpunkt nach dem Queck-silber-Thermometer.	Schmelzpunkt nach dem Luft-Thermometer.	Specifische Wärme im starren Zustande (nach Regnault)	Specifische Wärme im flüssigen Zustande	Latente Schmelz-wärme.	Temperatur-Gränze für den flüssigen Zustand.
Zinn .	235,0	232,7	0,05623	0,0637	14,252	250°—350°
Wismuth	270,5	266,8	0,0308	0,0363	12,640	280°—380°
Blei . .	334,0	526,2	0,0314	0,0402	5,369	350°—450°
Zink .	433,3	415,3	0,09555	—	28,130	

Diese Resultate weichen von den früheren Angaben des Herrn Person etwas ab; sei es, dafs diesen andere Versuche zu Grunde lagen, oder eine andere Berechnung der vorliegenden. Sie bestätigen übrigens die merkwürdige Thatsache, dafs bei den Metallen der Uebergang aus dem festen Zustande in den geschmolzenen von keiner beträchtlichen Aenderung der specifischen Wärme begleitet ist.

Dann wendet sich die Abhandlung zu den Legirungen aus Zinn, Blei und Wismuth. Es werden vorzugsweise folgende 4 betrachtet, welche einen genau markirten Schmelzpunkt besitzen.

d'Arcet's Legirung	$Bi_3 \cdot Pb_2 \cdot Sn_2$.	Schmelzpunkt:	96° C.
Rose's Legirung .	$Bi_2 \cdot Pb \cdot Sn_2$.	„	94° C.
	$Bi_3 \cdot Pb_2$.	„	122°,4 C.
	$Bi_3 \cdot Sn_4$.	„	135°,3 C.

Eine interessante, und wie ich glaube, auch neue Thatsache ist es, dafs bei der Vermischung geschmolzener Metalle von gleicher Temperatur, z. B. Blei und Wismuth, eine beträchtliche Temperaturerhöhung entsteht. Hr. Person sieht darin kein Merkmal einer chemischen Verbindung, sondern erklärt die Erscheinung aus dem Umstande, dafs die Legirung einen niedrigeren Schmelzpunkt besitzt, als die Bestandtheile, und dafs dem entsprechend die latenten Schmelzwärmen der letzteren sich vermindern; da nun die specifische Wärme der Legirung nicht in gleichem Mafse sich erhöhe, sondern ziemlich den Werth besitze, der sich im Verhältnisse der Zusammensetzung aus den specifischen Wärmemengen der Bestandtheile berechnet, so müsse der Ueberschufs an Wärme frei werden. Er berechnet darauf dieser Ansicht gemäfs den gedachten Ueberschufs, und zeigt, dafs wenn man denselben zu der wirklich beobachteten latenten Wärme der Legirungen hinzufügt, nahezu der Werth herauskomme, welcher sich aus den latenten Wärmemengen der Bestandtheile im Verhältnifs der Zusammensetzung berechnet.

Ferner hat Hr. Person die bekannte Erscheinung untersucht, dafs manche Legirungen, wie namentlich die von d'Arcet, nach dem Erstarren, wenn sie bis zu einem gewissen Punkte erkaltet sind, sich plötzlich unter beträchtlicher, bleibender Volumenvermehrung wieder stark erwärmen. Da hier die Mischungsmethode nicht gut anwendbar ist, so bediente er sich meist der Abkühlungsmethode, welche ihm, bei zweckmäfsiger Ausführung, hinlänglich sichere Resultate lieferte.

Die Legirung, z. B. d'Arcet's Metall, wurde in einer kleinen dünnwandigen Glaskugel, in deren Mitte sich die Kugel eines Thermometers befand, geschmolzen, und dann der Gang der Abkühlung beobachtet; bis zum Erstarrungspunkte, 96° C., erfolgte dieselbe regelmäfsig; dann bleibt das Thermometer einige Zeit stehen, und sinkt darauf langsam; wenn alle latente Wärme entwichen ist, etwa bei 88° C., sinkt die Temperatur lange Zeit hindurch gleichmäfsig bis gegen 57°; hier steht das Quecksilber des Thermometers plötzlich still, steigt sogar wohl um einige Grade, und sinkt dann sehr langsam; zugleich berstet die Glashülle, in der sich die Legirung befindet. Das Thermometer, welches bis dahin in der erstarrten Metallmasse fest eingeklemmt war, wird lose, und diese zeigt eine ganz andere Textur als früher.

Es ist nicht zu verkennen, dafs diese zweite Wärmeentbindung von einer veränderten Anordnung der Theilchen herrührt; Hr. Person nennt sie eine „Zersetzung“, da die erkaltete Legirung sich in Bezug auf specifische Wärme ganz wie ein blofses Gemenge verhält; er nimmt an, dafs d'Arcet's Legirung nur bei einer Temperatur oberhalb 57° als eigentliche Verbindung bestehe. Wird die erkaltete Legirung bis über 50° erwärmt, so nimmt sie einen Theil der Zersetzungswärme wieder auf, und zwar um so mehr, je höher die Erwärmung gesteigert worden. Wenn man daher eine Legirung in einer Darre bis einige Grade unter ihrem Schmelzpunkte erwärmt, um nach der Mischungsmethode deren specifische Wärme zu bestimmen, wie bisher gewöhnlich geschehen ist, so mufs man nothwendig falsche Resultate erhalten; dies erklärt die abnormen Werthe, welche Regnault für die specifische Wärme einiger Legirungen gefunden hat. Hr. Person theilt einige, in dieser Hinsicht recht belehrende Versuche mit. Er liefs ein kupfernes Büchschen mit geschmolzener d'Arcet'scher Legirung bis 94° erkalten, erhielt sie dann eine Stunde lang in einer Darre von der Temperatur 95° C., um die latente Wärme entweichen zu lassen, und tauchte sie endlich in den Calorimeter. Dieser Versuch ergab zwischen 94°,9 und 24°,7 die specifische Wärme = 0,1054. Darauf wurde das Metall bis zu verschiedenen Temperaturen erwärmt, und nach einer jeden Erwärmung die specifische Wärme abermals bestimmt. So erhielt er zwischen

95°,5	und	22°,5	die	specifische	Wärme	= 0,0710
94,0	„	22,1	„	„	„	= 0,0690
81,5	„	14,4	„	„	„	= 0,0598
50,6	„	19,4	„	„	„	= 0,0374
50,6	„	12,2	„	„	„	= 0,0376.

Die beiden zuletzt erhaltenen Werthe kommen dem theoretischen sehr nahe.

Ganz ähnlich verhält es sich mit der Rose'schen Legirung. Bei den anderen beiden beginnt die Zersetzung fast gleichzeitig mit der Erstarrung, geht aber sehr langsam vor sich.

Es folgt daraus, daſs man die specifische Wärme von Legirungen im starren Zustande nur unterhalb der Temperatur, bei welcher die Zersetzung beginnt, also bei d'Arcet's und Rose's Metall etwa zwischen 50° C. und 0°, bestimmen kann. Innerhalb dieser Gränzen weicht die gefundene specifische Wärme von der theoretischen, der Zusammensetzung gemäſs, aus den specifischen Wärmemengen der Bestandtheile berechneten, wenig ab.

Auch für den flüssigen Zustand, bei etwa 200° C., haben den Herrn Verfasser seine Untersuchungen in Betreff jener vier Legirungen zu demselben Resultate geführt.

Zwischen dem Erstarrungspunkte und der Temperatur, bei welcher die Zersetzung erfolgt, haben die Legirungen dagegen eine andere specifische Wärme, welche in der vorliegenden Abhandlung nach der Abkühlungsmethode beiläufig bestimmt wird.

Die Werthe der Zersetzungswärme leitet Herr Person indirekt aus seinen verschiedenen Versuchen her, nämlich für d'Arcet's Legirung = 3,15, für Rose's Legirung 2,8; und zeigt, daſs diese Werthe sowie die der latenten Schmelzwärme beider Legirungen nach seiner Formel sich darstellen lassen.

Endlich wird noch das Gesetz von Rudberg über den Schmelzpunkt der Legirungen

$$M'c' \cdot (\tau' - \tau) = M''c''(\tau'' - \tau)$$

besprochen. Es wird darauf aufmerksam gemacht, daſs die Legirung aus 1 Atom Zinn und 1 Atom Wismuth, welche Rudberg zur Stütze seines Gesetzes anführt, vielmehr gegen dasselbe spreche, wenn man für die specifische Wärme des Wismuths den von Regnault gefundenen Werth setzt, weil dann $\frac{M''c''}{M'c'} = 1$ wird, während $\frac{\tau' - \tau}{\tau'' - \tau} = \frac{96,3}{130,4}$ = nahe $\frac{2}{3}$ ist. Indeſs fand Herr Person bei näherer Untersuchung, daſs diese Legirung nicht stabil ist, und keinen festen Schmelzpunkt besitzt. Er glaubt überhaupt, seinen Erfahrungen nach, daſs es keine stabile Legirung gebe, welche aus einer gleichen Atomenzahl beider Bestandtheile besteht, und findet eine Unterstützung dieser Ansicht in eben jenem Gesetze von Rudberg. Da nämlich nach Regnault's Versuchen die Atomenwärme aller Metalle nahe gleich ist, so würde in diesem Falle das Rudberg'sche Gesetz, $\tau' - \tau = \tau'' - \tau$ oder $\tau' = \tau''$

geben. Das heifst es könnte eine solche Legirung nur zwischen zwei Metallen bestehen, welche gleichen Schmelzpunkt haben, und deren giebt es bekanntlich nicht.

Bei stabilen Legirungen aber scheint Rudberg's Gesetz nahe richtig zu sein; Herr Person hat dasselbe bei den Legirungen $Bi_3 Sn_4$, $Sn_3 Pb_1$ und $Bi_3 Pb_2$ bestätigt gefunden.

Hr. Th. Andrews hat die latente Verdampfungswärme einer Anzahl von Flüssigkeiten bei deren Siedetemperaturen untersucht. Die Versuche wurden nach der Mischungsmethode mit einem kleinen kupfernen Wassercalorimeter angestellt, welcher von den Apparaten, welche von andern Physikern zu ähnlichen Untersuchungen benutzt worden, hauptsächlich darin abweicht, dafs der Recipient, worin die Dämpfe condensirt werden, von dünnem Glase angefertigt war. Diese Aenderung möchte bedenklich erscheinen; weniger der Zerbrechlichkeit wegen, als wegen der geringen Wärmeleitungsfähigkeit des Glases, welche bewirkt, dafs in dem Augenblicke wo die Maximumtemperatur des Wassers im Calorimeter beobachtet wird, die condensirte Flüssigkeit eine noch merklich höhere Temperatur besitzt. Indefs war diese Einrichtung durch die Beschaffenheit der untersuchten Flüssigkeiten geboten; auch hat der Hr. Verfasser durch eine passende Correction den angeregten Uebelstand auszugleichen gesucht, und die gute Uebereinstimmung zwischen den mit ein und derselben Flüssigkeit angestellten Versuchen, berechtigt zu der Annahme, dafs ihm dies gelungen sei. Ueberhaupt ist keine der wichtigeren Correctionen unterlassen worden.

Die Reinheit der untersuchten Flüssigkeiten wird verbürgt. Die Siedetemperaturen wurden, unter Beachtung der bekannten Vorsichtsmafsregeln im Dampfe der betreffenden Flüssigkeiten bestimmt. Die specifische Wärme, deren Kenntnifs zur Berechnung der Versuche nöthig ist, wurde für mehre Flüssigkeiten durch eigene Versuche ermittelt, für andere wurden ältere Angaben von Regnault, wo deren vorhanden waren, benutzt, und in einigen Fällen endlich scheint dieselbe nur nach Schätzung angenommen zu sein.

Die folgende Tafel enthält die Mittelwerthe der einzelnen Versuchsreihen, denen wir die Angabe der specifischen Wärmen, der Siedepunkte und der Barometerstände, bei denen letztere beobachtet worden, beigefügt haben.

Namen der Flüssigkeiten.	Specifische Wärme.	Siedepunkt		Latente Verdampfungswärme für	
		beobachtete Centes. Gr.	Barometer engl. Zoll	1 Gramm	1 Liter d. Dampfes
Brom	0,107	58°,0	29″,9	45,60	269,6
Phosphorchlorür .	0,209	78°,5	30″,2	51,42	244,4
Schwefelkohlenstoff	0,319	46°,2	30″,3	86,67	254,9
Zinnchlorid . . .	0,148	112°,5	29″,6	30,53	253,5
Wasser	1,000	100°	29″,92	535,90	318,3
Schwefeläther . .	0,517	34°,9	29″,61	90,45	268,2
Alkohol	0,617	78°,3	30″,3	202,40	324,2
Methyl-Alkohol . .	0,613	65°,8	30″,2	263,70	303,5
Jodäther	?	71°,3	29″,9	46,87	254,7
Methyljodid . . .	0,158	42°,2	29″,6	46,07	252,8
Essigäther . . .	0,474	74°,6	30″,0	92,68	287,9
Essigsaures Methyl	0,470	55°,0	30″,0	110,20	303,6
Ameisenäther . .	0,485	54°,3	30″,0	105,30	290,3
Ameisensaures Methyl	0,470	32°,9	29″,6	117,10	282,8
Oxaläther	0,457	184°,4	30″,7	72,72	291,4

Aus der letzten Spalte dieser Tafel schliefst Herr ANDREWS, dafs das mehrfach aufgestellte Gesetz, wonach gleiche Volumina der Dämpfe verschiedener Flüssigkeiten bei gleicher Spannung auch gleiche latente Wärmemengen enthalten sollen, sich in dieser Allgemeinheit nicht bestätige.

Doch scheinen die geringen Unterschiede zwischen den Zahlen der gedachten Spalte anzudeuten, dafs eine ähnliche, wenn auch nicht so einfache Relation zwischen der latenten Wärme und der Dampfdichte wirklich besteht.

Dr. W. Brix.

Die Herren FAVRE und SILBERMANN, welche im Begriff sind die specifische Wärme der Gase zu bestimmen, beschreiben zunächst den von ihnen dazu anzuwendenden Apparat. Derselbe besteht aus einer Pumpe, welche das zu untersuchende Gas in ein Reservoir einsaugt. Von hier treibt sie es in einen Heizapparat, nämlich in ein Schlangenrohr, welches von Wasser umgeben ist, das durch eine Spirituslampe auf einer bestimmten Temperatur erhalten wird und darauf in das von den Verfassern schon früher beschriebene Quecksilbercalorimeter [1]), worauf es durch einen Abkühlapparat geleitet wird, um seine Anfangstemperatur wieder zu erlangen. Das Ende des Rohrs ist in Verbindung mit der Pumpe, so dafs dasselbe Gas, welches den Apparat schon durchlaufen hat, von Neuem hindurchgeführt wird.

In diesem Rohr ist ein doppelt durchbohrter Hahn, durch welchen dieser Zugang verschlossen, dagegen das Rohr mit der Luft und die Pumpe mit dem Gasreservoir in Verbindung gesetzt werden kann. Diese Stellung erhält der Hahn, wenn der Apparat mit einem Gase gefüllt werden soll, und er wird gedreht, sobald alles fremdartige Gas aus demselben entfernt ist.

Das Rohr, in welchem das Gas strömt, hat da sowohl, wo es in das Calorimeter eintritt, als auch da, wo es austritt einen mit einem Thermometer versehenen Hahn. Diese Hähne können so gestellt werden, dafs das Gas nicht durch das Calorimeter, sondern durch ein anderes Rohr geht, welches durch Wasser geleitet wird. Sobald der Heizapparat seine constante Temperatur angenommen hat, und auch die beiden anderen Thermometer constant geworden sind, werden die Hähne wieder in ihre vorige Lage gebracht und der Versuch beginnt.

Die Menge des Gases, welches durch den Apparat strömt, wird durch das bekannte Volumen der Pumpe, die Anzahl der Pumpenstöfse, und den durch ein Manometer bestimmten Unterschied des inneren Drucks und des Barometerstandes bestimmt.

Um den Druck unterhalb und oberhalb des Pumpenstiefels während seiner Bewegung zu kennen, sind die Röhren, aus der einerseits die Pumpe das Gas zurückerhält und andererseits durch

[1] Berl. Ber. II. 256.

welche es aus derselben wieder ausgetrieben wird, durch ein Differentialmanometer verbunden.

Mittelst dieses Apparates kann die specifische Wärme der Gase mit Leichtigkeit bei sehr verschiedenem Druck bestimmt werden.

Dr. W. Heintz.

---

5. Strahlende Wärme.

---

de la Provostaye et Desains. Note sur la diffusion de la chaleur. C. R. XXVI. p. 212*; Pogg. Ann. LXXIV. p. 147*.

— — — — Mémoire sur le rayonnement de la chaleur. Ann. de chim. et de ph. XXII. p. 358*.

Masson et Courtépée. Mémoire sur les pouvoirs rayonnants, absorbants et diffusifs des corps solides. C. R. XXVII. p. 532*; Inst. No. 777 p. 358*.

Seebeck. Ueber die Interferenz der Wärmestrahlen. Berichte der Gesellsch. d. Wiss. zu Leipzig; Pogg. Ann. LXXVII. p. 574*.

Knoblauch. Ueber die Doppelbrechung der strahlenden Wärme. Pogg. Ann. LXXIV. p. 1*; Arch. d. sc. ph. et nat. IX. 61.

— — Ueber die Beugung der strahlenden Wärme. Pogg. Ann. LXXIV. p. 9*; Arch. d. sc. ph. et nat. IX. 62.

— — Ueber die Polarisation der strahlenden Wärme. Pogg. Ann. LXXIV. p. 161*; Inst. No. 785 p. 23; Arch. d. sc. ph. et nat. IX. 214.

Henry. On Heat. Sillim. J. year 1848 vol. V. p. 113*.

Die Herren de la Provostaye und Desains haben die Wärme untersucht, welche von verschiedenen Körpern bei gewissen Einfallswinkeln diffus reflectirt wird.

Es hat sich dabei ergeben, dafs die zurückgeworfenen Wärmestrahlen in der Richtung, nach welcher sie, dem Reflexionsgesetz folgend, von spiegelnden Flächen reflectirt werden würden, ein Maximum der Wirkung hervorbringen, das (wie bei der spiegelnden Reflexion) keine wesentliche Aenderung erleidet, so lange der Einfallswinkel den Werth von 70° nicht überschreitet.

Fallen die Strahlen vertical auf eine matte Fläche auf, so vertheilt sich die Wärme von dieser verticalen Richtung aus mit abnehmender Intensität gleichmäfsig nach allen Seiten hin.

Bei schräger Incidenz vermindert sich die Intensität der reflectirten Strahlen nicht symmetrisch zu beiden Seiten der oben bezeichneten Richtung, in welcher das Maximum der Wirkung beobachtet wird. Sind die Flächen unvollkommen, halb matt, halb spiegelnd, so treten Verhältnisse ein, welche zwischen denen der eigentlich diffusen und der spiegelnden Reflexion liegen. Das Maximum der Wärme fällt alsdann immer in die Reflexionsebene.

Die Verfasser theilen aufserdem in den Annales de Chimie et de Physique T. XXII. p. 358* bis 431* die Details ihrer Untersuchungen über die Abkühlung in verschiedenen Luftarten, das Wärmeausstrahlungs- und Reflexionsvermögen der Körper u. s. w. mit, welche bereits in den Bänden II. p. 275* ff. und III. p. 257* ff. dieses Jahresberichtes besprochen worden sind.

Die Resultate, zu denen die Herren Masson und Courtépée in Bezug auf das Ausstrahlungs-, Absorptions- und Diffusionsvermögen fester Körper gelangt sind, werden von ihnen in folgende Sätze zusammengefafst:

1. Alle, bis zum äufsersten Grade fein vertheilten Körper zeigen dasselbe Ausstrahlungs- und Diffusionsvermögen für Wärme von 100°.

2. Solche Körper scheinen auch für Wärme von 400° ein gleiches Absorptions- und Diffusionsvermögen zu haben.

3. Alle Substanzen, welche das Licht vollkommen absorbiren, absorbiren und diffundiren die Wärme aller Quellen auf gleiche Weise.

4. Alle Körper, mit Ausnahme der schwarzen, haben fast dasselbe Ausstrahlungs- und Diffusionsvermögen und stehen, bei einer leuchtenden Wärmequelle mit einander verglichen, in demselben Verhältnifs zu einander, welche Modifikation die Wärmestrahlen auch durch eingeschaltete Schirme erlitten haben mögen.

Es ist aus früheren Versuchen bekannt, dafs der 3. und 4. Satz jeder allgemeineren Gültigkeit entbehren.

Herr Seebeck, der jetzt leider der Wissenschaft durch den Tod entrissen ist, hat die Erscheinung der Wärme-Interferenz, welche die Herren Fizeau und Foucault bereits an einem Alkoholthermometer erkannt haben wollten[1]), mit einem Luftthermometer untersucht. Er liefs die Sonnenstrahlen, nachdem sie durch einen Spalt von 1,25 Zoll Breite in ein dunkles Zimmer eingetreten waren, durch ein Fernrohr hindurchgehen, vor dessen Objectiv sich ein Stabgitter (von 100 Spalten auf eine pariser Linie) befand. Es war auf solche Weise möglich, Gitterspektra zu erhalten, die hinter dem Ocular auf einer weifsen Tafel aufgefangen werden konnten. Wurden dieselben (durch Drehen des Fernrohrs) über die schwarze Kugel eines sogenannten Leslie'schen Photometers fortgeführt, so gab das Instrument eine Temperaturerhöhung an, so oft es in das mittlere helle Feld oder das erste Spektrum zur Rechten oder Linken gebracht wurde, dagegen eine entschiedene Temperatur-Erniedrigung, so oft es in den dunkeln Raum zwischen beiden eintrat. In jenen änderte sich (unter günstigen Umständen) der Stand des Thermoskops um 7,8 und 3,0 Linien, in dem dunkeln Zwischenraume nur um 0,9 Linie.

Die Wärmeinterferenz kann nach diesen Resultaten als sicher nachgewiesen betrachtet werden.

Die Untersuchungen des Berichterstatters über die Beugung, Doppelbrechung und Polarisation der Wärmestrahlen sind bereits im vorigen Jahresbericht (Jahrgang III. p. 268*ff.) besprochen worden.

Herr Henry führt (im Sillim. Amer. Journ. V, 113*) Beispiele von der Empfindlichkeit seines Thermomultiplicators an, unter denen die bereits früher[2]) gedachte Beobachtung einer Temperaturerniedrigung in den dunkeln Flecken eines objectiv dargestellten Sonnenbildes von Interesse ist.

[1] Berl. Ber. III, p. 267*.
[2] Berl. Ber. I, p. 372*.

J. Herschel. Sur le rayonnement solaire au Cap. Arch. d. sc. ph. et nat. VII. p. 218*.

Nach verschiedenen Versuchen, welche in der Mitte des Sommers, um Mittag, 140 Fufs über dem mittleren Niveau des Meeres angestellt worden sind, würde die Sonnenwärme am Cap der guten Hoffnung in 1 Minute eine den vertikalen Strahlen ausgesetzte Eisschicht von 0,0001914 Meter Dicke oder in $2^h\ 12'\ 42''$ eine Schicht von der Dicke eines englischen Zolles schmelzen können. — Danach würde (der weiteren Berechnung zufolge) die gesammte, von der Sonne ausgestrahlte Wärme im Stande sein, an ihrer eigenen Oberfläche in jeder Minute eine Eisschicht von 43,39 Fufs Dicke zu schmelzen, eine Masse, welche einen Cylinder von 184 Fufs Durchmesser erfüllen würde, der sich von der Sonne bis zum Stern α des Centauren erstreckte. In anderer Form könnte man sich die von der Sonne ausgesandte Wärme auch so vorstellen, dafs sie hinreichte, einen Eiscylinder von 15 Lieues Durchmesser und unbegrenzter Länge in Wasser zu verwandeln, wenn derselbe mit der Geschwindigkeit des Lichtes beständig gegen sie vorgeschoben würde. Die eigene Temperatur der Sonne erlitte dabei keine Veränderung.

Ueber die Theorie der Thaubildung.

F. Zantedeschi. L'ipotesi di Wells sull' origine della brina e della rugiada dimostrata falsa ne' suoi principii, assurda nelle sue conseguenze con alcune applicazioni all' economia rurale. Mem. I. Racc. fis. chim. I. p. 159*.

— — Delle alterazioni fatte dal Signor Macedonio Melloni alle dottrine sulla rugiada e sulla brina dei Signori A. Fusinieri e F. Zantedeschi. Mem. II. Racc. fis. chim. III. p. 133*.

— — L'ipotesi di Wells sull' origine della rugiada e della brina riconosciata ora erronea dallo stesso Melloni, e la sua nuova dottrina della reazione frigorifica dell' aria dimostrata falsa ne' suoi principii dalla esperienza. Mem. III. Racc. fis. chim. III. p. 193*.

— — Sur la théorie de la rosée. Arch. d. sc. ph. et nat. VII. p. 59*.

M. Melloni. Sur la théorie de la rosée (prem. lettre). C. R. XXIV. p. 351*; Inst. No. 691 p. 106*; Ann. d. chim. et d. ph. XXI. p. 145*;

Arch. d. sc. ph. et nat. IV. p. 402*; Pogg. Ann. LXXI. p 416*; Edinb. J. Vol. XLIII. p. 128*.

M. Melloni. Sur la théorie de la rosée (deux. lettre). C. R. XXIV. p. 641*; Ann. d. chim. et de ph. XXI. p. 153*; Pogg. Ann. LXXI. p. 424*; Edinb. J. Vol. XLIII. p. 135*.

— — Sur la théorie de la rosée. C. R. XXV. p. 499*; Inst. (No. 719 p. 331*) No. 720 p. 339*; Pogg. Ann. LXXIII. p. 467*.

— — Mémoire sur le refroidissement nocturne des corps exposés à l'air libre par un temps calme et serein, et sur les phénomènes qui en résultent près de la surface terrestre. Ann. d. chim. et d. ph. XXII. p. 129*; Sillim. J. Vol. VI. p. 418*. Second mémoire. Ann. d. chim. et d. ph. XXII. p. 467*.

Die Herren Zantedeschi und Melloni haben sich in neuerer Zeit mit Versuchen beschäftigt, deren Hauptaufgabe die Prüfung der von Wells [1]) aufgestellten Theorie der Thaubildung war. Die wesentlichsten Punkte dieser Untersuchung sollen in dem Folgenden besprochen werden.

Nach der Erklärung von Wells hat der Umstand, das gewisse Körper sich des Nachts mit Thau bedecken, seinen Grund darin, dafs sie vermöge ihrer Wärmeausstrahlung in den käteren Himmelsraum unter die Temperatur der umgebenden Luft abgekühlt und auf solche Weise geeignet werden, die in der Atmosphäre enthaltenen Dämpfe an ihrer Oberfläche niederzuschagen. Die Reichlichkeit, in der diese Thaubildung stattfindet, hängt von dem Feuchtigkeitszustande der Luft und von dem Grade ab, bis zu dem die Körper vermöge ihrer ungleichen Ausstrahlung erkalten. Sie wird also natürlich bedingt durch die äufseren Umstände, welche dabei von Einflufs sind: die Klarheit des Himmels, Ruhe der Luft, die Nähe anderer Gegenstände, welche entweder direct mehr oder weniger Wärme zuführen oder die von den bethauenden Substanzen ausgesandte Wärme zurückwerfen.

Dieser Erklärung ist von den Herren Fusinieri und Zantedeschi eine andere entgegengestellt worden, wonach die Wärme-

[1] An essay on Dew and several appearances connected with it. By Will. Charl. Wells. sec. edit. London 1815. — W. C. Wells Versuch über den Thau und einige damit verbundene Erscheinungen. Nach der dritten englischen Ausgabe übersetzt von J. C. Horner. Zürich 1821.

ausstrahlung der Körper als unwesentlich für ihre Bethauung bezeichnet [1]) und die Abkühlung derselben, soweit sie für jenes Phänomen in Betracht kommt, fast lediglich dem Einflufs der sie umgebenden Luft [2]) zugeschrieben wird. Die aus dem wärmeren Erdboden aufsteigenden Dämpfe condensiren sich an der Oberfläche der auf solche Weise erkalteten Körper [3]). Der verschiedene Grad ihrer Benetzung aber rührt (nach der Ansicht der genannten Physiker) von einer elektrischen Anziehung der betreffenden Substanzen auf die Dampftheilchen her und einer ungleichen Fähigkeit, den auf ihnen gebildeten Niederschlag wieder zu verflüchtigen [4]).

Die Verfasser stützen ihre Behauptung auf eine ausgedehnte Reihe von Versuchen, wonach alle Körper, welche unter günstigen Umständen des Nachts der Bethauung ausgesetzt waren, anfangs zwar eine geringe Temperatur-Verschiedenheit, nach kurzer Zeit aber einen völlig gleichen Wärmegrad, sowohl unter sich, als mit der Luft in derselben horizontalen Schicht zu erkennen gaben. Sie fanden dies namentlich beim Grase, den Blättern verschiedener Pflanzen, Wolle und Baumwolle, chinesischem Tusch, Rufs, Firnifs, beim Glase, Gold, Silber, Kupfer, Zink, Zinn u. s. w. [5]). Da nun die genannten Körper, mit einander verglichen, nichts desto weniger ein sehr verschiedenes Wärmeausstrahlungs-Vermögen besitzen, so schliefsen die Verfasser, dafs die Fundamental-Erscheinungen der Wells'schen Theorie nicht existirten [6]). Die von Wells angenommene Temperatur-Erniedrigung der bethauenden Körper unter den Wärmegrad der Luft schreiben sie dem Umstande zu, dafs derselbe sich eines Thermometers in der Höhe von etwa 4 Fufsen über dem Erdboden als Maafs für die Lufttemperatur bedient habe, ohne zu bedenken, dafs der Wärmegrad der Atmosphäre des Nachts mit der Höhe (bis zu einer gewissen Grenze) zunimmt, also die

[1] Racc. fis. chim. ital. I. p. 178*, 179*, 203*; III. 139*, 140*.
[2] Racc. I. 197*; III. 140*.
[3] Racc. I. 168*, 179*, 193*, 198*.
[4] Racc. I. 179*, 188*, 189*, 191*.
[5] Racc. I. 168*, 169*, 170*, 171*, 177*, 178*, 204*, 206* bis 211*; III. 141*, 200*, 203* bis 213*.
[6] Racc. I. 163*, 168*, 178*, 199*.

Lufttemperatur in dem gedachten Abstande vom Erdboden nicht zum Vergleich mit der Temperatur der tiefer gelegenen bethauenden Körper benutzt werden könne [1]).

Die Erkältung der Atmosphäre geht (ihrer Meinung nach) der Abkühlung dieser Körper vorher und bedingt die letztere [2]).

Durch viele Beobachtungen haben die Verfasser nachgewiesen, dafs der Boden zu jeder Jahreszeit (mit wenigen Ausnahmen [3]), auch wenn derselbe mit Schnee bedeckt ist, eine höhere Temperatur als die nächste Luftschicht hat [4]). Da nun aus demselben beständig Dämpfe von gleicher Temperatur aufsteigen [5]), so erscheint es erklärlich, wie dieselben an den kälteren Körpern in jener Luftschicht niederschlagen und so die Erscheinung des Thaues hervorbringen können [6]).

Hr. MELLONI hat, um ebenfalls die Grundlage der WELLS'schen Erklärungsweise zu prüfen, die Temperaturverhältnisse verschiedener Körper während der Nacht in der Weise untersucht, dafs er 3 Thermometer, von denen eins mit einer berufsten, die beiden andern mit einer glänzenden Metallhülle umgeben waren, zunächst in geschlossenen Metallgefäfsen einen festen Stand annehmen liefs und darauf die Deckel über dem geschwärzten und dem einen, metallisch überzogenen Thermometer abhob. Es zeigte sich, dafs während alle 3 Thermometer in den geschlossenen Behältern eine völlig gleiche Temperatur angezeigt hatten, im letzteren Falle nur das metallisch glänzende einen unveränderten Stand behielt, das mit Rufs überzogene aber um mehrere Grade herabsank. Es war anzunehmen, dafs jener erste Thermometerstand oder der des metallisch überzogenen Instruments zugleich den Wärmegrad der umgebenden Luft in derselben horizontalen Schicht zu erkennen gab. Alsdann lehrte das Experiment, dafs das geschwärzte Thermometer, als es dem Himmel ausgesetzt wurde, vermöge seiner bedeutenden Wärmeausstrah-

1 Racc. I. 170*; III. 197*.
2 Racc. I. 179*, 188*; III. 141*.
3 Racc. III. 211*, 212*. (III. 204*, 208*, 209*).
4 Racc. I. 163*, 165*, 166*, 168*, 179*, 182*, 193*, 199*, 201*, 204*, 205*, 208*, 210*, 212*, 218*; III. 139*, 196*, 204* bis 211*, 218*.
5 Racc. I. 164*, 165*, 167*, 168*, 179*, 193*, 198*, 203*.
6 Racc. I. 168*, 179*, 193*, 198*.

lung unter die Temperatur der Luft erkaltete, während das metallisch überzogene bei seiner überaus geringen Ausstrahlung keine weitere Abkühlung erlitt[1]). Bei andern Substanzen, wie kohlensaurem Bleioxyd, Graphit, Firnifs, Hausenblase, Glas, Blättern verschiedener Pflanzen, Holzspähnen, Sand, Gartenerde u. s. w. wurde, als man sie statt des Rufsüberzuges auftrug, eine ähnliche Erscheinung wahrgenommen. Alle zeigten eine Temperaturerniedrigung von 2°,67 bis 3°,40 unter den Wärmegrad der umgebenden Luft an[2]).

Im Vergleich mit diesen Werthen sind die Angaben von Wells über die Differenz zwischen der Temperatur der Atmosphäre und der erkaltenden Körper aus dem bereits oben gedachten Grunde zu hoch[3]), mit Ausnahme derjenigen, welche auch bei ihm aus Versuchen hervorgingen, die in einer und derselben horizontalen Ebene und zur Bestimmung der Lufttemperatur mit einem metallisch überzogenen Thermometer angestellt waren. Die besprochenen Temperaturdifferenzen treten bei den genannten Substanzen im trocknen Zustande nicht auf, wenn die Bedingungen für eine ruhige Erkaltung durch Ausstrahlung überhaupt nicht vorhanden sind, oder sie verschwinden, wenn sich die Körper bis zu einem gewissen Grade mit Thau benetzen und auf solche Weise mit einer und derselben ausstrahlenden Schicht überziehen. Von diesem Gesichtspunkte aus sind mit Herrn Melloni[4]) die Fälle zu erklären, in denen Herr Zantedeschi eine gleiche Temperatur verschieden ausstrahlender Körper wahrnahm[5]).

[1] C. R. XXIV. p. 532*, 533*, 643*; Ann. d. chim. et d. phys. XXI. 147*, 148*, 155*; XXII. 131* bis 140*, 144*, 151*, 152*, 467*; Pogg. Ann. LXXI. 418*, 419*, 426*; Edinb. N. Phil. Journ. XLIII. 130*, 137*; Sillim. Journ. VI. 418*, 419*.

[2] C. R. XXIV. p. 534*, 643*; Ann. d. chim. et d. phys. XXI. 149*, 155*; XXII. 145*, 146*, 153*, 155*, 481*; Pogg. Ann. LXXI. 420*, 426*; Edinb. N. Phil. Journ. XLIII. 132*, 137*; Sillim. Journ. VI. 419*.

[3] C. R. XXIV. p. 643*; XXV. 499*, 500*; Inst. No. 720 p. 339*, 340*; Ann. d. chim. et de phys. XXI. 156*; XXII. 130*, 131*, 152*, 153*, 155* bis 157*; Pogg. Ann. LXXI. 427*; LXXIII. 467*, 468*; Edinb. N. Phil. Journ. XLIII. 137*; Sillim. Journ. VI. 418*, 419*, 420*, 468*.

[4] C. R. XXIV. p. 641*, 642*; Ann. d. chim. et d. phys. XXI. 154*, 155*; XXII. 145*; Pogg. Ann. LXXI. 425*, 426*; Edinb. N. Phil. Journ. XLIII. 135*, 136*.

[5] Racc. III. p. 141*, 212*.

Die Temperatur der Luft in unmittelbarer Nähe der ausstrahlenden Körper wird durch die Abkühlung der letzteren mit bedingt, und trägt alsdann, wie Herr Melloni [1]) ausführlich dargethan hat, (neben der Austrahlung) zur weiteren Erkaltung derselben in solchen Fällen bei, in denen die Eigenthümlichkeit der betreffenden Substanzen ein Verweilen der Luft in den Zwischenräumen gestattet, wie dies z. B. beim Grase, Wolle u. s. w. der Fall ist. Diese fortgesetzte Erkaltung beruht nach Melloni auf dem Umstande, dafs die Körper vermöge ihrer Ausstrahlung sich stets um dieselbe Anzahl von Graden unter die Temperatur der Umgebung abkühlen, wie hoch oder niedrig die letztere auch sein möge [2]), und dafs also eine Temperaturabnahme in der umgebenden Luft, zu der sie durch ihre Erkaltung beitragen, nothwendig ein weiteres Sinken ihres eigenen Wärmegrades durch Ausstrahlung zur Folge haben müsse, bis die sonstige Zuführung von Wärme einen Stillstand in dieser Beziehung herbeiführt.

Herr Zantedeschi hat diese Erklärung bestritten [3]), weil er die ihr zu Grunde liegenden Fakta nicht bestätigt gefunden hat. Ebenso weicht er in Bezug auf eine andere Beobachtung von Herrn Melloni ab. Dieser hat nämlich wahrgenommen, dafs eine ringförmig mit Firnifs überzogene dünne Scheibe von Weifsblech, über der eine zweite, kleinere in einigem Abstande dergestalt angebracht war, dafs sie zum Theil über die gefirnifste Stelle hinwegreichte, nur so weit, und zwar entsprechend auf beiden Seiten, bethaute, als der Lacküberzug auf der oberen Fläche dem Himmel frei ausgesetzt war. Der übrige Theil der gröfseren so wie die ganze kleinere Scheibe blieben vollkommen trocken [4]). Der Verfasser schliesst daraus, dafs der Thau weder vom Him-

1 C. R. XXIV. p. 643* bis 645*; XXV. 500*; Inst. No. 720 p. 340*; Ann. d. chim. et d. phys. XXI. 156* bis 158*; XXII. 153*, 154*, 158*, 468* bis 473*, 478*, 484*, 485*; Pogg. Ann. LXXI. 427* bis 429*; LXXIII. 469*; Edinb. N. Phil. Journ. XLIII. 138* bis 140*.

2 C. R. XXIV. p. 644*; Ann. d. chim. et d. phys. XXI. 157*; XXII. 158* bis 160*, 468*, 469*, 484*, 485*; Pogg. Ann. LXXI. 428*; Edinb. N. Phil. Journ. XLIII. 138*, 139*.

3 Racc. III. p. 142*, 194*, 198* ff.

4 C. R. XXIV. p. 535*, 536*; Inst. No. 691 p. 106*; Ann. d. chim. et d. phys. XXI. 150* bis 152*; XXII. 493*; Arch. d. sc. ph. et nat. IV. 402*, 403*; Pogg. Ann. LXXI. 421* bis 423*; Edinb. N. Phil. Journ. XLIII. 133*, 134*.

mel herabfalle, noch von der Erde aufsteige, sondern sich, der Wells'schen Theorie gemäfs, durch Niederschlag der in der Luft enthaltenen Dämpfe auf den durch Ausstrahlung hinreichend erkalteten Stellen bilde[1].

Herr Zantedeschi hat, bei der Wiederholung dieses Experiments, die gröfsere Scheibe nur an der unteren Seite mit einem leichten Hauche bedeckt, an der oberen aber trocken gefunden, während die kleinere Platte auf beiden Seiten reichlich bethaut war[2]. Er betrachtet dies als einen Beweis gegen die Richtigkeit jener Erklärung[3].

Neue Versuche werden den Grund dieser Verschiedenheit aufzudecken haben.

Hinsichtlich der Wells'schen Theorie mufs man nach den Resultaten der besprochenen Untersuchungen annehmen, dafs bis jetzt keine hinreichende Veranlassung ist, ihr eigentliches (oben angedeutetes) Princip als unrichtig zu betrachten, dafs aber die absoluten Werthe der ihr früher zu Grunde gelegten Angaben oftmals einer Correction bedürfen.

Prof. Dr. H. Knoblauch.

---

6. Wirkungen der Wärme.

a. Ausdehnung. Dichtigkeitsveränderung. Aenderung der Spannkraft, der Cohäsion etc.

s. ob. I. Allgemeine Physik. 2. 5. 9. 11.

J. Pierre. Mémoire sur la thermométrie et en particulier sur la comparaison du thermomètre à air avec les thermomètres à liquides. C. R. XXVII. 213; Inst. No. 764 p. 255; Pogg. Ann. LXXVI. 458.

[1] C. R. XXIV. p. 536*; Inst. No. 691 p. 106*; Ann. d. chim. et d. phys. XXI. 152*; XXII. 493*, 494*; Arch. d. sc. ph. et nat. IV. 403*; Pogg. Ann. LXXI. 423*, 424*; Edinb. N. Phil. Journ. XLIII. 134*.

[2] Racc. III. p. 141*, 224* bis 226*; Arch. d. sc. ph. et nat. VII. 59* bis 61*.

[3] Racc. III. p. 227*; Arch. d. sc. ph. et nat. VII. 61*.

HARRISON. On a selfregistering thermometer. Athen. 1848 No. 1086 p. 834; Inst. No. 767 p. 283.

W. THOMSON. On en absolute thermometric scale founded on CARNOT's theory of the motive power of heat and calculated from Regnaults observations. Phil. mag. XXXIII. 313.

b. Aenderung des Aggregatzustandes.

LOUYET. Ebullition des liquides. Inst. No. 769 p. 294.

c. Einfluſs der Wärme auf andere physikalische Prozesse.

BOUTIGNY. Définition de l'état sphéroïdal. C. R. XXVI. 320; Mech. mag. XLIII. 299.

— — Observations sur la solidifaction du mercure dans un creuset incandescent en vertu de l'état sphéroïdal. C. R. XXVII. 336.

BEAUREGARD. Improvement in generating steam. Mech. mag. XLIX. 411.

Hr. J. PIERRE hat der Pariser Akademie Tabellen überreicht, als das Resultat seiner Versuche über die Ausdehnung von mehr als 40 Flüssigkeiten; sie finden sich am citirten Ort abgedruckt und sind nicht wohl eines Auszugs fähig.

Hr. HARRISON hat der British association ein Registerthermometer vorgelegt, welches auf dem Principe der Metallthermometer beruht. Die Metalle, deren verschiedene Ausdehnung benutzt wird, sind Kupfer und Eisen. Die Dimension des Instruments, dessen nähere Beschreibung hier nicht wiedergegeben werden kann, schien kolossal zu sein, da Metallstäbe von 10′ (engl.) Länge benutzt werden. Durch ein Hebelsystem wirken dieselben auf den Stift, welcher die Temperaturen auf ein von einem Uhrwerk bewegtes Papier aufzeichnet.

Dr. R. Groſsmann.

Herr THOMSON empfiehlt als zweckmäſsig, die mechanische Wirkung der Wärme als Maaſs derselben anzuwenden und so ein absolutes Thermometer zu construiren, dessen einzelne Grade gleiche Bedeutung in sofern hätten, als sie Wärmemengen von gleicher mechanischer Wirkung bezeichneten.

Prof. Dr. H. Knoblauch.

Louyet. Sieden der Flüssigkeiten.

Die Erscheinung des Stofsens der Flüssigkeiten, wenn sie gekocht werden, ist schon lange bekannt. Mit ihr in Verbindung steht die bekannte Thatsache, dafs Wasser in Glasgefäfsen gekocht eine höhere Temperatur annimmt, als wenn es in Metallgefäfsen gekocht wird. Früher schrieb man diese Erscheinung nur dem Umstande zu, dafs an sehr glatten von allen Ecken und Kanten freien Gefäfsflächen sich viel schwerer Gase entwickeln, als in Metallgefäfsen, die, wenn sie auch noch so sorgfältig polirt sind, doch immer mehr Rauhigkeiten enthalten als solche Gefäfse, die aus geschmolzenem beim Erkalten durchsichtig bleibendem Material hergestellt sind, also als Glasgefäfse.

Später glaubte man auch in der Adhäsion der Flüssigkeiten an die Wände des Gefäfses einen Grund für jene Erscheinung sehen zu dürfen.

Im Jahre 1846 hat Donny Versuche angestellt, durch welche er zu beweisen suchte, dafs nicht jene Umstände Ursache des Stofsens der Flüssigkeiten seien, sondern dafs dies nur davon abhängig sei, wie viel Luft die im Sieden erhaltene Flüssigkeit enthalte. Er fand nämlich, dafs wenn der Theil eines sogenannten Pulshammers, wo sich das Wasser befindet, in ein Bad einer Salzlösung eingetaucht wird, welches bis 113°, 121°, 128°, 132° C. erhitzt wird, während das andere Ende desselben die Lufttemperatur behält, das Wasser nicht in's Kochen kommt. Erst bei 138° C. ging bei seinem Versuche plötzlich das Wasser in Dampf über und trieb die ganze Menge der Flüssigkeit in das andere Ende des Pulshammers. Herr Donny zog hieraus den Schlufs, dafs die Flüssigkeiten eine nicht unbedeutende Cohäsion haben, so dafs sie als solche, d. h. wenn sie ganz frei von Luft sind, die Fähigkeit ruhig zu sieden nicht besitzen, dafs sie vielmehr nur so lange sieden können, als sie noch eine gewisse Menge Luft enthalten, und dafs sie zu Explosionen Veranlassung geben, wenn man sie, ehe sie erhitzt werden, von aller Luft befreit.

Herr Louyet hat der Académie des sciences de Bruxelles eine Abhandlung übergeben, worin er Donny's Schlüsse bestreitet. Zunächst die Versuche, welche er zu ihrer Widerlegung angestellt hat.

1) Ein Rohr von Weifsblech wurde mit ausgekochtem im Vacuum erkalteten Wasser gefüllt und erhitzt. Die Temperatur des Wassers blieb 100° C. selbst nachdem ¾ Stunden hindurch gekocht worden war.

2) In ein etwa 1 Mm. weites an einem Ende zugeschmolzenes Rohr wurde lufthaltiges Wasser gefüllt und das zugeschmolzene Ende schnell erhitzt. Das Wasser wurde sogleich in die Höhe getrieben, ohne jedoch zu kochen.

3) Ein 3 Mm. weites Rohr, an dessen Ende eine Kugel angeblasen war, wurde mit lufthaltigem Wasser gefüllt und die Kugel schnell erhitzt. Das Wasser wurde in kleinen Explosionen aus dem Rohr getrieben, es kochte nicht.

4) Lufthaltiges Wasser, welches in einem Capillarrohr und in einer daran angeschmolzenen Kugel sich befand, kochte nicht, wenn es in Wasser getaucht wurde, welches in einem gläsernen Gefäfse kochte.

5) Ein an beiden Enden offenes Capillarrohr wurde mit lufthaltigem Wasser gefüllt und erhitzt. Mit Explosion wurde das Wasser herausgeschleudert.

6) Ein Glasrohr von 2 Centim. Weite wurde nach Art eines Pulshammers geblasen, eine Platinspirale in das eine Ende eingebracht und nun das andere zu einem Capillarrohr ausgezogen. Wasser, welches sich in jenem Ende desselben befand, kochte ruhig ohne Stofsen, selbst nachdem die Hälfte desselben durch Kochen ausgetrieben war.

7) Derselbe Versuch wurde wiederholt, jedoch nachdem das Rohr mit concentrirter Schwefelsäure und destillirtem Wasser vorher gereinigt worden war, und ohne die Platinspirale. Das Wasser nahm unter heftigem Stofsen Dampfgestalt an.

8) Ein am Ende mit einem eiförmigen Reservoir versehenes Kupferrohr wurde mit ausgekochtem im Vacuum erkalteten Wasser gefüllt. Dieses Wasser wurde etwa 20 Minuten gekocht, das Rohr ganz mit gleichfalls gut ausgekochtem Wasser gefüllt, und das Ganze im Vacuum der Erkaltung überlassen. Als das Rohr schnell erhitzt wurde, kochte das Wasser ohne zu stofsen.

Aus diesen Resultaten seiner Versuche schliefst Hr. Louyet:

1) Dafs der Kochpunkt einer in der Atmosphäre frei aufgehängt gedachten Masse Flüssigkeit nur von dem Druck der Atmosphäre abhängt, bei gleichem Druck aber immer gleich sei.

2) Dafs es Stoffe giebt, welche keine Molekularanziehung auf Wasser ausüben, was daraus zu entnehmen ist, dafs das in Gefäfsen von solchen Stoffen kochende Wasser dieselbe Temperatur hat, wie sein Dampf.

3) Wenn dagegen ein durch seine Form, oder durch seine Substanz auf Wasser eine starke Anziehung ausübendes Gefäfs zum Kochen desselben benutzt wird, so erhöht sich der Kochpunkt bedeutend, wie sich der Gefrierpunkt bekanntlich stark erniedrigt.

4) Endlich glaubt Hr. Louyet die von Donny beobachteten Phänomene erklären zu können, ohne die Cohäsion der Flüssigkeit in Rechnung zu ziehen.

Er übersieht doch gänzlich, dafs ein Phänomen in der That nicht anders erklärt werden kann, als durch die Annahme eines bedeutenden Einflusses der Cohäsion der Flüssigkeiten, d. h. der Anziehung der einzelnen Theile derselben unter sich, nämlich die Erscheinung, dafs luftfreies Wasser in einem glatten gläsernen Gefäfse über 100° C. erhitzt werden kann, ohne zu kochen. Wäre diese Cohäsion wirklich ohne Einflufs, so müfste in dem Momente, wo einem 100° C. warmen Wassertheilchen noch etwas Wärme zugeführt wird, sogleich innerhalb der Flüssigkeit Dampfbildung Statt finden, wenn die Cohäsion der Flüssigkeit es nicht verhinderte. Auf der anderen Seite ist jedoch nicht zu bestreiten, dafs der Schlufs, den Donny aus seinem oben erwähnten Versuche mit dem Pulshammer zieht, nicht annehmbar ist, da er den Druck des Wasserdampfs in dem hermetisch verschlossenen Gefäfse ganz aufser Acht läfst.

Allein Hr. Louyet hätte vollkommen Recht gehabt, wenn er sich darauf beschränkt hätte, zu behaupten, dafs die Cohäsion der luftfreien Flüssigkeiten allein nicht hinreiche um alle Erscheinungen zu erklären, welche beim Kochen derselben Statt finden. Es sind offenbar mehrere Umstände, welche dazu mitwirken, einmal die Cohäsion der Flüssigkeit, welche durch ihren

Gehalt an Gasen modificirt werden kann, zweitens die Adhäsion derselben an dem Gefäfse, und endlich die Art der Oberfläche desselben.

Bringt man eine lufthaltige Flüssigkeit in einem rauhen Gefäfse, von einem Stoff, welcher zu dieser Flüssigkeit gar keine Adhäsion äufsert, in's Kochen, so wird ihre Temperatur sehr bald die ihres Dampfes sein, und sie wird keine höhere Temperatur annehmen. Dasselbe wird stattfinden, wenn die Flüssigkeit keine Luft enthält, aber das Gefäfs dasselbe bleibt, weil nämlich in diesem Falle an der Berührungsstelle von Flüssigkeit und Gefäfs nur der Druck der Atmosphäre und der Flüssigkeit die Dampfbildung zu hindern strebt. Die Dampfbläschen werden an dieser Stelle entstehen und sich, indem sie durch die Flüssigkeit dringen, vergröfsern.

Wenn die Flüssigkeit dagegen Luft enthält, aber in einem glatten Glasgefäfse erhitzt wird, so wird die Temperatur der Flüssigkeit beim Kochen nicht nur von der Temperatur des Dampfes, sondern auch von der Menge und der Art des Gases abhängen, welches darin enthalten ist. Der scheinbare Kochpunkt kann unter dem wahren liegen, er kann ihn auch übersteigen. Hat die Flüssigkeit ihren Kochpunkt erreicht und enthält sie so viel Luft, dafs sie bei dieser Temperatur ausgetrieben werden kann, so werden sich kleine Luftbläschen in der Flüssigkeit bilden, und diese werden, indem sie durch dieselbe steigen, durch Dampfbildung sich vergröfsern können, da nun an dieser Stelle die das Kochen hindernde Cohäsion der Flüssigkeit wenigstens nach einer gewissen Richtung hin aufgehoben ist, und nur die Summe des Drucks der Atmosphäre und der über der Gasblase stehenden Wassersäule der Dampfbildung hindernd entgegentritt. Ist endlich die Luft so weit ausgetrieben, dafs beim Kochpunkt der Flüssigkeit nichts mehr davon ausgetrieben werden kann, so wird die Temperatur der Flüssigkeit über ihren Kochpunkt steigen, weil nun aufser dem Druck der Atmosphäre und dem der Flüssigkeitssäule noch die Adhäsion der Flüssigkeit an das Gefäfs und die Cohäsion jener dem Kochen hinderlich wird. Dies wird so lange stattfinden, bis diese Kräfte endlich an irgend einer Stelle durch die Wärme überwunden werden, wo dann wieder Dampfbildung beginnt. An dieser Stelle kann sich nun so viel Dampf bilden, daſs die dadurch verbrauchte Wärme die Temperatur der Flüssigkeit auf ihren wahren Kochpunkt herabbringt. Je gröſser also die Differenz der Temperatur der Flüssigkeit und der Temperatur ihres Dampfes ist, um so gröſser wird die Menge des plötzlich erzeugten Dampfes, um so heftiger das Stoſsen sein.

Enthält eine zu kochende Flüssigkeit kein Gas, wird aber in einem Gefäſs voll Ecken und Kanten erhitzt, so entwickeln sich, sobald sie die Temperatur ihres Dampfes erreicht hat, an diesen Ecken oder Kanten Dampfbläschen, welche nun ganz eben so wirken, wie Bläschen ausgetriebener Luft.

Sobald aber eine vollkommen luftfreie Flüssigkeit in einem glatten Glasgefäſse erhitzt wird, so wird sie weit über die Temperatur ihres Dampfes erhitzt werden können, ohne zu kochen, bis ihre Temperatur endlich so hoch geworden ist, daſs dadurch entweder die Cohäsion der Flüssigkeit oder ihre Adhäsion an dem Gefäſse überwunden wird. Dann wird aber wegen der bedeutenden Menge in der Flüssigkeit überschüssig enthaltener Wärme auf einmal und plötzlich eine groſse Masse von Dampf sich bilden können, welche, indem sie die Flüssigkeit in die Höhe schleudert, das Phänomen des Stoſsens hervorbringt.

Prof. Dr. W. Heintz.

Herr Boutigny giebt in einer Note folgende Definition des sphäroidalen Zustandes: „Ein Körper, welcher auf eine erhitzte Fläche geworfen wird, ist im sphäroidalen Zustande, wenn er eine abgerundete Form annimmt und sich über der Oberfläche auſserhalb seiner physikalischen und chemischen Wirkungssphäre erhält; er reflektirt sodann die strahlende Wärme und seine Moleküle sind in Betreff der Wärme in einem stabilen Gleichgewichtszustande, d. h. er ändert seine Temperatur entweder gar nicht oder nur in engen Gränzen."

Herr Boutigny theilt ferner mit, daſs es einem Ingenieur, Hrn. Beauregard gelungen sei eine Dampfmaschine von 1 Pferdekraft zu construiren, welche durch den Dampf von sphäroidalem Wasser getrieben wird. *Dr. R. Groſsmann.*

Fünfter Abschnitt.

Elektricitätslehre.

1. Allgemeine Theorie der Elektricität.

CHR. DOPPLER. Versuch einer auf rein mechanischen Principien sich stützenden Erklärung der galvano-elektrischen und magnetischen Polaritätserscheinungen. Sitzungsber. d. Wien. Akad. 1848 Hft. 3 p. 26*.

A. J. MAAS. Sur le mouvement de la dynamie électrique. Bull. d. Brux. XV. 1. 469*; Inst. No. 765 p. 265*.

R. HAYE. Objections to the theories severally of FRANKLIN, DUFAY and AMPÈRE, with an attempt to explain electrical phaenomena by statical or undulatory polarization. Phil. mag. XXXII. 461. 481*; Inst. No. 761 p. 23*; Arch. d. sc. ph. et nat. VIII. 296*; Sillim. J. V. 243*.

J. LAKE. Materiality of the electric fluid. Mech. mag. XLVIII. 383*.

LAKE. Note sur le pyrogène matière supposée des courants électriques. C. R. XXVII. 23 (Titel).

T. EXLEY. On the motion of the electric fluid along conductors. Athen. 1848 No. 1086 p. 837; Inst. No. 768 p. 291 (Titel).

Herr DOPPLER hat der Wiener Akademie die Grundzüge eines Aufsatzes mitgetheilt, in dem er seine Ansichten über die polaren Erscheinungen der Elektricität des Galvanismus und des Magnetismus mittheilt. Nach ihm sind alle Körper, von welcher Form und Gröfse sie auch sein mögen, von Atmosphären des elektrischen Fluidums umgeben. Diese Atmosphären, die ihnen eigenthümlich und schon in ihrem neutralen und natürlichen Zustand zukommen, sind nicht, wie gewöhnlich angenommen wird, unbegrenzte und bis ins Unendliche reichende, sondern sie haben eine bestimmte Höhe. — Diese Atmosphären sind jedoch nicht bei allen Körpern von gleicher Höhe, vielmehr richtet sich diese Höhe nach der materiellen Beschaffenheit derselben, und ist z. B. beim Kupfer eine andere als beim Zinke etc. — Aus diesen Voraussetzungen werden die einzelnen Erscheinungen erklärt; bei der

Berührung zweier Körper mit verschiedenen Atmosphären tritt wegen der Ungleichheit des aërostatischen Gegendrucks ein Theil der einen Atmosphäre an den anderen Körper über; nach der isolirten Trennung ist dieser daher positiv geworden, der andere negativ. Eine solche Polaritätserscheinung bedingt bei Körpern von bestimmter Ausdehnung die galvanischen, bei den Körpermolekulen die magnetischen, bei den einzelnen Atomverbindungen die elektro-chemischen Erscheinungen.

Herr Maas hat noch einige Zusätze zu seinen früheren Erörterungen[1]) über Elektricitätsbewegung, welche er sich als eine Wellenbewegung denkt, veröffentlicht, weil er sich in seiner ersten Abhandlung noch nicht weitläufig genug über seine Ansichten ausgesprochen zu haben glaubt.

Auf ähnliche Vorstellungen kommt Hr. Have, der die Elektricität als eine ätherische, unwägbare Materie denkt, die in wägbaren Körpern mehr oder weniger condensirt sein kann, und bei ihrer sogenannten Strömung nicht nur selbst vermöge ihrer verschiedenen Polarisirung in Wellengestalt fortbewegt wird, sondern die wägbare Materie mit fortnimmt.

Nach Hrn. Lake ist Elektricität ein wirkliches Fluidum, welches, wie andere Gase, dem Gesetze der Schwere folgt. Dies wird aus folgendem Experiment geschlossen: Das Fluidum wurde in einer isolirten Flasche aufgefangen, welche in ihrem unteren Theil einen Sprung hatte, in dessen Umgebung die metallene Belegung entfernt wurde. Wurde die Flasche geladen, so floss die Elektricität zuerst in einem Strom aus der unteren Oeffnung; setzte man die Ladung fort, so floss sie über den Rand der Flasche in einem leuchtenden kegelförmigen Strom, bis sie die Höhe der äusseren Belegung erreichte. Wurde die Flasche geneigt, so war ein Unterschied in der Zeit des Ueberfliessens über den oberen und den unteren Rand bemerkbar.

Prof. Dr. W. Beetz.

[1] S. Berl. Ber. III. 358.

2. Reibungselektricität.

A. Allgemeine Eigenschaften. Elektrostatik.

a. Erzeugung der Elektricität; Isolatoren.

Meynier. Préparation d'un tissu idioélectrique. C. R. XXVI. 44*; Quesn. rev. sc. XXXII. 148*; Dingl. p. J. CVIII. 235*; Polyt. Centrbl. 1848 p. 603*.

M. Faraday. On the use of gutta percha in electrical insulation. Phil. mag. XXXII. 165*; Edinb. J. XLIV. 295*; Mech. mag. XLVIII. 250*; Pogg. Ann. LXXIV. 154*; Fror. Nat. VI. 344*; Dingl. p. J. CVIII. 14*; Pol. Centrbl. 1848 p. 718*.

Marchand. Elektrische Eigenschaften der gutta percha. Erdm. und March. XLIII. 307*; Pol. Centrbl. 1848 p. 718*.

Langlois. Note sur la production de l'électricité qui a lieu par suite du passage du mercure à travers les corps poreux. C. R. XXVII. 431; Inst. No. 773 p. 326 (Titel).

b. Leitung.

P. Riess. Das Aluminium Electricitätsleiter und magnetisch. Pogg. Ann. LXXIII. 618*.

R. v. Rees. Ueber die elektrischen Eigenschaften der Spitzen u. Flammen. Pogg. Ann. LXXIII. 41*.

P. Riess. Kritisches über elektrische Flammen- und Spitzen-Wirkung. Pogg. Ann. LXXIII. 307*.

R. v. Rees. Ueber elektrische Flammenwirkung. Pogg. Ann. LXXIV. 379*.

P. Riess. Die elektrische Flammenwirkung. Pogg. Ann. LXXIV. 580*.

c. Vertheilung und gebundene Elektricität.

R. Kohlrausch. Nachtrag zum Dellmann'schen Elektrometer. Pogg. Ann. LXXIV. 499*.

— — Der Condensator in Verbindung mit dem Dellmann'schen Elektrometer. Pogg. Ann. LXXV. 88*.

Nach Hrn. Meynier erhält man einen durch seine elektrischen Eigenschaften sich auszeichnenden Stoff, wenn man ein Stück Baumwollen- oder Leinenzeug in dem 15fachen Gewichte eines aus 5 Theilen concentrirter Schwefelsäure und 3 Theilen concentrirter Salpetersäure bestehenden Gemisches eine Stunde lang liegen läfst, dann auspresst, hierauf erst mit gewöhnlichem sodann mit schwach ammoniakhaltigem Wasser, endlich wieder in gewöhnlichem, sodann in Wasser wäscht, welches schwach mit reiner Salpetersäure angesäuert ist und trocknet. Ein so präparirtes Zeug soll, wenn man ein quadratisches Stück von 5 bis 6^{cm} Seite daraus schneidet und als Elektrophor zurichtet, mehre Centimeter lange Funken negativer Elektricität geben.

Herr Faraday macht auf die gutta percha als auf eine für reibungselektrische Untersuchungen sehr nützliche Substanz aufmerksam. Diese Substanz wird durch Reiben stark negativ elektrisch, kann also zur Erregung der Elektricität als Elektrophor oder Elektrisirmaschine benutzt werden, sodann aber zeichnet sie sich durch ihr starkes Isolirungsvermögen aus, worin sie sogar den Schellack zu übertreffen scheint, da sie durch längeres Liegen an der Luft nicht wie der Schellack in ihrem Isolirungsvermögen geschwächt wird; dazu kommt noch die Festigkeit und Zähigkeit der gutta percha, welche dieselbe vortheilhafter wie den Schellack bei der Anwendung von isolirenden Handhaben macht.

Auch Hr. Marchand erwähnt in einer kurzen Notiz die Stärke der Elektricitätserregung beim Reiben von gutta percha.

G. Karsten.

In der Notiz „das Aluminium Elektricitätsleiter und magnetisch" giebt Herr Riess die Nachricht, daſs das Aluminium, welches in Pulverform die Elektricität nicht leitet, von Wöhler in compacter Masse als Plättchen von $5\frac{5}{6}'''$ Länge und $1\frac{1}{2}'''$ Breite dargestellt und in dieser Form als guter Elektricitätsleiter gefunden worden ist, und daſs es, wie Poggendorff gezeigt hat, stark magnetisch ist. Herr Poggendorff fügt in einem Zusatze selbst hinzu, daſs es in der galvanischen Reihe positiver als Platin, Silber, Kupfer, Wismuth, Antimon und Nickel, negativer dagegen als Blei, Zinn, Eisen, Kadmium und Zink ist.

Die oben citirten Abhandlungen der Hrn. RIESS und VAN REES sind die Fortsetzung [1]) eines Streites, welcher durch eine Abhandlung von Hrn. VAN REES [2]) veranlaſst ist, in der die von Hrn. RIESS aufgestellte Erklärung der elektrischen Flammenwirkung [3]) als unwahrscheinlich bezeichnet und eine andere dafür gegeben wird. Hr. RIESS hat eine Kritik dieser Abhandlung veröffentlicht [4]), gegen welche sich Hr. VAN REES vertheidigt. Es kann hier nicht der Ort sein die ganze Discussion genau zu berichten. Daher sollen nur die zu erklärenden Erscheinungen und ihre verschiedene Erklärung kurz angeführt werden, wobei dann Einiges von der Begründung und Bestreitung derselben herauszuheben sein wird.

Bezeichnen wir mit den Ausdrücken „elektrische und unelektrische Flamme" eine Flamme, die mit einem elektrischen oder unelektrischen Leiter in leitender Verbindung steht; so lassen sich die in Rede stehenden Erscheinungen wie folgt aussprechen.

Eine elektrische Flamme entladet sich in kurzer Zeit vollständig und ladet einen in ihrer Nähe befindlichen Leiter mit ihrer Elektricität.

Eine unelektrische Flamme entladet einen in der Nähe befindlichen elektrischen Leiter (wenn auch nicht ganz vollständig) und ladet sich mit dessen Elektricität.

Da dieselben Erscheinungen eintreten, wenn an die Stelle der Flamme eine feine leitende Spitze gesetzt wird; so führt sie Hr. RIESS auf die Spitzenwirkung zurück, indem er annimmt, daſs die von der Flamme aufsteigenden Verbrennungsprodukte sich in theils isolirende theils leitende Fäden spalten, welche in feine Spitzen auslaufen. Hiernach heiſst es denn:

Die elektrische Flamme verdichtet ihre Elektricität in ihren feinen Spitzen bis zum Ausströmen und wirkt durch diese Verdichtung auf den in der Nähe befindlichen Leiter so stark ein, daſs sich dessen natürliche Elektricität nicht nur vertheilt, sondern daſs dessen entgegengesetzte in den zunächst liegenden Punkten

[1] S. Berl. Ber. f. 1847. III. 316*.
[2] Het instituut of verstagen etc. over de Jar. 1846. No. 1. p. 62.
[3] POGG. Ann. LXI. 545*.
[4] POGG. Ann. LXXI. 568*.

bis zum Ausströmen verdichtet wird, dafs also nur die gleichartige zurückbleibt.

In einer unelektrischen Flamme wird durch den in der Nähe befindlichen elektrischen Leiter die natürliche Elektricität so vertheilt, dafs die entgegengesetzte in den Spitzen der Flamme nicht nur bis zum Ausströmen condensirt wird, sondern auch in dieser Verdichtung auf die Elektricität des Leiters so anziehend zurückwirkt, dafs diese, die ohne dies nicht auszuströmen im Stande ist, an der, den Flammenspitzen zunächst liegenden Stelle entweicht.

Hr. van Rees spricht sich zuvörderst gegen die Vorstellung von der Spitzenwirkung aus und sagt, man könne nicht annehmen, dafs die Elektricität als unwägbare Materie aus den Spitzen selbstständig ausströme und, wie es doch dabei geschehen müfste, wägbare Massen in Bewegung setze; es sei vielmehr nur zu behaupten, dafs die in den Spitzen vermehrte Dichtigkeit der Elektricität die Mittheilung derselben an einen Nichtleiter, hier die Luft, möglich mache, welche dann, nach den gewöhnlichen Gesetzen abgestofsen, die Elektricität mit sich fortführe. — Diese bestimmte Vorstellung von der Entstehung des Windes an elektrischen Spitzen macht zwischen der Voltaschen Erklärung, welche Hr. Riess in seiner erwähnten Abhandlung anführt und widerlegt, und der des Hrn. van Rees einen solchen Unterschied, dafs jene Widerlegung des letzteren Ansicht unberührt läfst. —

Bei dieser Ansicht von der Spitzenwirkung bedarf Hr. van Rees, um die Uebereinstimmung in der elektrischen Spitzen- und Flammenwirkung zu erklären, nicht der Annahme, dafs die Flamme oder vielmehr die darüber aufsteigende Gassäule in leitende Spitzen auslaufe, weil die elektrischen Flammentheilchen sich schon von selbst entfernen und die Elektricität entführen. Dies ist nach Hrn. van Rees für die Erklärung der elektrischen Flammenwirkung sehr vortheilhaft, weil die Existenz der Dampfspitzen sehr unwahrscheinlich sei. Denn 1) lasse die Vorstellung von dem Verbrennungsprozesse und die Diffusion der Gase ein Zerspalten der Gassäule in leitende und isolirende Fäden nicht zu; 2) gebe die unsichtbare Gassäule im Sonnenmikroskop durch ihre verschiedene Brechkraft ein Bild, das bis zu einem Meter Höhe über der Flamme keine Spitzen zeige sondern in wolkenförmige Linien auslaufe, und 3) gehe die Eigenschaft der Gase und des Wasserdampfes, in der Glühhitze der Flamme die Elektricität zu leiten, mit der hohen Temperatur zugleich verloren und reiche keinen Falls bis zu Höhen, wo die Spitzen der Gassäule zu suchen wären. Demnach giebt Hr. van Rees von jenen Erscheinungen folgende Erklärung:

Die elektrische Flamme wirkt einerseits auf den in der Nähe befindlichen Leiter vertheilend, andererseits erfüllt sie die Luft mit ihren elektrischen Flammentheilchen, welche dann auf jenem Leiter die entgegengesetzte Elektricität neutralisiren und die gleichartige zurücklassen.

In der unelektrischen Flamme wird durch den in der Nähe befindlichen elektrischen Leiter die natürliche Elektricität vertheilt; die ungleichnamige verbreitet sich mit den Flammentheilchen durch die Luft und neutralisirt die Elektricität jenes Leiters.

Ob eine solche Uebertragung innerhalb der Grenzen dieser Erscheinungen möglich und wahrscheinlich ist, darüber verweise ich auf die betreffenden Abhandlungen selbst; so wie auch in Bezug auf die Einzelnheiten der Discussion. Indessen einen Vorwurf, welcher von Hrn. Riess seinem Gegner gemacht wird und ungegründet ist und Einiges aus der letzten Erwiderung des Hrn. Riess kann ich nicht übergehen, weil Hr. van Rees selbst nicht darauf geantwortet hat. Nämlich Pogg. Ann. LXXIII. p. 312 heifst es: „Hr. van Rees stimmt je nach dem Falle meiner Erklärung „oder der früheren bei. Ist die Flamme elektrisirt, so soll der „fremde Körper durch wirkliche Mittheilung von ihr elektrisirt „werden (s. dens. Band S. 56); ist der Körper elektrisirt, so soll „die Flamme durch Influenz Elektricität erhalten (S. 58).“ Dies ist aber irrthümlich. Hr. van Rees stimmt mit Hrn. Riess nur darin überein, dafs er auch die Influenz zur Erklärung der Erscheinungen für nothwendig hält, weicht aber in der Vorstellung, wie die Elektricität (mag sie nun der Mittheilung oder der Vertheilung ihr Dasein in dem fremden Körper oder der Flamme verdanken) sich entfernt, in allen Fällen ab. Ferner in der letzten Erwiderung spricht sich Hr. Riess so aus, als wenn Hr. van Rees Wesentliches gegen seine Theorie eingeräumt hätte. Dem ist aber nicht so. Denn Hr. van Rees giebt nur zu, dafs die Leitungsfähigkeit der Flamme höher hinaufreicht als bis zur Spitze des sichtbaren Theils, aber keinesweges bis dahin, wo die Dampfspitzen zu vermuthen sein könnten. Ferner sagt Hr. Riess S. 581: „Dafs die Beweglichkeit der leitenden Gassäule zur betrachteten „Erscheinung mitwirke, ist seit 1747 (du Tour) bis heute nicht in „Frage gestellt gewesen, sondern nur, ob diese zur Hervorbrin„gung der Erscheinung wesentlich nothwendig sei. Dies habe „ich zuerst verneint, indem ich neben der elektrischen Mitthei„lung auch die Influenz zur Erklärung der Flammenwirkung be„nutzte. In diesem Erklärungsprincip liegt der Nerv des Streites „und nicht in der Existenz der Dampfspitzen, die dem Herrn „van Rees so viel zu schaffen machen." Hr. van Rees macht sich aber nicht ohne Grund mit den Dampfspitzen so viel zu schaffen; denn er nimmt ja selbst die Influenz bei seiner Erklärung zur Hülfe; diese bestreitet er nicht. Nur den Vorgang durch welchen die Elektricität aus der elektrischen Flamme und die entgegengesetzte des durch Influenz elektrischen Leiters oder die Elektricität aus dem elektrischen Leiter und die entgegengesetzte aus der durch Influenz elektrischen Flamme verschwindet, und wozu Hr. Riess die Dampfspitzen nöthig hat, denkt er sich anders. Es sind also in der That diese der Nerv des Streites. Wir führen das nur an, weil es ein Nachtheil wäre, wenn der Streit, auf einen andern Punkt geleitet, unentschieden bliebe.

Es wäre im Gegentheil zu wünschen, dafs Herr Riess, statt den Streit abzubrechen, durch entscheidende Experimente die Unzulänglichkeit der „unbezweifelten Beweglichkeit der Flammentheilchen" und die Nothwendigkeit der supponirten Dampfspitzen nachwiese.

R. Kohlrausch. Nachtrag zum Dellmann'schen Elektrometer. Der Condensator in Verbindung mit dem Dellmann'schen Elektrometer.

Hr. Kohlrausch hat früher[1]) eine Anordnung des Dellmannschen Elektrometers gegeben, durch welche sich das Instrument zu quantitativen Bestimmungen in den Fällen besonders eignet,

[1] Pogg. Ann. LXXII. 353*.

in welchen die zu messende Elektricität unerschöpflich aber von sehr geringer Spannung ist. In diesem Nachtrag giebt er noch eine Verbesserung, dann eine Anweisung zur Anfertigung dieses Instruments und endlich eine Bestätigung der Behauptung, dafs die Pogg. Ann. LXXII. 385 angeführten Tabellen auch für verschiedene Instrumente der Art anwendbar sind.

In der zweiten Abhandlung sagt Herr Kohlrausch, dafs er durch die Verbindung eines Condensators mit dem Dellmann'schen Elektrometer im Stande gewesen ist, die elektroscopische Spannung an den Polen einfacher Volta'scher Ketten fast mit derselben Genauigkeit zu messen, mit welcher man die elektromotorische Kraft bestimmt, und giebt dann alle die Vorsichtsmafsregeln an, welche zu genauen Mafsbestimmungen mit dem Condensator nöthig sind. Diese Mafsregeln stimmen mit den Bedingungen, welche aus der Riess'schen Ansicht vom Binden der Elektricität[1]) hervorgehen, überein und sind somit im Bericht über die Arbeit von Riess[2]) erwähnt. Herr Kohlrausch überzeugte sich aber auch noch experimentell, dafs die Ladungen der Collektorplatte den Spannungen an den Polen verschiedener Säulen oder einfacher Ketten, mit denen geladen wurde, proportional sind, indem er die Collektorplatte mit Säulen aus Zink und Kupfer in Wasser aber von verschiedener Gliederzahl ladete und nun fand, dafs die Ladungen der Anzahl der Glieder proportional sind. — Er macht ferner auf eine lästige Fehlerquelle aufmerksam, die bei dergleichen Untersuchungen wohl zu berücksichtigen ist. Er fand nämlich, dafs sein Condensator zuweilen für den positiven zuweilen für den negativen Pol der untersuchten Kette eine gröfsere Spannung angab. Eine Reihe von Beobachtungen, welche er an einer Zink-Kupfer-, Eisen-Kupfer- und Zink-Eisen-Kette so anstellte, dafs je drei ziemlich gleichzeitig waren, bei jeder Kette aber z. B. die höchste Beobachtung 138 Stunden nach der ersten gemacht war, zeigte überall die negativen Pole im Uebergewicht und dieses war bei allen Ketten zu gleicher Zeit gleich oder folgte wenigstens bei jeder Kette mit der Zeit denselben Gang. Da diese ganze Beobachtungsreihe bei trübem Wetter und Regen ge-

[1] Pogg. Ann. LXXIII. 367*.

[2] S. Berl. Ber. f. 1847 III. S. 324*.

macht war und eine andere bei schönem heiteren Wetter die positiven Pole im Uebergewicht zeigte; so ist der Verf. geneigt hierin einen Witterungseinflufs zu sehen, wiewohl er nicht leugnet, dafs andere Erscheinungen eine solche Verbindung erschweren. Diese Fehlerquelle ist nach ihm jedoch zu verstopfen; denn „die wahre Spannung an den Polen der geöffneten Kette ist das Mittel zwischen den beiden durch den Condensator gemessenen Spannungen der Pole.“ Die angeführten Resultate zeigen nämlich, dafs, wenn eine Aenderung der Differenz eintritt, dies immer durch eine Zunahme an dem einen und eine Abnahme an dem andern Pol geschieht, wenn diese beiden Aenderungen auch nicht immer ganz gleich sind, wie es der Verf. ausspricht.

C. G. Jungk.

B. Entladung der Batterie.

A. J. Maas. Sur le renversement du signe électrique qui se présente immédiatement après la décharge des condensateurs. Bull. de Brux. XV. 1. 9*; Inst. No. 746 p. 121*.

Crahay. Note sur la communication de Mr. Maas. Bull. de Brux. XV. 1. 58*; Inst. No. 746 p. 122*.

A. J. Maas. Réponse. Bull. de Brux. XV. 1. 277*; Inst. No. 762 p. 242*.

Crahay. Replique. Bull. de Brux. XV. 1. 281*; Inst. No. 762. p. 242*.

Isham Baggs. On the disruptive discharge of accumulated electricity, and the proximate cause of lightning. Phil. mag. XXXII. 391*; Proc. of the roy. soc. 13. Jan. 1848; Inst. No. 755 p. 195*.

W. S. Harris. On the general law of electrical discharge. Athen. 1848 No. 1088 p. 888; Inst. No. 790 p. 63; (Titel).

Marianini. Sopra l'azione magnetizzante delle correnti elettriche momentanee. Memoria II. Influenza dell' conduttore liquido fatto attraversare dalla scarica della boccia di Leida nella magnetizzazione da essa prodotta nel metallo attorno al quale si fa circolare la scarica stessa. Racc. fis. chim. III. 172.

Zantedeschi. Nota sulla cagione del singolar fenomeno che offre la corrente leido-elettrica diacquistare cioè notabilmente di forza magnetizzante quando attraversa uno strato liquido di mediocre conducibilità di cui parla la precedente memoria. Racc. fis. chim. III. 191.

Marianini. Sopra l'azione etc. memoria III. Dell' influenza dell ferro attorno a cui circola una scarica elettrica nella magnetizzazione di altro ferro attorno al quale circola pure la scarica medesima. Racc. fis. chim. III. 233.

A. J. Maas. Ueber die Umkehrung des elektrischen Zeichens unmittelbar nach der Entladung der Condensatoren.

Herr Maas theilt in dieser Note die neue Erscheinung mit, dafs eine Leydner Flasche, welche auf der innern Belegung positive Elektricität hat, unmittelbar nach der Entladung auf derselben Armirung einen Ueberschufs negativer Elektricität zeigt, indem ihr Knopf ein negativ geladenes Elektroscop zu einer gröfsern Divergenz treibt. Einige Zeit nach der Entladung tritt aber wieder der gewöhnliche positive Ueberschufs ein. War die Flasche im Innern mit negativer Elektricität geladen, so zeigt sich unmittelbar nach der Entladung ein positiver Ueberschufs im Knopf. Diese Erscheinungen, welche an einer Leydner Flasche, die oben mit einem lackirten Holzdeckel verschlossen war, beobachtet wurden, sind Hrn. Maas nach den gewöhnlichen Theorien unerklärlich und scheinen ihm auf eine undulatorische Bewegung der sich verbindenden Elektricitäten hinzudeuten.

Hr. Crahay weist dagegen nach, dafs sich Hr. Maas bei seinen Beobachtungen geirrt hat. Er zeigt durch Anwendung des Probescheibchens, dafs der Knopf einer Leydner Flasche, die positiv geladen war, auch unmittelbar nach der Entladung stets positiv elektrisch ist, dafs dagegen der nicht armirte oder mit Lack überzogene Theil der äufsern Fläche freie negative Elektricität enthält; dafs auch der Knopf nach der Entladung immer mit positiver Elektricität auf das Elektroscop wirkt, wofern er nur durch Befestigung an einem langen Draht aus der Wirkungssphäre der negativen Elektricität gebracht ist, welche sich auf dem äufsern nicht armirten Rande der Flasche befindet, oder wofern nur dieser Rand vorher seiner Elektricität beraubt wird. Dafs die von Hrn. Maas beobachtete Umkehrung auch unter Vermeidung dieser Vorsichtsmafsregeln nur unmittelbar nach der Entladung hervortritt, erklärt Hr. Crahay durch die Langsamkeit, mit welcher sich die an der innern Glasfläche haftende positive Elektricität von dieser losmacht und über die Belegung und den Knopf verbreitet, und durch welche sie gehindert ist, gleich nach der Entladung den Einflufs des negativen Randes, welcher dann in geringerer Ferne wirkt, zu überwiegen. Er zeigt auch durch ein unzweifelhaftes

Experiment, dafs sich der zurückbleibende Ueberschufs erst mit der Zeit für die Ferne geltend macht. Hr. Maas bezweifelt die Richtigkeit dieser Experimente nicht, giebt auch zu, dafs es die Elektricität auf dem äufsern Rande gewesen ist, welche auf sein Elektroscop gewirkt hat; findet aber die Erscheinung doch unerklärlich, weil sie, gegen alle früheren Annahmen, einen negativen Ueberschufs auf der äufsern Belegung voraussetze.

Herr Crahay zeigt aber in einer folgenden Arbeit durch genaue Experimente, dafs, wenn von zwei entgegengesetzten Elektricitäten auf verschiedenen Seiten einer Glasscheibe, die mit dem Rande so gegen ein Elektroscop gerichtet ist, dafs sie ohne Einflufs d. h. die beiden Elektricitäten sich in ihren Wirkungen aufheben, der einen durch eine nicht elektrische Glas- oder Holztheile so zu sagen die Aussicht auf das Elektroscop genommen wird — dafs dann die Wirkung dieser geschwächt wird, die Wirkung der andern also hervortritt; dafs demnach auch bei den Experimenten des Herrn Maas die scheinbare Verstärkung der Elektricität auf der äufsern Fläche nichts weiter anzeigt, als dafs der Einflufs der innern Elektricität durch den Holzdeckel geschwächt ist. Erst wenn diese frei auf den Knopf heraustritt wird ihr Einflufs überwiegend.

C. G. Jungk.

Hr. J. Baggs will laut der kurzen Mittheilung im Phil. mag. gefunden haben, dafs die Intensität der elektrischen Ladung, welche den Isolator so eben zu durchbrechen im Stande ist, mit dem Cubus der Dicke des Isolators wächst. Versuche zum Belege dieser Ansicht werden nicht mitgetheilt, eben so wenig Vorrichtungen erwähnt, die als Maafs der Ladung gedient haben könnten.

Eine im zweiten Theile der Notiz gemachte Bemerkung über die Schlagweite der von Dove Flaschensäule genannten Combination leydener Flaschen ist, nachdem Dove's Untersuchungen uns schon lange bekannt waren, ohne Interesse.

Die Arbeiten der Hrn. Marianini und Zantedeschi sind hier vorläufig nur citirt worden, sollen aber erst im nächsten Jahrgange im Zusammenhange mit andern Untersuchungen über denselben Gegenstand besprochen werden.

G. Karsten.

C. Elektro-Induktion.

v. Ettingshausen. Ueber einen Satz Green's, das elektrische Potential betreffend. Sitzungsber. d. Wiener Ak. 1848 Heft 3. p. 154*.

E. Verdet. Recherches sur les phénomènes d'induction produits par les décharges électriques. Ann. d. ch. et de ph. XXIV. 377*.

Knochenhauer. Ueber die Veränderungen welche der Entladungsstrom einer elektrischen Batterie erleidet, wenn mit dem Schliefsungsdrahte eine zweite Batterie in Verbindung gesetzt wird. Sitzungsb. d. Wiener Akad. 1848 Heft 4. p. 10*.

In der Abhandlung des engl. Mathematikers Georg Green, An essay on the application of mathematical analysis to the theories of electricity and magnetism, welche zu Nottingham im Jahre 1828 erschien, findet sich im Art. 6 S. 18 der folgende Satz:

Es sei A eine geschlossene, die Elektricität vollkommen leitende Fläche, und p_1 ein Punkt aufser ihr, in dem eine gegebene Elektricitätsmenge Q concentrirt ist, und welche einen elektrischen Zustand in A induciren soll; der Werth V der von der Fläche allein herrührenden Potentialfunktion bezüglich irgend eines andern ebenfalls aufserhalb der Fläche befindlichen Punktes p_2 wird eine solche Funktion der Coordinaten von p_1 und p_2 sein, dafs die Coordinaten von p_1 in jene von p_2 und umgekehrt, ohne Aenderung des Werthes der Funktion, umgewandelt werden können. Oder mit andern Worten: der Werth der von der Fläche allein herrührenden Potentialfunktion bezüglich p_2, wenn die inducirende Elektricität Q in p_1 concentrirt ist, kommt jenem gleich, der bezüglich p_1 Statt hätte, wenn die nämliche Elektricität Q in p_2 concentrirt wäre.

Mit diesen Worten spricht Herr v. ETTINGSHAUSEN den Satz in einer Mittheilung an die Wiener Akademie aus, und erklärt denselben für nicht allgemein richtig. Der Berichterstatter kann mit dieser Ansicht nicht einverstanden sein, und meint die allgemeine Gültigkeit desselben verfechten zu müssen. Es mag hier der folgende Beweis des GREEN'schen Satzes eine Stelle finden.

Ist aufserhalb eines Leiters A Elektricität vorhanden, so giebt es bekanntlich immer auf der Oberfläche von A eine Vertheilung von Elektricität, deren Potential in Bezug auf irgend einen Punkt im Innern oder auf der Oberfläche von A gleich ist dem Potentiale der vorhandenen Elektricität in Bezug auf denselben Punkt. Es sei m_1 die Dicke der elektrischen Schicht, die in dieser Weise substituirt werden kann für die Elektricitätsmenge 1, die sich in dem Punkte p_1 befindet, in einem unbestimmten Elemente der Oberfläche von A, dw. Entsprechend sei m'_2 die Dicke der elektrischen Schicht, die für die Elektricitätsmenge 1, die sich im Punkte p_2 befindet, substituirt werden kann, in einem zweiten unbestimmten Elemente der Oberfläche von A, dw'.

Die Dicke der elektrischen Schicht, die auf der Oberfläche von A hervorgerufen wird durch die vertheilende Wirkung der Elektricität Q, die sich im Punkte p_1 befindet, sei in dem Elemente dw e_1. Das Potential dieser Schicht in Beziehung auf die Elektricitätsmenge 1 in p_2 ist es, von dem bewiesen werden soll, dafs es ungeändert bleibt, wenn man die Coordinaten von p_1 mit denen von p_2 vertauscht. Dieses Potential werde mit V bezeichnet. Dasselbe kann auch definirt werden als das Potential der Elektricitätsmenge 1 in dem Punkte p_2 in Bezug auf die Schicht, deren Dicke e_1 ist; und dieses Potential ist gleich demjenigen der Schicht, deren Dicke m'_2 ist, wiederum in Beziehung auf die Schicht, deren Dicke e_1 ist. Daher wird, wenn e_1 die Entfernung der beiden unbestimmten Elemente dw und dw' bezeichnet:

$$V = \iint \frac{m'_2\, dw'\, e_1\, dw}{e_1}$$

wo sowohl die Integration nach dw, als die nach dw' über die ganze Oberfläche von A auszudehnen ist.

Wir wollen nun die Bedingungen untersuchen, aus denen e_1 zu bestimmen ist. Eine erste Bedingung ist die, dafs für alle

Punkte der Oberfläche von A das Potential der Elektricitätsmenge Q in p_1 und das Potential der elektrischen Schicht, deren Dicke e_1 ist, eine constante Summe geben. Für das erste dieser beiden Potentiale kann man dasjenige einer Schicht substituiren, deren Dicke Qm_1 ist, und daher diese Bedingung aussprechen durch die Gleichung:

$$\int \frac{dw\,(Qm_1 + e_1)}{e_1} = C_1$$

wo C_1 eine Gröſse bedeutet, die für alle Elemente dw' denselben Werth hat. Eine zweite Bedingung, der e_1 genügen muſs, ist die, daſs die Summe der Elektricität, welche die Schicht von der Dicke e_1 bildet, $= o$ sei, d. h. daſs

$$\int e_1\, dw = 0$$

werde. Setzen wir

$$Q\,m_1 + e_1 = \varepsilon_1$$

so haben wir zur Bestimmung von ε_1 die beiden Gleichungen:

$$\int \frac{dw\, \varepsilon_1}{e_1} = C_1, \qquad \int \varepsilon_1\, dw = Q \int m_1\, dw$$

Diese zeigen, daſs ε_1 die Dicke der elektrischen Schicht in dem Elemente dw ist, die sich auf der Oberfläche des Leiters A bildet, wenn demselben eine Elektricitätsmenge

$$Q \int m_1\, dw$$

mitgetheilt, und diese keinen andern Kräften unterworfen ist, als denjenigen die ihre einzelnen Theile auf einander ausüben. Es wird ε_1, und deshalb auch C_1 mit dieser Elektricitätsmenge proportional sein, und daher werden wir haben:

$$C_1 = \alpha Q \int m_1\, dw$$

wo α eine Gröſse bedeutet, die allein von der Gestalt von A abhängt. Es ist α nämlich das Potential einer Elektricitätsmenge 1, die dem Körper A mitgetheilt und keinen fremden Kräften unterworfen ist, in Beziehung auf einen inneren Punkt.

Nun wollen wir in dem Ausdrucke von V e_1 durch ε_1 ersetzen; dann erhalten wir:

$$V = \iint m'_2\, dw' \cdot \frac{\varepsilon_1\, dw}{e_1} - Q \iint \frac{m_2'\, dw'\, m_1\, dw}{e_1}$$

oder, indem wir in dem ersten Doppelintegrale die Integration nach dw ausführen, und für die Gröfse C_1, die dann auftritt, ihren Werth substituiren:

$$V = \alpha Q \int m_1 \, dw \int m_2' \, dw' - Q \iint \frac{m_1 \, dw \cdot m_2' \, dw'}{e_1}$$

Diese Form des Ausdrucks von V zeigt, dafs v ungeändert bleibt, wenn man die Punkte p_1 und p_2 mit einander vertauscht; sie zeigt also die allgemeine Gültigkeit des GREEN'schen Satzes.

Prof. Dr. G. Kirchhoff.

E. VERDET. Untersuchungen über die Inductionserscheinungen, welche durch elektrische Entladungen erzeugt werden.

Hr. VERDET berichtet neue Versuche über die Richtung eines elektrischen Stromes, der durch die Entladung einer elektrischen Batterie inducirt wird und widerlegt die Experimente, welche KNOCHENHAUER darüber angestellt hat, so wie auch dessen Ansichten über den Zusammenhang zwischen der inducirenden und inducirten Entladung.

Er benutzt zu seinen Untersuchungen die von HENRICI gemachte Entdeckung, dafs zwei, in eine elektrolytische Flüssigkeit tauchende Platin- oder Golddrahte durch eine hindurchgeleitete elektrische Entladung eine vorübergehende elektromotorische Kraft erlangen, welche der Entladung entgegengesetzt wirkt, und findet, dafs, wenn solche Drähte die Enden eines Schliefsungskreises sind, in welchem die inducirten Entladungen zu Stande kommen, sie nach jeder inducirenden Entladung so polarisirt sind, wie es nur durch eine dieser letztern gleich gerichtete Entladung geschehen kann. Die Polarisation ist aber schwach und nur bei sehr starken Entladungen wahrnehmbar. Dagegen ist sie viel stärker, wenn der Schliefsungskreis der inducirten Entladung unterbrochen ist, so dafs diese nur durch einen Funken zu Stande kommen kann; dann ist sie aber für schwache Entladungen hinsichtlich der Richtung nicht so regelmäfsig. Wird die Unterbrechung so eingerichtet, dafs nach der Erscheinung in völlig geschlossenem Kreise die positive Elektricität von einer Spitze zu einer Fläche übergeht, so ist die Polarisation wieder stets in demselben Sinne und zwar um so stärker, je gröfser die Unterbrechung ist. Bei umgekehrter Anordnung der Unterbrechung tritt die Regelmäfsigkeit in der Richtung der Polarisation erst bei grofsen Abständen ein. Inducirte Entladungen zweiter Ordnung stehen zu denen erster Ordnung in demselben Verhältnifs, wie diese zu der inducirenden Entladung. — Alle diese Erscheinungen bestätigen die gewöhnliche Annahme, dafs die inducirte Entladung aus zwei entgegengesetzten besteht, von denen die erste der inducirenden entgegen, die zweite gleich gerichtet ist, beide zwar gleiche Elektricitätsmengen bewegen, die zweite aber in kürzerer Zeit (daher ihr gröfserer Einflufs auf die Polarisation). Die Unregelmäfsigkeit, welche in der Richtung der Polarisation eintritt, wenn der Kreis der inducirten Entladung unterbrochen ist, wird durch die von Hrn. Verdet beobachtete Thatsache erklärlich, dafs die Schlagweite der inducirten Entladung weit gröfser ist, wenn die positive Elektricität von einer Spitze zur Fläche übergeht, als wenn sie den entgegengesetzten Weg nimmt. Denn bei dieser Eigenthümlichkeit der elektrischen Entladung kann eine geringe Veränderung an den getrennten Stücken der entgegengesetzten Entladung den Uebergang so erleichtern, dafs die andere trotz ihrer gröfsern Spannung in Bezug auf die Polarisation im Nachtheil bleibt. Riess hat früher mittels der Harzfiguren die Richtung der inducirten und der inducirenden gleich gefunden, später aber durch Versuche am Condensator veranlafst dieses Resultat als zweifelhaft hingestellt. Hr. Verdet bestätigt es wieder, jedoch wird es hier deutlicher als dort, dafs die inducirte Entladung eine doppelte ist und dafs es hauptsächlich auf das Untersuchungsmittel ankommt, welche der beiden sich vorzugsweise geltend macht.

Hr. Knochenhauer hat eine Reihe von Abhandlungen geliefert, in welchen er zu dem Resultate kommt, dafs die inducirte Entladung der inducirenden entgegengesetzt ist und dafs jene von dieser nach demselben Gesetze abhängig ist, nach welchem von der freien Elektricität eines Leiters die gebundene auf einen andern nicht isolirten bestimmt wird. Beides widerlegt Hr. Verdet, indem er insonderheit diese Uebereinstimmung des Zusammenhangs als scheinbar aufweist und zeigt, dafs die freie Elektricität der Batterie, welche durch Seitenentladung zu mancherlei Täuschungen Veranlassung geben kann, auf die Richtung der inducirten Entladung ohne Einflufs ist. Wegen des Näheren hierüber verweise ich auf die Abhandlung selbst und auf die Arbeiten von Knochenhauer (s. Berl. Ber. I. 422*; Ann. d. ch. et d. ph. XVII. 77*).

C. G. Jungk.

D. Erregung der Elektricität.

S. ob. V. 2. A. c. Meynier. Faraday. Marchand. Langlois.

E. Apparate zur Reibungselektricität.

S. ob. V. 2. A. c. Kohlrausch.

F. Pyroelektricität.

W. Hankel. Nachweis, dafs in den elektrischen Polen des Borazits und Litanits sowohl während ununterbrochen steigender als sinkender Temperatur ein Wechsel der Elektricitäten stattfindet. Pogg. Ann. LXXIV. 231*.

Hr. Hankel hat durch eine Reihe sehr sorgfältig ausgeführter Beobachtungen die Richtigkeit seines früher gewonnenen Resultates bestätigt, welches darin besteht, dafs bei stetiger Wärmeveränderung eines Krystalles das Zeichen der Elektricität mehrmals wechseln kann. Die hemiedrische Fläche eines Borazites z. B. zeigte, indem sie ungefähr von 35° C. bis auf 302° C. stetig erwärmt und dann wieder bis zur ersten Temperatur stetig abgekühlt wurde, successive die Elektricitätswechsel:

+	0	—	0	+	—	—
35°	41°	53°—192°	204°	217°—281°	283°—302°	302°—279°

0	+	—	0	+
268°—247°	235°—226°	217°—107°	102°—93°	89°—48°

Durch diese Versuche sind die von P. Riess und G. Rose geäufserten Zweifel über die Gültigkeit der frühern Beobachtungen des Hrn. Hankel wohl als gelöst zu betrachten.

G. Karsten.

3. Atmosphärische Elektricität.

Ueber die Anwendung von Messingdrahtstricken zu Blitzableitern. Dingl. Polyt. Journ. 108 p. 155*.

C. Brunner. Elektrische Lichterscheinungen ohne Donner. Fror. Not. 9. 10. p. 152*; Bibl. un. d. Gen. Dec. 1848*.

Coulier. Effets produits par la foudre dans la nuit du 5 au 6 Septbr. sur la chéminée d'une machine à vapeur. C. R. XXVII. p. 296*.

Peytal. Explication du phénomène des trombes. Inst. No. 762 p. 239*.

Ladame. Sur les phénomènes électriques de l'air. Bibl. univ. 1848 IX. 286*; Fror. Not. IX. 177*.

Messingdrahtstricke als Blitzableiter.

Die Messingdrahtstricke, welche statt der Eisenstangen zu Blitzableitern in Bayern schon allgemein angewendet werden, haben vor diesen letztern bedeutende Vorzüge. Sie können wegen des gröfsern Leitungsvermögens um die Hälfte dünner gemacht werden, schmiegen sich leicht jeder Biegung der Vorsprünge der Gebäude an und werden durch die Atmosphäre viel weniger angegriffen. Auch kann man sich leicht Seile von beliebiger Länge herstellen und die Anbringung derselben ist viel einfacher und bequemer als die Aufstellung der Eisenstangen und endlich ist die ganze Einrichtung billiger, da der Querschnitt der Seile nur 4,7 Linien zu betragen braucht.

C. Brunner. Elektrische Lufterscheinungen ohne Donner.

Schon von vielen Physikern sind Blitze von keinem Donner begleitet beobachtet worden; ein Freund des Verf., Dr. v. Erlach, sah solche Erscheinungen zu Mayringen im Berner Oberlande. Wenn der von den Bergen herabkommende Wind, dem westlichen Winde im Thale von Hasli begegnet, bemerkt man nach ihm nicht selten im Winter elektrische von keinem Donner begleitete Entladungen. Hr. v. Erlach beobachtete dies Phänomen im Winter 1847—48 zwei Mal: einmal am 7. Januar 9 Uhr Abends vom Kirchetberge, der das Thal von Oberhasli versperrt; das andre Mal gleichfalls am Abende von einem hochgelegenen Punkte in der Nähe Mayringens, die Hube genannt.

Elektrische Entladungen dieser Art sind indefs nicht der Alpenkette allein eigen. A. v. Humboldt beobachtete sie am Orinoco vor Sonnenaufgang; Blach bemerkt, dafs auf Sumatra fast allnächtlich elektrische Entladungen ohne Donner stattfinden; auch Brandes sah einen Blitz ohne Donner aus einer kleinen Wolke fahren; de la Rive machte in einer Augustnacht ähnliche Beobachtungen. Kaemtz spricht von Blitzen ohne Donner an der Ostküste der Vereinigten Staaten, welche er im Jahre 1817 in einer Januarnacht beobachtete: die Blitze folgten nach ihm schnell auf einander, wurden jedoch nur selten von Donner begleitet. Ein Fall den Burshell am Vorgebirge der guten Hoffnung beobachtete hat mit den Angaben des Hrn. v. Erlach die gröfste Aehnlichkeit: nach ihm schofs in einer dunklen Nacht, während grofse Regentropfen aus einer dicken Wolke fielen, aus dem Zenith ein Blitz auf den Ort wo Burshell stand herab, ohne dafs er irgend ein Geräusch wahrnahm.

Hr. Brunner betrachtet die lautlosen Blitze als eine langsame elektrische Entladung, ähnlich derjenigen, welche bei Näherung einer Spitze an einen elektrisirten Körper erfolgt; da sich nämlich alle elektrisirten Körper durch Diffusion ausgleichen können, so scheint ihm eine ähnliche Ausgleichung zweier Elektricitäten auch für die Wolken möglich zu sein. Wenn nun eine derartige Ausgleichung im Finstern erfolgt, so wird sie von einer Lichterscheinung begleitet, deren Dasein man am hellen Tage nicht bemerkt. Nur in der Nacht oder während der Dämmerung wurden bis jetzt Blitze ohne Donner beobachtet. Schon Muschenbröck gab für die donnerlosen Blitze wie für das Elmsfeuer dieselbe einfache Erklärung, nach welcher die Berührung zweier Wolken mit entgegengesetzter Elektricität zu ihrer langsamen Ausgleichung hinreichend scheint.

Wirkung eines Blitzes.

Ein Gewitter, welches sich in der Nacht vom 5.—6. Septbr. über Paris entlud, war besonders heftig in den Gemeinden la Chapelle und la Villette. Von dem Schornstein der Dampfmaschine des Herrn CHAMEROY führte der Blitz ein Stück Mauerwerk im Werthe von 500 Frank fort, indem er diesen grofsen Schornstein dergestalt zurichtete, dafs er auf einen Raum von 17 bis 18 Metres mehrere Oeffnungen zurückliefs, grofs genug dafs ein Mann hindurchkriechen konnte. Darauf hielt er in einer Höhe von etwa 8 Metern über dem grofsen eisernen Dach, welches die ausgedehnten Fabrikgebäude bedeckt an, ohne dafs man die geringsten Spuren des Blitzes auf diesem Wege hätte bemerken können.

Wasserhosen.

Herr PEYTAL vergleicht die Wasserhosen mit elektrischen Condensatoren. Er nimmt zuerst für erwiesen an, dafs der Wasserdampf, der sich von der Oberfläche des Meeres erhebt, positiv elektrisch sei und dafs, wenn sich eine Wolke daraus bildet, die Elektricität auf diese übergeht. Die elektrische Ladung derselben wird dann aus der Entfernung auf die Oberfläche des Wassers wirken und diese in den entgegengesetzten elektrischen Zustand versetzen; dadurch wird der gröfste Theil der Elektricität gebunden werden und die Entladung der Backe, welche die obere Platte des Condensators repräsentirt, kann nun lange Zeit hindurch fortdauern, man wird also einerseits elektrische Lichterscheinungen wahrnehmen, andrerseits wird die Dichtigkeit der Wolke bedeutend zunehmen können, denn in dem Maafse als die freie Elektricität der einzelnen Wasserbläschen, aus denen die Wolke besteht, gebunden wird, verlieren sie ihre abstofsende Kraft gegen einander. Die Vereinigung beider Elektricitäten wird einen beständigen Strom nach Maafsgabe der Natur der Leiter hervorbringen. Geht dieser Strom von oben nach unten, so wird die Wolke die Gestalt eines umgekehrten Kegels annehmen, wobei alle Körper, welche in die Nähe derselben kommen, mit grofser Kraft gegen den Punkt, wo sich die beiden Elektricitäten vereinigen, angezogen werden. Die elektrische Anziehung kann aber auch bewirken, dafs das Wasser sich in Form einer Säule erhebt und sich mit der Spitze des obern Trichters vereinigt. Den Wirbelwind, der oft bei Wasserhosen beobachtet wird, erklärt Herr Peytal folgendermafsen: Durch die Verdichtung des Wasserdampfs in der Wolke entsteht ein leerer Raum, in den von allen Seiten die Luft einzuströmen sucht, wenn dies aber stattfindet, so wird sie durch ihr Beharrungsvermögen in einen Wirbel übergehen, ähnlich wie das Wasser, welches aus einem Trichter mit geradem Boden ausläuft.

H. Poselger.

Eine von Hrn. Ladame mitgetheilte Notiz sucht eine Reihe elektrischer Phänomene der Atmosphäre aus der Hypothese de la Rive's über den Ursprung der atmosphärischen Elektricität zu erklären. Die atmosphärische Elektricität entsteht hiernach aus der Temperaturverschiedenheit des Erdbodens und der verschiedenen Luftschichten, indem man von dem Grundsatze ausgeht, dafs ein Körper welcher Wärme abgiebt negativ elektrisch, ein Körper der Wärme empfängt, positiv elektrisch wird. Ist also der Erdboden warm so werden die anliegenden Luftschichten + der Boden — elektrisch, darauf geben die Luftschichten den höheren benachbarten Wärme ab, werden also gegen diese — elektrisch u. s. f. Das Verhältnifs der Elektricität am Boden und in höheren Luftschichten hängt also mit der Temperaturvertheilung zusammen. Indem nun Hr. Ladame einige meteorologische Fakta, wie die Bildung der Gewitter im Sommer, an bestimmten Lokalitäten und zu bestimmten Zeiten, mit den Folgerungen der Hypothese vergleicht, findet er, dafs diese zur Erklärung einer grofsen Zahl von Phänomenen ausreicht, obwohl er nicht läugnet, dafs positive Beobachtungen zur Unterstützung seiner Schlüsse erforderlich sein werden. Die wichtigsten Phänomene, welche nach Hrn. Ladame durch die angedeutete Hypothese ihre Erklärung finden, sind folgende:

1) Die Häufigkeit der Sommergewitter, die Ursachen ihres Erscheinens und Verschwindens, der Ort ihrer Entstehung, ihre Vertheilung auf der Erdoberfläche.

2) Das Fehlen der Gewitter im Winter, und das Auftreten der Nordlichter an ihrer Stelle.

3) Der Zusammenhang zwischen dem atmosphärisch - elektrischen Zustande und der Wirkung unsrer elektrischen Apparate (die alsdann zu Instrumenten werden könnten, die Temperatur in hohen Luftschichten durch Beobachtung an der Erde zu bestimmen).

4) Das Auftreten der Nordlichter im Zusammenhange mit großsen Störungen der Wärmevertheilung in der Atmosphäre.

Sind die Ideen des Hrn. Ladame bis jetzt auch eben nur Vorstellungen, so lohnt es bei dem Mangel einer genügenden Erklärung der gedachten Phänomene wohl der Mühe, die meteorologischen Beobachtungen auf die Untersuchung dieser Hypothese hinzulenken.

G. Karsten.

4. Thermoelektricität.

S. Goodman. Researches into the identity of the existencies or forces — light, heat, electricity and magnetism. On thermo-electricity. Phil. mag. XXXII. 172*; Athen. 1848 No. 1087. p. 864*.

Ueber die von Sturgeon beobachtete Erscheinung, dafs zur Erregung von Thermoelektricität ein Metall hinreicht, hat Herr Goodman Versuche angestellt. Er fand besonders krystallinische Metalle, Wismuth, Antimon, Eisen, Stahl zu solcher Erregung geeignet. Wurden zwei Metalle angewandt, so war deren thermoelektromotorische Kraft gleich der algebraischen Summe der beiden einzelnen Kräfte. Z. B. gab Eisen am Galvanometer eine Ablenkung von $7\frac{1}{2}$°, Zink $2\frac{1}{2}$°, Eisen-Zink 5°. Ebenso waren die krystallinischen Metalle die wirksameren, wenn man die Elektricität dadurch erregte, dafs zwei Stücke derselben an die Galvanometerenden befestigt und gegen einander gerieben wurden. Wurde Eisen mit einer Stahlfeile gefeilt, so entstand im Galvanometerdraht ein Strom vom Eisen zur Feile, und die beiden Körper wurden magnetisch, und zwar (wie es im Original heifst) die Oberfläche der Feile positiv, die des Eisens negativ.

Herr Goodman glaubt ferner gefunden zu haben, dafs weder Reibungs- noch Thermoelektricität durch reines Wasser, angesäuertes Wasser oder Kupfervitriollösung geleitet werden könne.

Prof. Dr. W. Beetz.

5. Galvanismus.

A. Theorie.

R. Kohlrausch. Die elektromotorische Kraft ist der elektroskopischen Spannung an den Polen der geöffneten Kette proportional. Pogg. Ann. LXXV. 220*.

Poggendorff. Stelle des Aluminiums in der galvanischen Reihe. Pogg. Ann. LXXIII. 619*.

Dewey. (Leitung des Eisens.) Sillim. J. VI. 253*.

J. Müller. Ueber die Abhängigkeit des Leitungswiderstandes von der Temperatur. Pogg. Ann. LXXIII. 434*.

A. J. Maas. Sur une anomalie dans les réactions électriques. Bull. de Brux. XV. 1. 605*; Inst. No. 766 p. 275*.

Ein Aufsatz des Herrn Kohlrausch führt die Ueberschrift: „Die elektromotorische Kraft ist der elektroskopischen Spannung an den Polen der geöffneten Kette proportional.“ Der Verfasser sagt, die Richtigkeit dieser Behauptung sei gewifs von den meisten Physikern stillschweigend angenommen, ohne bisher bewiesen zu sein. Berichterstatter kann diese Vermuthung so wenig zugeben, dafs er sogar den obigen Satz mit keiner der angenommenen Theorien des Galvanismus in Einklang zu bringen weifs. Nach der Contacttheorie mufs zur Hervorbringung einer elektroskopischen Spannung, welche wirklich der fraglichen Kette, und nicht irgend einem anderen Theile des ganzen Apparates zugeschrieben werden soll, nothwendig ein Contact der beiden Metalle stattgefunden haben, was in den Versuchen nicht immer geschah; nach der chemischen Hypothese ist der Sitz der Elektricitätserregung an der positiven Platte, es kann also unmöglich für Messungen am Condensator gleichgültig sein, ob diese Platte mit dem Fufsboden oder mit der zweiten Condensatorplatte verbunden ist, wie dies doch bei den Versuchen hervorgetreten ist. Diese Versuche werden gewöhnlich so angestellt, dafs durch eine Wippe die beiden Platten mit einander, dann durch Umschlagen der Wippe auf kurze Zeit ($\frac{1}{2}$ Secunde) mit den Condensatorplatten eines nach Dellmann's Vorschlag eingerichteten Elektrometers verbunden wurden, so wie es Herr Kohlrausch [1]) an einem anderen Orte beschrieben hat. Durch die erste Stellung der Wippe wurde ein Galvanometer mit in den Strom geschaltet. Die Spannung wurde nach den beiden elektrometrischen Methoden, durch Ablesung des Ausschlagsmittels und durch Torsion, die elektromotorische Kraft durch Bestimmung des Rheostatenwiderstandes, welcher die Galvanometernadel auf eine gewisse Ablenkung brachte, gemessen. Die Resultate sind folgende:

Kette.	Electrom. Kraft.	Spannung	
		d. Ausschlag.	d. Torsion.
1) Zink, Zinkvitriol, Platin, Salpetersäure von 1,357 sp. G.	28,22	28,22	28,22
2) ebenso, aber Salpetersäure von 1,213	28,43	27,71	27,75
3) Zink, Zinkvitriol, Kohle, Salpetersäure von 1,213 . .	26,29	26,15	26,19
4) Zink, Zinkvitriol, Kupfer, Kupfervitriol	18,83	18,88	19,06
5) Silber, Cyankalium, Kochsalz, Kupfer, Kupfervitriol . .	14,08	14,27	14,29
Später	13,67	13,94	13,82
Später	12,35	12,36	12,26

Diese Zahlen stimmen so ausgezeichnet, dafs man in der That das zu beweisende Gesetz als bewiesen betrachten möchte.

1) Pogg. Ann. LXXV. 88*.

Vorauszusetzen war es jedenfalls nicht, man sollte vielmehr glauben, das Elektrometer könnte nur die Spannung zwischen der negativen Platte der Kette und dem äufsersten Metall, mit dem es in leitender Berührung steht, d. h. dem Messing des Condensators, angeben, so dafs die erhaltenen Spannungen den elektromotorischen Kräften Platin-Messing, Kohle-Messing, Kupfer-Messing etc. entsprächen, während der übrige Theil der Kette, Flüssigkeit und positives Metall nur als Ableiter diente. Es ist sehr zu bedauern, dafs Herr Kohlrausch seinen, mit augenscheinlicher Sorgfalt angestellten, Versuchen nicht seine eigene Meinung über diesen Punkt beigefügt, sondern die Sache als eine abgemachte behandelt hat. Wäre die angewandte Kette nicht eine einfache, sondern eine Säule, so wäre gegen den zu beweisenden Satz Nichts einzuwenden.

Herr Poggendorff hat Gelegenheit gehabt, ein Stück cohärentes, von Wöhler dargestelltes Aluminium in Bezug auf seine Stellung in der elektromotorischen Reihe zu untersuchen. In dreiprocentiger verdünnter Schwefelsäure war es positiv gegen Platin, Silber, Kupfer, Wismuth, Antimon und Nickel, negativ gegen Blei, Zinn, Eisen, Kadmium und Zink.

Herr Dewey hat gefunden, dafs eine in den Zinkzellen mit Wasser geladene Grove'sche Säule zu wirken fortfuhr, als das Wasser gefroren war. Er erklärt deshalb Eis für einen Leiter der Elektricität. Faraday hatte gerade das Gegentheil gefunden. (Exp. Res. §. 381*.)

Hr. J. Müller in Halle hat die Umstände untersucht, welche den Leitungswiderstand der Metalle von der Temperatur abhängig machen. Nach den Versuchen von Lenz sind die Gesetze bekannt, nach denen sich der Widerstand der verschiedenen Metalle mit der Temperatur ändert; mit der Temperatur ändern sich aber auch die Cohäsion, das Volumen und die specifische Wärme.

Die Cohäsionsänderungen kennt man nicht, um einen Zusammenhang derselben mit der Widerstandsänderung aufsuchen zu können. Die Volumenveränderungen zeigten durchaus keine Uebereinstimmung mit den Widerstandsänderungen. In Bezug auf die specifische Wärme werden die Versuche von Dulong und Petit benutzt, und theils mit den von Lenz gegebenen Formeln über den Einflufs der Temperatur auf den Widerstand, theils mit eigenen Messungen, welche mit Hülfe des Hankel'schen Differentialgalvanometers angestellt waren, verglichen. Um Mittel aus den Messungen ziehen zu können, wurde angenommen, dafs innerhalb einer Temperaturdifferenz von 10° der Widerstand sich proportional der Temperatur verändere. Beim Eisendraht wich keine Messung um 0,02 ihres Werthes von der Lenz'schen Formel ab, beim Zink und Quecksilber nahmen bis 150° die Widerstände sehr nahe in demselben Verhältnifs ab, in welchem die Temperaturen zunahmen. Aus Dulong und Petit's Versuchen, welche die Wärmecapacität mehrer Metalle zwischen 0 und 100°, und zwischen 0 und 300° angaben, wurden die Capacitäten für die verschiedenen Temperaturen nahe der Voraussetzung gefunden, dafs dieselbe erst proportional der Temperatur änderte. Nun wurde der Quotient der Capacitäten bei 0° und 150° genommen, ebenso der der Widerstände bei 0 und 150°; beide Quotienten bilden, für die verschiedenen Metalle nach ihrer Gröfse geordnet, dieselbe Reihenfolge, nämlich: Quecksilber, Platin, Kupfer, Zink, Silber, Eisen; beim letzteren sind die Verhältnisse, in denen Widerstand und Capacität wachsen, am gröfsten. Herr Müller schliefst aus dieser Analogie, dafs die Schnelligkeit der Zunahme des Widerstandes abhängt von der Schnelligkeit der Zunahme der Capacität, wenn auch aus den bisherigen Versuchen ein constantes Verhältnifs zwischen jenen beiden Quotienten noch nicht aufgefunden werden konnte.

Herr Maas hat darauf aufmerksam gemacht, dafs an einem Bohnenberger'schen Elektroskope oft sehr trügerische Anzeigen erhalten werden können. Waren die beiden trocknen Säulen, welche das Elektroskop bilden, gegen den Fufsboden isolirt, so brachte ein angenäherter elektrischer Körper die zu erwartenden Wirkungen hervor, d. h. wenn zwischen den Säulen nicht ein Goldblatt aufgehängt war, sondern die beiden freien Säulenpole mit zweien BENNET'schen Elektroskopen in Verbindung standen, so wurde das gleichnamig geladene weiter abgelenkt, das ungleichnamig geladene convergirte. Waren dagegen die Säulen nicht isolirt, so traten die unregelmäfsigsten, oft gar entgegengesetzten Erscheinungen ein, während eine schlichte Isolirung einen Indifferenzpunkt zu bilden schien, bei welchem die Annäherung elektrischer Körper gar keinen Einflufs hatte. Herr MAAS hat diese Erscheinung aus theoretischen Gründen herzuleiten versucht, aber mit wenig Erfolg. Er gelangt zu dem Schlufs, dafs unter Umständen zwei gleichartige Elektricitäten eine Anziehung hervorzubringen scheinen können, ohne dafs dadurch der allgemein angenommene Grundsatz über die Anziehung und Abstofsung der Elektricitäten umzustofsen sei.

Prof. Dr. Beetz.

B. Ladung.

H. BUFF. Ueber das Maafs elektromotorischer Kräfte. POGG. Ann. LXXIII. 497*.

T. R. ROBINSON. On the effect of heat in lessening the affinities of the elements of water. Trans. of the Ir. Acad. XXI. 297*.

C. F. SCHÖNBEIN. Ueber die Rolle, welche der Sauerstoff in der GROVE-schen Gassäule spielt. POGG. Ann. LXXIV. 241*.

W. BEETZ. Ueber die Wirkung des freien Sauerstoffs in der galvanischen Kette. POGG. Ann. LXXIV. 381*.

Herr BUFF hat eine Reihe von Versuchen über die galvanische Polarisation angestellt. Als Elektromotor wandte er eine BUNSEN'sche Kette an, als Messinstrumente einen Rheostaten und eine WEBER'sche Tangentenboussole. Die Constanten der Kette werden bestimmt, ebenso der Widerstand der eingeschalteten Flüssigkeitsschicht nach dem von HORSFORD angegebenen Verfahren. War K die Kraft der Kette, p die Polarisation, L der wesentliche Widerstand, r der Widerstand der Flüssigkeitszelle,

n die Zahl der Rheostatenwindungen, so werde p aus der Gleichung $K - p = (L + n + r) \operatorname{tang} \alpha$ berechnet. Die Stromstärke wurde durch Anwendung von einer bis drei Ketten und durch verschiedene Ausmessungen der Flüssigkeitsschicht geändert; bei Anwendung nur einer Kette wurde die Stromstärke so schwach, dafs sie an der Tangentenboussole nicht mehr mit Sicherheit gemessen werden konnte. Die Polarisation wurde daher der Kraft der Kette (7,16) ungefähr gleich genommen. Bei allen höheren Stromstärken erreichte die Polarisation fast denselben Werth, nämlich 10 bis 11. Es wurde daher als bewiesen angenommen, dafs von einer gewissen Stromstärke an die Polarisationsmaxima nahezu gleich bleiben. Es sollte nun untersucht werden, ob dieses Gesetz auch noch gilt, wenn die Elektroden nicht die ganze Breite des Zersetzungsgefäfses ausfüllen, wie dies bei dem früheren Messverfahren der Fall sein mufste. Zu dem Ende wurde noch ein Widerstand n' hinzugefügt, und so die beiden Gleichungen erhalten:

$$\operatorname{tang} \alpha = \frac{K-p}{L+r+n} \text{ und } \operatorname{tang} \alpha' = \frac{K-p}{L+r+n+n'}$$

Die Weite des Zersetzungsgefäfses erwies sich als ganz gleichgültig. Im Mittel aus vier Versuchsreihen wurde als Polarisationsmaximum gefunden $p = 11{,}19$, während $4K = 28{,}34$ war. Die Verdünnung der Leitungsflüssigkeit äufserte keinen wesentlichen Einflufs auf die Polarisation, in unreiner Säure stieg sie bedeutend.

Wurden Elektroden aus amalgamirtem Zink in verdünnte Schwefelsäure getaucht, so wurde $p = 0{,}85$ gefunden. Diesen Werth betrachtet daher Herr Buff als einen Näherungswerth der elektrischen Differenz zwischen Zink und Wasserstoff, so wie den früher angegebenen Werth von p als eine Näherung der elektrischen Differenz zwischen Wasserstoff und Sauerstoff, weil durch die beiden Gasschichten auf den Elektroden dasselbe bewirkt werde, als wende man einen Sauerstoffstreifen und einen Wasserstoffstreifen an. So ausgesprochen ist indefs diese Ansicht zu weit getrieben; sie wird durch einen gleich darauf folgenden Ausspruch berichtigt, dafs die Polarisation nur dann ein Näherungswerth der Spannungsdifferenz zwischen Wasserstoff und Sauerstoff wäre, wenn die Natur des unterliegenden Metalles ganz gleichgültig, d. h. das Metall mit einer ganz ununterbrochenen Gasschicht bekleidet wäre.

Die folgenden Versuche sind mit Elektroden aus verschiedenen Metallen und mit verschiedenen Elektrolyten angestellt. Kupferplatten in Kupfervitriol gaben eine Polarisation 0,2, welche Herr Buff von der in Folge der Schwerlöslichkeit des Kupfers in Kupfervitriol stattfindenden Ladung der Anode zuschreibt. Der Werth wurde daher = 0, wenn diese Platte in verdünnte Schwefelsäure tauchte. Auch wenn drei solche Zersetzungszellen eingeschaltet wurden, blieb $p = 0$. Eine Zinkanode in verdünnter Schwefelsäure und Zinkkathode in Zinkvitriol gaben $p = 0{,}28$, wegen der Bekleidung der Kathode mit reinem Zink.

Ferner wurde gezeigt, daſs der Contact der Flüssigkeiten mit den Metallen nur geringen Einfluſs auf die elektromotorische Kraft hat. Eine gewöhnliche Daniell'sche Kette hatte im Mittel die Kraft 4,207; wurde der Kupfervitriol durch rauchende Salpetersäure ersetzt 4,324. Noch einige Messungen über die Kräfte der Kohlenzinkkette und der Platinzinkkette wurden zur Bestätigung des elektromotorischen Gesetzes der Spannungsreihe benutzt. Endlich wurden einige Bestimmungen über Ketten aus einem Metall und zweien Flüssigkeiten gemacht. Nach der Annahme, daſs die Wirkung des Contacts der Metalle mit den Flüssigkeiten zu vernachlässigen sei, würde z. B. die Stärke eines Stroms, dessen Kupferelektroden beide in Kupfervitriol tauchen, sich dadurch, daſs man die Anode in verdünnte Schwefelsäure taucht, nur um die Spannung Kupfervitriol — verdünnte Schwefelsäure ändern. Der Werth dieser Spannung wurde indeſs ebenfalls sehr klein gefunden, ebenso die Spannung der Metallsalze gegen Salpetersäure. Dagegen war die Kraft des Contacts von Aetzkali und rauchender Salpetersäure = 3,59.

Herr Robinson hat die galvanische Zersetzung als Maaſs für die Affinität der Jonen zu benutzen versucht. In der Ohm'schen Intensitätsformel $F = \frac{E}{R+r}$ bezeichnet E die algebraische Summe aller erregenden Kräfte. Im Sinne der chemischen Hypothese bestehen diese aus der Verwandtschaft von

+	—
1) Zink und Sauerstoff.	5) Wasserstoff und Sauerstoff.
2) Schwefelsäure und Zinkoxyd.	6) Kupfer und Sauerstoff.
3) Kupfer und Wasserstoff.	7) Zink und Wasserstoff.
4) Wasser und Zinkvitriol.	8) Schwefelsäure und Wasser,

wo die mit + bezeichneten Verwandtschaften in einem, die mit — bezeichneten im anderen Sinne wirken. Von diesen ist 3 unmerklich, 7 schwach, 2, 4 und 8 von keiner merklichen Wirkung, man hat also

$$E = z \cdot 0 - h \cdot 0 - cu \cdot 0$$

während in einer Daniell'schen Säule statt der Kraft $h \cdot 0$ die $cu \cdot 0$ eintritt, also

$$E = z \cdot 0 - 2cu \cdot 0.$$

Ist ein Zersetzungsapparat in den Strom eingeschaltet, deren Widerstand $= y$, die elektromotorische Gegenkraft $= e$ ist, so ist $F = \frac{E - e}{R + y + r'}$, wenn man durch r' den Rheostatenwiderstand bezeichnet, welcher jetzt den Strom wieder auf seine frühere Stärke bringt. Hierin ist $e = 0 \cdot p + h \cdot p - h \cdot 0$. Die dauernde Entwickelung der Gase bringt ein zweites negatives $h \cdot 0$ hinzu, während $p \cdot h$ als verschwindend betrachtet werden kann, also $e = 0 \cdot p - 2 \cdot h \cdot 0$.

Wird die Leitungsflüssigkeit erwärmt, so kann nicht angenommen werden, dafs eine so geringe Temperaturerhöhung die Kraft $0 \cdot p$ ändere, die Veränderung von e ist daher allein der Kraft $h \cdot 0$ anzurechnen. Bei den Messungen wurde als Krafteinheit die Anzahl von Rheostatenwindungen betrachtet, durch deren Einschaltung der Strom am Galvanometer die Ablenkung 45° gab. Die Constanten wurden nach der Wheatstone'schen Methode bestimmt. Die angewandte Säule bestand aus fünf Kupferzinkpaaren, in denen das Kupfer von einer Lösung von Kupfervitriol in Salzsäure, das amalgamirte Zink von verdünnter Salzsäure umgeben war. Die Kraft einer solchen Säule $= sE$ war $= 1114{,}6$. Bei einer gewöhnlichen Daniell'schen Kette war $E = 275{,}1$. Im Mittel aus 12 Beobachtungen wurde gefunden

$e = 598{,}9 \qquad y = 41{,}8 \qquad t = 61^{\circ}{,}2$

wo y den Widerstand der Zersetzungszelle bezeichnet.

Jetzt wurde die Leitungsflüssigkeit durch Einführung von heiſsem Wasserdampf erwärmt; es fand sich im Mittel aus

14 Beob.	$e = 567{,}6$	$y = 24{,}5$	$t = 135^{\circ}{,}4$
12 „	531,0	7,9	201°,2.

Um zu zeigen, daſs diese Veränderungen nicht ihren Grund in der leichteren Ablösung der Gase von den Elektroden, sondern in der Veränderung der Affinität der Wasserelemente haben, hat Herr Robinson die Polarisation bei verringertem Drucke untersucht. Der Recipient, welcher die Zersetzungszelle enthielt, wurde bis auf 0″,6 leergepumpt; durch die Gasentwicklung stieg der Druck wieder auf 1,1. Dabei wurde gefunden im Mittel aus

12 Beob. $e = 589{,}6 \qquad y = 50 \qquad P = 1''{,}14$

Es war also keine wesentliche Veränderung, weder in der elektromotorischen Kraft, noch im Widerstande, eingetreten.

Wurde die Leitungsflüssigkeit einer Daniell'schen Kette erwärmt, so änderte sich, wie zu erwarten, zwar der Widerstand, nicht aber die elektromotorische Kraft; es war nämlich

$E = 228.0$	$R = 48{,}6$	$t = 61^{\circ}{,}6$
227,3	27,2	146,1.

Aber bei Einschaltung einer Zersetzungszelle mit angesäuertem Wasser:

$E = 110{,}1$	$R = 41{,}5$	$t = 64^{\circ}{,}3$
136,7	28,3	159,6.

Herr Schönbein hat die Frage über die Wirksamkeit des Sauerstoffs in der Gasbatterie nochmals aufgenommen. Er erinnert daran, daſs in einer Batterie, welche nur aus Wasserstoff, Wasser und zweien Platinplatten besteht, der Strom nur dann von unendlich kurzer Dauer sein würde, wenn der an der freien Platinplatte abgeschiedene Wasserstoff an derselben haften bliebe; er werde aber beständig von der Flüssigkeit wieder aufgenommen, und die Stromstärke nehme deshalb nur allmählig ab, während die eingetretene Polarisation durch die Gegenwart von Sauerstoff aufgehoben werden würde. Als Gegenstück einer solchen, bloſs mit Wasserstoff geladenen Gasbatterie führt er eine mit ozonisirter Luft oder Sauerstoff geladene an, welche ebenfalls nur allmälig an elektromotorischer Kraft verliert, und durch Umgebung der freien Platinplatte mit leicht oxydirbaren Körpern wieder belebt werden kann. Endlich vergleicht Herr Schönbein solche mit bloſsem Wasserstoff geladene Ketten mit den Superoxydketten, und den mit den Salzbildnern geladenen, welche Stoffe er für die Superoxyde noch nicht isolirter Radicale hält.

Vor der Veröffentlichung des besprochenen Aufsatzes hat der Berichterstatter der physikalischen Gesellschaft zu Berlin seine Untersuchungen über die Wirkung des freien Sauerstoffs in der Volta'schen Kette mitgetheilt. Die Versuche von Adie über diesen Gegenstand, welche im letzten Jahresbericht mitgetheilt worden, hatten denselben zu sehr unwahrscheinlichen Voraussetzungen geführt. Ich bemühte mich deshalb, die Wirkung des Sauerstoffs einfacher zu erklären, und fand sie in der Depolarisirung des negativen Metalls. Die Metalle waren in unten offene Glasröhren eingekittet, welche durch den dicht schlieſsenden Kork eines Glases geführt waren. Dieses Glas und die Röhren wurden mit ausgekochtem Wasser gefüllt; der Kork fest aufgedrückt und versiegelt. Das überschüssige Wasser entwich durch zwei enge Röhren welche ebenfalls durch den Kork und in die weiteren Röhren geführt waren. Nach dem Erkalten des Apparates wurde die Kette durch ein Galvanometer geschlossen; der Strom verschwand niemals ganz, sondern wurde nur sehr schwach; durch Einblasen von Luft oder Sauerstoff zum positiven Metall wurde die Stromstärke nur wenig und auf kurze Zeit verstärkt; am negativen Metall wirkte die Luft stark und dauernd. Eine ebenso geschlossene constante Kette mit luftfreien Flüssigkeiten wurde durch Sauerstoffzutritt nicht gestärkt. — In dem jüngst erschienenen Jahresbericht von Liebig und Kopp werden meine Schlüsse zu weitgehend genannt, weil ich der unmittelbaren elektromotorischen Kraft des Sauerstoffs gar keine Wirkung zugestehe. Durch meine Untersuchungen über die elektromotorische Kraft der Gase [1]) habe ich indeſs wohl hinreichend gezeigt, wie wenig diese Wirkung, namentlich bei Kupferplatten, in Betracht kommt.

Prof. Dr. Beetz.

[1] Pogg. Ann. LXXVII. 493.

C. Passivität.

W. Rollmann. Ueber das galvanische Verhalten des Eisens zur Salpetersäure. Pogg. Ann. LXXIII. 406*.

G. Wetzlar. Ueber die Passivität des Eisens und einige elektromotorische Veränderungen dieses Metalles. Pogg. Ann. LXXIII. 417*.

Reuben Phillips. On the passive state of iron. Phil. mag. XXXIII. 509*.

Ueber das galvanische Verhalten des Eisens zur Salpetersäure hat Hr. Rollmann in Halle Versuche angestellt. Er schliefst sich ebenfalls der Meinung an, dafs das Eisen durch seine Berührung mit Salpetersäure einen schwerlöslichen Ueberzug erhalte, ist aber der Meinung, dafs durch diesen nicht die elektromotorische Kraft, sondern der Widerstand des Eisens verändert werde. So fand er, wenn er in einen Strom zwei frische Eisendrähte einschaltete, den Ausschlag am Galvanometer 80°, die bleibende Ablenkung 25°. Als aber Drähte (von sonst gleicher Beschaffenheit) genommen wurden, welche 24 Stunden in Salpetersäure gestanden hatten, war der Ausschlag 65°, die Ablenkung 13°. Herr Rollmann hat hierbei übersehen, dafs sich passives Eisen gegen Kupfer negativ verhält, was unmöglich nur der Widerstandszunahme zugeschrieben werden kann. Wurden in concentrirter Salpetersäure ein Drähtepaar ohne Verbindung mit einer Säule, eins als Anoden, eins als Kathoden einer einfachen Kette $3\frac{1}{2}$ Stunde lang gelassen, dann nach der Reihe die Drähte in den Strom geschaltet, so gaben die beiden

Anoden . . .	30°	Ausschlag	10°	Einstellung
Kathoden . .	57	„	21	„
isolirten Dähte	46	„	14	„
frischen Drähte	52	„	16	„

Die positiven Elektroden waren mit einer braunen Schicht überzogen; nach dem Abwaschen und Abtrocknen erschienen sie schwach in den Farben des Anlaufs; die Oxydschicht war stark negativ gegen Eisen, schwach positiv gegen Platin. Auf isolirten Eisendrähten bildete sich die Oxydschicht langsamer. Hieraus will Herr Rollmann die von mir gemachte Beobachtung erklären, dafs der Strom zwischen passivem und activem Eisen schnell in die entgegengesetzte Richtung übergeht. Der gewöhnliche Eisendraht befinde sich, als positives Element, unter den günstigsten Verhältnissen, um rasch eine stärkere Negativität zu erlangen, als dies dem durch blosses Eintauchen in Salpetersäure passiven möglich war. Man sollte nur meinen wenn die Negativität des gewöhnlichen Drahtes der des passiven gleich geworden sei, so höre jeder Grund zu weiteren Veränderungen auf und der Strom verschwinde ganz. Zuletzt wurde noch der Fall betrachtet in welchem die Passivität durch Erhitzen von Eisendrähten hervorgebracht war. Der Widerstand derselben war um so gröfser, je stärker sie erhitzt worden waren. Der Verfasser nimmt daher hier, wie bei allen Passivitätserscheinungen, die Bildung einer Oxydschicht an, deren grofser Widerstand der Grund der Passivität ist.

Herr WETZLAR hat in einem Aufsatz über die Passivität des Eisens sich zunächst gegen eine von mir über denselben Gegenstand veröffentlichte Abhandlung [1]) gewendet, in der er im Wesentlichen keine andere Beweisgründe für die FARADAY'sche Hypothese, nach welcher die Passivität in einer Oxydhülle ihren Grund hat, findet, als die von GMELIN in der neusten Auflage seines Handbuchs angeführten. Abgesehen davon, dafs ich bei der ersten Mittheilung jener Arbeiten in der physikalischen Gesellschaft die von GMELIN angeführten Beweise gar nicht kannte, halte ich doch das strenge Urtheil des Herrn WETZLAR für etwas schnell gefällt, und bitte ihn, um ein Faktum zu erwähnen, das ich gerade für sehr wesentlich halte, die Versuche mit chlorsauren Salzen u. dgl. noch einmal nachzulesen. Darauf greift Herr WETZLAR einige hypothetische Erörterungen, welche ich am Schlufs meiner Arbeit gegeben habe, an, denen ich niemals den Werth von experimentellen Untersuchungen, wie sie die ganze übrige Arbeit enthält, beigelegt habe, und bei denen ich mich lediglich auf fremde, von mir nicht wiederholte Versuche bezog. Es thut mir leid, dafs Herr WETZLAR nicht „die weiteren Bemerkungen, zu denen mein Aufsatz ihm noch Veranlassung geben

[1] POGG. Ann. LXVII. 186.

könnte" auch mitgetheilt hat, denn nur dadurch würde ich im Stande sein zu entscheiden, ob und in wiefern sich unsere Ansichten über den Gegenstand widersprechen. Was das Endresultat betrifft, so sehe ich, was ich nach der vorangegangenen Polemik gar nicht erwartet hatte, daſs auch Herr Wetzlar die Passivität in einem dünnen Ueberzuge begründet glaubt, welcher das Eisen elektro-negativer macht. Die Versuche werden mittelst zweier Stahlscheiben und des Condensators angestellt. Wurde eine der Stahlscheiben frisch polirt, so war sie immer positiv gegen die andere. Befeuchtet man die Berührungsoberfläche einer polirten Stahlscheibe mit destillirtem Wasser, das man reibend darauf herumführt, so verhält sich die Scheibe nach dem Abtrocknen negativ; diese elektromotorische Kraft erlangt erst nach einiger Zeit ihr Maximum; eine ebenso behandelte frisch befeilte Eisenscheibe zeigt das Maximum ihrer Negativität gleich nach dem Abtrocknen. Wird die Eisenscheibe über die Weingeistlampe bis zum Anlaufen erhitzt, so wird sie sehr stark negativ, selbst gegen Kupfer, Silber und Gold; wird die angelaufene Scheibe einige Zeit mit Wasser gerieben, so wird sie sogar positiv gegen gewöhnliches Eisen. Ein Reiben mit Rostpapier bringt dieselbe Wirkung hervor. In salpetersaurer Silberlösung (1 Th. Salz und 8—12 Th. Wasser) wird das Eisen und Stahl so verändert, daſs es nach dem Abtrocknen stark negativ ist gegen gewöhnliches Eisen. Durch Reiben mit Wasser wird das so behandelte Stahl nicht positiv, wohl aber das Eisen. Diese mit dem Condensator angestellten Versuche bestätigen auf das entschiedenste die Ansicht von der Passivität, welche ich vertheidigt habe, und für welche ich nur experimentelle Beweise durch das Galvanometer beibrachte. Besonders bilden die Versuche über die Polaritätsumkehrung passiven Eisens durch Benetzung oder Abreiben mit Rostpapier ein schönes Analogon zu meinen Versuchen [1]), welche am Galvanometer ganz dieselben Resultate lieferten; die aber Herr Wetzlar nicht gekannt zu haben scheint.

[1] Pogg. Ann. LXIII. 415*.

Hr. Reubens Phillips hat Versuche über verschiedene Flüssigkeiten angestellt, welche durch ihre Berührung das Eisen passiv zu machen vermögen. Er fand als solche, aufser der Salpetersäure, besonders Chromsäure, Chlorsäure, Jodsäure, d. h. diejenigen, welche leicht Sauerstoff hergeben, wie ich dies schon früher (s. diesen Bericht 1845. 459) gezeigt habe. Da auch im Wasserstoffsuperoxyd das Eisen unthätig bleibt, so nimmt Herr Phillips an, dafs die Passivität davon herrührt, dafs die elektrolysirende und die oxydirende Kraft in diesen Flüssigkeiten sich das Gleichgewicht halten.

In starker Salpetersäure fand er übrigens auch während des passiven Zustandes die chemische Wirkung nicht völlig aufgehoben, denn er konnte aus derselben, nachdem zwei Tage hindurch Eisen in ihr gelegen hatte, durch Ammoniak Eisenoxyd fällen.

Prof. Dr. Beetz.

D. Galvanische Phänomene.

W. R. Grove. On the peculiar cooling effects of hydrogen and its compounds in cases of voltaic ignition. Athen. 1848 No. 1086 p. 838*; Phil. Trans. 1849 pt. 1. p. 49*; Sillim. J. VII. 274; Inst. No. 768 p. 292; Arch. d. sc. ph. et nat. IX. 140.

A. J. Maass. Le transport mécanique de la matière pondérable est il toujours dirigé du pôle positiv au pôle négativ? Bull. de Brux. XV. 2. 381*; Inst. No. 788 p. 46*.

Herr Grove hat die Beobachtung gemacht, dafs Platindrähte unter sonst gleichen Umständen durch einen galvanischen Strom zu verschiedenen Temperaturen erhitzt werden, wenn sie sich in verschiedenen Gasatmosphären befinden. Der Strom wurde hintereinander durch zwei gleiche Platindrähte geleitet, deren einer von Wasserstoff, der andere von einem anderen Gase umgeben war. An den Thermometern, welche in gleiche Wassermengen, die die mit den Gasen gefüllten Röhren umgaben, getaucht waren, wurden folgende Erwärmungen beobachtet:

Wasserstoff	von 60°	bis	69,5	
„	„	„	„	70,5
„	„	„	„	70
„	„	„	„	70,5
Stickstoff	„	„	„	81,5
Kohlensäure . . .	„	„	„	80
Kohlenoxyd . . .	„	„	„	79,5
Oelbildendes Gas .	„	„	„	76,5

ferner

Sauerstoff	von 60°	bis	82
Wasserstoff . . .	„	„	„ 77
Sauerstoff	„	„	„ 86
Wasserstoff . . .	„	„	„ 79
Kohlengas	„	„	„ 76
„ . . .	„	„	„ 82,5
Schwefelwasserstoff	„	„	„ 76
„ „	„	„	„ 81,5

Wurde nur ein Platindraht in dem Strom geschaltet, so entwickelte derselbe in der Minute, wenn der Draht umgeben war von

Wasserstoff . . .	7,7	Cub. Zoll
Oelbildendem Gase	7,0	„
Kohlenoxyd . . .	6,6	„
Kohlensäure . . .	6,6	„
Sauerstoff . . .	6,5	„
Stickstoff	6,4	„

In dieser Reihenfolge wirkten also die Gase auf die Wärmeerregung und dadurch auf den Widerstand des Drahtes.

Auch Flüssigkeiten prüfte Hr. Grove an der Stelle der Gase und fand die gleichzeitige Wärmeerregung bei

Wasser	von 60°	bis	70,3
„	„	„	„ 70,3
„	„	„	„ 69
„	„	„	„ 70,1
„	„	„	„ 70,5
„	„	„	„ 68,5
Terpenthinöl . . .	„	„	„ 88
Schwefelkohlenstoff	„	„	„ 87,1

Olivenöl	von 60°	bis 85
Naphta	„ „	„ 78,8
Alkohol von 0,84 sp. Gew. .		„ 77
Aether	von 60°	bis 76,1

Der Grund dieser Erscheinungen lag nicht in der specifischen Wärme der Körper und konnte noch nicht aufgefunden werden.

Zur Darstellung des Lichtbogens zwischen den Polen der Säule wandte Hr. MAASS Kohlenspitzen von verschiedener Festigkeit an. Er erhielt dieselben, indem er Steinkohlenpulver in Cylinderform stampfte und brannte; die äufsere Rinde wurde dabei dichter, als der Kern der Cylinder. Aus der ersteren wurden Spitzen für den positiven, aus der letzteren für den negativen Pol gemacht. Die Kohlentheilchen wurden nun vom negativen Pol nicht zum positiven, sondern in einer Richtung senkrecht zum Bogen fortgeschleudert. Der positive Pol war auch hier der heifsere.

E. Galvanische Apparate.

CALLAN. On the construction and power of a new form of a galvanic battery. Phil. mag. XXXIII. 49*; POGG. Ann. LXXV. 128; Dingl. p. J. CIX. 432.

C. DEWY. New exciting fluid for GROVE's battery. Mech. mag. XLVIII. 300*; Sillim. J. V. 126*.

H. REINSCH. Einfachste Anwendung der Kohle zu galvanischen Apparaten. Pol. Centrbl. 1848 p. 1096; Gewerbl. Mittheil. 1848 No. 6; Jahrb. f. Pharm.

H. RYHINER. Ueber eine constant wirkende galvanische Batterie aus Gufseisen und Kupfer für technische Zwecke. Dingl. p. J. CX. 418; Polyt. Notzbl. 1848.

W. HANKEL. Ueber die Benutzung der Ausdehnung der Drähte durch elektrische Ströme zur Messung der letzteren. POGG. Ann. LXXV. 206.

W. S. WARD. On a galvanometer. Athen. 1848 No. 1086 p. 837 (Titel).

— — On the electromotive force, dynamic effect and resistance of various voltaic combinations. Athen. 1848 No. 1086 p. 838 (Titel).

DELAURIER. Mém. sur les piles électrochimiques et thermo-électriques. C. R. XXVI. 141 (Titel).

Herr Callan hat abermals eine neue constante Kette vorgeschlagen, welche aus Gufseisen in einer Mischung aus 12 Theilen concentrischer Salpetersäure und 11,5 Th. concentrischer Schwefelsäure und aus amalgamirtem Zink in einem Gemisch aus 5 Th. Schwefelsäure, 2 Th. Salpetersäure und 45 Th. Wasser besteht. Hr. Poggendorff empfiehlt indefs diese Zusammenstellung nicht, besonders weil die Dämpfe das aus der Säure ragende Eisenstück stark angreifen.

Nach Herrn C. Dewy wendet man für Telegraphen sehr zweckmäfsig Platinzinkketten an, in denen das Platin von concentrirter salpetersaurer Natronlösung, das Zink von gesättigter und mit Schwefelsäure angesäuerter Zinkvitriollösung umgeben ist.

Herr Reinsch ersetzt den Kohlencylinder in der Bunsen'schen Batterie durch Cokepulver, welches mit Salpetersäure angefeuchtet und in den Thoncylinder eingestampft wird; ein Stückchen Coke, das man in das Pulver steckt, dient zur Befestigung des Leitungsdrahtes.

Eine, für die Galvanoplastik vorgeschlagene Kette von Hrn. Ryhiner besteht aus gufseisernen, innen gerippten Cylindern, porösen Gefäfsen und Bleiblechcylindern. Die Eisenzelle enthält Kochsalzlösung, die Bleizelle Kupfervitriollösung; das Blei überzieht sich bald mit Kupfer, welches zuweilen abgenommen wird.

Herr Hankel hat die Ausdehnung, welche galvanische Leitungsdrähte nicht nur in Folge ihrer Erwärmung, sondern auch, nach Wertheim, ihrer verringerten Elasticität erfahren, zur Messung der Ströme zu benutzen vorgeschlagen, besonders für abwechselnd gerichtete Ströme, bei denen die meisten Mefsinstrumente nicht anwendbar sind. Ein kurzer, auf einer Stahlschneide ruhender Wagebalken trägt an seinem einen Ende einen Planspiegel, senkrecht zur Axe des Balkens, am andern Ende ist er zu einer Schraube verlängert, welche in eine Spitze ausläuft, und ein Gewicht trägt, durch welches man dem Spiegel das Gleichgewicht hält. Die beiden Enden des Balkens sind mit Stahlschneiden versehen. Die dem Gewichte zugekehrte Schneide trägt an einem Haken den zur Untersuchung dienenden Draht, welcher durch das Consol, welches den Wagebalken hält, hindurchgeht, und an einem zweiten, darunter befindlichen, befestigt ist; an der andern Schneide hängt an einem Drahte ein, den Meſsdraht spannendes, Gewicht. Das untere Ende dieses Drahtes steht mit der Kette in Verbindung, an das obere ist ein Draht angelöthet, welcher in ein Gefäſs mit Quecksilber taucht, welches ebenfalls mit der Kette verbunden ist, und in welchem es sich frei bewegen kann, ohne die Bewegungen des Wagebalkens zu stören. Der Apparat wird so zusammengestellt, daſs ohne Strom die in der Verlängerung der Schraube liegende Spitze einer Marke gerade gegenübersteht. Leitet man nun den Strom hindurch, so wird der Wagebalken abgelenkt; diese Ablenkung wird mittelst eines Fernrohrs im Spiegel wie an einem Magnetometer beobachtet. Zuerst zeigt Herr Hankel, daſs die Methode wirklich vergleichbare Resultate liefert, da der Draht nahezu immer dieselbe Länge bekam, so oft der Strom an einer Sinusbussole dieselbe Stärke anzeigte. Dann geht er dazu über, den Zusammenhang zwischen der Ausdehnung des Drahtes, d. h. der Stromstärke, und der Zahl der beobachteten Scalentheile zu entwickeln, und stellt dann für seinen Apparat eine Formel auf, nach welcher er die Stromstärke aus den Scalentheilen berechnet. Die so erhaltenen Zahlen stimmen sehr gut mit den durch die Sinusboussole erhaltenen überein.

F. Elektrochemie.

Poggendorff. Ueber die Färbung des Wismuths auf galvanischem Wege. Berl. Monatsber. 1848 p. 276; Pogg. Ann. LXXIV. 586; Inst. No. 784 p. 13; Arch. d. sc. ph. et nat. X. 123.

— — Ueber die angeblichen Hydrüre des Silbers und einiger

andrer Metalle. Berl. Monatsber. 1848 p. 249; Pogg. Ann. LXXV. 337; Erdm. u. March. XLV. 65; Inst. No. 781 p. 393.
Lazowski. Ueber Reduktion der Metallsalze durch Kohle. Journ. d. chim. med. 1847; Dingl. pol. J. CVIII. 235.

Herr Poggendorff hat auf polirten Wismuthplatten dadurch sehr brillante Farben dargestellt, dafs er dieselben als positive Elektroden in einer Lösung von 1 Th. Aetzkali in 4 bis 6 Th. Wasser einer negativen Platinplatte gegenüber anwandte. Der Strom von gewöhnlich zwei Grove'schen Ketten erzeugte höchst gleichmäfsige Färbungen, noch glänzender als die von Nobili und Böttger erzeugten, welche nach der Reihe durch Gelb, Roth, Violett, Blau und Grün gingen. Dann wurde die Platte wieder farblos und ging durch eine zweite, minder glänzende Farbenreihe. Der Verfasser vermuthet, dafs die den Ueberzug bildende Substanz eine Kaliverbindung des Wismuthoxyds sei, da die Farben schon beim blofsen Eintauchen in sehr verdünnte Schwefelsäure verschwinden.

Derselbe Physiker hat Versuche über den schwarzen Niederschlag angestellt, welcher sich zuweilen bei der Elektrolyse von Silbersalzlösungen bildet, und zuerst von Priestley beobachtet ist. Ritter bemerkte, dafs er entsteht, wenn aufser dem Silber an der Kathode auch Wasserstoff abgeschieden wird, und hielt ihn für ein Wasserstoffsilber. Herr Poggendorff fand sein Entstehen von der Stromdichtigkeit abhängig, und zwar so, dafs in der Regel bei dichteren Strömen der Niederschlag schwärzer wurde. Zuweilen bildete sich dicht nebeneinander ein weifser und ein schwarzer Niederschlag, ohne dafs man einen bestimmten Grund dieses Unterschiedes angeben konnte. Oeffnet man, nachdem die Kathode mit einer dünnen schwarzen Schicht überzogen ist, die Kette, so geht plötzlich die schwarze Färbung in eine schmutzig grau- oder gelbweifse über, ohne dafs dabei eine Gasentwicklung zu bemerken wäre. Dieser letzte Umstand läfst Hrn. Poggendorff vermuthen, dafs man es nicht mit einem Hydrür des Silbers, sondern mit fein vertheiltem metallischem Silber zu thun habe. Einer genauen Untersuchung entzog sich der fragliche Körper zwar durchaus, aber die oben ausgesprochene Ansicht wurde dadurch bestätigt, dafs er sich sehr leicht in Quecksilber löste, und ein, mit dem Niederschlag bekleideter Platindraht durch Eintauchen in Quecksilber sehr schnell amalgamirt erschien. Ebenso schienen die auf gleiche Weise gebildeten Niederschläge aus Wismuth-, Antimon-, und Tellurlösungen nur feine Vertheilungen dieser Metalle zu sein, während beim Kupfer sich wirklich ein starres Hydrür bildet; denn öffnete man, nachdem aus einer hinreichend verdünnten und wenig angesäuerten ein schwarzbrauner Niederschlag erhalten worden war, die Kette, so entwich, ohne dafs der Niederschlag seine Farbe änderte, Wasserstoffgas.

Ein Stück glühende Kohle in eine Metallsalzlösung getaucht, reducirt nach Hrn. Lazowski's Beobachtung das Metall, welches sich mit seinem natürlichen Glanz auf die Kohle niederschlägt. Zinn, Kupfer, Platin, Quecksilber, Silber und Gold liefern sehr glänzende Ueberzüge. Aus zu concentrirten Salzen erhält man keinen Niederschlag, aus verdünnten Kupfersalzen dagegen Ueberzüge, welche vom schönsten Azurblau bis zum Kupferroth schattiren.

Prof. Dr. Beetz.

G. Anhang zur Elektrochemie.

Litteratur zur Galvanoplastik.

a. Eigentliche Galvanoplastik.

v. Hackewitz. Beschreibung des Verfahrens Figuren auf galvanoplastischem Wege darzustellen. Pol. Centrbl. 1848 p. 1098; Verh. d. Gew. ver. 1848 p. 19; Dingl. p. J. CVIII. 350.

Pretsch. Erzeugung von kupfernen Stereotypplatten. Pol. Centrbl. 1848 p. 118; Dingl. p. J. CVII. 46.

F. Vogel. Darstellung kupferner Copien von Stahl- und Kupferplatten zum Abdruck in der Kupferdruckpresse. Dingl. p. J. CX. 425; Polyt. Notzbl. 1848.

Galvanoplastische Verlöthung von Metallen. Polyt. Centrbl. 1848 p. 121.

Galvanoplastische Verbindung von Glasröhren. Pol. Centrbl. 1848 p. 122.

Lyons u. Millward. Ueber die Erzeugung galvanoplastischer vertiefter oder erhabener Zeichnungen auf Metallen. Pol. Centrbl. 1848 p. 574; Rep. of pat. inv. 1848 p. 115.

Piil. Anwendung der Chemitypie zur Herstellung unnachahmlicher Werthpapiere. Polyt. Centrbl. 1848 p. 1239; Dingl. p. J. CX. 157; Dtsche Gwbztg. 1848 No. 70.

L. Elsner. Ueberkupfern von Glas- und Porzellangefäfsen. Polyt. Centrbl. 1848 p. 652; Verh. d. Gew. ver. XXVI. 174; Dingl. p. J. CVIII. 132.

Lyons u. Millward. Ueber die Anwendung des Schwefelkohlenstoffs in der Galvanoplastik. Pol. Centrbl. 1848 p. 575; Dingl. p. J. CVIII. 358; Rep. of pat. inv. 1848 p. 114.

A. Brandely. Verfahren den Gyps zu galvanoplastischen Zwecken mit Phosphor- und Silber-Auflösung zu metallisiren. Dingl. p. J. CVIII. 130.

b. Galvanische Vergoldung etc.

Brunel. Bisson Gaugin. Procédés de laitonnage et de bronzage électrochimiques. C. R. XXVI. 346; Bull. d. l. soc. d'enc. XLVII. 260; Mon. industr. 1848 No. 1227; Arch. d. sc. ph. et nat. VIII. 44; Inst. No. 742 p. 85; Dingl. p. J. CVI. 20; Mech. mag. XLVIII. 349.

Christofle. Vorschriften zur galvanischen Vergoldung. Pol. Centrbl. 1848 p. 1096; Berl. Gewbl. XXVII. No. 20; Allg. polyt. Ztg. 1848 p. 13.

Ch. de Salzede. Verfahren zum Bronziren von Eisenblech, Zink, Blei und Zinn. Dingl. p. J. CVIII. 361; Rep. of pat. inv. 1848 p. 293; Lond. J. XXXII. 260.

H. Ryhiner. Ueber das sogenannte Gelbbrennen des Messings auf galvanischem Wege. Dingl. p. J. CX. 421; Pol. Ntzbl. 1848.

— — Die Eisenreduktion auf galvanischem Wege. Dingl. p. J. CX. 422; Polyt. Notzbl. 1848.

— — Ueber eine ganz vorzügliche Vergoldungsflüssigkeit zur galvanischen Vergoldung unedler Metalle. Dingl. p. J. CX. 423; Pol. Notzbl. 1848.

Max. Herzog v. Leuchtenberg. Beiträge zur galvanischen Vergoldung. Bull. de St. Pét. VI. No. 12 p. 177.

Goldmünzen durch ihre Anwendung zur galvanischen Vergoldung verfälscht. Dingl. p. J. CVIII. 235.

c. Anwendung der Magnetoelektricität zur Galvanoplastik.

Ueber die Anwendung der magneto-elektrischen Maschine zum Versilbern und Vergolden der Metalle. Dingl. p. J. CVII. 55.

Hamel. Colossale elektromagnetische Maschine zum Versilbern und Vergolden. Bull. de St. Pét. VI. No. 10 u. 11 p. 145.

d. Aetzen, Metallgewinnung etc. durch Galvanismus.

Poitevin. Nouveau procédé de gravure sur argent, sur cuivre argenté ou doré. C. R. XXVI. 153; Bull. d. l. soc. d'enc. XLVII. 282; Inst. No. 736 p. 46; Erdm. u. March. XLV. 233; Dingl. p. J. CVII. 376; Pol. Centrbl. 1848 p. 473; Fror. Not. VII. 72; Lond. J. XXXIII. 132.

Robertson. Extracting metals from ores by the aid of electricity. Lond. J. XXXII. 201.

---

6. Elektrophysiologie.

Allgemeine Werke.

du Bois-Reymond. Untersuchungen über thierische Elektricität. Berlin, Verlag von Georg Reimer. Bd. I. Mit 6 Kupfertafeln.

Anzeigen davon s. von Poggendorff in seinen Ann. LXXV. 463*; von Bergson in der Neuen Zeitung für Medizin u. Medizinal-Reform. 1849. No. 32. S. 259*; von Heydenreich in Canstatt u. Eisenmann's Jahresbericht über die Fortschritte in der Biologie im Jahre 1848 S. 7; von Valentin ebend. S. 110; in: Rückblicke auf die Fortschritte u. Leistungen in der gesammten Medizin im Jahre 1850. Herausgegeben von Behrend, Göschen, Krieger und Liman. Erstes Halbjahr. Erlangen 1850. S. 4*.

I. Einwirkung der Elektricität auf Organismen.

A. Auf Pflanzen.

Ueber den Einfluss galvanischer Leitung auf die Vegetation. Fror. Not. VII. 74*; Isis 1848 S. 535.

B. Auf Thiere.

a. Reizversuche.

Langlois. Geschichtliche Notiz. C. R. XXVI. 463*.

M. Hall. Researches into the Effects of certain Physical and Chemical Agents on the Nervous System. Edinb. J. XLV. 252*, XLVI. 27*; Synopsis of the diastaltic Nervous System. London 4°. (Ohne Jahreszahl) p. 80*.

Heydenreich. Physiologische Wirkung des elektrischen Stroms auf die Sinnesnerven. Fror. Not. VIII. 33*.

Nachtrag zum Bericht über 1847.

Pickford. Bemerkungen über die Wege, welche die von aufsen mitgetheilte Elektricität im thierischen Körper einschlägt. Henle und Pfeuffer's Zeitschrift für rationelle Medizin. VI. 394*.

b. Elektrotherapeutik.

G. Crusell. Communication préalable de la Galvanocaustie. (Lu le 11 Sept. 1846.) Bull. de St. Pét. VI. 222*.

G. CRUSELL. Note sur la guérison d'un fungus hématoïde traité par la méthode électrolytique. C. R. XXVI. 107*.

J. MELICHER. Die Effekte des Galvanismus auf Harnsteine. FROR. Not. VII. 137, 320*; Medizin. Jahrb. d. K. K. Oest. Staates. 1848. S. 153*.

Ueber elektrotherapeutische Casuistik s. ferner in FROR. Not. VI. 47. 14. 233. 247*. VII. 267*.

II. Entwicklung der Elektricität in Organismen.

A. In Pflanzen.

— — — — — — — — — — —

B. In Thieren.

a. Elektromotorische Fische.

Ignoramus Electricus. The Gymnotus electricus. Mech. mag. XLIX. 178*.

DELLE CHIAJE. Notizia su' due Gimnoti elettrici dall' America recati vivi in Napoli scritta a' 10 Marzo 1847. Racc. fis. chim. III. 63*.

RETZIUS. Ueber die vermeintlichen elektrischen Organe bei den nicht elektrischen Rochen. FROR. Not. V. 53*; Archiv skandinavischer Beiträge zur Naturgeschichte II. 2. 1847.

b. Muskel- und Nervenstrom.

ANTONIO CIMA. Saggio storico-critico e sperimentale sulle contrazioni galvaniche e sulle correnti elettro-fisiologiche. Racc. fis. chim. III. 421—553*. Mit zwei Kupfertafeln.

DU BOIS-REYMOND. Berliner Monatsber. 1848. S. 362*.

J. C. STRAHL. Zu den PACINI'schen Körperchen. MÜLLER'S Archiv. 1848. S. 165*.

Anhang.

J. N. HEALE. On galvanic currents existing in the blood. Philos. Mag. XXXII. p. 229*; Proc. of the roy. Soc. 27 Jan. 1848; L'Inst. No. 747; FROR. Not. VII. 68*.

A. F. BAXTER. An experimental inquiry undertaken with the view of ascertaining whether any, and what signs of current electricity are manifested during the organic process of secretion in living animals, being an attempt to apply some of the discoveries of FARADAY to Physiology. Philos. Trans. p. II. p. 243*.

In diesem Jahre ist der erste Band meiner „Untersuchungen über thierische Elektricität“ (Berlin, bei G. REIMER) erschienen. Da ich, nach Vollendung des ganzen Werkes, einen kurzen und übersichtlichen Auszug davon herauszugeben gedenke, so lasse

[1] Da der Froschstrom jetzt nur noch der Geschichte der Wissenschaft angehört, so ändere ich die bisher an dieser Stelle übliche Aufschrift wohl billig in die obenstehende um.

ich es hier bei dieser bloſsen Anzeige bewenden. Ich thue dies, wie ich glaube, mit um so besserem Rechte, als ein solcher Auszug, sofern er sich nur auf den ersten Band meines Buches erstreckte, wenig Nutzen bringen könnte, und sofern er das Ganze umfaſste, noch nicht hieher gehören, wie auch überhaupt in diesen Berichten zu viel Platz fortnehmen würde.

Die kleine Mittheilung von mir an die Berliner Akademie der Wissenschaften, die oben unter II. *B. b.* angeführt ist, bezieht sich auf die Wahrnehmung der negativen Schwankung des Muskelstroms am lebenden unversehrten menschlichen Körper und auf den von mir sogenannten elektrotonischen Zustand der Nerven. Auch auf diese Gegenstände, von denen der erstere der zweiten, der letztere der ersten Abtheilung des zweiten Bandes meines Werkes angehört, ist hier näher einzugehen nicht der Ort.

I. Einwirkung der Elektricität auf Organismen.

A. Auf Pflanzen.

— — — — — — — — — — —

B. Auf Thiere.

a. Reizversuche.

Hr. Langlois zeigt der Pariser Akademie an, daſs im *Mechanic's Magazine* die Entdeckung des Galvanismus, jedoch mit Unrecht, Duverney, einem französischen Beobachter im vorigen Jahrhundert, zugeschrieben werde, weil dieser auf mechanischem Wege Zuckungen vom Nerven aus an Fröschen bewirkt habe[1]. Die Notiz in *Mechanic's Magazine* habe ich nicht ausfindig machen können.

Hr. Marshall Hall theilt diesmal ausführlich seine Untersuchungen über den Ritter'schen Tetanus mit, von denen bereits im vorigen Jahre, nach einem Auszuge des Hrn. Verfassers, die Rede in diesen Berichten war[2]. Hr. Marshall Hall hat noch immer keine Ahnung davon, daſs er, wie auch Matteucci, in die-

[1] Histoire de l'Académie Royale des Sciences. Année 1700. Paris 1701. 4°. p. 40*.

[2] Berl. Ber. III. 412.

sem Gebiete grofsentheils nur Dinge wiederentdeckt, die seit einem halben Jahrhundert in deutschen Büchern gedruckt stehen.

Als neu finde ich nur in der zweiten Abtheilung der Arbeit zu bezeichnen die Versuche, den Ritter'schen Tetanus auch vom Rückenmark aus zu erzeugen. Hr. Marshall Hall glaubt, dafs ihm dies gelungen sei. Indessen zweifle ich, dafs der von ihm beobachtete Tetanus wirklich vom Rückenmark ausgegangen sei. Das blosgelegte und frei heraus präparirte Rückenmark auch des rüstigsten Frosches behält nicht, wie es hier der Fall gewesen sein soll, zwanzig Minuten lang seine Leistungsfähigkeit, noch dazu unter dem Einflufse eines Stromes. Meiner Meinung nach rührte der Ritter'sche Tetanus in Hrn. Marshall Hall's Versuchen am Rückenmark einfach von den Ischiadgeflechten selber her, die sich nämlich mit im Kreise befanden.

Auch will Hr. Marshall Hall eine dem Ritter'schen Tetanus an den Bewegungsnerven entsprechende Wirkung an den Empfindungsnerven und zwar hier vorzugsweise beim absteigenden Strom, wahrgenommen haben. Nachdem er sich vergeblich bemüht hatte, diesen Versuch an den Hautnerven zu Stande zu bringen, welche die Lymphräume des Frosches durchsetzen, gelang er ihm zuletzt an den Ischiadnerven (lumbar nerves) angeblich in folgender Weise. Es wurde an die Ischiadnerven ein Silberzinkbogen angelegt. Man mufs annehmen, obschon es sich nicht ausdrücklich gesagt findet, dafs die Nerven noch mit dem Rückenmark zusammenhingen, dagegen von den Muskeln getrennt waren. Wurde der Kreis nur wenige Augenblicke geschlossen gehalten, und dann geöffnet, so blieb Alles in Ruhe. Liefs man ihn dagegen mehrere Minuten lang geschlossen, und öffnete ihn erst dann, so entstanden heftige Reflexbewegungen der vorderen Extremitäten.

Der übrige Theil von Hrn. Marshall Hall's weitläufiger Abhandlung kann wohl nur für ihn selber belehrend gewesen sein. Die beschriebenen Erscheinungen sind der Art, dafs sie sich aus den einfachsten Grundsätzen der Stromverzweigung, in Verein mit dem allgemeinen Gesetz der Nervenerregung durch den Strom, leicht vorhersehen lassen. Es werden Galvani'schen Präparaten Ketten angelegt, und dann leitende Verbindungen hergestellt und wieder abgebrochen zwischen verschiedenen Punkten der Präparate und der Ketten selber. Natürlich entsteht Zuckung, wenn in Folge der so veränderten Stromvertheilung zufällig auch in den Ischiadnerven eine hinlänglich grosse Veränderung der Stromdichte eintritt.

Herr Heidenreich bekämpft die Lehre von den specifischen Energieen der Sinnesnerven, giebt eine neue Theorie der Volta'schen Säule, und empfiehlt von Neuem der Aufmerksamkeit der Physiker und Physiologen seine Behauptung, dafs in exanthematischen Krankheiten die Hautelektricität positiv sei, wenn der Schweifs- oder der Pustelinhalt u. s. w. sauer, negativ hingegen, wenn die Hautabsonderungen alkalisch seien.

Hr. Pickford hat bereits im vorigen Jahr Bemerkungen mitgetheilt über die Wege, welche die von aufsen mitgetheilte Elektricität im thierischen Körper einschlägt. Diese Mittheilung war mir bis zur Zeit, wo ich den Bericht über 1847 abfafste, entgangen. Ich hole nun das nach, was ich den Lesern dieser Berichte darüber sagen zu müssen glaube.

Hr. Pickford hat sich in dieser Arbeit völlig auf den praktisch heilkünstlerischen Standpunkt gestellt und sich vorgesetzt, für die medicinische Anwendung der Elektricität eine sichere Grundlage dadurch vorzubereiten, dafs er vorerst bestimmte, wie sich der Strom, nachdem er in den Körper eingetreten, darin vertheilt und fortpflanzt. Er berichtigt zuerst eine Vorstellung, die unter den Aerzten geläufig zu sein pflegt, und in der er, wie er sagt, früher selber befangen war; nämlich die, dafs der Strom von der einen Elektrode zur andern in gerader Linie und ohne sich auszubreiten gehe. An die Stelle setzt Hr. Pickford die aus den Ohm'schen Gesetzen abgeleitete richtige Lehre, dafs der Strom sich über den ganzen Körper ausbreite, aber im umgekehrten Verhältnifs des Widerstandes der ihm dargebotenen Wege. Er stellt nun Versuche am lebenden Menschen und an frischgetödteten Thieren, Kaninchen und Fröschen, mit Inductionsströmen an, und sucht die Erfolge mit der obigen Lehre in Einklang zu bringen. Theils jedoch stöfst er dabei auf einige Schwierigkeiten, die zu lösen er sich bescheidet, theils wird er zu einigen Schlufsfolgerungen geführt, die er selbst in seiner zweiten, oben bereits angeführten Mittheilung vom Jahr 1849 als irrig bezeichnet.

Wenn er nämlich z. B. an einem frisch getödteten Kaninchen das eine Ende der inducirten Rolle an die obere Extremität der einen, das andere an die untere Extremität der andern Seite ansetzte, so zuckten diejenigen Extremitäten, durch die die Ströme ein- und austraten, die beiden andern blieben in Ruhe. Hr. Pickford hatte, wie es scheint, erwartet, alle vier Extremitäten zucken zu sehen, weil das Rückenmark auf der Bahn der Ströme lag, und schlofs aus dem angegebenen Erfolge und dem ähnlicher Versuche, dafs die Knochen sehr gute Leiter seien, und dafs durch das knöcherne Wirbelrohr das Rückenmark gänzlich dem Bereich der Ströme entzogen werde. Er knüpft daran die Behauptung, dafs in den subjectiven Versuchen am Ohr und Auge die Wirkung des Stromes keine unmittelbare auf den Gehör- und Sehnerven sei, sondern eine durch Sympathie vom Trigeminus her vermittelte. Seitdem hat Hr. Pickford in Gemeinschaft mit Jolly Versuche angestellt, aus denen hervorgeht, dafs die Knochen schwerlich gute Leiter sind. Jene Schlufsfolgerung fällt also fort, und es mufs ein anderer Grund gesucht werden, weshalb sich die Krämpfe nicht auf alle vier Extremitäten erstreckten.

Der Grund ist meiner Meinung nach einfach der, dafs die Dichtigkeit des Stromes, auf die es bei der physiologischen Erregung ankommt, d. h. der Quotient aus dem Querschnitt des durchströmten Leiters in die Stromstärke, in dem Rumpf des Thieres eine zu kleine Gröfse wird, als dafs noch eine merkliche Wirkung ausgeübt werden könne. Auf diesen Umstand der Schwächung der Stromeswirkung mit ihrer Ausbreitung scheint mir Hr. Pickford nicht aufmerksam genug gewesen zu sein. Mit Hülfe dieses Grundsatzes erklären sich denn auch leicht die beiden Fälle, die ihm dunkel geblieben sind, dafs nämlich 1) keine Zuckungen in den Armen eines ausgestreckt liegenden Frosches entstehen, wenn man den Strom quer durch die Unterschenkel gehen läfst, und dafs 2), „wenn man an einer Stelle der Seitenfläche des Thieres, z. B. in einiger Entfernung von den oberen

Extremitäten am Bauche des Frosches in der Entfernung von etwa 1—2 Linien die Pole ansetzt, die entsprechende vordere Extremität des Thieres sich bewegt, die andere ruhig bleibt." Die Strömungscurven, welche durch das Armgeflecht der anderen Seite gingen, mufsten entschieden länger sein, als die durch das Geflecht der entsprechenden Seite; sie mufsten hingegen gleich lang sein, wenn die Pole symmetrisch auf die Rückenfläche aufgesetzt wurden, und es mufsten daher alsdann beide Arme zucken, wie Hr. Pickford beobachtete, oder beide mufsten in gleicher Weise ruhig bleiben. Dafs beim Anlegen der Pole an eine Seitenfläche des Thieres der Arm derselben Seite sich mit einem Schein von Zweckmäfsigkeit, gleichsam zur Abwehr, nach den Elektroden hin bewegte, war eben wohl nur ein Schein — um so mehr, als dieser Umstand auch noch nach gänzlicher Entfernung des Centralnervensystems sich zeigte.

---

b. Elektrotherapeutik.

In seiner ersten Mittheilung zeigt Hr. Crusell an, dafs er den Gedanken gefafst hat, sich des Erglühens galvanischer Leitungsdrähte zu Heilzwecken zu bedienen. Die Versuche von Fabré-Palaprat [1] scheint er nicht zu kennen. Von der zweiten Mittheilung ist nur der Titel veröffentlicht.

Hr. Melicher hat eine grofse Anzahl von Versuchen angestellt, um das Verhalten der Blasensteine unter dem Einflufs des Stromes zu ermitteln. Das allgemeine Ergebnifs ist, dafs alle Arten von Steinen durch den Strom (unstreitig durch secundäre Elektrolyse) angegriffen werden. In zwei Fällen will bereits Hr. Melicher das Verfahren mit günstigem Erfolge angewendet haben. Das Nähere dieser Abhandlung zu berücksichtigen würde uns hier zu weit führen.

[1] Becquerel, Traité expérimental de l'Électricité et du Magmétisme. vol. IV. Paris 1836. p. 306*.

II. Entwicklung der Elektricität in Organismen.

A. In Pflanzen.

— — — — — — — — — — —

B. In Thieren.

a. Elektromotorische Fische.

Der pseudonyme Verfasser der Notiz über den Zitteraal hat einer Vorlesung FARADAY's über elektromotorische Fische beigewohnt. FARADAY hat darin beschrieben, wie der Zitteraal, nachdem er seine Beute erschlagen, sie „without any apparent effort, and in quite a disdainful manner“ verschlänge. Er glaubt nun FARADAY so verstanden zu haben, als geschähe dies Verschlingen ohne irgend eine Muskelanstrengung, und bemüht sich, eine Theorie dieses Vorganges aufzustellen. Die Sache ist nach ihm ganz einfach: der Gymnotus hat den Fisch elektrisirt, und zwar entgegengesetzt, und da ein Fisch im Wasser sehr leicht beweglich ist, so braucht der Gymnotus nur das Maul hinzuhalten, damit der Fisch ihm hineinschwimme. Es werden Vorschläge hinzugefügt zur experimentellen Prüfung dieser Theorie. Ich brauche wohl nicht erst zu sagen, dafs die Thatsache, welche diese Theorie erklären soll, nicht in Wirklichkeit stattfindet, und dafs, wenn sie stattfände, eine andere als obige Theorie dafür gesucht werden müfste.

Die Mittheilung des Herrn DELLE CHIAJE ist mehr von zoologischem als von physikalischem Interesse. Die Fregatte Amalia brachte am 15. August 1844 zwei Gymnoten aus Rio Janeiro lebend nach Neapel. Der eine lebte nur noch kurze Zeit daselbst. Der andere, von 3′ 4″ Länge, unstreitig derselbe, von dem bereits in diesen Berichten (I. 507—510) die Rede war, wurde im Königlichen Schlosse in Wasser von 25° C. fast drei Jahr lang gehalten, bis er durch plötzlich eingefallene Kälte am 25. Februar 1847 starb. Herr DELLE CHIAJE will in diesen beiden Gymnoten zwei verschiedene Arten erkennen, und zwar aus dem letzterwähnten Fisch des Königl. Schlosses die neue Species machen, weil nämlich dieser Fisch eine unterbrochene Bauchflosse gehabt habe („*il notatoio del gimnoto della R. casa era naturalmente interroto, anzichè continuato*...“) Hr. Delle Chiaje unterscheidet daher G. electricus: pinna anali cauda tenus protensa, und G. regius: anali pinna minima, caudali majore distincta. Sollte nicht der vermeintliche G. regius nur in der Gefangenschaft ein Stück aus seiner Bauchflosse eingebüfst haben, ohne deshalb einer neuen Species anzugehören?

Herr Retzius handelt nicht von den von mir sogenannten pseudoëlektrischen Organen der Rochen und einiger andern Fische[1], sondern von einem andern Organ, welches gar keine Aehnlichkeit mit einem elektromotorischen Organ hat, und von dem um so weniger zu begreifen ist, wie man es als Rudiment eines solchen bei den nicht elektrischen Rochen hat ansehen können, als es, neben dem wirklichen elektromotorischen Organ, auch bei den elektrischen Rochen vorkommt.

---

b. Muskel- und Nervenstrom.

Die Schrift des Hrn. Antonio Cima zu Cagliari ist entstanden auf Veranlassung einer von der Akademie zu Bologna am 31. Januar 1841 gestellten und am 8. Juli 1843 erneuerten Preisfrage (*Premio Aldini sul Galvanismo*), betreffend den Nobili'schen Froschstrom und die Galvani'sche Zuckung ohne Metalle[2]. Sie wurde ordnungsmäfsig im December 1844 der Akademie eingereicht. Die Akademie ertheilte ihr den Preis nicht, sondern erneuerte abermals ihr Programm am 6. September 1845; und diesmal war Grimelli glücklich genug, in seiner oben angeführten *Memoria* der Akademie Genüge zu thun, und den lange hingehaltenen Preis davonzutragen. Von dieser *Memoria* wird im nächsten Berichte die Rede sein. Mit welchem Rechte Grimelli's

[1] Berl. Ber. II. 469. III. 440.

[2] S. Memoria del Profesor Germiniano Grimelli sul Galvanismo ec. Bologna 1849. 4° p. 4. 6*.

Leistung der des Hrn. Cima vorgezogen wurde, mag alsdann der Leser selbst beurtheilen. Die Arbeit des Hrn. Cima ist jedenfalls besser, als irgend eine Matteucci's. Sie ist wenigstens frei von den Plagiaten an Anderen und an sich selber, die Matteucci's literarisches Feierkleid als eben so viele häfsliche Flecke verunzieren; sie ist frei von jenen Versuchsreihen von denen auf keine Weise zu begreifen ist, was ihr Urheber damit bezweckt habe; es ist darin ein klarer logischer Fortschritt auf ein bestimmtes Ziel bemerkbar, und so hat diese Arbeit denn auch Hrn. Cima in mancher Beziehung und mit Einem Sprunge weiter geführt als Matteucci seine unzähligen, bis zu demselben Zeitpunkt veröffentlichten Aufsätze. Eine Sache für sich ist es dabei freilich, dafs Hr. Cima, gleich Matteucci, die Geschichte der Wissenschaft radebricht, dafs er Pfaff's Buch über thierische Elektricität und Reizbarkeit (Leipzig 1795) zu Kiel 1799 erscheinen läfst, und Lehot und Marianini das Gesetz der Zuckungen zuschreibt[1]. Eine Sache für sich ist es, dafs Hr. Cima, gleich Matteucci, keinen Begriff hat von den Ohm'schen Gesetzen; dafs er sklavisch Matteucci's Versuchsweisen nachahmt (p. 498 §. 9), deren gänzliche Unbrauchbarkeit vornehmlich auf der völligen Hintansetzung jener grofsen Principien beruht; dafs er sich hülflos festgebannt in dem engen durch diese Versuchsweisen abgesteckten Kreise dreht, den Matteucci schon seit so vielen Jahren immer von Neuem abgeweidet hat Eine Sache für sich ist es endlich, dafs in Herrn Cima's umfangreicher Schrift nichts wesentliches steht, was nicht auch bereits in meiner ersten Abhandlung vom Jahr 1842 stände; und dafs sich umgekehrt in dieser noch eine Menge Dinge finden, von denen sich Hr. Cima so wenig als Matteucci noch heutzutage etwas träumen läfst. Hr. Cima wufste zwar, wie man sehen wird, um das Dasein dieser meiner Abhandlung, indessen hat er sie offenbar niemals zu Gesichte bekommen, und versteht auch schwerlich deutsch. Es fällt mir daher nicht ein, die Selbständigkeit von Hrn. Cima's Forschungen in Zweifel zu ziehen, wenn ich mich auch, im Laufe der folgenden Musterung, genöthigt sehen sollte, Hand auf das eine oder das andere seiner Ergebnisse zu legen und es als mein Eigenthum zu beanspruchen.

[1] S. meine Untersuchungen u. s. w. Bd. I. S. 309.

Hrn. Cima's *Saggio* zerfällt in vier Abschnitte. Die beiden ersten sind, der gestellten Preisfrage gemäfs, fast nur geschichtlich. Der erste Abschnitt handelt von der Galvani'schen Zuckung ohne Metalle, als der einzigen Form in der die thierisch-elektrischen Ströme vor der Erfindung des Multiplicators dargestellt werden konnten. Dieser Abschnitt entspricht somit, seinem hauptsächlichen Inhalt nach, dem ersten Kapitel des ersten Abschnittes meiner Untersuchungen. In seinem ersten Kapitel spricht Hr. Cima von den Zuckungen, die durch unmittelbare Berührung der Nerven mit den Muskeln erhalten werden. Er giebt dabei eine falsche Erklärung des Umstandes, dafs die Zuckungen stärker erscheinen, wenn man die thierischen Theile mit Salzlösung benetzt. Er meint, dafs dies auf einer Verminderung des Widerstandes beruhe (p. 429 §. 12). Der Grund der Erscheinung ist, wie ich seitdem gezeigt habe[1], vielmehr der, dafs die Kochsalzlösung die pareelektronomische Schicht am natürlichen Querschnitt der Muskeln ihrer elektromotorischen Wirksamkeit beraubt, welche der des übrigen Muskels entgegen gerichtet ist, und letztere schwächt, wo nicht völlig aufhebt, ja überwiegt. Dafs eine allzureichliche Benetzung mit der Lösung die Zuckungen wieder beeinträchtige, erklärt Hr. Cima mit Recht durch die Nebenschliefsung, welche die Lösung dem Strome darbietet. (lvi.) Aber auch dabei verfällt er in einen Irrthum. Er weifs nämlich nicht, dafs jeder vom Muskel oder von den thierischen Gliedern erhaltene Strom nur ein abgeleiteter Strom, nur durch Nebenschliefsung gewonnen ist, folglich auch der Strom in dem gegen den Muskel umgebeugten Nerven. Er glaubt vielmehr, in diesem Nerven den unverzweigten Hauptstrom selbst zu haben. Um nun zu verstehen, wie eine an der Muskeloberfläche angebrachte gutleitende Schicht durch Nebenschliefsung die Zuckung schwächen könne, nimmt er an, dafs die Zuckungen herrühren von der unmittelbaren Erregung der im Muskel verbreiteten Nervenäste. Ich brauche wohl nicht erst darauf aufmerksam zu machen, dafs diese Vorstellungsweise

[1] Monatsbericht der Akademie der Wissenschaften zu Berlin. Juni 1851. S. 396. — Weitere Entwickelungen des Gegenstandes wird die zweite Abtheilung des zweiten Bandes meiner Untersuchungen enthalten.

wie mit dem gesunden Menschenverstand so auch mit der, Hrn. Cima selber sehr wohl bekannten[1] Thatsache im Widerspruch steht, dafs die Zuckung ausbleibt, wenn man den Nerven dicht über seinem Eintritt in den Muskel unterbunden hat.

In §. 15 (p. 430. 431) sucht Hr. Cima Galvani's Beobachtung zu erklären, dafs die Zuckung ohne Metalle manchmal stärker erscheine, wenn man dem Frosch die Haut lasse und den Nerven mit den Muskeln nur durch eine Hautwunde in Berührung bringe. Hr. Cima meint, dafs dies von zwei Dingen herrühren könne.

Einmal würden die thierischen Theile durch die Gegenwart der Haut besser leistungsfähig erhalten. Dies ist wohl glaublich, und Hr. Cima hat sich überzeugt, dafs nicht enthäutete Frösche länger als enthäutete die Fähigkeit behalten, die Zuckung ohne Metalle zu zeigen.

Zweitens vermuthet Hr. Cima, dafs die geringe Leitungsfähigkeit der Haut der Grund sei, weshalb ihre Anwesenheit das Erscheinen der Zuckungen befördere. Er habe sich nach der von Matteucci angegebenen Methode versichert, dafs die Haut schlechter als die Muskeln leite; nur wenn sie sehr stark benetzt sei, leite sie besser, und alsdann habe er auch die Galvani'sche Beobachtung nicht zu erneuern vermocht.

Matteucci's Methode zur Bestimmung der Leitungsfähigkeit der thierischen Theile besteht darin, dafs er durch mehrere solche, in dieser Hinsicht zu prüfenden Theile einen Strom gehen läfst, und ihnen die in gleicher Entfernung von einander gehaltenen metallischen Multiplicatorenden unmittelbar anlegt. Die Substanz leitet um so schlechter, je gröfser die Ablenkung der Nadel ist. Obschon das allgemeine Princip dieser Methode richtig ist, so ist sie doch, wie ich in meinen Untersuchungen, Bd. II. Abth. I. S. 245 gezeigt habe, wahrscheinlich unausführbar, in der Gestalt aber, wie Matteucci sich ihrer bedient hat, gewifs unbrauchbar.

Zugegeben indefs, die Methode sei tadelfrei und die Froschhaut leite im Vergleich zu den Muskeln ausnehmend schlecht; zugegeben sogar, die Haut isolire gleichsam den Frosch, wie Hr.

[1] Ivi, p. 434. §. 21. p 515. §. 34. — Ich bemerke, dafs die Paragraphen in jedem Abschnitt von Hrn. Cima's Saggio von vorn beziffert sind.

Cima sich ausdrückt; so bleibt doch durchaus unverständlich, wie Hr. Cima sich denkt, dafs durch diese nichtleitende Hülle das Erscheinen der Zuckungen solle begünstigt werden.

Am auffallendsten ist indessen, dafs an einer spätern Stelle (p. 490—492. §. 2—4 des 3. Abschn.) Hr. Cima noch einen ganz andern Grund immer noch für die nämliche, an und für sich, wie ich glaube, sehr zweifelhafte, auf alle Fälle sehr unbedeutende Beobachtung Galvani's beibringt. Hr. Cima giebt daselbst an, dafs die Zuckung ohne Metalle leichter von statten gehe, wenn der Nerv gegen den Gastroknemius, als wenn er gegen die Oberschenkelmuskeln umgebeugt werde. Bei aufmerksamerem Studium der Werke Galvani's aber habe er gefunden, dafs Galvani, wenn er den Fröschen die Haut liefs, stets den Hautschnitt, durch den er den Nerven mit den Muskeln in Berührung brachte, über dem Gastroknemius anzulegen pflegte; hingegen an enthäuteten Fröschen habe er den Nerven stets gegen den Oberschenkel umgebeugt.

Hr. Cima giebt an, es sei ihm gelungen, die Zuckung ohne Metalle an Kaninchen, Ratten und Hühnern zu beobachten (p. 435. §. 24). Bei der grofsen Schwierigkeit des Versuchs verdient ein bejahender Erfolg desselben stets aufgezeichnet zu werden. Auch will er beim Frosch in Fällen hoher Erregbarkeit die Zuckung ohne Metalle erhalten haben, ohne mit dem Nerven die Ausbreitung der Achillessehne (den natürlichen Querschnitt des Muskels) zu berühren (p. 498. §. 32). Das wären also Zuckungen durch die schwachen Ströme des Längsschnittes.

Im zweiten Kapitel des ersten Abschnittes seines *Saggio* handelt Herr Cima von der Zuckung mit gleichartigen Bögen verschiedener Art, im dritten von der Zuckung bei Herstellung des Kreises zwischen Nerven und Muskeln, oder auch zwischen verschiedenen Punkten des Nerven allein, mittelst thierischer Theile. In die letzte Kategorie gehört jener merkwürdige von Galvani beschriebene Versuch, wo dadurch Zuckung erfolgte, dafs Galvani den Nerven eines Froschschenkels dergestalt auf einen andern, im Halbkreis gelagerten Nerven fallen liefs, dafs der erste Nerv den letztern an zwei Punkten berührte, wovon einer der Länge des Nerven angehörte, der andere aber der Querschnitt des Nerven, oder, wie GALVANI sich ausdrückt, die *boccuccia*, d. h. die Mündung des als Röhre gedachten Nerven, war. In diesem Falle fand nämlich offenbar der von mir entdeckte Nervenstrom seinen Weg durch den von beiden Nerven gebildeten Kreis. Herr CIMA sagt, er habe den Versuch wohl an hundertmal, jedoch vergeblich wiederholt (p. 447. §. 53). Aber er hat dabei, wie es scheint, gerade die Hauptsache übersehen, nämlich dafs der eine berührte Punkt des zweiten Nerven, auf den man den ersten fallen läfst, die *boccuccia*, der Querschnitt nach unserer Redeweise, sein solle.

Auch ich habe mich umsonst bemüht, GALVANI's Versuch in dieser Gestalt zu wiederholen. Indessen habe ich ihm eine andere Gestalt ertheilt, in welcher er einer der einfachsten, leichtesten und zierlichsten Versuche des ganzen Gebietes geworden ist. Auf eine nichtleitende Unterlage legt man zwei Bäusche der Art, die ich Zwischenbäusche nenne[1], in einigen Millimetern Entfernung neben einander. Zwei gegenüber liegende Enden dieser Bäusche werden mit Eiweifshäutchen bekleidet[2]. Ueber diese breitet man den Nerven eines stromprüfenden Froschschenkels, der in der Fig. 19. Taf. III. Bd. I. meines Werkes sichtbaren Weise isolirt aufgestellt ist. Liegt der Nerv auf beiden Bäuschen mit Punkten des Längsschnittes auf, wobei es zweckmäfsig ist, dafs sein quer abgeschnittenes Ende auf einem Stückchen Wachstaffet oder einem Glimmerblättchen ruht, und man schliefst zwischen beiden Bäuschen mit dem Schliefsungsbausch[3], so bleibt alles in Ruhe. Legt man aber den Nerven auf der einen Seite mit Längs-, auf der anderen mit Querschnitt auf, so erfolgt eine Zuckung des stromprüfenden Froschschenkels, wofern er nur einigermaafsen erregbar ist. Die Ueberlegenheit dieser Versuchsweise beruht theils darauf, dafs der Widerstand des Kreises möglichst klein gemacht ist, theils und vorzüglich darauf, dafs man mit Hülfe des Schliefsungsbausches den Kreis schnell und sicher schliefsen und öffnen kann.

[1] S. meine Untersuchungen u. s. w. Bd. I. S. 223. Taf. I. Fig. 13.

[2] S. ebendas.

[3] S. ebendas. S. 221. Taf. I. Fig. 11. 12.

Seinen zweiten, wie bereits erwähnt, gleichfalls rein geschichtlichen Abschnitt, theilt Hr. CIMA in zwei Hauptabtheilungen. Die erste handelt in sechs Kapiteln von dem sogenannten Froschstrom NOBILI's, die zweite in zwei Kapiteln von dem Muskelstrom, so dafs man ein vollständiges Bild sämmtlicher Versuche MATTEUCCI's über diesen Gegenstand erhält, die derselbe bis zum Jahr 1844 bekannt gemacht hat. Herr CIMA flicht in seine geschichtliche Darstellung einige eigene Bemerkungen ein, keine jedoch, die zur Erwähnung an dieser Stelle aufforderte. Sie laufen nur auf Bestätigungen MATTEUCCI'scher Versuche und Schlufsfolgen hinaus, die, gleichviel ob richtig oder falsch, denn es finden sich von beiden Arten darunter, jetzt doch alles Interesse eingebüfst haben.

Der dritte Abschnitt enthält Hrn. CIMA's eigene Versuche. Im ersten Kapitel beschäftigt sich der Verfasser auf das weitläufigste mit der GALVANI'schen Zuckung ohne Metalle. Er studirt die verschiedenen Bedingungen, unter denen die Zuckung erfolgt und versagt, je nach den Punkten des Froschbeines, gegen die man den Ischiadnerven zurückbeugt (S. oben), je nachdem man an dem Nerven ein Stück Wirbelsäule hängen läfst oder nicht, je nachdem man die verschieden angeordnete Kette schliefst oder öffnet, endlich je nach der seit dem Tode des Thieres verflossenen Zeit. Er sucht diese verschiedenen Fälle zurückzuführen auf das PFAFF'sche Gesetz der Zuckungen[1], wobei er aber von einer Voraussetzung ausgeht, deren Grundlage mir unverständlich bleibt, und die mit den späteren Erörterungen des Verfassers selber in lichtem Widerspruch steht. Hr. CIMA hält es nämlich für eine ausgemachte Sache, dafs im Unterschenkel des Frosches eine in aufsteigender Richtung wirksame elektromotorische Kraft, die den Froschstrom erzeuge, im Oberschenkel eine im absteigenden Sinne thätige, die den Muskelstrom hervorbringe, vorhanden sei.

Es ist nun zwar richtig, dafs der Unterschenkel des Frosches zwischen Füfsen und Kniegelenk einen aufsteigenden Strom giebt; allein der Oberschenkel thut dies auch, zwischen Kniegelenk und hinterer Beckenwand, wie ich schon in meinem *„vor-*

[1] S. meine Untersuchungen u. s. w. Bd. I. S. 303 ff.

läufigen Abriss" gezeigt habe [1]. Soll der Oberschenkel absteigend wirksam sein, so mufs man an seinem obern Ende künstlichen Querschnitt blofslegen. Hr. CIMA's wie MATTEUCCI's Abbildungen zeigen nun zwar wirklich am oberen Ende des GALVANI'schen Präparates etwas einem Querschnitt Aehnliches. Es wird aber nirgends gesagt, dafs die Frösche auf diese Art zugerichtet gewesen seien. Es wird, wie es scheint, vorweg angenommen, man könne das GALVANI'sche Praeparat nicht anders herstellen, als mit einer Verletzung des oberen Endes der Oberschenkelmuskeln. Auf der andern Seite heifst es immer, das GALVANI'sche Präparat im Ganzen wirke aufsteigend vom Multiplicator. Wenn aber die Oberschenkel quer durchschnitten sind, ist dies nicht mehr der Fall, weil, der parelektronomischen Schicht am natürlichen Querschnitt halber, der künstliche Querschnitt über den natürlichen stets, wenn auch nicht auf die Dauer, den Sieg davonträgt.

So herrscht also hier, zwar nicht formell, aber dem Inhalt nach von meinem Standpunkte der Beurtheilung aus, eine grundlose Verwirrung, und ich glaube um so eher über diesen Theil der Arbeit des Hrn. CIMA mit diesen Bemerkungen hinweggehen zu dürfen, als die ganze Sache, wie mir scheint, gar nicht der Rede werth ist. Der GALVANI'sche Versuch ohne Metalle am Froschbeine selber angestellt, hat, in meinen Augen, nur noch einen geschichtlichen Werth; und es lohnt sich eine Untersuchung desselben in der Art, wie Hr. CIMA sie vornimmt, bei dem heutigen Stande der Dinge gerade so wenig, als diefs Fallversuche mit der GALILÄI'schen Pergamentrinne thun würden. Man weifs, dafs in den Muskeln ein Strom vorhanden ist, und man weifs, dafs dieser Strom unter Umständen stark genug wird, um Zuckung des stromprüfenden Schenkels zu bewirken. Dies reicht aus. Will man jenen Strom erforschen, so greife man zum Multiplicator, und will man die Erscheinungsweise der Zuckungen bei so schwachen Stromeskräften ermitteln, zu einer passend vorgerichteten Säure-Alkalikette. Welcher eigenthümliche Werth dabei doch immer noch dem stromprüfenden Schenkel als solchem bleibe,

[1] S. POGGENDORFF's Annalen u. s. w. 1843. Bd. LVIII. S. 2; — Untersuchungen u. s. w. Bd. I. S. 489.

habe ich anderwärts schon mehrfach auseinandergesetzt[1]. Der stromprüfende Schenkel dient, um schnelle Schwankungen schwacher Ströme anzuzeigen, und in dieser Rolle ist er zur Stunde durch kein anderes stromprüfendes Mittel zu ersetzen.

Davon weifs nun freilich Hr. Cima nichts. Er giebt sich aber noch, am Schlusse dieses Kapitels, grofse Mühe, eine möglichst gute Art ausfindig zu machen, um den stromprüfenden Schenkel zur Entdeckung schwacher Ströme und ihrer Richtung anzuwenden. Gegen den stromprüfenden Schenkel in der Gestalt, wie er von Matteucci und mir benutzt zu werden pflegt, hat Hr. Cima einzuwenden, dafs vielleicht doch die Nerven an und für sich der Sitz eines Stromes sein könnten. Er strengt sich sehr an, diesen Strom zu finden und schlägt zuletzt einen Weg ein, der recht mafsgebend ist für das experimentelle Treiben dieser Schule italiänischer Physiker und daher hier erwähnt zu werden verdient.

Er bereitet nämlich zwanzig stromprüfende Schenkel. Nennen wir an dem Nerven des ersten Schenkels c_1 einen dem Hirnende nahen, p_1 einen dem Kniegelenk nahen Punkt; c_2, c_3 u. s. w. p_2, p_3 u. s. w. entsprechende Punkte an den andern Schenkeln bis zum zwanzigsten. Die zwanzig Schenkel werden auf nichtleitender Unterlage so angeordnet, dafs immer der Punkt c_n des Nerven eines Schenkels den Punkt p_{n-1} des Nerven des vorhergehenden Schenkels berührt. Die Punkte c_1 und p_{20} bleiben natürlich frei, und die Unterschenkel selber aufserhalb der Kette. Denkt man sich die Unterschenkel als Blätter, die Nerven als Stiele, so kann man sich die Anordnung unter dem Bilde eines offenen Kranzes vorstellen (p. 501. §. 19).

Auf diese Art würde, wenn zwischen den Punkten p und c eine elektromotorische Kraft gegeben wäre, also eine Säule zu Stande kommen, in der der Unterschied der Spannungen zwischen p und c verzwanzigfacht wäre und deren Pole durch c_1 und p_{20} vorgestellt würden. Wäre diese Säule bestimmt an einem Stromprüfer ihre Wirkung zu äufsern, der einen grofsen Widerstand hätte im Vergleich zu der Nervenstrecke gegen c und p, so würde

[1] Untersuchungen u. s. w. Bd. I. S. 409 ff.; — Comptes rendus etc. 8 Avril 1850. t. XXX. p. 406; — Annales de Chimie et de Physique. 1850. 3. S. t. XXX. p. 178.

nichts gegen Hrn. Cima's Anordnung zu erinnern sein. Aber Hr. Cima schliefst jene Säule an seinem Ruhmkorff'schen Multiplicator von 2500 Windungen (p. 459. §. 9), dessen Widerstand vermuthlich nahe verschwand neben dem jener Nervenstrecke. Seine künstlich ersonnene, auf Kosten von zehn Fröschen mühsam erbaute Säule war also ganz unnütz. Oder Hr. Cima bringt an die Endpunkte der Säule Streifen Fliefspapier mit destillirtem Wasser getränkt an, schliefst zwischen diesen mit dem Nerven eines einundzwanzigsten stromprüfenden Schenkels, und meint nicht anders, als dafs seine Veranstaltung höchst geeignet sei, eine Vervielfältigung der Wirkung herbeizuführen. Er ahnt nicht, dafs, wegen des unnütz eingeführten Widerstandes der Papierstreifen, der durch eine etwaige Ungleichartigkeit der Punkte *c* und *p* bedingte Strom in seiner Nervensäule nun hätte kleiner sein müssen als in einem einzelnen Nerven, den er gegen sich selber bis zur Berührung der Punkte *c* und *p* umgebeugt hätte. Dies kommt davon, wenn man nach Matteucci's Vorgang thierische Elektricität treiben will, und nichts vom Ohm'schen Gesetz weifs. Aber warum sollte auch Hr. Cima sich mit der dunklen transalpinischen Lehre abgeben. Wickelt doch noch in dem *Comptes rendus* der ersten Akademie der Welt der gröfste jetzt lebende Elektriker Frankreichs, Hr. Becquerel der Vater, Multiplicatoren aus Bindfaden, der mit Chlorcalciumlösung getränkt ist[1]! Räthselhaft bleibt es freilich, dafs während man in der Astronomie der Meinung ist, ein Astronom müsse etwas vom Gravitationsgesetz verstehen, in der Optik, ein Optiker müsse das Snell'sche Gesetz inne haben, in der Elektricitätslehre fort und fort die naivste Unwissenheit in den seit einem Vierteljahrhundert zu Tage gelegten Grundsätzen der Wissenschaft sich geltend machen darf.

In der Nervensäule des Hrn. Cima war allerdings der Nervenstrom vorhanden. Es mufsten sich nämlich die dem freien Endquerschnitt der Nerven näheren Punkte *c* schwach negativ verhalten gegen die davon entfernteren Punkte *p*. Es gelang indessen, was nach dem Obigen nicht zu verwundern ist, Herrn Cima nicht, diese Spur des Nervenstroms zu entdecken. Auf den Einfall, statt der Punkte *c* lieber den Querschnitt selber den Punk-

[1] Comptes rendus etc. 29 Mars 1847. t. XXIV. p. 505*.

ten *p* anzulegen, kommt er nicht. So bleibt auch ihm, wie Matteucci, trotz der Kenntnifs des Gesetzes des Muskelstromes, der sich beide rühmen, der Nervenstrom verborgen.

Doch beruhigt dies Hrn. Cima noch nicht vollkommen hinsichtlich der Störungen, die ein Strom in den Nerven, wenn ein solcher vorhanden wäre, bei der Benutzung des stromprüfenden Schenkels hervorbringen könnte. Er ersetzt deshalb dies Präparat durch ein anderes, welches er *„doppia rana galvanoscopica"* nennt und welches nichts ist, als ein Galvani'sches Präparat, welches in der Längsmittelebene des Beckens gespalten ist, dessen Ischiadgeflechte aber noch durch die Wirbelsäule zusammenhängen. Dies Präparat ist beiläufig nicht neu, da es bereits von Marianini und Matteucci zur Erforschung des Gesetzes der Zuckungen vielfach gebraucht worden ist. Hr. Cima selber führt es in diesem Sinne an.

Die *Doppia rana* soll nun so angewendet werden, dafs man sie mit beiden Füfsen an die Enden des Kreises anlegt, worin ein Strom beobachtet werden soll. Herr Cima übersieht nicht, dafs er dergestalt wieder die Ströme der beiden Beine, wenn auch in entgegengesetzter Richtung, in den Kreis einführt. Allein er behauptet, dafs diese Ströme sich am Multiplicator stets vollkommen das Gleichgewicht halten (p. 502. §. 20). Ich mufs dies, nach meinen Erfahrungen, entschieden in Abrede stellen. Wenn ich ein Galvani'sches Präparat rittlings mit den Füfsen in die Zuleitungsgefäfse meines Multiplicators für den Muskelstrom bringe, erhalte ich stets einen mehr oder weniger starken Ausschlag, dessen Richtung keinem bestimmten Gesetz unterliegt[1]. Dies rührt davon her, dafs, aus unbekannten Gründen, die parelektronomische Schicht sich an den verschiedenen Muskeln auf einer verschiedenen Stufe der Ausbildung befindet. Ich kann deshalb Hrn. Cima's Vorschlag, hinsichtlich der neuen, dem stromprüfenden Froschpräparat zu ertheilenden Gestalt, keinen Beifall zollen. Und ein anderes Lob, welches Hr. Cima seinem Präparat ertheilt, ist in der That nicht geeignet, mich zu einer Aenderung meines Urtheils zu bewegen. Ich mufs dies Lob wörtlich anführen: „Gli effetti della corrente che passa per questa rana saranno più mar-

[1] S. meine Untersuchungen u. s. w. Bd. I. S. 469. 520.

cati, perchè ne invade direttamente i muscoli, mentre nelle rana galvanoscopica la corrente non passa che per il nervo di cui conosciamo già la poca conducibilità." (Ivi.) Dieser kleine Satz enthält ein solches Gewebe von Irrthümern, dafs ich fast so viele Seiten, als er Zeilen enthält, damit anfüllen würde, die Sache in's Klare zu setzen. Ich darf aber wohl dies Geschäft dem Leser selbst überlassen.

Merkwürdigerweise übrigens hat Matteucci einige Zeit, nachdem Hr. Cima der Akademie zu Bologna seine Abhandlung eingereicht hatte, angefangen, sich der *doppia rana galvanoscopica* statt seiner eigenen, einst so sehr gepriesenen *grenouille galvanoscopique* zu bedienen[1].

Wir kommen jetzt zu dem wichtigsten Theile von Herrn Cima's Arbeit. Nicht als ob darin irgend etwas Neues enthalten wäre für Jemand, der den Fortschritten dieses Zweiges der Wissenschaft in Deutschland gefolgt ist. Auch nicht in so fern als die darin mitgetheilten Untersuchungen an sich ihren Gegenstand erschöpften, und einen wahrhaft gediegenen Werth besäfsen. Indessen findet sich doch hier, von dem Standpunkt der Kenntnifs aus, auf dem die italiänischen Gelehrten leider damals noch verharrten, ein wahrhafter Schritt gethan, ein Schritt, der merkwürdigerweise Matteucci, nach jahrelangen vergeblichen Bemühungen jetzt plötzlich gleichfalls gelang, kurze Zeit nachdem Hr. Cima seine Abhandlung der Akademie zu Bologna eingereicht hatte[2].

Es handelt sich nämlich um das Verhältnifs des von Nobili entdeckten Froschstromes zum Muskelstrome. Matteucci hatte bekanntlich und unbegreiflicherweise beide Ströme stets mit grofser Sorgfalt auseinander gehalten. Er behauptete, in jedem Muskel beim Anlegen eines leitenden Bogens an sein Inneres und seine Aufsenseite entstehe ein Strom in dem Muskel von dem ersten Punkt zum letzteren. Dies ist, was er bereits vor mir beobachtet, und den Muskelstrom genannt hatte. Aufserdem aber

[1] Philosophical Transactions etc. For the year 1845. P. II. p. 283*.

[2] Comptes rendus etc. 14 Avril 1845. t. XX. p. 1096*; — Philosophical Transactions etc. For the year 1845. P. II. p. 297*; — Diese Berichte Bd. I. S. 516.

nahm Matteucci an, von allen Thieren der Schöpfung sei nur der Frosch, und auch am Frosch nur der Unterschenkel mit einem besonderen, geheimnifsvoll stets nach aufwärts fliessenden Strom versehen. Diese Behauptungen sind hier von mir nicht schroffer ausgedrückt, als Matteucci sie hingestellt hat. So unglaublich es scheinen mag, wörtlich gleichlautend hat sie dieser Physiker, nach seiner Weise, nicht einmal, sondern vier Jahr lang unzähligemal in allen Sprachen bekannt gemacht[1].

Hrn. Cima ist es gelungen, selbständig das Räthsel zu lösen, welches Matteucci ein unüberwindliches Hindernifs geworden war. Er sagt, im zweiten Kapitel des dritten Abschnittes, ganz einfach: „Ho detto a suo luogo come il Matteucci abbia sperimentalmente dimostrato che la sola gamba della rana, sia dessa vestita o no della sua parte tendinosa è la parte necessaria alla produzione della corrente propria. Per me, amerei meglio dire, che allorchè il muscolo gastrocnemio è privato del suo tendine e si hanno segni di corrente electrica, si tratta allora di corrente muscolare“ (p. 503. §. 21). Er beschreibt dann Versuche an Säulen, die er aus Gastroknemien zusammenfügt, und in denen die sehnige Ausbreitung der Achillessehne eine negative Rolle spielt, gleich dem blofsgelegten Innern der Muskeln, um in der Sprache der italiänischen Elektrophysiologen zu reden. Da Hr. Cima, nach Matteucci's Vorgange, am Multiplicator nicht glaubt anders als mit vielgliedrigen Säulen aus thierischen Theilen arbeiten zu können, so findet er natürlich eine ungemeine Schwierigkeit, die Negativität der sehnigen Ausbreitungen auch an den Muskeln warmblütiger Thiere nachzuweisen, indem die zuerst zugerichteten Muskeln bereits ihre Leistungsfähigkeit eingebüfst haben, wenn die letzten eben fertig geworden sind. Es gelingt ihm aber doch zuletzt mit Hülfe des stromprüfenden Froschschenkels. Der Schenkel zuckt, wenn sein Nerv den Kreis herstellt zwischen sehniger Ausbreitung und rothem Fleisch eines Kaninchen- oder Taubenmuskels. Er bleibt in Ruhe, wenn der Nerv zwei Punkte der sehnigen Ausbreitung allein, oder des rothen Fleisches allein in Verbindung bringt. „Posso ... conchiuderne, che il fatto della

[1] S. diese Berichte, Bd. I. S. 517; — meine Untersuchungen u. s. w. Bd. I. S. 541.

corrente propria non si può più considerare come speciale ai ranocchi, ma bensì come commune a tutti i muscoli tendinosi" (p. 507. §. 24).

Hr. Cima fügt hier zu der der Akademie zu Bologna im December 1844 eingereichten Handschrift eine literarhistorische Anmerkung hinzu. Er sagt, die vorberichteten Thatsachen hätten im März 1845 durch Matteucci ihre Bestätigung erhalten, der aber auf einem anderen Wege dazu gelangt sei, als er selber. Hierauf habe er Matteucci von seinen im November 1844 gemachten Beobachtungen und von den Umständen benachrichtigt, weshalb er sie nicht veröffentlichen könne. Dies sei die Ursach, weshalb Matteucci in seinem Schreiben an Dumas vom September 1845 [1], wo von dieser Angelegenheit die Rede gewesen sei, seiner, Cima's, keine Erwähnung gethan habe. In diesem Schreiben gestehe jedoch Matteucci mir (du Bois-Reymond) die Priorität der Entdeckung der Negativität der sehnigen Ausbreitungen zu. Da aber er, Cima, im December 1844 seine Arbeit der Akademie zu Bologna eingereicht habe, so sei klar, dafs seine Beobachtungen über die Rolle, welche die sehnigen Ausbreitungen bei der Hervorbringung des Froschstromes spielen, und über die Einerleiheit des Muskelstromes und des Froschstromes, älter seien als Matteucci's und als meine Untersuchungen über denselben Gegenstand („Avendo io intanto inviato al concorso questo Saggio fin dal dicembre dell' anno 1844, chiaro apparisce, come le mie osservazioni intorno alla funzione del tendine nella corrente propria, e all' identità di questa corrente colla corrente muscolare siano anteriore alle ricerche del Matteucci et del du Bois-Reymond.") (Ivi, Nota (1)).

Hr. Cima ist ohne Zweifel im Recht, was Matteucci betrifft. Matteucci selbst hat dies seitdem anerkannt [2]. Wenn aber Hr. Cima sich die Priorität der in Rede stehenden Entdeckung auch mir gegenüber zuschreibt, so ist daraus nur zu schliefsen,

[1] Annales de Chimie et de Physique, 3. Sér. t. XV. p. 64*; — diese Berichte Bd. I. S. 519.

[2] Réponse aux deux dernières lettres de M. du Bois-Reymond, insérées dans les Nos. 17 et 18 des Comptes rendus de l'Académie etc. Florence, imprimerie de Lemonnier. p. 5*; — Comptes rendus etc. 3 Juin 1850. t. XXX. p. 699*.

dafs er meine Arbeit nie in Händen gehabt hat. Es ist keine Art, das Datum einer Arbeit zu bestimmen, wenn man es mit dem Zeitpunkt für einerlei nimmt, wo ein Dritter einmal zufällig dieser Arbeit Erwähnung gethan hat. Hätte Hr. CIMA meine Abhandlung mit Augen gesehen, so würde ihm nicht entgangen sein, dafs sie im Januar 1843 erschienen ist, und dafs also meine Beobachtungen zwei Jahre älter sind, als die seinigen[1].

Das dritte Kapitel des dritten Abschnittes des *Saggio* enthält abermals eine wichtige Beobachtung, mit der Hr. CIMA sich in der Priorität befindet vor MATTEUCCI, und diesmal auch vor mir, obschon ich freilich zur Zeit, wo er seine Arbeit einreichte, den Gegenstand, wie ich meine, bereits etwas genauer kannte, als Hr. CIMA und MATTEUCCI es auch jetzt noch thun. Die Beobachtung ist die, dafs die Stärke des Muskelstroms (des Stroms des künstlichen Querschnittes) unter der Kälte weniger leidet als die des Froschstroms (des Stroms des natürlichen Querschnittes) (p. 508—511. §. 25—28). Hr. CIMA nennt neben der Kälte noch die Unterdrückung des Kreislaufes und der Athmung, als gleichfalls den Strom des natürlichen Querschnittes mehr beeinträchtigend als den des künstlichen. Aus Gründen, welche hier zu entwickeln zu weitläufig wäre, halte ich jedoch seine Versuche nicht für überzeugend, und ich selbst habe mich nicht von der Richtigkeit seiner Angabe überführen können.

Was die vorzugsweise Schwächung des Stroms des natürlichen Querschnittes durch die Kälte betrifft, so beruht sie, wie ich neuerdings gezeigt habe[2], darauf, dafs dadurch die parelektronomische Schicht am natürlichen Querschnitt der Muskeln auf eine höhere Stufe der Ausbildung gelangt. Wunderbar ist die Deutung, die Hr. CIMA von demselben Umstande giebt. Er geht von dem Grundsatz aus, dafs die Schwächung des Stroms bei Gegenwart des sehnigen Ueberzuges auf nichts beruhen könne als auf einer Vergröfserung des Widerstandes des Sehnengewebes. Dafs der sehnige Ueberzug als Nebenschliefsung, und nicht als Widerstand, in den Kreis eingeht, weifs Hr. CIMA natürlich nicht. Nun habe bekanntlich MATTEUCCI gezeigt (was beiläufig ein ganz unanstell-

[1] Vergl. Comptes rendus etc. 29 Avril 1850. t. XXX. p. 515, Nota (1).
[2] Monatsberichte der Berliner Akademie. Juni 1851. S. 396.

barer Versuch ist), dafs der Muskelstrom kaltblütiger Thiere mehr als der warmblütiger unter dem Einflufs der Kälte leide. Das Sehnengewebe stehe aber zum Muskelgewebe in demselben Verhältnifs, als die kaltblütigen Thiere zu den warmblütigen. Folglich müsse die Leitungsfähigkeit des Sehnengewebes durch die Kälte mehr beeinträchtigt werden als die des Muskelgewebes.

Ich halte es hiernach für nothwendig zu bemerken, dafs Hr. Cima kein Anhänger deutscher Naturphilosophie ist. Uebrigens hat Matteucci merkwürdigerweise kurz nachdem Hr. Cima seinen *Saggio* der Akademie zu Bologna eingereicht hatte, gleichfalls darauf aufmerksam gemacht, dafs der Froschstrom mehr als der Muskelstrom unter dem Einflufs der Kälte leide[1].

Das vierte Kapitel des dritten Abschnittes kehrt wieder zurück auf den Lieblingsgegenstand des Verfassers, die Zuckung ohne Metalle. Es werden nämlich darin, auf Grund der von ihm dargelegten Thatsachen über den Muskelstrom, verschiedene Behauptungen der älteren Beobachter, Galvani, Volta, Aldini, untereinander und mit dem Thatbestand in Einklang gebracht. Doch kann man nicht eben sagen, dafs Hr. Cima mit vielem Glück das Amt des Vermittlers verwalte. Nicht selten sieht er Schwierigkeiten, wo keine sind. Andere Male lassen seine seichten und willkürlichen Erklärungsversuche den Gegenstand in noch gröfserer Verwirrung zurück, als die war, worin er ihn vorfand. So gehen zwei Parteien nur noch ergrimmter von einem ungeschickten Schiedsrichter hinweg. Die einzige einleuchtende Bemerkung die ich finde ist die über die Wirkungsweise der Stücke frischen Muskelfleisches, deren Galvani und v. Humboldt sich nicht selten als angeblich gleichartiger Körper zur Schliefsung ihrer thierisch-elektrischen Ketten zu bedienen pflegten. Mit Recht erklärt Hr. Cima dies Verfahren für ein ganz trügliches, insofern die Muskelstücke, je nach ihrer Lage, bald in der einen, bald in der andern Richtung, mehr oder weniger stark elektromotorisch wirken konnten (p. 518. 519. §. 40—42).

Endlich im vierten Abschnitt des *Saggio* handelt Hr. Cima von der Theorie der verwickelten, ihm noch so unvollkommen bekannten Erscheinungen. In dem ersten Kapitel geht er vor-

[1] Philosophical Transactions etc. For the year 1845. P. II. p. 298*.

züglich die Theorieen der älteren Beobachter durch, GALVANI, VOLTA und v. HUMBOLDT; im zweiten die der Neueren, NOBILI und MATTEUCCI. Er bekämpft, mit Gründen des Versuches und der Theorie, die Vorstellung, wonach äufsere Ungleichartigkeiten die Ursach der thierisch-elektrischen Ströme sein sollen. Endlich sagt er, p. 543. §. 44, von MATTEUCCI's Theorie: „A parer mio, non si potrebbe dare una spiegazione sulla origine della corrente muscolare più giusta e meno ipotetica di questa.“ Er schliefst sich also durchaus und ohne Rückhalt MATTEUCCI's Theorie an.

Diese Theorie besteht bekanntlich darin, dafs ein Muskel zu vergleichen sei einer gewöhnlichen VOLTA'schen Kette. Die Muskelfaser sei das Zink, das Blut die saure Flüssigkeit, der angelegte Bogen das negative Metall. Dem chemischen Vorgang in der Kette entspreche der Ernährungsvorgang im Muskel[1]. Diese Lehre hat Hr. MATTEUCCI Jahrelang gepredigt, ohne dafs ihm je die Schwierigkeit aufgestofsen wäre, wie es komme, dafs noch ein vom Gesammtorganismus getrennter Muskel den Strom zeige, da man doch, nach den gewöhnlichen Begriffen, in einem solchen Muskel schwerlich noch eine Fortdauer des Ernährungsvorganges annehmen könne.

Hrn. CIMA, der MATTEUCCI entschieden an Gedankenreichthum überlegen ist, entgeht diese Schwierigkeit nicht. Um sie zu beseitigen, erinnert er an die bekannte Thatsache, dafs die Haare noch nach dem Tode wachsen. Gleich darauf aber verirrt er sich leider in Betrachtungen, denen es durchaus an Schärfe und Klarheit gebricht (p. 543. 544. §. 44).

Endlich im dritten und letzten Kapitel des *Saggio* dehnt Hr. CIMA MATTEUCCI's eben erinnerte Theorie auf den Froschstrom aus, was MATTEUCCI selber bis zu jener Zeit nicht thun konnte, weil er diesen Strom in keinem andern Thiere hatte wiederfinden können, und sich also für gezwungen hielt, in dem Unterschenkel des Wasserfrosches einen unbekannten und unbegreiflichen Quell eines aufsteigenden Stromes, ohne allen Zusammenhang mit dem Muskelstrom, anzunehmen. Und Hr. CIMA gelangt hier, wie ich glaube selbständig, zu der ganz richtigen Anschauung, die den Schlüssel zum Gesetz des Muskelstromes abgiebt, dafs nämlich

[1] S. meine Untersuchungen u. s. w. Bd. I. S. 583.

die sehnige Ausbreitung z. B. des Gastroknemius in elektrischer Beziehung nichts anderes vorstellt als einen leitenden Ueberzug über eine Begrenzung des Muskels, die elektromotorisch gleichbedeutend ist mit dem künstlich blofsgelegten Muskelinneren (p. 550. §. 55). Es glückt ihm also derselbe Schritt, den ich bereits zwei Jahre früher in meinem *„vorläufigen Abriss“* gethan hatte. Freilich fehlt ihm dabei noch die Einsicht, die mich bewog, für Muskelinneres vielmehr Muskelquerschnitt zu sagen[1], und demgemäfs zu unterscheiden zwischen dem natürlichen und künstlichen Querschnitt. Hr. Cima weifs nicht, dafs der künstliche Längsschnitt sich elektromotorisch dem natürlichen gleichverhält, da er doch unter dem Ausdruck „Muskelinneres“ nothwendig mit inbegriffen sein würde. Die einfache und klare Vorstellungsweise, zu der sich Hr. Cima hier den Weg bahnt, verdient aber um so mehr lobend hervorgehoben zu werden, als Matteucci, nachdem er, angeblich gleichfalls selbständig an demselben Punkt angelangt war, sofort wieder eine ganz unglaubliche Verwirrung anstiftete, über die man sich, wenn man Lust hat, in dem ersten Bande meiner *Untersuchungen* u. s. w. S. 544 ff. 683. 684 näher unterrichten kann, und auch einige Auskunft in diesen Berichten Bd. I. S. 518. findet.

Endlich schliefst Hr. Cima, indem er, ganz im Sinne von Matteucci's Lehre, ausdrücklich sagt, dafs es gegen den Thatbestand laufe anzunehmen, dafs der Muskelstrom bereits im unversehrten lebenden Körper zugegen sei („Sarebbe qui andar contro i fatti ammettere queste correnti come circolanti naturalmente nel corpo degli animali“ p. 553. §. 59); und dafs daher nichts berechtige, eine Anwendung von den thierisch-elektrischen Strömen auf die Erklärung physiologischer Vorgänge zu machen. Eine Einschränkung, gegen welche von Hrn. Cima's und Matteucci's Standpunkt der Kenntnifs aus gewifs nichts einzuwenden sein dürfte.

[1] Vergl. meine Untersuchungen u. s. w. Bd. I. S. 539; — Comptes rendus etc. 6 Mai 1850. t. XXX. p. 564.

Hr. Strahl tadelt es, dafs Henle und Kölliker mit dem Elektroskop versucht haben, freie Elektricität an den Pacini'schen oder richtiger Vater'schen Körperchen im Gekröse der Katze wahrzunehmen[1], und zwar aus dem Grunde, dafs „man mit diesem Instrumente bekanntlich nur die Elektricität trockner Körper, nicht aber feuchter thierischer Gewebe messen kann." Ich glaube auch, dafs Henle und Kölliker wohl kein Recht hatten, einen günstigen Erfolg von ihrem Verfahren zu erwarten. Ich sehe jedoch nicht ein, weshalb man nicht mittelst des Elektroskopes sollte die freie Elektricität eines feuchten Leiters nachweisen können, wenn er wirklich dergleichen besitzt.

Hr. Strahl selber hat nun Versuche mit dem Multiplicator zur Entscheidung der Frage unternommen, ob die Vater'schen Körperchen elektrische Organe seien oder nicht. „Es wurden," sagt er, „die bereit gehaltenen Pole des Drahtes vom Multiplicator zu beiden Seiten eines solchen Körperchens angelegt. Es entstand aber nicht die geringste Schwankung in der Magnetnadel, man mochte die Pole in der Längsachse oder in der Breitenachse des Vater'schen Körperchens anlegen oder gar in dasselbe eindringen." Da nun auch sonst beim Mifshandeln dieser Körperchen gar keine Bewegungen, weder des Darmes noch anderer Muskeln, wahrzunehmen gewesen seien, so bleibe ihre Verrichtung noch in Dunkel gehüllt „wiewohl die Idee, dafs sie irgend eine Beziehung zu elektrischen Strömen in den Nerven haben möchten, abgesehen von dem verbreiteten Vorkommen in den an Elektricität so reichen Katzen, ziemlich nahe lag, wenn man den eigenthümlichen Bau dieser Körperchen berücksichtigte."

Daraus, dafs die Magnetnadel des Multiplicators in Ruhe blieb, scheint mir vor der Hand nur zu folgen, dafs er nicht empfindlich genug war. Sonst hätte er bei dem von Hrn. Strahl eingeschlagenen Wege ganz gewifs eine Ablenkung zeigen müssen, da es bekanntlich nicht zwei Metallstücke giebt, die, bei der ersten Benetzung mit einem feuchten Leiter, sich gleichartig verhalten.

[1] Ueber die Pacini'schen Körperchen an den Nerven des Menschen und der Säugethiere. Zürich 1844. 4. S. 37. 38*.

[2] Vergl. meine Untersuchungen Bd. I. S. 141. 203 ff.

Ich mufs übrigens gestehen, dafs mir die Gründe sehr wenig triftig erscheinen, auf welche hin vermuthet worden ist, die Vater'schen Körperchen seien elektromotorische Organe, gleich denen der Zitterfische. Die Aehnlichkeit im Bau ist wirklich aufserordentlich entfernt. Es ist auch durchaus nicht zu begreifen, was alsdann diese winzigen elektromotorischen Vorrichtungen im Gekröse der Katzen, in der Hohlhand des Menschen, in der Fessel des Rehes und wo sie sonst vorkommen, für eine Nutzwirkung hätten. Sollten sie aber wirklich den Organen der Zitterfische zu vergleichen sein, so müfste jedenfalls, um ihre Wirkung nachzuweisen, ein ganz anderer Weg eingeschlagen werden, als der von Hrn. Strahl betretene. Denn die elektromotorischen Organe wirken nicht fortwährend so, sie ertheilen ihren Schlag stets nur auf besonderen Befehl des Nervensystems. Es müfsten also auch hier, bei Gegenwart einer zweckmäfsig angebrachten stromprüfenden Vorrichtung, am besten des Froschschenkels, die Stämme gereizt werden, an deren Zweigen die Vater'schen Körperchen hängen. Wenn ich übrigens eine Methode wüfste, den von mir an andern Theilen des Nervensystems entdeckten Nervenstrom auch an den Vater'schen Körperchen nachzuweisen, so hätte ich das längst gemacht.

Was Hr. Strahl mit seinen an Elektricität so reichen Katzen meine, ist mir dunkel geblieben. Sollte er nur die guten Eigenschaften des Katzenfells zum Peitschen des Harzkuchens eines Elektrophors dabei im Sinne gehabt haben, so müfste es ja, nach dieser Art zu schliefsen, viel gefährlicher sein, einen Kürschnerladen zu betreten, als während eines Gewitters unter einem Baum Schutz zu suchen.

Hr. Heale theilt völlig sinnlose Phantasieen über elektrische und magnetische Verhältnisse des Blutes und gänzlich unbrauchbare Versuche zur Unterstützung derselben mit.

Hr. Baxter hat Thiere getödtet und die Platinenden des Multiplicators mit verschiedenen Organen derselben in Berührung gebracht. Natürlich giebt dies Ströme, die ihrem Ursprung nach denen einer Säure-Alkalikette zu vergleichen sind, wie Al. Donné schon vor längerer Zeit gezeigt hat[1]. Hr. Baxter aber glaubt zu folgenden Ergebnissen gelangt zu sein. Wenn das eine Multiplicatorende mit der Schleimhaut des Darmkanals, das andere mit dem von derselben Gegend der Schleimhaut zurückkehrenden Blute in Verbindung gesetzt wird, entsteht eine Ablenkung der Nadel, welche das Blut als positiv anzeigt. Es solle keine Wirkung stattfinden, wenn das eine Platinende in eine Arterie gesteckt werde, und auch nicht, wenn in eine Vene, die nicht gerade Blut aus der Gegend führt, wo das andere Platinende anliegt(?). Diese Wirkung solle nur während des Lebens stattfinden, nach dem Tode aufhören. Hingegen verschiedene andere ähnliche elektromotorische Wirkungen sollen noch nach dem Tode zu erscheinen fortfahren, und diese werden von Hrn. Baxter selber der Wirkung der Säure-Alkalikette verglichen. Der Strom zwischen Schleimhaut und venösem Blut aber soll von der Zerlegung des arteriellen Blutes in das venöse und in die Absonderung, von der „organic action" der Schleimhaut herrühren. Die Verwirrung der Begriffe und die Rohheit der Versuche in dieser Arbeit wird nur übertroffen durch den lächerlichen Schwulst des Ausdrucks und die Umständlichkeit, womit Theile der Vorrichtungen beschrieben und abgebildet werden, die nicht die mindeste Wichtigkeit haben. Es ist mir dunkel, wie eine so schülerhafte Arbeit ihren Weg in die *Philosophical Transactions* hat finden können.

Dr. E. du Bois-Reymond.

---

7. Elektrodynamik.

A. Theorie.

F. Neumann. Entwickelung der in elliptischen Coordinaten ausgedrückten reciproken Entfernung zweier Punkte in Reihen, welche nach den

[1] S. meine Untersuchungen u. s. w. Bd. I. S. 26. 111. 487.

LAPLACE'schen $Y^{(n)}$ fortschreiten; und Anwendung dieser Reihen zur Bestimmung des magnetischen Zustandes eines Rotations-Ellipsoids, welcher durch vertheilende Kräfte erregt ist. CRELLE J. XXXVII. 21.

G. PLANA. Memoria sulla dimostrazione dell' equazione

$$1 - n - 2k = 0$$

che lega le due constanti n e k nella formola di AMPÈRE, per la quale si esprime la forza motrice fra due elementi di correnti voltaiche. Principali conseguenze inerenti all' esistenza di questa equazione. Giorn. Arc. CX. 54*.

G. PLANA. Sopra una nuova serie esprimente la forza motrice fra due correnti voltaiche situate nel medesimo piano, per il caso in cui sono entrambe circolari, oppure una elittica e l'altra circolare. Giorn. Arc. CXI. 3*.

G. KIRCHHOFF. Ueber die Anwendbarkeit der Formeln für die Intensitäten der galvanischen Ströme in einem Systeme linearer Leiter auf Systeme, die zum Theil aus nicht linearen Leitern bestehen. POGG. Ann. LXXV. 189*.

W. THOMSON. On the Theory of Electro-magnetic Induction. Rep. of the brit. ass. for 1848. p. 9*; Inst. No. 790 p. 63*.

Die mathematische Aufgabe, auf welche die Untersuchung des magnetischen Zustandes einer weichen Eisenmasse führt, die magnetischen oder galvanischen Kräften ausgesetzt ist, war bisher nur gelöst für den Fall einer Kugel, auf welche beliebige Kräfte wirken, und für den Fall eines Ellipsoids, auf welches eine constante Kraft, wie der Erdmagnetismus wirkt. Hr. NEUMANN hat jetzt die Aufgabe für ein Rotationsellipsoid allgemein gelöst.

Bezeichnen wir durch dv das Element des Volumens einer durch Vertheilung magnetisirten Eisenmasse, durch x, y, z die Coordinaten seines Ortes, durch αdv, βdv, γdv seine magnetischen Momente in Bezug auf die Coordinatenaxen und durch k eine von der Natur des Eisens abhängige Constante, so giebt es, wie POISSON gezeigt hat, immer eine Funktion von x, y, z; φ, die den Gleichungen:

$$\alpha = k\frac{\partial\varphi}{\partial x}, \quad \beta = k\frac{\partial\varphi}{\partial y}, \quad \gamma = k\frac{\partial\varphi}{\partial z}$$

genügt. Diese Funktion φ mufs man ermitteln, um den Zustand der Eisenmasse kennen zu lernen. Dieses mufs durch die folgenden Gleichungen geschehen:

$$1. \quad \varphi + U + V = 0$$

$$2. \quad U = k\int\frac{dw}{\varepsilon}\left[\frac{\partial\varphi}{\partial n}\right]$$

Hier bedeutet V das Potential der gegebenen magnetisirenden Kräfte in Bezug auf den Punkt x, y, z, dw das Element der Oberfläche des Körpers, dessen Coordinaten a, b, c sein mögen, $\left[\frac{\partial\varphi}{\partial n}\right]$ den Werth, welchen der nach der Normale von dw genommene Differentialquotient von φ in dw annimmt; endlich ist

$$\varepsilon = \sqrt{(a-x)^2 + (y-b)^2 + (c-z)^2}.$$

Der Weg, auf dem Poisson die Lösung der Gleichungen (1) und (2) für den Fall einer Kugel findet, ist der folgende:

An Stelle der rechtwinkligen Coordinaten führt er Polarcoordinaten r, δ, ψ ein, deren Anfangspunkt der Mittelpunkt der Kugel ist; das Potential V entwickelt er in Bezug auf δ und ψ nach den Laplace'schen Y-Funktionen; eine eben solche Entwickelung mit unbestimmten Coefficienten nimmt er für φ an; diese, sowie die Entwickelung von $\frac{1}{\varepsilon}$ nach denselben Funktionen substituirt er in die Gleichung (2). Die Integration läfst sich dann vermöge der Eigenschaften der Y leicht ausführen, und ihr Resultat ist wiederum eine Reihe, die nach diesen Funktionen fortschreitet, und deren Coefficienten ausgedrückt sind durch die entsprechenden Coefficienten der Entwickelung von φ. Die Reihen für φ, U, V substituirt er in die Gleichung 1; der linke Theil derselben wird dann eine Summe von Y-Funktionen; eine solche kann aber nur verschwinden, wenn die einzelnen Glieder verschwinden; durch die Gleichungen, die er hiernach erhält, kann er die Coefficienten der Entwickelung von φ ausdrücken durch diejenigen der Entwickelung von V.

Ganz derselbe Weg führte Hrn. Neumann in dem Falle eines Rotations-Ellipsoids zum Ziele; nur mufste er statt der Polarcoordinaten andere, die sogenannten elliptischen Coordinaten einführen. Es sei die Gleichung des gegebenen Ellipsoids in rechtwinkligen Coordinaten:

$$\frac{x^2+y^2}{r_0^2} + \frac{z^2}{r_0^2-\lambda^2} = 1$$

dann setzte er:

$$x = r \sin\delta \cos\psi$$
$$y = r \sin\delta \sin\psi$$
$$z = \sqrt{r^2 - \lambda^2} \cos\delta$$

Die Einführung gerade dieser Coordinaten, r, δ, ψ bewirkt, dafs, wenn man in dem Ausdrucke von U für φ und für $\frac{1}{\varepsilon}$ Entwickelungen nach den Y-Funktionen von δ und ψ setzt, für U wiederum eine solche Entwickelung erhalten wird.

Nachdem Hr. Neumann den magnetischen Zustand des Ellipsoids bestimmt hat, ermittelt er seine Wirkung auf einen äufseren Punkt. Zu diesem Ende hat er das Potential desselben in Bezug auf einen äufseren Punkt zu berechnen; bezeichnen wir dieses mit U_a, so ist

$$U_a = k\int \frac{dw}{\varepsilon}\left[\frac{\partial\varphi}{\partial n}\right]$$

wo ε die Entfernung des Punktes, auf den das Potential sich bezieht, von dw bedeutet. Auch für U_a ergiebt sich eine Reihe, die nach den Y-Funktionen fortschreitet. In dieser Reihe, wie in der Reihe für φ, sind die Coefficienten derselben Funktionen von r, und zwar logarithmische oder Kreisfunktionen. Für den Fall einer Kugel sind sie Potenzen von r.

In Bezug auf die experimentelle Prüfung der theoretischen Resultate ist die Kenntnifs der magnetischen Momente besonders wichtig. Hr. Neumann bildet die Ausdrücke für diese, einmal durch Benutzung der für φ gefundenen Reihenentwickelung, dann durch eine direktere Betrachtung, die auch für dreiaxige Ellipsoide gilt. Diese Betrachtung will ich auseinandersetzen.

Die Coordinatenaxen seien die Hauptaxen des dreiaxigen Ellipsoids; M, N, P die magnetischen Momente in Beziehung auf dieselben; dann ist:

$$\left.\begin{aligned} M &= k\int dv \frac{\partial\varphi}{\partial x} \\ \text{oder auch} \quad &= k\int dw\, a\left[\frac{\partial\varphi}{\partial n}\right] \end{aligned}\right\} \quad 3.$$

Aus der Gleichung (1) bilden wir:

$$k\int dv\frac{\partial\varphi}{\partial x} + k\int dv\frac{\partial U}{\partial x} + k\int dv\frac{\partial V}{\partial x} = 0. \qquad 4.$$

und eliminiren hier das zweite Integral mit Hülfe der Gleichung (2). Wir haben nach dieser:

$$k\int dv\frac{\partial U}{\partial x}=k^2\int dv\frac{\partial}{\partial x}\int\frac{dw}{\varepsilon}\left[\frac{\partial\varphi}{\partial n}\right]$$

oder
$$=k^2\int dw\left[\frac{\partial\varphi}{\partial n}\right].\int dv\frac{\partial\frac{1}{\varepsilon}}{\partial x}$$

Das Integral $\int dv\frac{\partial\frac{1}{\varepsilon}}{\partial x}$, für welches wir auch schreiben können $-\int dv\frac{\partial\frac{1}{\varepsilon}}{\partial a}$, ist die mit der x Axe parallele Componente der Wirkung, welche das Ellipsoid, wenn es mit homogener Masse von der Dichtigkeit 1 erfüllt ist, auf den Punkt a, b, c seiner Oberfläche ausübt. Diese Componente ist, wie bekannt, proportional mit a; sie sei $= aA$, dann bezeichnet A eine Gröfse, die nur von den Axen des Ellipsoids abhängt, und aus diesen beim dreiaxigen Ellipsoid durch elliptische Integrale, beim Rotationsellipsoid durch logarithmische oder Kreis-Funktionen gefunden werden kann. Durch Einführung dieser Gröfse A erhalten wir also:

$$k\int dv\frac{\partial U}{\partial x}=k^2 A\int dw\, a\left[\frac{\partial\varphi}{\partial n}\right]$$

Daher finden wir aus (4) bei Berücksichtigung von (3):

$$(1+kA)M+k\int dv\frac{\partial V}{\partial x}=0$$

d. h.
$$M=-\frac{k}{1+kA}\int dv\frac{\partial V}{\partial x}$$

Hierin ist $-\int dv\frac{\partial V}{\partial x}$ die Summe der mit x parallelen Componenten der Wirkung, welche die vertheilenden Kräfte auf das ganze Ellipsoid ausüben, dies als homogen und von der Einheit der Dichtigkeit angenommen. Auf dieselbe Weise findet man:

$$N=-\frac{k}{1+kB}\int dv\frac{\partial V}{\partial y}$$

$$P=-\frac{k}{1+kC}\int dv\frac{\partial V}{\partial z}$$

wo bB und cC die mit y und z parallelen Componenten der Wirkung sind, welche das homogene Ellipsoid auf den Punkt a, b, c seiner Oberfläche ausübt.

Hr. Neumann macht von diesen Formeln eine Anwendung, indem er die magnetischen Momente eines Rotationsellipsoids berechnet, auf welches eine cylindrische, elektrische Spirale wirkt, deren Axe mit der Rotationsaxe des Ellipsoids zusammenfällt, deren Mittelpunkt auf dieser Axe aber eine beliebige Lage hat. Die magnetischen Momente senkrecht zur Rotationsaxe ergeben sich $= 0$, das Moment in der Richtung dieser Axe findet sich durch Logarithmen oder Kreisfunktionen ausgedrückt. Hr. Neumann benutzt bei dieser Rechnung den Umstand, dafs für die Spirale in Bezug auf jeden aufserhalb derselben gelegenen Punkt sich magnetische Flüssigkeiten substituiren lassen, die die Grundflächen derselben gleichmäfsig bedecken, und dafs in Beziehung auf einen inneren Punkt die Wirkung der Spirale gleich ist der Wirkung derselben magnetischen Flächen und einer constanten Kraft, die die Richtung der Axe hat.

Die Beobachtung, dafs die elektrodynamische Wirkung eines Stromes durch Umkehrung desselben die entgegengesetzte wird, und die Beobachtung, dafs ein geradliniger, begrenzter Strom in Bezug auf seine Wirkung nach aufsen ersetzt werden kann durch einen Strom, der von dem einen seiner Endpunkte zum andern in beliebigen Krümmungen geleitet ist, dabei aber ihm überall sehr nahe bleibt, führten in Verbindung mit der Annahme, dafs die Kraft, mit der zwei Stromelemente auf einander wirken, die Richtung ihrer Verbindungslinie hat und einer Potenz ihrer Entfernung umgekehrt proportional ist, Ampère zu dem Ausdrucke [1]):

$$\frac{i i' \, ds \, ds'}{r^n} (\cos \varepsilon + (k-1) \cos \theta \cos \theta')$$

für diese Kraft. Zwei andere Beobachtungen gaben die Werthe von n und k. Die eine von ihnen zeigte, dafs ein Strom, der einen Kreisbogen bildete, und der drehbar war um eine Axe, die durch seinen Mittelpunkt senkrecht zu seiner Ebene ging, nicht

[1] Théorie des phénomènes électrodynamiques p. 32*.

gedreht wurde, wenn ein geschlossener Strom auf ihn wirkte; aus ihr folgerte AMPÈRE die Gleichung [1]):

$$1 - n - 2k = 0$$

Für diese Gleichung hat nun auch Hr. PLANA einen Beweis gegeben, der auf dieselbe AMPÈRE'sche Beobachtung sich stützt. Dieser Beweis ist von dem citirten AMPÈRE'schen sehr wenig verschieden, und das, was ihn von diesem unterscheidet, ist nicht richtig; es wird daher überflüssig sein, auf ihn näher einzugehen. Ich bemerke nur, dafs der Fehler des Hrn. PLANA in der Annahme liegt, dafs ein gewisses Integral,

$$\int r^{-n} \cos^2\theta' \, dr$$

welches in dieser Bezeichnung in dem AMPÈRE'schen Beweise vorkommt, nie verschwinde.

Aufserdem hat Hr. PLANA aus der AMPÈRE'schen Formel für die Elementarwirkung elektrischer Ströme für einige specielle Fälle die Kräfte berechnet, die endliche Ströme aufeinander ausüben. Der erste Fall, den er behandelt hat, ist der, dafs auf einen Kreisstrom, der drehbar ist um eine Axe, die durch seinen Mittelpunkt senkrecht zu seiner Ebene geht, ein ungeschlossener Strom wirkt. Es kam hier darauf an das Drehungsmoment zu finden, welches auf den Kreisstrom ausgeübt wird. Da die Kraft, welche ein ungeschlossener Strom auf ein Stromelement in der Richtung der Tangente desselben ausübt, nur abhängig ist von der Lage der Endpunkte des Stromes, unabhängig von der Gestalt der Stromcurve, und da das genannte Drehungsmoment nur gebildet wird von den Kräften, die auf die Elemente des Kreisstromes in der Richtung der Tangenten wirken; so wird dasselbe auch nur abhängig sein von der Lage der Endpunkte des wirkenden Stromes. Es ist hinreichend den Werth des Drehungsmomentes für den Fall anzugeben, dafs der eine dieser Endpunkte in der Unendlichkeit liegt; ist dieser Werth nämlich M, so findet man das Drehungsmoment für den Fall, dafs beide Endpunkte im Endlichen liegen, indem man die Differenz zweier Ausdrücke M bildet. Ich gebe den Werth, den Hr. PLANA für M gefunden hat, in etwas veränderter, wie mir scheint, übersicht-

[1] Théorie des phénomènes électrodynamiques p. 37*.

licherer Form an; es seien i und i' die Intensitäten der beiden Ströme, r der Radius des Kreisstromes, r' die Entfernung des im Endlichen liegenden Endpunktes des anderen Stromes von der Axe, c die Entfernung desselben Punktes von der Ebene des ersten Stromes; dann ist:

$$M = ii' \left(\sqrt{c^2+(r'+r)^2} + \sqrt{c^2+(r'-r)^2}\right)(K-E)$$

wo K und E die ganzen elliptischen Integrale erster und zweiter Gattung in Bezug auf den Modull

$$\frac{\sqrt{c^2+(r'+r)^2} - \sqrt{c^2+(r'-r)^2}}{\sqrt{c^2+(r'+r)^2} + \sqrt{c^2+(r'-r)^2}}$$

bezeichnen.

Ferner hat Hr. Plana die Wirkung untersucht, die zwei ebene Ströme, die in derselben Ebene liegen, und die entweder zwei Kreise oder einen Kreis und eine Ellipse bilden, auf einander ausüben. Er zeigt, dafs der Ausdruck der Kraft, mit der die Ströme einander abstossen, sich darstellen läfst durch eine Reihe, die nach den geraden negativen Potenzen der Entfernung der beiden Mittelpunkte fortschreitet, und mit der negativen 4ten Potenz anfängt. Für den einfacheren seiner beiden Fälle berechnet er die 2 ersten Glieder dieser Reihe, für den complicirteren das erste Glied allein. Das erste Glied läfst sich in beiden Fällen darstellen unter der Form:

$$\frac{3}{2} ii' \frac{\lambda\lambda'}{f^4}$$

wo i und i' die Intensitäten der beiden Ströme, beide in demselben Sinne als positiv gerechnet, λ und λ' die Flächen bezeichnen, welche die Stromcurven umgrenzen, und f die Entfernung der Mittelpunkte dieser bedeutet. Dieses Resultat ist im Widerspruche mit einem von Ampère ausgesprochenen; Ampère giebt nämlich für die Kraft, mit der zwei geschlossene, ebene und in einer Ebene liegende Ströme einander abstofsen, vorausgesetzt, dafs ihre Dimensionen als unendlich klein gegen ihre Entfernung zu betrachten sind, den Ausdruck[1]):

$$ii' \frac{\lambda\lambda'}{f^4}$$

[1] Théorie des phénomènes électro-dynamiques p. 59*.

wo f die Entfernung der beiden Ströme ist, und die Bedeutung der anderen Zeichen dieselbe als oben ist. Eine nähere Betrachtung der Schlüsse, durch welche Ampère zu diesem Ausdrucke gelangt, zeigt indessen, dafs derselbe nicht richtig ist, und noch mit dem Faktor $\frac{3}{2}$ multiplicirt werden mufs, um die in Rede stehende Kraft darzustellen.

In Beziehung auf das zweite Glied der Kraft, mit der zwei in einer Ebene liegende Kreisströme einander abstofsen, mufs ich bemerken, dafs der von Hrn. Plana gefundene Werth desselben nicht der richtige ist; eine richtige Rechnung giebt dasselbe

$$= + \frac{45}{16} i i' \frac{\lambda \lambda' (m^2 + m'^2)}{f^6}$$

wo m und m' die Radien der beiden Kreise bezeichnen.

Uebrigens ist der Weg, den Hr. Plana bei seiner Rechnung eingeschlagen hat, ein ziemlich beschwerlicher; man gelangt bei weitem leichter zum Ziele, wenn man von dem Ampère'schen Satze Gebrauch macht, nach welchem für jeden ebenen Strom sich eine Scheibe substituiren läfst, die durch die Stromcurve begrenzt, und auf der einen Seite mit nördlicher, auf der andern mit südlicher magnetischer Flüssigkeit gleichmäfsig bedeckt ist. Man hat dann das Potential zweier magnetischen Scheiben zu berechnen, und findet durch Differentiation aus diesem die verlangten Kräfte.

Der Berichterstatter war der Ansicht, dafs die theoretische Ableitung, die Ohm von der nach ihm benannten Formel gegeben hat, sich nur auf eine Schliefsung bezöge, die ganz aus linearen Leitern besteht; die Anwendung derselben Formel bei Schliefsungen, wie sie in der Wirklichkeit vorkommen, die zum Theil aus nicht linearen Leitern bestehen, schien ihm einer Rechtfertigung von den Ohm'schen Principien aus zu bedürfen; diese hat er zu geben versucht.

Er leitete zuerst aus diesen Principien die Gleichungen ab, durch welche die Strömungen in einem beliebigen Systeme von Körpern zu bestimmen sind, die sich berühren und durch ihre

Berührung stationäre galvanische Ströme erzeugen. Diese Gleichungen sind die folgenden:

Es seien x, y, z die rechtwinkligen Coordinaten eines Punktes in irgend einem der Körper, u die elektrische Spannung dieses Punktes, dann mufs innerhalb des Raumes, den der gewählte Körper einnimmt,

$$\frac{\partial^2 u}{\partial x^2}+\frac{\partial^2 u}{\partial y^2}+\frac{\partial^2 u}{\partial z^2}=0$$

und für jeden Punkt der freien Oberfläche des Körpers

$$\frac{\partial u}{\partial N}=0$$

sein, wo N die Normale der Oberfläche in dem Punkte bedeutet. Entsprechende Gleichungen müssen für jeden der Körper erfüllt werden. Aufser diesen ist noch gewissen Bedingungen für jeden Punkt der Berührungsfläche je zweier Körper zu genügen. Sind nämlich u und u' die Spannungen für 2 sich berührende Körper, k und k' die Leitungsfähigkeiten dieser, ist ferner N die nach dem Innern des ersten, N' die nach dem Innern des zweiten gerichtete Normale eines Elementes der Berührungsfläche, so mufs für alle Punkte der Berührungsfläche:

$$k\frac{\partial u}{\partial N}+k'\frac{\partial u'}{\partial N'}=0$$

und

$$u-u'=U$$

sein, wo U die constante Spannungsdifferenz der beiden Körper bezeichnet.

Es wurde gezeigt, dafs diese Gleichungen zur eindeutigen Bestimmung der Strömungen ausreichen, und mit Benutzung dieses Umstandes aus ihnen der Beweis für den folgenden Satz hergeleitet:

Es sei ein System von Leitern vorhanden, welches aus zwei Theilen besteht, die durch 2 Drähte mit einander zusammenhängen; wir denken uns in jedem dieser Drähte einen Querschnitt, und nennen die beiden Theile, in die das System durch diese beiden Querschnitte zerlegt wird, A und B; es bestehe der Theil A aus einer einfachen Reihe verschiedener Körper, d. h. es sei von den Körpern, aus denen A gebildet ist, der erste und letzte (also diejenigen, denen jene beiden Querschnitte angehören) nur mit einem, jeder der anderen nur mit zweien der übrigen in Berührung; dann kann man, ohne die Strömung an irgend einer Stelle von *B* zu ändern, für *A* einen linearen Leiter substituiren, in dem eine elektromotorische Kraft ihren Sitz hat, die gleich ist der Summe der Spannungsdifferenzen in *A*, und der einen Widerstand hat, welcher nur abhängt von der Gestalt und Leitungsfähigkeit der Körper, aus denen *A* besteht.

Nach diesem Satze läfst sich für ein System, das zum Theil aus nicht linearen Leitern besteht, sobald diese nur der für die Theile von *A* ausgesprochenen Bedingung genügen, also unter einander keine Nebenschliefsung bilden, ein lineares System substituiren; auf dieses kann man dann die Ohm'sche Formel oder die vom Berichterstatter für lineare Systeme bewiesenen Sätze[1]) anwenden.

Der Berichterstatter hat noch bemerkt, dafs die Gleichungen, aus denen die Strömungen in einem beliebigen Systeme von Leitern zu bestimmen sind, sich in eine Bedingung zusammenfassen lassen, welche ausspricht, dafs eine gewisse Gröfse, die von den Spannungen abhängt, den kleinsten Werth annimmt, den sie bei den gegebenen Spannungsdifferenzen der Leiter annehmen kann. Diese Gröfse ist:

$$\Sigma k \iiint dx\, dy\, dz \left(\left(\frac{\partial u}{\partial x}\right)^2 + \left(\frac{\partial u}{\partial y}\right)^2 + \left(\frac{\partial u}{\partial z}\right)^2 \right)$$

wo die Integration nach x, y, z über den ganzen Raum, den einer der Körper einnimmt, auszudehnen, und die Summe dann in Bezug auf alle Körper zu nehmen ist. Dieser Ausdruck stellt die gesammte, während einer gewissen Zeit in dem Systeme erregte, Wärmemenge dar, wenn das Joule'sche Gesetz für die Wärmeerregung in einem Leiterelemente gilt.

Eine andere Folge dieses Joule'schen Gesetzes ist es, dafs in einem nicht linearen Theile eines Systemes, der die Eigenschaften hat, welche oben für den Theil *A* in Anspruch genommen sind, eine eben so grofse Wärmemenge erregt wird, als in

[1] Berl. Ber. 1845. 454*.

dem linearen Leiter, den man für ihn substituiren kann, ohne die Strömungen in dem übrigen Theile des Systemes zu ändern.

Hr. THOMSON hat den NEUMANN'schen Satz, welcher die Intensität eines durch Bewegung eines Magnets inducirten Stromes bestimmt, a priori hergeleitet; seine Herleitung ist im Wesentlichen dieselbe, als die, welche schon früher HELMHOLZ von demselben Satze gegeben hat[1]).

Prof. Dr. G. Kirchhoff.

---

8. Elektromagnetismus. Magnetoelektricität. Induktion.

A. Beobachtungen.

E. LENZ. Ueber den Einfluſs der Geschwindigkeit des Drehens auf den durch magnetoelektrische Maschinen erzeugten Induktionsstrom. Bull. de St. Pét. VII. No. 17 und 18 p. 257*; POGG. Ann. LXXVI. 494*; Arch. d. sc. ph. et nat. X. 48; Inst. 1849 No. 800 p. 141.

A. LALLEMAND. Attractions et répulsions mutuelles des courants instantanés. Ann. d. ch. et d. ph. XXII. 19*.

G. CRUSELL. Courant continu produit par l'induction magnétique. Bull. d. St. Pét. VI. 222*.

J. C. POGGENDORFF. Ueber das Verhalten des Quecksilbers bei seiner elektromagnetischen Rotation. Berl. Monatsb. 1848 S. 442*; POGG. Ann. LXXVII. 1*; Inst. No. 804 p. 172; Arch. d. sc. ph. et nat. XI. 222.

— — Eine magnetische Beobachtung. POGG. Ann. LXXIV. 240*; Arch. d. sc. ph. et nat. IX. 221.

A. SAWELJEW. Ueber eine Polarisationserscheinung, beobachtet beim Durchgange magnetoelektrischer Ströme durch Flüssigkeiten. Bull. de St. Pét. VI. No. 17 p. 267*; POGG. Ann. LXXIII. 516; Inst. 1849 No. 807 p. 199.

R. PHILLIPS. Account of some experiments on volta-electric. induction. Phil. mag. XXXIII. 260*.

E. WARTMANN. Cinquième, sixième et septième mémoires sur l'induction. Ann. d. ch. et d. ph. XXIV. 213*. 360*; Phil. mag. XXXIII. 89. 275. 439; Inst. No. 762 p. 241, No. 777 p. 359.

[1] Ueber die Erhaltung der Kraft, p. 64*; Berl. Ber. 1847 p. 244*.

B. Apparate.

J. Dub. Ueber die Anker der Elektromagnete. Pogg. Ann. LXXIV. 465; Polyt. Centrbl. 1848 p. 1496.

Ch. Mène. Description d'une balance électromagnétique servant à mesurer l'intensité d'un courant électrique quelconque. C. R. XXVI. 138*; Inst. No. 734 p. 29; Pol. Centrbl. 1848 p. 504.

Lenz. Ueber den Einfluſs der Geschwindigkeit des Drehens auf den durch magneto-elektrische Maschinen erzeugten Inductionsstrom.

Hr. Lenz nimmt hiermit eine Untersuchung auf, die schon von Weber, wenn auch nicht in dieser Ausdehnung, angestellt worden ist. Weber fand, daſs, wenn g die Stärke des inducirten Stroms, n die Anzahl der Wechsel in einer Secunde und a, b, c Constanten bezeichnen, die Beziehung zwischen der Intensität des Stroms und der Drehungsgeschwindigkeit der Maschine durch die Gleichung $g = \frac{an}{1 + bn + cn^2}$ ausgedrückt werden kann. Den Umstand, daſs hiernach die Intensität g für $n = \sqrt{\frac{1}{c}}$ ein Maximum erreicht, erklärt er sich durch die Coërcitivkraft des Eisens, welche die plötzliche Annahme des Magnetismus verhindert. Hr. Lenz kommt dagegen im Verlauf seiner Untersuchungen zu dem Resultat, „daſs die Ursache der Nichtproportionalität des Wachsthums „der elektromotorischen Kraft und der Drehungsgeschwindigkeit „der magneto-elektrischen Maschinen nicht in der Trägheit des „Eisens zur Annahme des Magnetismus ihren Hauptgrund habe, „sondern daſs die geringere Steigerung der elektromotorischen „Kraft vorzüglich durch die Stärke des erregten Stromes bedingt „werde; die Schwächung der elektromotorischen Kraft also von „einer Rückwirkung des Stromes auf die inducirenden Eisency- „linder herrühren müsse.“ — Hr. Lenz wandte eine Störer'sche Maschine an mit drei aufrechtstehenden Magneten, deren sechs Pole ein regelmäſsiges Sechseck bildeten. Die sechs entsprechenden Inductionsspiralen konnten verbunden werden

1)	zu einem Drahte von d. Länge	1 Spirale u. von	6facher	Dicke
2)	„ „ „ „ „	2 „ „	3 „	„
3)	„ „ „ „ „	3 „ „	2 „	„
4)	„ „ „ „ „	6 „ „	1 „	„

Der Commutator der Maschine hatte eine solche Stellung, daſs bei der Ruhelage der inducirten Cylinder (d. h. wenn diese sich in der stärksten Anziehungslage der Magnete von selbst einstellten) der Strom unterbrochen und dann umgekehrt wurde, so daſs er also nach der gewöhnlichen Annahme dieselbe Richtung behielt. Wurde nun der Strom durch ein Voltameter gemessen, bei welchem die Absorption der Gase ganz unmerklich war, so zeigte sich

für d. Verb. N. 4 bei 157 Umdrehungen in 1 M. ein Max. des Stromes
„ „ N. 3 „ 174 „ „ „ „
„ „ N. 2 „ 380 „ „ „ „
„ „ N. 1 „ 655 „ „ noch kein Maximum des Stromes.

Da nun hier für die einzelnen Verbindungsarten das Maximum des Stromes bei andern Umdrehungsgeschwindigkeiten auftritt, die Coërcitivkraft des Eisens sich aber bei derselben Geschwindigkeit bemerkbar machen muſs; so schlieſst Hr. Lenz, daſs diese Kraft nicht die Ursache der Erscheinung sein kann, wenn nicht die Polarisation im Voltameter das Experiment unklar macht.

Wurde statt des Voltameters ein Multiplicator angewendet, dessen Empfindlichkeit noch die Einschaltung eines so groſsen Widerstandes gestattete, daſs die Inductionsspirale und der Multiplicator selbst zu vernachlässigen waren, so ergab sich für keine der Verbindungen ein Maximum der Stromstärke, obwohl die Geschwindigkeit für die Verbindung N 1 bis auf 691 und für die Verbindung N 4 bis auf 402 Umdrehungen in einer Minute gebracht wurde. Dagegen lieſs sich die Stromstärke F in der Anzahl n der Umdrehungen in 1 M. durch die Formel $F = an - bn^2$ sehr gut ausdrücken, wenn die Constanten a und b für jede einzelne Verbindung aus den Beobachtungen berechnet wurden. Diese Formel läſst sich aber, wie Hr. Lenz zeigt, unmittelbar aus der Weber'schen Annahme ableiten, wenn man den Magnetismus, welchen das Eisen bei einer Geschwindigkeit = 0 erlangt, *m* setzt und annimmt, dafs er sich bei einer Geschwindigkeit = 1 um *q* vermindert. Der Magnetismus, welchen das Eisen dann bei der Geschwindigkeit *n* annimmt, mufs dann $m-nq$ sein, und der inducirte Strom *k* mufs diesem Magnetismus und der Zahl proportional sein, welche angiebt, wie oft dieser Magnetismus wirkt, das ist aber wieder *n* also $k=mn-qn^2$, wo *k*, *m*, *n* für die obigen Buchstaben *F*, *a*, *b* stehen.

Dies Resultat steht aber mit dem vorigen im geraden Widerspruch und daher stellt Hr. LENZ eine dritte Versuchsreihe an, bei der er durch Anwendung eines sehr unempfindlichen Multiplicators theils die Polarisation im ersten Experiment vermeidet, theils mit eben so starken Strömen operiren kann. Hierbei findet sich dann

für die Verb.	N. 4	ein Maximum bei	120 Umdr. in d. M.
- - -	N. 3	- - -	170 - - -
- - -	N. 2	- - -	258 - - -
- - -	N. 1	noch kein Maximum bei	405 - - -

Es läfst sich also auch hiernach die Trägheit des Eisens nicht als die Ursache der Stromschwächung betrachten, vielmehr scheint der Eintritt des Maximums durch die Stromstärke in jeder einzelnen Inductionsspirale bedingt zu sein. Denn berechnet man aus den am Multiplicator beobachteten gröfsten Stromintensitäten die Ströme, welche durch die einzelnen Induktionsspiralen gehen, indem man das Maximum für die Verbindung N. 4 durch 1, das für die Verbindung N. 3 durch 2, das folgende durch 3 und das letzte durch 6 dividirt, so erhält man nahehin gleiche Werthe. Dies zeigte sich auch durch ein drittes Experiment. Wenn nämlich für dieselbe Verbindung N. 4 durch Widerstandseinschaltungen aufserhalb der Spiralen das Maximum auf immer gröfsere Geschwindigkeiten hinausgeschoben wurde, so bleibt dieses Maximum für alle Einschaltungen constant, weil sich dadurch in der Vertheilung des Stromes auf die einzelnen Inductionsspiralen Nichts änderte.

Indem Hr. LENZ auf die elektromotorische Rückwirkung in den Inductionsspiralen, welche die Schwächung des Stromes zur Folge haben kann, näher eingeht, kommt er zu einer theoretischen Ansicht des Inductionsprocesses, welche im Wesentlichen folgende ist.

Wenn sich eine mit einem Eisenkern versehene Drahtspirale im Kreise bewegt und an den Enden eines Durchmessers über die Pole eines Magneten geht, so wird durch den im Eisenkern wechselnden Magnetismus in der Spirale ein Strom erzeugt, der, wenn die Spirale über dem Nordpol steht, Null ist, am Ende des ersten Quadranten ein Maximum hat, über dem Südpol wieder Null ist, am Ende des dritten Quadranten ein entgegengesetztes Maximum hat und am Nordpol wieder Null wird. Dieser wechselnde Strom erzeugt seiner Seits im Eisenkern wechselnden secundären Magnetismus, der wieder einen secundären Strom in der Spirale hervorbringt. Dieser letztere Strom hat aber ein Maximum am Nordpol, ist Null am Ende des ersten Quadranten, hat ein entgegengesetztes Maximum am Südpol und ist wieder Null am Ende des dritten Quadranten. Die Summe dieses und des primären Stromes ist die am Galvanometer gemessene Intensität. Sie ist von der Intensität des primären Stromes nicht verschieden, denn was der secundäre Strom vom primären einerseits aufhebt, fügt er andererseits wieder hinzu. Aber dieser totale Strom ist von dem primären dadurch verschieden, dafs er nicht an den Polen Null ist, sondern einige Grade darüber hinaus, und dafs er ebenso viel Grade über den zweiten und dritten Quadranten hinaus seine Maxima hat; und diese Verschiebung der Maxima und Minima mufs mit der Schnelligkeit der Bewegung wachsen. Da nun von den Strömen einer magneto-elektrischen Maschine weniger verloren gehen mufs, wenn der Commutator gerade da, wo der Strom Null ist, unterbricht, als wenn er bei einer namhaften Stärke des Stromes die Verbindung aufhebt; so folgt daraus, dafs man diesen Commutator für jede Rotationsgeschwindigkeit um einen gewissen Bogen drehen mufs, um das Maximum des Effekts zu erhalten. Dieses Verfahren ist auch schon von den Experimentatoren angewendet worden, und wird hier von Hrn. Lenz durch genauere Versuche an Multiplicatoren und Voltametern gerechtfertigt. Das Auffinden der günstigsten Stellung des Commutators wird dadurch erleichtert, dafs die am Commutator erscheinenden Funken um so lebhafter sind, je weniger dessen Stellung der Geschwindigkeit entspricht, und für die richtige Stellung ganz verschwinden. Der Verf. verspricht den ganzen Gegenstand noch einer weitern Betrachtung zu unterwerfen.

A. Lallemand. Ueber die wechselseitige Anziehung und Abstofsung momentaner Ströme.

Hr. Lallemand wendet zu seinen Versuchen eine Torsionswage an, deren Ablenkungsnadel an dem einen Ende eine flache Drahtspirale trägt und mit derselben gegen eine ganz gleiche, aber feststehende geführt werden kann. Die Enden der beweglichen Spirale sind so gebogen, dafs sie während der Drehung in Quecksilbernäpfchen tauchen können. Der Verf. meint mit diesem Instrument die schwächsten Ströme wahrnehmen und messen zu können, und hat damit 1) die Wirkung magneto-elektrischer Inductionsströme auf sich selbst, 2) die Wirkung volta-elektrischer Inductionsströme auf sich selbst 3) die Wirkung eines inducirenden Stroms auf den inducirten, und 4) die Wirkung eines secundären auf einen tertiären — untersucht.

Die beiden ersten Untersuchungen sind, da nicht messende Versuche angestellt sind, von keiner Bedeutung. Sie ergeben nur, dafs vom Schliefsungskreise magneto- oder volta-elektrischer Induktionsströme zwei Theile, welche sich so wie hier die beiden Spiralen gegenüber liegen, einander anziehen oder abstofsen, je nachdem die Ströme in ihnen gleiche oder entgegengesetzte Richtung haben; dafs die magneto-elektrischen Inductionsströme mit der Rotationsgeschwindigkeit der Maschine bis zu einem Maximum wachsen und dann abnehmen (was schon Weber gefunden hat), und dafs die Wirkung der volta-elektrischen Inductionsströme theils mit der Intensität, theils mit der Anzahl seiner Unterbrechungen in bestimmten Zeiten zunimmt.

Die beiden anderen Untersuchungen geben aber Aufklärung über die Wechselseitigkeit der inducirenden und inducirten Ströme. Werden nämlich durch einen intermittirenden Strom in der festen Spirale Ströme in der beweglichen und für sich allein geschlossenen Spirale inducirt; so tritt zwischen beiden Spiralen immer Abstofsung ein, obgleich die inducirten Ströme in ihrer Richtung wechseln, also den Hauptstrom theils anziehen, theils abstofsen müssen. Uebereinstimmend hiermit zeigt sich bei einer getrennten Beobachtung der verschiedenen Inductionsströme die Abstofsung der entgegengesetzten Ströme, welche bei den Schliefsungen des Hauptstroms entstehen, stärker als die Anziehung der gleichgerichteten, welche bei den Oeffnungen desselben inducirt werden. Dies steht einerseits mit dem magnetischen und physiologischen Wirkungen dieser Inductionsströme, andererseits mit ihrem Einflufs auf das Galvanometer im Widerspruch; denn in letzterer Beziehung sind die Schliefsungs- und Oeffnungsströme gleich und in ersterer sind gerade die Oeffnungsströme entschieden kräftiger. Henry erklärt die Gleichheit in Bezug auf das Galvanometer durch die Gleichheit des Elektricitätsquantums, welches in beiden Strömen bewegt ist, und die gröfsere magnetische und physiologische Wirkung der Oeffnungsströme durch eine gröfsere Schnelligkeit des Stromes. Dieser Widerspruch wird aufgelöst, indem Hr. Lallemand die inducirten Ströme in der beweglichen Spirale nicht dem Einflufs des inducirenden, intermittirenden Stroms, sondern der Einwirkung eines continuirlichen aussetzt. Es zeigt sich dann, wenn Schliefsungs- und Oeffnungsströme abwechseln, weder Anziehung noch Abstofsung, und wenn diese Ströme getrennt untersucht werden, die Anziehung der einen gleich der Abstofsung der andern, übereinstimmend mit den Galvanometerangaben. Der Verf. findet nun den Grund der obigen Erscheinung in der kurzen Dauer der einzelnen inducirenden Ströme, und giebt durch eine ähnliche Betrachtung, wie sie auch Henry angestellt hat, von dem Vorgange eine deutliche Vorstellung. Nämlich, wenn in der festen Spirale der Hauptstrom geschlossen wird, so entsteht in der beweglichen ein entgegengesetzter, der so lange wächst, wie jener zunimmt, und dann eben so lange abnimmt, während der Hauptstrom constant bleibt; so dafs also der Oeffnungsstrom während seiner ganzen Dauer von dem entgegengesetzten Hauptstrom abgestofsen wird. Wird nun der Hauptstrom geöffnet, so nimmt er von dem Augenblick an in kurzer Zeit bis zu Null ab, und inducirt im Nebendraht einen gleichgerichteten Strom der von demselben Augenblick anfängt zu wachsen, sein Maximum hat, wenn der Hauptstrom Null ist, und dann in derselben Zeit bis zu Null abnimmt. Dieser gleichgerichtete Strom steht demnach seinem Hauptstrome nur während seiner halben Dauer gegenüber, kann also nicht so stark angezogen werden, als der Schliefsungsstrom abgestofsen wird. Ganz in derselben Weise verhalten sich tertiäre Ströme zu den sie erzeugenden secundären. Die ganze Erscheinung ist geeignet die Ansichten über die graduelle Verschiedenheit der Schliefsungs- und Oeffnungsströme mehr zu begründen.

Crusell. Ueber einen continuirlichen Strom, der durch magnetische Induction erzeugt wird.

Hr. Crusell stellt durch die, mittels einer magneto-elektrischen Maschine erzeugten Wasserzersetzung eine Gasbatterie her, welche, so lange diese Maschine in Thätigkeit ist, einen continuirlichen Strom giebt, der selbst wieder Wasserzersetzung erzeugt und auch zu anderen Zwecken verwendet werden kann. Er richtet nämlich die magneto-elektrische Maschine so vor, dafs nur Ströme derselben Richtung gesammelt werden, und verbindet den positiven Pol mit den einen Elektroden von fünf Voltametern und den negativen mit den andern Elektroden, so dafs sich an den erstern Sauerstoff und an den letztern Wasserstoff entwickelt. In jeden Gascylinder der Voltameter führt er von oben einen Platindraht ein, der gegen die untere Oeffnung hin endigt, und verbindet nun durch diese Drähte den Sauerstoff des ersten Voltameters mit dem Wasserstoff des zweiten, den Sauerstoff des zweiten mit dem Wasserstoff des dritten u. s. w. Wird dann der Draht aus dem Wasserstoff des ersten Zersetzungsapparates mit einer Platinspitze und der Draht aus dem Sauerstoff des zweiten mit einer Platinplatte versehen, und beide in einen sechsten Zersetzungsapparat geleitet, so tritt hier, nachdem die Maschine einige Zeit thätig gewesen ist, an der Spitze die Wasserstoffentwicklung ein, die dann mit der Thätigkeit der Maschine aufhört und anfängt. *C. G. Jungk.*

Poggendorff. Ueber das Verhalten des Quecksilbers bei seiner elektro-magnetischen Rotation.

Dem Phänomen der Rotation des Quecksilbers, wenn dasselbe einen galvanischen Strom leitet und sich unter dem Einflusse eines Magnetpoles befindet, lockt die erschöpfende Wissenschaftlichkeit des Hrn. P. noch eine bisher nicht diskutirte Seite ab.

Gewifs hat ein Jeder, der diese Rotation zu bewerkstelligen versuchte, bemerkt, dafs sie mit frisch eingegossenem Quecksilber sehr gut von statten geht, nach und nach verlangsamt und endlich verschwindet. Hr. Poggendorff zeigt nun, dafs dieses Phänomen auch bei vollständig reinem, bisher unter gewöhnlichen Bedingungen nicht für oxydirbar gehaltenem Quecksilber stattfindet, dafs durch stärkere Ströme und kräftigere Magnete die erlahmte Bewegung sich für einige Zeit wieder beleben lasse, aber dennoch nach Kurzem wieder sistire. Eine wellenförmige Bewegung der Oberfläche zeigt jedoch, dafs die Rotation im Innern noch stattfinde, und nur an der Oberfläche — durch ein äufserst dünnes metallisch glänzendes Häutchen gehemmt werde. Nach dem Wegnehmen dieses Häutchens beginnt die Bewegung auch auf der Oberfläche wieder, bis sich ein neues Häutchen gebildet hat.

Woraus besteht diese Haut?

Hr. Poggendorff stellte nun die Versuche in verschiedenen Atmosphären an und fand dafs die Rotation rascher als in atmosphärischer Luft aufhörte, bei Anwendung von Phosphordämpfen, Ammoniakgas, Schwefeläth erdampf, Sauerstoffgas und bei Uebergiefsen mit einigen nichtleitenden tropfbaren Flüssigkeiten. Indifferent zeigte sich Terpenthinöl-, Alkohol- und Wasserdampf, Kohlensäure, Wasserstoffgas und der luftleere Raum. Von belebender Wirkung waren tropfbare Säuren und Dämpfe von Essigsäure, Salzsäure, Salpetersäure.

Durch diese Versuche kommt Verf. zu der Ueberzeugung, dafs auch das reinste Quecksilber durch Berührung mit fremden Substanzen unter Umständen eine Veränderung erleide, und namentlich durch Berührung mit der atmosphärischen Luft sich mit einer dünnen Oxyd- oder Oxydulschicht überziehe.

Hiermit stimmt ferner, daſs sich Quecksilber in erhöhter Temperatur an der freien Luft oxydirt; daſs die Oberfläche des Quecksilbers im torricellischen Vacuum viel beweglicher ist und bleibt, als die im offenen Schenkel desselben Barometers, daſs auch das reinste Quecksilber, wenn es längere Zeit an der Luft gestanden, beim Filtriren durch eine Papiertute ein Kügelchen mit glanzloser Oberfläche hinterläſst, u. a. m. Es dürften sich endlich Unregelmäſsigkeiten erklären lassen, welche der Stand des Quecksilbers in Haarröhrchen zeigt. —

Poggendorff. Eine magnetische Beobachtung.

Legt man in eine starke Kupferdrahtspirale einen hohlen Eisenkern und in diesen wiederum einen massiven Eisenkern, der sich willig in dem erstern bewegen läst, jedoch so, daſs er etwa 1 Linie weit aus dem hohlen Eisencylinder hervorsieht, so wird der massive Kern bis zur Hälfte aus dem hohlen herausgestoſsen, sobald ein kräftiger galvanischer Strom in der Spirale zum Kreisen gebracht wird. Die Erscheinung erklärt sich dadurch, daſs die in dem hohlen und massiven Eisenkern inducirten gleichnamigen Magnetismen sich abstoſsen.

A. Saweljew. Ueber eine Polarisations-Erscheinung beim Durchgang magneto-elektrischer Ströme durch Flüssigkeiten.

Verf. polarisirt Platinelektroden durch einen kräftigen galvanischen Strom. Alsdann verbindet er dieselben mit einem Multiplicator so lange, bis die Polarisation verschwunden zu sein scheint. Werden alsdann schwache hydroelektrische Ströme durch diese Elektroden und durch den Multiplicator in entgegengesetzten Richtungen entladen, so wird bisweilen der Strom nicht mehr vergröſsert oder verkleinert, wenn eine derartige Aenderung durch noch vorhandene Spuren von Polarisation für magnetoelektrische Ströme wahrnehmbar ist, wenn diese durch die Elektroden und das Galvanometer entladen werden. (?)

Dr. v. Freilitzsch.

R. Phillips. Bericht über einige Experimente in Bezug auf volta-elektrische Induction.

Hr. Phillips giebt hiermit eine Abhandlung, von der er selbst sagt, dafs Faraday ihre Veröffentlichung gerathen habe, obwohl Henry früher dieselben Resultate gegeben habe, in einer Schrift: contribution to Electricity and magnetism. Jedoch soll hier der Inhalt kurz angegeben werden, weil Einiges den bisherigen Annahmen widerspricht und Einiges noch nicht bekannt zu sein scheint.

Der erste Theil ist eine Vergleichung der beim Schliefsen und Oeffnen eines Stromes inducirten Nebenströme. Durch eine Spirale wird ein galvanischer Strom geleitet, durch dessen Schliefsen und Oeffnen in einer parallelen Nebenspirale die Inductionsströme erzeugt werden. Die magnetisirenden und galvanometrischen Wirkungen wurden, wie sie schon bekannt sind, gefunden. Aber Hr. Phillips stellte dann einen directen Versuch an, ob die beiden entgegengesetzten Inductionsströme an Quantität wirklich gleich sind und fand, dafs der beim Oeffnen erzeugte in dieser Hinsicht mächtiger ist. Er setzte zu dem Ende die Galvanometernadel in Schwingungen von 0,1 Zoll und schlofs und öffnete nun den Hauptstrom erst in einem solchen Tempo, dafs die Schwingungen erwiedert werden mufsten, wenn der beim Schliefsen inducirte Strom mächtiger war, und dann in einem solchen so, dafs dies eintreten mufste, wenn der beim Oeffnen erzeugte Strom mächtiger war. Im ersten Falle wurde die Nadel sehr bald in Ruhe versetzt, im zweiten beliebig lange in Schwingungen erhalten. Daraus schliefst Hr. Phillips gegen die Annahme von Henry, die auch durch Experimente von Lallemand bestätigt wird[1]), dafs der letztere Strom eine gröfsere Elektricitätsmenge bewegt.

Der zweite Theil bezieht sich auf den Einflufs, durch welchen zwischengesetzte Metallplatten die Induction schwächen. Dazu brachte der Verf. auf der andern Seite der Hauptspirale eine zweite ganz gleiche Nebenspirale an, die mit der ersten so verbunden war, dafs die in beiden inducirten Ströme einander aufhoben, also eine Stahlnadel nicht magnetisirten. Dann wurde die

[1] Ann. d. ch. et d. ph. XXII. 19*; Berl. Ber. 1848.

eine oder auch beide Nebenspiralen durch Metallplatten von der Hauptspirale getrennt und an der Magnetisirung im Sinne der einen oder der andern Spirale der hindernde Einflufs der Einschaltungen gefunden und verglichen. So wurde nachgewiesen, dafs der hindernde Einflufs mit der Dicke der Metalle, und bei Kupfer, Zink, Zinn und Blei mit dem elektrischen Leitungsvermögen zunimmt.

Dabei zeigte sich aber — und das ist wohl noch nicht bekannt — jener Einflufs auf die Induction beim Schliefsen des Hauptstroms geringer als auf die beim Oeffnen. Wurde nämlich nur mit einer Nebenspirale experimentirt, und eine Kupferplatte von $\frac{1}{20}$ Zoll Dicke eingeschaltet; so war nach einmaliger Schliefsung und Oeffnung des Hauptstroms die Magnetisirung, wiewohl schwächer, so doch in demselben Sinne, wie wenn keine Platte eingeschaltet wurde; wurden aber zwei solcher Platten dazwischen gesetzt, so zeigte sich die Magnetisirung wie wenn nur eine Schliefsung stattgefunden hätte.

Bei Spiralen mit Eisenkernen zeigte sich überhaupt der Einflufs der Einschaltungen nicht.

E. Wartmann. Ueber den Einflufs der Induction auf die akustischen Eigenschaften elastischer Körper und über die Beziehung der Elektricität zu den Körpern im sphäroidalen Zustande und einige Eigenschaften dieser Körper.

Hr. Wartmann findet keinen Einflufs der Induction auf tönende Körper. Denn Metallscheiben, welche auf der einen Seite eine Lackschicht trugen, und Glasplatten, welche mit Staniol belegt waren, gaben gestrichen dieselben Töne, ihre Belegung mochte elektrisirt sein oder nicht. Die Saite eines Monochords gab dieselben Longitudinal- und Transversal-Töne, eine sie umgebende Drahtspirale mochte einen galvanischen Strom leiten oder nicht, die Saite mochte von Eisen und dem Einflufs eines Magneten unterworfen sein oder nicht. Desgleichen Scheiben von weichem oder gehärtetem Stahl.

In dem zweiten Theil der Abhandlung führt Hr. Wartmann folgende Erscheinungen an. — Taucht man von oben einen Draht in die sphäroidale Flüssigkeit, und entladet durch diese und die Schale eine Leidener Flasche, so wird der sphäroidale Zustand zerstört, wenn die Temperatur fast bis zu dem nöthigen Minimum gesunken ist, bei sehr hoher Temperatur aber nicht. Ist die Flüssigkeit reines Wasser, so tritt dann der Funken aus dem Drahte über dem eingetauchten Theile hervor und gleitet über den Tropfen zur Schale; ist das Wasser aber mit Salpetersäure gemischt, so geht der Funken durch den Tropfen hindurch, ohne ihn zu verändern. Reines Wasser wird im sphäroidalen Zustande durch einen galvanischen Strom eben so wenig zersetzt als bei niedriger Temperatur. Im sphäroidalen Zustande ist das Wasser, ja, selbst das Quecksilber, für einen galvanischen Strom von der Metallschale isolirt. Momentane Ströme hatten auf reines und gesäuertes Wasser im sphäroidalen Zustande keinen Einfluſs. — Bei dieser Gelegenheit überzeugt sich Hr. Wartmann, daſs, obwohl der sphäroidale Zustand auſser von der Temperatur auch von der Natur und Masse der Flüssigkeit und ihrer Unterlage abhängt, jedenfalls ein rauher Ueberzug der Unterlage, gleichviel welcher, die Erscheinung hindert. Den Umstand, daſs ein groſser sphäroidaler Wassertropfen mit Abnahme der Temperatur allmälig in eine ruhige biconvexe Linse übergeht, benutzt Hr. Wartmann die Frage zu entscheiden, ob die von der Schale ausstrahlende Wärme von der Linse an der unteren Fläche reflectirt oder hindurchgelassen wird und entscheidet sich für das Erstere, weil er mit der Kugel eines kleinen, sonst wohlgeschützten Thermometers oberhalb der Linse keinen Brennpunkt findet, sondern eine niedrigere Temperatur, wie hinter einem athermanen Schirme. Dabei hat aber Hr. Wartmann übersehen, daſs die unmittelbar von der untern Fläche der Linse ausgehenden Wärmestrahlen oben divergirend austreten müssen.

E. WARTMANN. Ueber die Nicht-Strahlung der dynamischen Elektricität.

Hr. WARTMANN sucht die „Nicht-Strahlung" der Elektricität durch ein Experiment zu beweisen, dessen Resultat bei allen Versuchen, in welchen Quecksilber zum Schliefsen eines galvanischen Stroms verwendet wird, als unzweifelhaft angenommen worden ist. Er leitet nämlich durch eine lange Glasröhre, welche mit Quecksilber gefüllt, horizontal liegt und durch die Seitenwand eines runden Gefäfses hindurch bis in dessen Mitte reicht, einen galvanischen Strom in das im Gefäfs befindliche Quecksilber und schliefst denselben durch zwei gleiche Drahtzweige, deren bis auf die äufsersten Spitzen isolirte Enden so in das Quecksilbergefäfs tauchen, dafs die freien Spitzen mit der in der Mitte auslaufenden Röhre in einer horizontalen Ebene liegen, und findet nun dafs die Ströme in den beiden Zweigen immer gleich sind, die beiden Spitzen mögen zu der horizontalen Quecksilbersäule und ihrem Ende im Mittelpunkt eine ganz symmetrische Lage haben oder nicht, ja selbst wenn nur das eine Ende mit der horizontalen Röhre in derselben Geraden liegt, also bei einer geradlinigen Strahlung der Elektricität vorzugsweise von den aus der Röhre hervorschiefsenden Strahlen getroffen werden müfste. — Es wird nicht nöthig sein, weiter zu erwähnen, auf welche Weise Hr. WARTMANN zeigt, dafs weder die gewöhnliche noch eine totale Reflexion die geradlinige Strahlung habe verbergen können.

C. G. Jungk.

J. DUB. Ueber die Anker der Elektromagnete.

Es ist zu bedauern, dafs Herr Verf. viele Zeit, kostbare Apparate und beträchtliche Sorgfalt einem Gegenstande zugewandt hat, dessen Untersuchung noch immer nicht zeitgemäfs ist. So lange wir keinen Aufschluss haben über die Vertheilung des Magnetismus im Eisen oder Stahl, über die Art der Inducirung desselben und was damit zusammenhängt über die Lage der Mittelpunkte der Anziehung, über das Eindringen des Magnetismus in die Substanz des Eisens oder Stahles, und vor Allem über die

Zunahme der Kraft bei gröſserer und bei der gröſsten Annäherung; werden wir stets bei experimentellen Untersuchungen über die Tragkräfte der Anker auf vage und höchstens negative Resultate geführt werden. Mit Bedauern drängt sich diese Behauptung bei Lesung dieser umsichtigen und sorgfältigen Arbeit auf. Herr Verfasser betrachtet die Tragkraft der Anker vom cylindrischen graden Elektromagnete

1) als Funktion der Stromstärke und findet gegen die Behauptung von Lenz und Jakobi
 daſs sich die Tragkräfte der Anker nicht wie die Quadrate der Stromstärke verhalten;
2) als Funktion der Länge des Ankers und findet
 daſs die Tragkräfte mit der Länge zunehmen und sich einem Maximum desto rascher nähern, je stärker der Strom und je dünner der Anker ist;
3) als Funktion des Durchmessers des Ankers und findet
 a. Anker von geringerer Dicke als die des Magneten haben ein Maximum der Tragkraft, so daſs dickere und dünnere Anker geringere Anziehung zeigen als die dem Maximum der Dicke entsprechende. Für gröſsere Stromstärken werden dickere Anker vortheilhafter;
 b. Anker von gröſserer Dicke als die des Magneten haben gröſsere Tragkraft, als die vorhergehenden;
4) als Funktion der Länge des Magneten und findet
 je länger der Magnet, desto gröſser die Tragkraft;
5) als Funktion der Berührungsfläche und findet
 daſs bei gleich groſsen Berührungsflächen die Tragkraft mit der Masse des Ankers und mit der Masse des Magneten zunimmt, und daſs die Gröſse der Berührungsfläche ein Maximum hat, das sich nach der Stromstärke richtet.

Sicher würde Hr. Verfasser diese Resultate noch haben bedeutend modificiren müssen, wenn er Anker untersucht hätte, die eine hohle Fläche dem Magnete zugewandt hätten, so daſs sie blos am Rande mit dem Magneten in Berührung gekommen wären; oder aber hätte er hohle Anker, oder hohle Magnete angewandt, oder in irgend welcher andern Weise die Versuche modificiren wollen.

Ch. Mène. Description d'une balance électromagnétique, servant à mesurer l'intensité d'un courant électrique quelconque.

Unter obigem vielversprechenden Titel erzählt uns Verf. dafs man mittelst eines Elektromagneten und eines darüber an einem Wagebalken aufgehangenen Ankers galvanische Ströme durch das Gewicht mit grofser Genauigkeit messen könne. Der eine angeführte Versuch zeigt aber deutlich, dafs das Ohm'sche Gesetz noch nicht bis zur Kenntnifs des Herrn Verfassers vorgedrungen ist.

Prof. Dr. v. Freilitzsch.

Anhang zum Elektromagnetismus.

A. Elektrische Telegraphie.

a. Leitungen.

Casselmann. Ueber den Einflufs der Gewitter auf die Drähte elektromagnetischer Telegraphen. Pogg. Ann. LXXIII. 609*; Dingl. p. J. CVIII. 127.

Steinheil. Die Einrichtung zur Abhaltung des Blitzes von den Stationszimmern bei Telegraphenleitungen. Dingl. p. J. CIX. 350; Pol. Centrbl. 1848 p. 1390.

W. Fardely. Ueber Blitzableiter bei elektrischen Telegraphen, und wie den störenden Einflüssen der atmosphärischen Elektricität auf die Apparate möglichst entgegengewirkt werden kann. Dingl. p. J. CIX. 113; Mannh. Gewbl. 1848 No. 4 u. 5.

A. Baumgartner. Ueber die Wirkungen der natürlichen Elektricität auf elektromagnetische Telegraphen. Ber. d. Wien. Ak. Hft. 3. p. 140; Pogg. Ann. LXXVI. 135; Fror. Not. IX. 305; Arch. d. sc. ph. et nat. XI. 37. 39; Inst. 1849 No. 807 p. 200.

W. Siemens. Isolirung der Drähte elektrischer Telegraphen. Dingl. p. J. CVII. 75.

Jacobi. Ueber elektrotelegraphische Leitungen. Bull. de St. Pét. VII. No. 2 u. 3 p. 17. VIII. No. 1 u. 2 p. 1.

J. Hammerton. Verbesserte Isolirungsmethode für den Leitungsdraht bei elektrischen Telegraphen. Dingl. p. J. CX. 245.

E. Müller. Ueber die Bedeckung der Drähte zu den elektromagnetischen Apparaten. Dingl. p. J. CX. 315; Deutsche Gewztg. 1848 No. 90.

b. Apparate.

Gloesener. Note sur la construction d'horloges et de télégraphes magnétiques. C. R. XXVI. 366; Bull. d. l. soc. d'enc. XLVII. 217; Dingl. p. J. CIX. 277; Inst. No. 744 p. 106.

O. Helmert. Der Seidmacher'sche elektromagnetische Telegraph. Deutsche Gewztg. 1848 p. 419.

Garthe. Leonhard's elektrischer Telegraph. Dingl. p. J. CVII. 155.

C. S. Ueber die elektrischen Telegraphen der Hrn. Leonhardt und Kramer. Dingl. p. J. CVII. 311.

c. Allgemeine Schriften und Vermischtes.

Moigno. Mémoire sur la télégraphie électrique. Quesn. rev. sc. XXXII. 161. 321. 465.

A. Poppe. Die Telegraphie von ihrem Ursprunge bis zur neuesten Zeit, mit besonderer Berücksichtigung der ausgeführten telegraphischen Systeme. Frankf. a. M.

Ueber elektrische Telegraphen und das Institut der Telegraphen-Compagnie in London. Dingl. p. J. CVII. 426; Civ. eng. Jan. 1848 p. 9.

H. Mapple, W. Brown u. J. Mapple. Verbesserungen an elektrischen Telegraphen. Dingl. p. J. CVIII. 121.

Jacobi. Ueber elektrische Telegraphen. Dingl. p. J. CVIII. 438; Inst. No. 811 p. 231.

Reid. Elektrotelegraphische Verbesserungen. Dingl. p. J. CIX. 428; Mech. mag. XLVIII. 516.

P. A. J. Dujardin. Verbesserungen an elektromagnetischen Telegraphen. Dingl. p. J. CX. 16; Lond. J. XXXII. 402.

Robert. Improvement in giving signals by means of electricity. Lond. J. XXXIII. 157.

Electrotelegraphy Mechan. mag. XLVIII. 44. 116. 117. 255. 291. 301. 453. 516. XLIX. 272. 309. 310. 330. 339. 340. 342. 363. 380. 398. 406. 430. 464. 497.

A. Poppe. Vorschlag zur Organisation eines deutschen Reichstelegraphensystems. Dingl. p. J. CX. 394.

d. Wissenschaftliche Benutzung der Telegraphen.

J. Ball. Sur les moyens de rendre le télégraphe électrique applicable aux recherches météorologiques. Inst. No. 789 p. 55.

A. Baumgartner. Anwendung der galvanischen Telegraphie zur geographischen Längenbestimmung. Ber. d. Wien. Ak. 1848 Hft. 2. p. 152.

Kreil. Bestimmung einiger Längenunterschiede mittelst des elektromagnetischen Telegraphen. Ber. d. Wien. Ak. Hft. 5. p. 55.

B. Elektrische Uhren u. s. f.

GLOESENER s. oben.

P. GARNIER. Elektrische Uhren. Dingl. p. J. CX. 177; Bull. d. l. soc. d'enc. XLVII. 311.

R. WEARE. Verbesserungen an elektromagnetischen Uhren. Dingl. p. J. CVIII. 256; Rep. of pat. inv. 1848 p. 129.

A. BAIN. Methode mehrere musikalische Instrumente mittelst eines elektromagnetischen Apparates gleichzeitig zu spielen. Dingl. p. J. CVIII. 343; Rep. of pat. inv. 1848 p. 287; Lond. J. XXXII. 243.

C. Elektromagnetische Kraftmaschinen.

Electromagnetic engines. Mech. mag. XLVIII. 69. 177. 206. 253. 278. 299. XLIX. 186. 299. 371. 428. 459. 545.

9. Magnetismus.

A. Eisenmagnetismus.

R. v. REES. Over de verdeeling van het magnetismus in magneten. N. verh. v. h. Kon. Inst. XIII. 163*; POGG. Ann. LXXIV. 213*; Arch. d. sc. ph. et nat. IX. 220.

P. W. HÄCKER. Fortgesetzte magnetische Versuche. POGGENDORFF Ann. LXXIV. 394*.

W. WALKER. New mode of making artificial magnets. Mech. magaz. XLVII. 408*.

A. F. SVANBERG. Om alika magnetiserings-metoder. Öfv. af vet. ac. Förh. 1847 IV. 60*.

ED. JOHNSON. Magnetical experiments on board H. M. Iron Steam Vessel „Bloodhound." Phil. mag. XXXII. 389*.

R. HUNT On the supposed Influence of Magnetism on Chemical Action. Phil. mag. XXXII. 252*; Inst. No. 768 p. 211*; Arch. d. sc. ph. et nat. VIII. 211.

C. HAUGHTON. Experiments proving the common nature of Magnetism, Cohesion, Adhesion and Viscosity. Phil. mag. XXX. 437*. 502*.

DELESSE. Sur le magnétisme polaire dans les minéraux et dans les roches. C. R. XXVII. 548*; Ann. d. ch. et d. ph. XXV. 194; Inst. No. 778 p. 365.

W. THOMSON. On the equilibrium of magnetic or diamagnetic bodies of any form, under the influence of the terrestrial magnetic force. Rep. of the Brit. assoc. 1848 p. 8*; Inst. No. 790 p. 63*; Athen. No. 1088 p. 889.

B. Diamagnetismus.

Einflufs des Magnetismus auf alle Körper.

Bertin. Mémoire sur la polarisation circulaire magnétique. C. R. XXVI. 216*; Ann. d. ch. et d. ph. XXIII. 5; Inst. No. 737 p. 53; Quesn. rev. sc. XXXII. 295; Pogg. Ann. LXXIV. 143. LXXV. 420.

Matteucci. Sur l'influence du magnétisme sur le pouvoir rotatoire de quelques corps. Ann. d. ch. et d ph. XXIV. 354*; Inst. No. 760 p. 227; Phil. mag. XXXII. 306.

Zantedeschi. Sur l'état magnétique et diamagnétique des corps. Quesn. rev. sc. XXXII. 505; Inst. No. 744 p. 101*.

E. Wartmann. Nouvelles recherches relatives à l'action du magnétisme sur différents corps. Arch. d. sc. ph. et nat. VIII. 45*.

Örsted. Recherches sur le diamagnétisme. C. R. XLVII. 427*; Inst. No. 773 p. 326, No. 794 p. 92; Ann. d. ch. et d. ph. XXIV. 424; Arch. d. sc. ph. et nat. X. 49; Pogg. Ann. LXXV. 445; Phil. mag. XXXIV. 81; Sillim. J. VII. 233.

Poggendorff u. W. Weber. Versuche zur Hervorrufung des Diamagnetismus durch alleinige Wirkung des galvanischen Stromes. Berl. Monatsb. 1848 p. 319*; Inst. No. 790 p. 60.

F. Reich. Versuche über die abstofsende Wirkung eines Magnetpoles auf unmagnetische Körper. Ber. d. sächs. Ges. I. 251*; Pogg. Ann. LXXIII. 60*; Arch. d. sc. ph. et nat. XI. 41*; Phil. mag. XXXIV. 127; Inst. No. 797 p. 119.

Pflücker. On some new relations of the diamagnetic forces. Athen. 1848 No. 1086 p. 835*; Sillim. J. VII. 270; Phil. mag. XXXIII. 48*; Inst. No. 768 p. 289; Arch. d. sc. ph. et nat. IX. 141.

— — Experimentaluntersuchungen über die Wirkung der Magnete auf gasförmige und tropfbare Flüssigkeiten. Pogg. Ann. LXXIII. 549*.

— — Action calorifique d'un courant électrique. C. R. XXVI. 227*.

— — Ueber ein einfaches Mittel den Diamagnetismus schwingender Körper zu verstärken. Diamagnetische Polarität. Pogg. Ann. LXXIII. 613*.

— — Ueber Intensitätsbestimmung der magnetischen u. diamagnetischen Kräfte. Pogg. Ann. LXXIV. 321*; Arch. d. sc. ph. et nat. IX. 308.

— — Ueber die verschiedene Zunahme der magnetischen Anziehung und diamagnetische Abstofsung bei zunehmender Kraft des Elektromagnets. Pogg. Ann. LXXV. 413*.

— — Ueber das Verhalten des abgekühlten Glases zwischen den Magnetpolen. Pogg. Ann. LXXV. 108*; Arch. d. sc. phys. et nat. X. 305.

— — Ueber das Gesetz nach welchem der Magnetismus und Diamagnetismus von der Temperatur abhängig ist. Pogg. Ann. LXXVI. 177*.

W. Hankel. Fragment einer Theorie des sogenannten Diamagnetismus. Pogg. Ann. LXXV. 110.

A. Eisenmagnetismus.

R. v. Rees. Ueber die Vertheilung des Magnetismus in Stahl- und Elektromagneten.

Um den Zusammenhang der Intensitätscurve eines Stahl- und Elektromagneten mit der Kettenlinie, vielmehr die Identität beider Linien einer näheren Prüfung zu unterwerfen, wurden schon früher (N. Verh. v. h. Kon. Ned. Inst. XII. 95; Pogg. Ann. LXX. 1.) theoretische Gesetze mit Beobachtungen verglichen, und dabei solche Resultate erhalten, dafs weitere Untersuchungen über diesen Gegenstand wünschenswerth gewesen waren. Die Ergebnisse neuer Versuche hierüber sind nun der Gegenstand der gegenwärtigen Abhandlung.

Vor Allem wurde nun von Hrn. v. Rees ein in früheren Arbeiten (Pogg. Ann. LXX. 15) schon benutzter, von Lenz und Jacobi (Pogg. Ann. LXI. 271. 448.) aufgestellter Satz „die in der Inductionsspirale erregten momentanen Ströme sind dem Sinus des halben Ablenkungswinkels einer Galvanometernadel proportional" als der Wahrheit sehr nahe kommend durch Beobachtungen und Versuche nachgewiesen. Für diese Versuche wurde eine mit einem Galvanometer verbundene Inductionsspirale über die einzelnen zu prüfenden Stellen eines Magnetes gebracht, und der Ablenkungswinkel am Galvanometer während des plötzlichen Entfernens der Spirale vom Magnetstabe beobachtet. Mit Benützung des Ohm'schen Gesetzes fand sich, dafs die beobachteten Ablenkungswinkel mit den aus

$$\sin \tfrac{1}{2}\alpha = \frac{K}{r+r'} \text{ (wo } r,\ r' \text{ die Bewegungswiderstände bedeuten)}$$

berechneten so weit übereinstimmten, dafs die höchsten hiebei erhaltenen Differenzen von 0°,2 den Beobachtungsfehlern zugeschrieben werden dürfen.

Hierauf zeigt Hr. v. Rees durch Versuche und damit verbundene Berechnungen, in wie weit ein etwaiger Zusammenhang zwischen der Curve, welche die Vertheilung des Magnetismus in Stahl- und Elektro-Magneten darstellt, und der Kettenlinie statt findet. Für Stahlmagnete wurde, wie früher (Pogg. Ann. LXX. 16.)

von den Elektromagneten, angenommen, dafs der durch die Bewegung der Inductionsspirale erzeugte Inductionsstrom proportional dem magnetischen Momente an der Stelle sei, bis zu welcher die Spirale fortgerückt ist. Es wurden deshalb für die Versuche Inductionsspiralen angewendet, die leicht vom Magnete abgeschoben und so beschaffen waren, dafs die von einzelnen Stellen des Magnetes erzeugten Inductionsströme beobachtet werden konnten. Zur Regulirung des Inductionsstromes wurde ein Rheostat benützt. Der Leitungswiderstand war deshalb und der Verschiedenheit der angewandten Spiralen halber bei den verschiedenen Versuchsreihen verschieden. Der Untersuchung wurden vier Magnete unterworfen: ein quadratischer Magnet von 500^{mm} Länge und 20^{mm} Breite und Dicke mit einer Inductionsspirale von 20^{mm} Länge; ein quadratischer Magnet von 625^{mm} Länge und 26^{mm} Breite und Dicke mit einer 20^{mm} langen Inductionsspirale; ein cylindrischer Magnet von 802^{mm} Länge, 16,5^{mm} Dicke, mit einer 10^{mm} langen Spirale; endlich ein cylindrischer Magnet von 801^{mm} Länge und 8^{mm} Dicke mit einer Spirale von 10^{mm} Länge. Die Inductionsspirale wurde jedesmal über den nächsten Magnetpol abgeschoben, und hiebei immer die Ablenkung beobachtet. — Aus den angestellten Versuchen ergab sich nun, indem dieselben mit den aus $\sin \frac{1}{2}\alpha = a - b\,(\mu^x - \mu^{-x})$ berechneten Resultaten verglichen wurden, Folgendes:

1) Bei den drei ersten Magneten war der Inductionsstrom beim Abschieben der Spirale über den Nordpol dem, welcher beim Abschieben der Spirale über den Südpol erhalten wurde, nicht ganz gleich.

2) Die in gleichen Entfernungen von der Mitte des Stabes erhaltenen Ablenkungen zeigten gröfsere Unterschiede, als die von Lenz und Jacobi bei Eisenstäben beobachteten.

3) Die Differenzen zwischen den beobachteten und den aus der Formel

$$\sin \tfrac{1}{2}\alpha = a - b\,(\mu^x - \mu^{-x})$$

berechneten Werthen der Ablenkungswinkel zeigten, dafs die Vertheilung in Stahlmagneten dieselbe sein könnte, als in Elektromagneten; dafs ferner bei Magneten, deren Länge höchstens 50 Mal gröfser ist, als deren Dicke, die Kettenlinie nahezu als Intensitätscurve angenommen werden dürfte; bei solchen Magneten aber, deren Länge ein gröfseres Vielfaches von der Dicke ist, als oben erwähnt, die Intensitätscurve von der Kettenlinie abweicht: dafs also überhaupt ein Vertheilungsgesetz des Magnetismus in Stahl- und Elektromagneten noch zu finden sei.

Die weiteren Untersuchungen des Hrn. v. Rees beziehen sich auf die Vertheilung des Magnetismus in zwei mit ihren ungleichnamigen Polen sich berührenden gleichen Magneten, und auf die Vertheilung des Magnetismus in einem Eisenstabe, welcher mit einem Stahlmagneten in Berührung steht. Die Versuche hierüber wurden nach derselben Methode angestellt, wie die vorigen. Eine Inductionsspirale wurde an die zu untersuchende Stelle der verbundenen Magnetstäbe gebracht und während des Entfernens der Spirale vom Magneten wurden an einem mit jener in Verbindung stehenden Galvanometer die Ablenkungswinkel beobachtet. Zuerst wurde auf diese Weise ein Magnet für sich untersucht, hierauf der Magnet mit einem anderen verbunden und Versuche angestellt, und endlich der erste Magnet abermals geprüft, wenn der zweite von ihm wieder entfernt war. In ähnlicher Weise geschahen auch die Beobachtungen an einem Magneten und einem mit einem seiner Pole in Berührung gebrachten Eisenstabe. Die Resultate dieser Versuche waren sodann Folgende:

1) Der Magnetismus zweier mit ihren ungleichnamigen Polen sich berührender Magnete wird verstärkt, ist an der Berührungsstelle am stärksten, wird gegen die entfernteren Enden hin schwächer. Jedoch erstreckt sich die Verstärkung auf jede Stelle beider Magnete.

2) Dieser verstärkte Magnetismus dauert nicht länger an, als die Berührung statt findet, und verhält sich also in derselben Weise, wie der im weichen Eisen durch Induction entstehende Magnetismus.

3) Das Maximum des magnetischen Momentes wurde in dem untersuchten Stabe von der Mitte gegen das freie Ende hinausgerückt.

4) Wird ein Magnet von einem Eisenstabe an einem Pole berührt, so zeigt das Eisen fast in seiner ganzen Länge den-

selben freien Magnetismus, wie jener Pol; nur das mit dem Magneten in Berührung stehende Ende zeigt mit diesem Pole entgegengesetzten Magnetismus

5) Nicht nur der Eisenstab wird stark magnetisch, sondern es wird auch der Stahlmagnet durch Reaction des Eisens merklich verstärkt, besonders an dem Ende, wo die Berührung beider Stäbe statt findet.

6) Ein Eisenstab mit den ungleichnamigen Polen zweier Magnete in Berührung gebracht, mufs daher gegen seine Enden hin mit jenen Polen gleichnamig und stark magnetisirt sein, während die neutrale Linie gegen die Mitte hin sich befindet.

P. W. Häcker. Fortgesetzte magnetische Versuche.

In seinen fortgesetzten Versuchen zeigt Hr. Häcker, wie man das Verhältnifs der Schwingungszeiten von magnetisirten Platten, wenn dieselben horizontal und sodann vertikal schwingen, untersuchen kann, in welcher Beziehung die Schwingungsdauer eines Magneten zu seinen Dimensionen und seiner Mafse steht, und welches Verhalten der gehärtete und ungehärtete Stahl in Beziehung auf Magnetismus wahrnehmen läfst.

Vor Allem erwähnt Hr. Häcker, dafs ein Magnet, der im Verhältnifs zu seiner Länge eine merkliche Breite besitzt, auf zweierlei Weise magnetisirt werden kann; nämlich entweder halbirt die neutrale Linie die Länge — Magnetstäbe und Transversalmagnete — oder die Breite. Transversal magnetisirte Stäbe erhält Hr. Häcker nur aus glasharten Platten (diefs ist wohl die Hauptbedingung!) durch Anwendung kräftiger und breiter Magnete von Hufeisenform, — von denen zwei mit ihren ungleichnamigen Polen, ohne sich zu berühren, einander gegenüber gelegt, und auf diese die zu magnetisirenden Platten quer gehörig aufgelegt wurden. Nach mehrmaligem Hin- und Herziehen der Platte in gerader Richtung, während zwei gegenüberstehende Seiten derselben mit den Magneten abwechselnd in Berührung gebracht wurden, und hierauf folgendem raschen Abheben der Platte, war dieselbe transversal magnetisirt.

Die Magnete der ersten Art, so wie die Transversalmagnete läſst Hr. Häcker in horizontaler Lage, die der zweiten Art in vertikaler Richtung schwingen, ohne jedoch die Umstände näher zu bezeichnen, unter welchen dieſs geschah. Das Verhältniſs der horizontalen zur vertikalen Schwingungsdauer wird sodann bestimmt, indem die Untersuchung mit 6 Platten vorgenommen wurde, von welchen die horizontal schwingenden auf der schmalen Kante lagen.

Diese Untersuchungen geben das Resultat, daſs sich die Schwingungsdauer des horizontal schwingenden Magneten zu der des vertikal schwingenden verhält, wie sich die Cubikwurzeln der gröſsten Dimensionen beider Magnete zu einander verhalten. Hiebei wurde, um Rechnung und Beobachtung vergleichen zu können, eine schon in der früheren Arbeit (Pogg. Ann. LXX. 63.) aufgestellte Formel $t = c_0 \sqrt[6]{l^7 m^7} \cdot \frac{\sqrt{l^2 + b^2}}{L}$ benützte, wo c_0 die Schwingungsdauer der Volumeneinheit desjenigen physischen Pendels — in Form eines Würfels — sein soll, das mit dem Magnete gleiche Schwingungsdauer macht, und wobei die Schwingungsdauer $t = \pi \sqrt{\frac{2l}{3g}} \sqrt{2}$ sein soll. —

Unter allen den Untersuchungen, welche Hr. Häcker noch weiter anstellt, ist Folgende beachtenswerth. Es hat sich nämlich bei seinen Versuchen gezeigt, daſs ungehärteter Stahl, wenn er die gehörige Eigenschaften besitzt, eine bedeutende magnetische Kraft annimmt, welche bleibend sein soll. Es wurde diese Beobachtung an einem $7\frac{3}{4}$ Loth wiegenden, $16\frac{2}{3}''$ langen, $5'''$ breiten und $1''',1$ dicken Stab wahrgenommen, welcher nach dem Magnetisiren die Schwingungsdauer $11'',92$ hatte, und nach 13 Monaten war seine Schwingungsdauer noch bis auf einige kleine unbedeutende Unterschiede dieselbe. Unter welchen Umständen der Magnetstab aufbewahrt wurde, ist zwar nicht weiter angegeben, und ob dieſs für groſse und kleine Stäbe gleich anwendbar ist; allein es ist immerhin interessant genug, Magnete aus ungehärtetem Stahle anfertigen zu können, da der gehärtete Stahl in Beziehung auf Magnetismus viele Uebelstände besitzt, die bis jetzt noch nicht beseitiget werden konnten.

W. Walker. Neue Methode zur Anfertigung künstlicher Magnete.

Da bei der gewöhnlichen Behandlung des Stahles durch die verschiedenen Hitzegrade, welchen seine einzelnen Stellen beim Härten und Anlafsen ausgesetzt sind, auch in Beziehung auf seine Härte die einzelnen Stellen eines Stahlstabes ungleichartig werden, und dieser Umstand besonderen Einflufs auf die ungleiche Vertheilung des Magnetismus in Stahlmagneten, so wie auf die Veränderlichkeit der magnetischen Kraft in denselben haben mag, so schlägt Hr. Walker eine Methode vor, nach welcher Stahlstäbe und Nadeln für Magnete gefertiget werden können, die in den genannten Beziehungen keine so grofsen Uebelstände zeigen. Anstatt nämlich die Stahlstäbe vor dem Härten über Kohlenfeuer zu erwärmen, und hierauf erst abzukühlen, sollen die für Magnete bestimmten Stahlstäbe schnell unter die Oberfläche von siedendem Blei gebracht werden, hier aber nur so lange bleiben, bis sie die Temperatur des siedenden Bleies angenommen haben, hierauf sehr schnell in siedendes Wafser gelegt, und hiedurch abgekühlt werden.

Der auf diese Weise behandelte Stahl soll nicht allein eine gröfsere magnetische Kraft aufzunehmen fähig sein, als der auf die gewöhnliche Weise gehärtete, sondern es sollen auch die daraus gefertigten Magnete mit der Zeit nur sehr geringen Verlust an Magnetismus erleiden, wenn sie auch nicht mit Ankern versehen werden, und aufserdem soll in denselben eine gleichförmige Vertheilung des Magnetismus statt finden. Als Belege für die ersteren dieser Behauptungen giebt Hr. Walker an, dafs Magnetstäbe von 6″ Länge und 600 Gran Gewicht das 14fache ihres eigenen Gewichtes zu tragen im Stande waren; dafs ferner solche Magnete vier Jahre lang ihre Kraft ungeschwächt behielten, und bei einer grofsen Härte gar nicht spröde sind. —

Uebrigens fehlen genauere Versuche über die Verfahrungsweise, und es dürfte in Frage gestellt werden, ob die Temperatur des siedenden Bleies hinreicht, um dem Stahl die gehörige Härte zu verschaffen, und ob durch sein Verweilen in geschmolzenem Blei nicht Veränderungen herbeigeführt werden, die in seinem Verhalten zum Magnetismus nicht gleichgültig bleiben können. —

A. F. Svanberg. Ueber verschiedene Magnetisirungsmethoden.

In einigen Untersuchungen prüft Hr. Svanberg die verschiedenen bekannten Magnetisirungsmethoden durch Anwendung der Methode der Schwingungen. Diese Methode, welche schon Moser (Repert. II. 141.) angewendet hat, um die beste Magnetisirungs-Methode für Stahl zu ermitteln, sollte nun entscheiden, in wie fern das von Scoresby angegebene Verfahren gegen die übrigen Streichmethoden vortheilhaft sei, und ob der Anker aus weichem Eisen, welcher die zu magnetisirenden Stäbe verbindet, auf die Stärke des Magnets Einfluss habe. — Aus den Beobachtungen, welche mit zweien nach verschiedenen Methoden magnetisirten Stahlstäben gemacht wurden, scheint hervorzugehen, dass der Doppelstrich dann sehr vortheilhaft sei, wenn hiebei mehrere zu magnetisirende Stäbe durch Anker von weichem Eisen verbunden werden, wie diess beim Kreisstrich geschieht. Hiebei soll aber die Art und Weise des Anlegens des Ankers gleichgültig sein. —

E. Johnson. Magnetische Versuche, gemacht am Bord des eisernen Regierungs-Dampfschiffes „Bloodhound."

Hr. Johnson theilt aus seinen am Bord eines eisernen Dampfschiffes gemachten Versuchen, über welche übrigens in dem Berichte keine näheren Angaben enthalten sind, mit, dass die durch den Kiel erzeugten Ablenkungen der Magnetnadel sehr merkbar sind, und die von Walker und Shaugh hierüber schon gemachten Beobachtungen hiedurch nur vollkommen bestätiget werden können. Aus diesem Gsunde sei es nöthig, die Abweichungen der Compafsnadel am Anfange und Ende der Reise sowohl, als auch an Zwischenstationen auf allen Schiffen zu beobachten — Eine Einwirkung des Dampfes auf die Ablenkung der Compafsnadel findet nach den aus den gemachten Versuchen erhaltenen Resultaten nicht statt.

R. Hunt. Ueber den muthmafslichen Einflufs des Magnetismus auf chemische Wirkungen.

In einer umfassenden Abhandlung giebt Hr. Hunt an, dafs er von der Meinung, der Magnetismus übe auf die chemischen Wirkungen einen verzögernden Einflufs, schon früher abgekommen sei, und weitere Versuche angestellt habe, welche über die chemischen Wirkungen des Magnetismus Aufschlufs geben sollten. Bei der für diese Versuche angewandten Methode setzt sich Hr. Hunt die Aufgabe: Ein richtiges Mafs für die Gröfse der chemischen Wirkung, ferner ein Mittel zu erhalten, durch welches man wahrnehmen sollte, ob die Wirkung constant blieb, und endlich die chemischen Wirkungen unter magnetischen Einflufs zu stellen. Zu dem Ende wurde ein Eisendraht in eine Glasröhre gebracht, diese mit einer Spirale umgeben, und letztere mit den Polen einer Volta'schen Batterie verbunden. Der Eisendraht, welcher nun leicht in den magnetischen Zustand versetzt werden konnte, wurde in ein mit Schwefelsäure gefülltes Gefäfs getaucht, und mit seinem andern Ende wurde ein Draht eines weit genug entfernten Galvanometers verbunden; den anderen Draht des letzteren setzte man mit einem Eisen- oder Kupferdraht in Verbindung, der ebenfalls in das mit Schwefelsäure gefüllte Gefäfs gebracht wurde. Wurde nun die Kette geschlossen oder geöffnet, so konnte, wenn neben dem Elektromagneten ein Kupferdraht im Elektrolyten war, nur eine Erschütterung der astatischen Galvanometernadel, in Folge welcher letztere bis auf 3° oder 5° abwich, beobachtet werden; dieselbe kehrte aber bald wieder zu ihrer ursprünglichen Ruhelage zurück. Eine Veränderung im Stande der Galvanometernadel konnte unter keinerlei Anordnung beobachtet werden, es möchte ein Stromwechsel stattfinden, durch welchen die Pole des Eisendrahtes umgekehrt wurden, oder auch die Batterie allmählig verstärkt werden. Jedoch bemerkte Hr. Hunt, dafs der Eisendraht, auf diese Weise behandelt, mehr permanenten Magnetismus annahm, als diefs sonst bei einem Elektromagneten der Fall ist, so dafs also eine chemische Einwirkung auf den magnetischen Zustand stattfindet. Bei Anwendung zweier Eisendrähte wurde erst, nachdem der eine Draht kurze Zeit unter dem Einflufse des andern stand, eine starke Abweichung der Galvanometernadel bis auf 20° oder 30° beobachtet; die Nadel kehrte jedoch sogleich wieder auf ihren ursprünglichen Stand zurück, oder zeigte höchstens 2°—3° Ablenkung. Zwei Elektromagnete in den Elektrolyten gebracht, konnten gar keine wahrnehmbare Wirkung auf die Nadel hervorbringen. Erfolglos blieb auch der Versuch, wenn statt der Eisen-, Zink- und Kupferdrähte genommen wurden. Aus diesen Versuchen schliefst Hr. Hunt dasselbe, was Erdmann schon durch umfassende und entscheidende Versuche dargethan hat, dafs der Magnetismus auch keinerlei Einflufs auf chemische Wirkungen ausüben könne.

C. Haughton. Versuche, welche die gemeinschaftliche Natur des Magnetismus, der Cohäsion, Adhäsion und der Zähigkeit beweisen.

In einer über 40 Seiten langen Abhandlung des 30. Bds. des Phil. magaz. legt Hr. Haughton seine Arbeiten und Ansichten über die Natur der Agentien und Kräfte, die man gewöhnlich mit den Namen Magnetismus, Cohäsion etc. bezeichnet, nieder. Um den Inhalt derselben leichter übersehen zu können, als diefs dem Berichterstatter beim Lesen jenes Aufsatzes möglich war, ist es nothwendig, das Wesentlichste hievon sogleich mitzutheilen, um sodann in möglichster Kürze die Hauptresultate zusammenstellen zu können. —

Nachdem Hr. Haughton seine Beobachtungsmethoden, durch welche es ihm gelingen sollte, die Affinität irgend zweier Körper — so nennt derselbe nämlich jenes geheime Agens, welches die gegenseitigen Attractionen und Repulsionen der verschiedenartigen Naturkörper bewirkt — zu untersuchen und zu bestimmen, mitgetheilt hatte, wobei derselbe gelegenheitlich ein von ihm erfundenes Elektrometer in Erwähnung bringt, giebt derselbe die Art und Weise an, wie von ihm der relative Werth der Grade seines für die Mefsungen benutzten Compafses bestimmt wurde. Hierauf geht nun Hr. HAUGHTON auf die Anziehung der Körper von der Magnetnadel und die gegenseitige Anziehung der verschiedenartigsten Körper über.

Die Affinität der Körper zur Magnetnadel wurde dadurch beobachtet, dafs mit Hülfe eines Magnetstabes die Nadel dem zu untersuchenden Körper, der flachen Seite desselben, genähert wurde, bis zur Berührung, und die gröfste Distanz — in Graden des Bogens, an welchem die Verschiebung der zu untersuchenden Substanz geschah — bis auf welche eine solche Berührung noch hergestellt werden konnte, sollte das Mafs für die Anziehung der Substanz zum Magneten geben. Das Maximum der zu erreichenden Entfernung war hiebei 90°, und es fand schon eine desto gröfsere Attraction statt, je näher der Bogen, um welchen der zu untersuchende Körper vom 0ⁿ Grade entfernt war, dem 90ⁿ Grade kam. Von einer Repulsion ist hier also keine Rede. Bei der Untersuchung der gegenseitigen Attraction der Substanzen unter sich, wurde aus einer Substanz eine Nadel gefertiget, und diese in das Compafsgehäuse gebracht, in welchem vorher die Magnetnadel war, und das mit einer eigenen, jene Nadel aufzunehmenden Vorrichtung versehen war. Hierauf wurde die Berührung dieser Nadel mit der zu untersuchenden Substanz entweder mittelst eines Magnetstabes — wenn die zu untersuchende Substanz jener Nadel ein magnetisches Metall war — oder durch den Finger hergestellt. Auch hier war der Grad des Compafses, bei welchem noch eine Berührung und ein Festhalten der Nadel von der Substanz statt hatte, das Mafs für die Attraction. Konnte kein Festhalten zwischen beiden Substanzen bewirkt werden, oder war dasselbe nicht stark genug, so wurde eine der Substanzen längere Zeit mit einem starken Magneten in Berührung gebracht, und es wurde sodann jedenfalls der Zweck erreicht.

Die zu untersuchenden Substanzen durften in keinem Falle elektrisch sein, und es mufste daher zuerst, wenn sich ein solcher Zustand bei einer Substanz vermuthen liefs, in dieser Beziehung eine Untersuchung vorgenommen werden. Es wurde hiezu eine mit einem Agat- oder Mefsinghütchen versehene auf einer Nadelspitze sich bewegende Magnetnadel benutzt, die an ihren Enden mit kleinen Stückchen Strohhalmen versehen war. — Zeigte sich der Körper elektrisch, so wurde er durch Benetzen in den natürlichen Zustand versetzt. Die einzelnen Grade, welche die Compafsnadel zeigt, sind den Kräften, welche die Ablenkung bewirken, wahrscheinlich proportionirt, und ihre relativen Werthe wurden daher graphisch dargestellt, und mit den Distanzen in eine bestimmte Beziehung gebracht. — Die Körper welche Hr. Haughton in oben genannter Beziehung untersuchte, theilt derselbe in 7 Classen, von welchen die erste gröfstentheils Metalle, die zweite Metalloide, die dritte Edelsteine, Crystalle etc., die vierte Salze, die fünfte Substanzen des Thierreiches, die sechste Gummi und Harze und die siebente verschiedene Substanzen des Pflanzenreiches enthält.

Die Resultate, welche Hr. Haughton findet, weichen nicht selten von den schon für verschiedene Substanzen bekannten magnetischen Eigenschaften ab. So sollen unter anderen Gold und Silber grofse Attraction zum Magneten zeigen, während diefs weniger bei Platin, Palladium etc. der Fall war. Eine Abstofsung finde aber, wie diefs vom Wismuth, Antimon etc. bekannt ist, nie statt, die Anziehung dieser Körper zum Magneten sei nur schwach, aber deshalb nicht negativ. — Alle Arten des untersuchten Messing wurden als magnetisch befunden. Es wäre überflüssig, das für alle untersuchten Substanzen aufgefundene Verhalten hier aufzuführen, und es sei deshalb nur bemerkt, dafs sich Blei und Zink, dann verschiedene Arten von Gläsern, besonders Crownglas, dann mehrere animalische Substanzen, wie Perle, Horn, Menschenhaare etc. sehr magnetisch zeigten, während für die Pflanzen in dieser Beziehung nach der genannten Methode keine so günstigen Resultate erhalten wurden.

Bei der Untersuchung eisenfreier Substanzen kamen ebenfalls sehr sonderliche Resultate zu Tage. So zeigt das Messing unter den Substanzen fast die gröfste Attraction zu allen den untersuchten Körpern. Eine tabellarische Zusammenstellung der relativen Werthe der gegenseitigen Anziehung verschiedenartiger Körper beschliefst die Untersuchungen mit denselben. — Durch alle 600 Versuche, welche Hr. Haughton mit den verschiedenartigen Körpern unorganischer und organischer Natur machte, will derselbe eine Kraft oder ein Agens entdecken, welches als gemeinschaftliche Ursache des Magnetismus, der Cohäsion etc. angesehen werden dürfe, und vermöge welcher allgemeinen Eigenschaft der Materie alle Naturkörper in gewifser Beziehung vereinigt werden, und sich nur durch die gröfseren oder geringeren Grade der Aeufserung jener Anziehung unterscheiden. Jedoch reichen, wie Hr. Haughton selbst gesteht, weder seine mangelhaften Beobachtungsmethoden, noch die Anzahl der untersuchten Substanzen hin, um so sichere Resultate aus den gemachten Versuchen entnehmen zu können. Uebrigens scheint Hr. Haughton dennoch einen besonderen Werth auf seine Beobachtungsweise zu legen, indem derselbe behauptet, dafs eine Classification der Körper nach ihrem Verhalten zum Magnetismus nicht vorgenommen werden könne, da ihr magnetisches Verhalten früher dadurch gefunden wurde, indem man dieselben zuerst in einen unnatürlichen, abnormen Zustand versetzte, und hierauf die Beobachtungen mit denselben anstellte. Da aber die noch weiter hierüber vom Verf. geführten Raisonnements keinen weiteren wissenschaftlichen Werth haben, so möge das Vorhergehende hinreichen, um daraus zu ersehen, in wie weit die erwähnten Versuche eine Identität zwischen Magnetismus, Cohäsion, Adhäsion und Zähigkeit nachweisen. — *Prof. Kuhn.*

Delesse. Ueber magnetische Polarität in Mineralien.

Verf. unterwarf verschiedene natürliche und künstliche anorganische Substanzen dem Einflufs eines Elektromagneten, um sie alsdann in Bezug auf polaren Magnetismus zu prüfen. Er fand folgende allgemeine Resultate:

1) Jede magnetische Substanz wird polarisch-magnetisch. Einige, wie das weiche Eisen, verlieren die Polarität, wenn sie aus dem Bereich des inducirenden Magneten kommen, die meisten jedoch bleiben polarisch.

2) Substanzen von gleicher chemischer Zusammensetzung werden, wenn überhaupt, in gleicher Weise polarisch-magnetisch, was auch im Uebrigen ihr physikalischer Zustand ist, ob krystallisirt oder amorph, derb oder mit diamagnetischen Substanzen gemengt u. s. w.

3) Einer jeden gleichviel wie physikalisch beschaffenen Substanz kann eine willkürliche Anzahl von Polpaaren ertheilt werden.

Prof. Dr. v. Feilitzsch.

W. Thomson. Gleichgewichtsbedingung magnetischer Substanzen.

Hr. Thomson hat das Verhalten eines beliebig gestalteten, wie weiches Eisen magnetischen oder diamagnetischen Körpers unter dem Einflufs des Erdmagnetismus theoretisch untersucht. Er hat gefunden, dafs es immer in dem Körper drei auf einander senkrechte Richtungen giebt, die er die magnetischen Hauptaxen desselben nennt, und die die Eigenschaft haben, dafs der Körper im Gleichgewichte sich befindet, wenn er um seinen Schwerpunkt frei drehbar ist, sobald eine dieser Axen die Richtung des Erdmagnetismus hat. In der Mittheilung, aus der dieser Bericht geschöpft ist, ist der Beweis dieses Satzes nicht geführt, sondern für eine spätere Abhandlung aufgespart.

Prof. Dr. G. Kirchhoff.

B. Diamagnetismus.

Bertin. Ueber die magnetische Cirkularpolarisation.

Verf. behandelt die verschiedenen Umstände, von welchen die durch Magnetismus hervorgebrachte Drehung der Polarisationsebene abhängt, und behandelt namentlich folgende Fälle:

1) Stärke des Magneten. Die Stärke der von den Magneten ausgehenden Wirkung will Hr. Bertin durch die Amzahl der Elemente bestimmen, welche den elektrischen Strom unterhalten;

da aber Hr. Bertin das Ohm'sche Gesetz nicht zu kennen scheint, kommt er zu keinem einigermaſsen bemerkenswerthen Resultat.

2) Natur des Körpers. Versuche mit Lösungen zeigten, daſs nicht das Menstruum allein es ist, was die Drehung unter Einfluſs des Magnetismus bewirkt, sondern daſs der gelöste Körper einen wesentlichen Antheil hat.

Verf. widerlegt ferner die früher gehegte Ansicht, als ob schnellgekühltes Glas weniger tauglich wäre als langsam erkaltetes, von derselben Zusammensetzung.

Aus der Zusammenstellung der für verschiedene Körper gefundenen relativen Drehungen, hebe ich nur hervor, daſs Verf. eine dreimal stärkere Drehung für Schwefelkohlenstoff, als für Wasser fand, und daſs Faraday'sches Flintglas wieder zweimal stärker dreht als Schwefelkohlenstoff.

3) Dicke des Körpers. Bei Anwendung eines Poles nimmt die Drehung zu, wenn die Dicke des Körpers zunimmt; jedoch nur bis zu einem gewissen Maximum, über welches hinaus die Drehung constant bleibt. Diese Maximumdicke hängt natürlich ab von der Stärke des Magneten und von der Natur des Körpers.

4) Abstand des Körpers von den Polen. Die Wirkung nimmt ab mit der Entfernung des Körpers von den Polen. —

Nach diesen Voruntersuchungen entwickelt Verf. das Gesetz der Dicke und des Abstandes.

Wirkung eines einzigen Poles. Flintglas wurde mit einem Pole in Berührung gebracht und von ihm entfernt. Die in verschiedenen Entfernungen gemessenen Drehungen zeigten, daſs

> wenn die Entfernung des Glases von dem Pole in arithmetischer Progression zunimmt, die Drehung in geometrischer Progression abnimmt.

Die Drehung y ist demnach mit dem Abstand x verknüpft durch die Formel

$$y = Ar^x$$

wo A die für $x = 0$ oder bei Berührung des Glases mit dem Pole erzeugte Drehung bedeutet, und $r = 0{,}97$ ist, wenn man das Millimeter zur Längeneinheit nimmt.

Die Wirkung auf irgend einen Querschnitt eines Körpers ist nun so groſs wie die Wirkung auf einen vereinzelten Querschnitt in gleichem Abstand vom Pole; es ist sonach die von einer Dicke e bewirkte Drehung gleich der Summe der Glieder einer geometrischen Progression, oder

$$A = c\frac{1-r^e}{1-r}$$

und sonach ist

$$y = c\left(\frac{1-r^e}{1-r}\right)r^x,$$

wo c die Gröſse der Drehung für eine Dicke von 1^{mm} in Berührung mit dem Pole bedeutet. Das Verhältniſs der Coefficienten c hängt nur ab von der Natur des Körpers. Verf. nennt deshalb diese Zahl den Coefficienten der magnetischen Polarisation.

Wirkung beider Pole. Wenn beide Pole einen Abstand $= d$ haben, so ertheilt das Glas bei einem Abstand x von dem einen, und folglich bei einem Abstand $d-e-x$ von dem zweiten der Polarisationsebene eine Ablenkung

$$z = c\left(\frac{1-r^e}{1-r}\right)(r^x + r^{d-e-x})$$

Hieraus geht hervor, daſs, wenn drei aufeinanderfolgende Drehungen z, z', z'' bei den Abständen x, $x+\alpha$, $x+2\alpha$ beobachtet werden, das Verhältniſs $\frac{z+z''}{z'}$ konstant und gleich $r^\alpha + r^{-\alpha}$ ist. Die Versuche bestätigen dieses Gesetz.

Bei verschiedenen Substanzen fand Verf. folgende Werthe für c:

Faraday'sches Flintglas	$c =$ 1,00
Guinand's „	„ 0,87
Matthiesen's „	„ 0,83
sehr dichtes „	„ 0,55
gemeines „	„ 0,53
Zinnchlorid	„ 0,77
Schwefelkohlenstoff	„ 0,74
Phosphorchlorür	„ 0,51
Chlorzinklösung	„ 0,55

Chlorcalciumlösung	$c = 0{,}45$
Wasser	„ 0,25
Alkohol von 36° B.	„ 0,18
Aether	„ 0,15.

Ch. Matteucci. Einfluſs des Magnetismus auf das Drehungsvermögen einiger Körper.

Hr. Matteucci bediente sich eines kräftigen Elektromagneten und einer besonders vorgerichteten Presse, um Würfel von Krownglas, Flintglas, Kalkspath, Quarz u. a. Substanzen zugleich dem Einfluſs der mechanischen Kompression und des Magnetismus zu unterwerfen.

Auf Körper, welche an und für sich doppelte Brechung zeigen, hatte der Magnetismus auch dann noch keinen Einfluſs, wenn sie komprimirt wurden. Auf Krownglas hatte der Magnetismus während der Kompression keinen Einfluſs. Bei gewöhnlichem und bei Faraday'schem Flintglas war eine Verminderung des Einflusses ebenfalls merkbar, doch trat dabei noch der Umstand ein, daſs die durch Umkehrung der Pole erhaltene Rotation nach rechts und nach links nicht mehr gleich waren, wenn das Glas komprimirt wurde. War vor der Kompression die magnetische Rotation nach beiden Richtungen gleich, so betrug sie nach der Kompression in dem einen Sinne 5 — 8 Grad des Soleil'schen Saccharimeters, in dem anderen aber nur 3 — 4.

Erhöhung der Temperatur änderte ebenfalls das Rotationsvermögen des schweren Glases und des Flintglases. Das erstere zeigte bei der Temperatur des siedenden Oeles fast die doppelte Rotation als bei gewöhnlicher Temperatur.

Es folgt noch eine Aufzählung einiger negativer Resultate. Verf. konnte keine Wirkung zweier diamagnetischer Körper auf einander wahrnehmen, wenn beide zugleich sich im magnetischen Felde befanden. — Die akustischen Knotenlinien einer Eisenplatte änderten sich auch bei Gegenwart des stärksten Magnetismus nicht im mindesten. — Der Diamagnetismus einer Wismuthnadel wurde durch die Schwingungsmethode bestimmt: es trat nicht die geringste Aenderung der Intensität ein, ob die Nadel in atmosphärischer Luft, in andern Gasen oder in der toricellischen Leere diamagnetisch erregt wurde.

Zantedeschi. Fortsetzung der Untersuchungen über den magnetischen oder diamagnetischen Zustand der Körper.

Verf. untersucht eine grofse Anzahl von Körpern in Bezug auf ihren magnetischen oder diamagnetischen Zustand. Derselbe findet eine weit gröfsere Anzahl von einfachen Körpern magnetisch, als Faraday und andere Experimentatoren; namentlich: Sauerstoff, Eisen, Nickel, Kobalt, Kupfer (?), Osmium, Irid, Rhodium, Uran, Magnesium, Chrom, Zink, Arsenik, Platin, Palladium, Titan, Cer, Selen, Silber (?), Kadmium, Zinn, Gold, Glucinium, Lantan, Yttrium. Das Aluminium hingegen findet er diamagnetisch gegen die Untersuchung von Hrn. Riess (Pogg. Ann. LXXIII. 618.). Ferner findet derselbe, dafs alle organischen Körper, welche er untersuchte, dem diamagnetischen Zustande angehören. Ferner bestätigt sich auch hier, dafs die blos aus magnetischen Elementen zusammengesetzten Körper weit stabiler ihre magnetischen Eigenschaften behalten, als diejenigen, welche aus magnetischen und diamagnetischen oder blos aus diamagnetischen Elementen zusammengesetzt sind.

Hrn. Wartmann's Arbeit enthält nur eine Zusammenstellung der bisher in diesem Gebiete gefundenen wichtigsten Thatsachen.

Örsted. Versuche über den Diamagnetismus.

Hr. Örsted veröffentlicht Versuche die zum Theil schon erklärt sind, zum Theil kurz nach dem Erscheinen dieser Abhandlung erklärt wurden. Er legt auf die Pole eines hufeisenförmigen Elektromagneten Eisenstücke auf, deren Enden sich annähern und entfernen lassen. Die durch sie gewonnenen Polflächen standen vertikal und einander parallel. Wurde ein diamagnetischer

Körper, wie Bernstein, Perlmutter, Wismuth, Schildpatt, Federposen, Schwefel etc. zwischen dieselben gebracht, so stellte er sich äquatorial, wurde er aber über die Ränder erhoben, so stellte er sich axial. (Wahrscheinlich waren die Körper nicht vollkommen eisenfrei).

Wurde ein durchbohrter Cylinder auf einen Pol gelegt, und liefs man die diamagnetische Nadel parallel zur Polfläche abwechselnd steigen und sinken, so stellte sie sich axial, sobald sie sich den Durchbohrungen gegenüber befand.

Verf. überzeugte sich, dafs die Diamagnet-Nadel in der diamagnetischen Stellung auf den den Polen des Magneten zugekehrten Seiten einen denselben gleichnamigen Magnetismus enthielt. Er näherte nämlich dünne Eisenstückchen der Nadel an, welche auf der andern Seite den Magnetpol berührten und so durch diesen magnetisirt wurden, und prüfte auf diese Weise die Richtung und Art des Magnetismus der Nadel.

Nadeln aus Platin, Palladium, Zinn, Argentan, Holzkohle u. a. werden von den Polen des Magneten angezogen, sind aber nicht polarer Natur, wie Eisen und Nickel, nehmen vielmehr nur zwischen den Polflächen eine axiale Stellung ein. Werden dieselben aber über die obersten Kanten der Polflächen erhoben, so stellen sie sich äquatorial. Der Magnetismus in ihnen ist transversal, wie in gewöhnlichen diamagnetischen Substanzen, nur der untere Theil hat den entgegengesetzten Magnetismus desjenigen Polstückes dem er zunächst liegt, während der obere Theil den gleichnamigen besitzt. Die so entstandenen Pole bestehen noch eine Weile nachdem die Nadel dem Einflufs des Magneten entzogen ist.

Verf. unterscheidet nach diesen Versuchen dreierlei Substanzen und zwar:

Magnetische, wie Eisen, Nickel, Kobalt;

Diamagnetisch-anziehbare, wie Platin, Palladium u. a.;

Diamagnetisch-abstofsbare, wie Wismuth u. a.

Noch war zu bemerken, dafs die beiden Arten der diamagnetischen Substanzen eine gröfsere Anzahl von Oscillationen in ihrer äquatorialen Lage vollführen als in ihrer axialen.

Poggendorff und Weber. Bericht über Versuche zur Hervorrufung des Diamagnetismus durch alleinige Wirkung des galvanischen Stromes.

Drei Centner Kupferdrath von 1 par. Linie Dicke waren, bis sie anderweit verwandt werden sollten, auf eine Holzrolle von 600^{mm} innerem Durchmesser und 200^{mm} Länge aufgerollt, und bildeten so einen Multiplikator im grofsartigsten Mafsstabe. Innerhalb desselben wurde an einem 48fachen Kokonfaden von 230^{mm} Länge ein 308,6 Gramm schwerer, 14^{mm} dicker und 210^{mm} langer Wismuthstab horizontal aufgehangen, und zwar so dafs seine Axe in der Gleichgewichtslage einen Winkel von etwa 45° mit der Ebene der Windungen des Multiplikators machte. Der Stab war versehen mit einem Planspiegel in welchem durch ein Fernrohr das Bild einer 2340^{mm} entfernten Skala beobachtet werden konnte. Nachdem Vorversuche über die Empfindlichkeit der Aufhängung und die Veränderungen in der Gleichgewichtslage Aufschlufs gegeben hatten, liefs man einen Strom von 24 Bechern einer Callan'schen Batterie im Multiplikator kreisen. Durch abwechselndes Oeffnen und Schliefsen des Stromes wurde der Wismuthstab in Schwingungen versetzt und durch gleichzeitige Beobachtungen der Gröfse und Dauer der Elongationen die neue Gleichgewichtslage bestimmt. Es zeigte sich, dafs durch den Einflufs des galvanischen Stromes die Axe des Wismuthstabes um 0°32′ dem Parallelismus der Windungen näher gerückt war, dafs also auch ohne Vermittelung des Eisens blos durch den galvanischen Strom Diamagnetismus hervorgerufen werden konnte.

Eine von Hrn. Weber ausgeführte Berechnung zeigt, dafs der Diamagnetismus des Wismuths auf die Masseneinheit reducirt für die Einheit der galvanischen Kraft $= \frac{1}{14{,}000{,}000}$ ist, während in einem Milligramm stark magnetisirten Stahles etwa 400 magnetische Einheiten enthalten sind.

Ref. bedauert, dafs die Substanz der Fassung des Spiegels, sowie deren Dimensionen und deren Richtung gegen die Axe des Wismuthstabes nicht vermerkt sind; ferner wäre ein Aufschlufs über die magnetischen oder diamagnetischen Eigenschaften des

Glases und des Beleges, welche zu dem Spiegel verwandt wurden von Interesse. Bei Wiederholung des Versuches würde es geeignet sein ihn auch in einem sauerstoffärmeren oder in einem sauerstoffreicheren Mittel als atmosphärische Luft anzustellen; sicherlich würden sich interessante Modifikationen der Resultate herausstellen.

F. Reich. Versuche über die abstofsende Wirkung eines Magnetpoles auf unmagnetische Körper.

Eine Drehwage, welche ursprünglich zur Bestimmung der mittleren Dichtigkeit der Erde gedient hatte, wurde zu den folgenden Beobachtungen benutzt. Ein horizontaler hölzerner Arm von 2 Meter Länge hängt an einem Kupferdrath und ist mit einer hölzernen Wand umgeben. An jedem Ende des Armes hängt an feinen Dräthen eine Metallkugel. Aufserdem ist an dem Arm ein Spiegel befestigt in dem durch ein Fernrohr seine Stellung beobachtet werden kann. Die Kugeln bestehen aus Zinn mit 10 pCt. Wismuth und 2 pCt. Blei.

Wurden dem Gehäuse in horizontaler Richtung Magnetstäbe genähert, so brachten dieselben eine bedeutende Abstofsung hervor, und zwar sowohl durch den Nord- als durch den Südpol. Wurden aber ebensoviele Nord- als Südpole zugleich angenähert, so war keine oder wenigstens nur eine sehr geringe Abstofsung vorhanden.

Es wurden nun diese Versuche messend wiederholt. Zu dem Ende wurde eine Kugel von Wismuth an den Balken der Wage aufgehangen, und die Abstofsung welche ein 4pfündiger Magnetometerstab hervorbrachte durch die Schwingungsdauer beobachtet. Die Berechnung machte wahrscheinlich:

1) dafs die abstofsende Wirkung vorzugsweise auf die dem Magnete zugewandte Oberfläche der diamagnetischen Substanz sich äufsert; und
2) dafs diese Abstofsung sich umgekehrt verhält wie die dritte Potenz der Entfernung vom Magnetpole.

PLÜCKER. Ueber neue diamagnetische Erscheinungen.

Diese Notiz enthält den Auszug aus einem Vortrage des Hrn. PLÜCKER bei der 18. brittischen Naturforscherversammlung über die von ihm entdeckte Abstofsung der optischen Krystallaxen durch die Pole eines Elektromagneten.

PLÜCKER. Experimentaluntersuchungen über die Wirkung der Magnete auf gasförmige und tropfbare Flüssigkeiten.

— — Wärmewirkung eines elektrischen Stromes.

§. 1. Diamagnetismus der Gase.

Verf. kommt über den Diamagnetismus der Gase auf anderem Wege zu denselben Resultaten wie FARADAY in der gleichzeitig und unabhängig angestellten Untersuchung über denselben Gegenstand. Von allen Gasen wurden fast nur die gefärbten und die brennenden untersucht. Die gefärbten Gase liefs Hr. PLÜCKER frei zwischen den Polen aufströmen und es zeigte sich mit dem Schliefsen des Stromes eine Abstofsung derselben durch den Magnetismus. Jod, Brom, Chlor, salpetrige Säure, der sichtbare Wasserdunst, Quecksilberdampf wurden auf diese Weise diamagnetisch befunden.

Hr. PLÜCKER versuchte auch, ob die in einer starken an einem Ende ausgezogenen Glasröhre befindliche und mit einem Alkoholtropfen abgesperrte Luft zwischen den Magnetpolen abgestofsen würde, er konnte aber keine Bewegung des Tropfens bemerken. Als er aber ein geschlossenes, ziemlich geräumiges und eigens geformtes Messinggefäfs anwandte, welches an einer Seite mit einer durch einen Alkoholtropfen geschlossenen Glasröhre versehen war, bemerkte er eine Bewegung des Alkoholtropfens von 3^{mm}, wenn der Magnet in Thätigkeit gesetzt wurde. (Dieses Resultat rührt jedoch wahrscheinlich von einer diamagnetischen Kompression des Messinggefäfses her).

Wurde eine Flamme irgend welcher Substanz (Stearin, Terpenthinöl, Schwefel u. v. a.) zwischen den Polen eines Magneten entzündet, so wurde die Flamme in die Breite gezogen, sobald man den Magnet in Thätigkeit versetzte.

Es lag die Frage nahe, ob eine eisenhaltige Flamme ebenfalls abgestofsen werde. Zur Beantwortung derselben wurde der Docht einer Spiritusflamme mit Eisenvitriol eingerieben. Die Flamme brannte mit gelbem Licht. Als der Magnet in Thätigkeit gesetzt wurde, wurden die Eisentheilchen ebenso abgestofsen, wie das Alkoholgas.

§. 2. Magnetismus und Diamagnetismus der tropfbaren Körper.

Zu diesen Versuchen wurden zwei Halbanker mit abgerundeten Enden benutzt und dieselben einander angenähert. Die Flüssigkeiten wurden in benetzten Uhrgläsern (Quecksilber in einer angequickten Messingschale) auf beide Polkanten zugleich gesetzt. Die Oberfläche der diamagnetischen Flüssigkeiten erhob sich nun zwischen den Polen, in Folge der Abstofsung, die der magnetischen hingegen erhob sich zunächst den Rändern der Halbanker und bildete eine Welle mit zwei Bergen, während die erstere einer Welle mit einem Berge vergleichbar war.

Es zeigte sich Lösung von Eisenchlorür stärker magnetisch als eine Lösung von Eisenvitriol. Sehr stark magnetisch zeigte sich eine Lösung von salpetersaurem Nickeloxyd.

Beide Blutlaugensalze erweisen sich hingegen diamagnetisch, obschon eine Lösung von Cyankalium nicht auffallend stark diamagnetisch war.

Die Bewegungen der den Flüssigkeiten beigemengten für vertheilte Körper wurden weit mit dem Mikroskop beobachtet. Die Blutkörperchen im Menschen, Ochsen, Froschblut verhielten sich diamagnetisch, und verhielten sich auch dann noch diamagnetisch, wenn sie filtrirt und getrocknet an einem Kokonfaden aufgehangen wurden. In dem Serum oder in Wasser schwimmend wurden sie stärker abgestofsen als die Flüssigkeit.

Aehnlich wie die Blutkörperchen verhielten sich die Fettkörperchen der Milch.

Kartoffelstärkekörnchen wurden mit Wasser zugleich abgestofsen. In verdünnter Eisenvitriollösung wurden sie mit derselben nach den Kanten der Anker getrieben, sonderten sich aber alsdann und wurden von den Polecken nach aufsen fortgetrieben.

Plücker. Ueber ein einfaches Mittel den Diamagnetismus schwingender Körper zu verstärken. Die magnetische Polarität.

Dieses Mittel besteht darin, einen Eisenstab in äquatorialer Richtung unter dem diamagnetischen Körper so zu befestigen, dafs er die Pole des Magneten nicht berührt. Bei einem Versuch ergab sich durch Messung nach der Schwingungsmethode eine Verstärkung im Verhältnifs

$$36^2 : 90^2 = 1 : 6,25.$$

Ein etwas gehärteter Stahlstab statt des weichen Eisenstabs gab blos eine Verstärkung im Verhältnifs 1 : 5,26.

Was den zweiten Theil des Titels dieser Abhandlung betrifft, so formulirt Hr. Verf. die diamagnetische Polarität so, dafs der Nordpol des Magneten einen Nordpol im diamagnetischen Körper inducirt, der Südpol aber einen Südpol. Der Versuch aber, dafs ein Kohlenstück bei geringer Entfernung der Pole des Magneten sich äquatorial, bei gröfserer Entfernung aber sich axial stellt, so also dafs je nach der Entfernung die Pole umgekehrt gerichtete Ampère'sche Molekularströme erzeugen: läfst sich weniger leicht erklären. Die Erklärung ergiebt sich aber, wenn man für eine Verschiedenheit in der Intensität der magnetischen und diamagnetischen Kräfte auch verschiedene Widerstände annimmt, die von diesen Kräften zu überwinden sind. Nehmen wir z. B. als Bild zwei Räder die von zwei Kräften A und B nach entgegengesetzter Richtung gedreht werden und setzen voraus, dafs der Widerstand w für die erste Drehung viel gröfser sei als der w_1 für die zweite; so kann die Drehung des ersten Rades doch langsamer sein als die des zweiten, ungeachtet die Kraft $B < A$ ist. Dieses bleibt aber dann nicht mehr der Fall, wenn bei wachsenden Kräften der Widerstand überhaupt gegen die Gröfse der Kraft A nicht mehr in Anschlag zu bringen ist. Die Kraft A entspräche der diamagnetischen, die Kraft B der magnetischen.

Es ist hiernach angenommen, dafs eine verschiedene Entfernung der Pole nur deswegen eine Aenderung der Erscheinung hervorbringt, weil dadurch eine Abnahme der Kraft bewirkt wird. In Wahrheit nimmt auch die magnetische und diamagnetische Kraft mit der Entfernung nicht nach anderen Gesetzen ab, sondern es läfst sich dieselbe Erscheinung auch durch eine anderweit hergestellte geringere Kraft bewirken.

Wurde nämlich bei ein und derselben Entfernung der Polspitzen ein Stück Kohle zwischen dieselben gehangen und der Magnet durch ein Grove'sches Element in Thätigkeit gesetzt, so stellte sich die Kohle axial, durch zwei war sie indifferent, durch drei äquatorial und blieb in der äquatorialen Stellung auch bei 6 Elementen. Es geht hieraus hervor:

> dafs durch Zunahme der Kraft der Magnetpole bei unveränderter Entfernung der Magnetismus der Holzkohle in Diamagnetismus verwandelt werden kann.

Plücker. Ueber Intensitätsbestimmung der magnetischen und diamagnetischen Kräfte.

In einer umfangreichen Abhandlung behandelt der Hr. Verf. Intensitätsbestimmungen des Magnetismus und des Diamagnetismus verschiedener Substanzen, eine Vergleichung der magnetischen Anziehung und der diamagnetischen Abstofsung und den Einflufs der Wärme auf die Intensität des Diamagnetismus und des Magnetismus. Unter Intensität des Magnetismus einer Substanz versteht Hr. Verf. diejenige Kraft, mit welcher diese Substanz in der Nähe eines Poles in Folge der magnetischen Induktion von demselben angezogen wird.

Diese Intensitätsbestimmungen werden nun nach folgenden Principien ausgeführt: Werden Flüssigkeiten in einem magnetischen Uhrglase mit abgeschliffenem Deckel an einem Wagebalken aufgehangen und von einer bestimmten Stelle eines Magneten durch Gewichte abgerissen, so ist das Verhältnifs der Gewichte das relative Maafs der Intensität des Magnetismus oder Diamagnetismus, mit welchem die Flüssigkeiten angezogen oder abgestofsen werden, — versteht sich nach Abzug des Gewichtes, welches nöthig ist das magnetische Uhrglas allein abzuziehen. Vorausgesetzt nun, dafs gleichviele Atome zweier Flüssigkeiten in dem Uhrglase enthalten sind, und dafs die Anziehung jedes Atomes nicht durch die magnetische Erregung der übrigen gestört wird: so ist das Verhältnifs der Gewichte auch das Mafs für die Anziehung der Atome. — Vorversuche mit verschieden concentrirten Lösungen von Eisenchlorür und mit fein vertheiltem Eisen in Schweineschmalz beweisen die Richtigkeit obiger Annahme.

Wenn nun auch Hr. Verf. zu keinen allgemeinen Resultaten durch diese Untersuchungen gekommen ist, so sind einzelne Aperçus um desto interessanter. Es mögen diejenigen folgen, welche mir am wichtigsten erschienen:

Es findet eine störende Induktionswirkung der Theilchen einer magnetischen Substanz auf einander statt, und zwar wird ein und dieselbe Eisenmasse in fein vertheiltem Zustande von einem Pole schwächer, von zwei Polen zugleich aber stärker angezogen als eine kompakte Masse von gleicher Form und gleichem Gewicht.

Frühere Behauptungen, dafs beide Blutlaugensalze diamagnetischer seien als Wasser, finden ihre Widerlegung. Es stellte sich heraus, dafs sich der Diamagnetismus einer gesättigten Lösung des gelben Blutlaugensalzes zu dem des Wassers wie 86 : 100 bei gleichem Volumen und wie 70 : 100 bei gleichem Gewicht verhält; und dafs das rothe Blutlaugensalz entschieden magnetisch ist. Die starke Abstofsung der Krystallaxen haben wohl zu diesem Irrthum Veranlassung gegeben.

Werden die magnetischen Körper (Phosphor, Quecksilber u. s. w.) in magnetischen Umgebungen (Uhrglas u. s. w.) durch Gewichte so an der Wage äquilibrirt, dafs sie fast von dem Magneten abreifsen würden, so lassen sich zwei stabile Gleichgewichtslagen unterscheiden, die eine in Berührung mit den Polen, die andere in einiger Höhe über den Polen. Zwischen diesen beiden stabilen Gleichgewichtslagen befindet sich eine labile Gleichgewichtslage, so dafs die Masse sich nach den Polen bewegt, wenn sie unter diese Gleichgewichtslage gebracht wird und sich nach der oberen stabilen bewegt, wenn sie über die labile gebracht wird.

Nach diesen Versuchen ist es möglich, das Verhältnifs der Abnahme der magnetischen Kraft zur Abnahme der diamagnetischen numerisch zu bestimmen. Ist M die Intensität der magnetischen Kraft, wenn das Uhrglas auf den Halbankern aufliegt; ist D die der diamagnetischen, und ist G das zum Abreifsen nöthige Gewicht, so ist

$$M - D = G.$$

Sind diese resp. Intensitäten in der oberen stabilen Gleichgewichtslage m und d, so ist

$$m - d = G.$$

Die magnetische Anziehung und die diamagnetische Abstofsung haben also beide um dieselbe Gröfse abgenommen, indem $M - m = D - d$. Die relative Abnahme der ersteren ist also kleiner als die relative Abnahme der letzteren und zwar im Verhältnifs

$$\frac{M}{D}.$$

Eine Schale mit diamagnetischem Quecksilber in einem magnetischen Messingring aufgehangen wurde mit $0^{gr},80$ abgezogen. Die Schale ohne Quecksilber mit $1^{gr},20$ also beträgt die diamagnetische Abstofsung $0^{gr},40$. Es ist also $M = 1,20$, $D = 0,40$, $G = 0,80$, und in einer Entfernung von 1 bis 2^{mm} über den Polen befand sich die obere stabile Gleichgewichtslage. Sonach ist der Magnetismus der Schale und des Ringes verhältnifsmäfsig dreimal stärker geschwächt als der Diamagnetismus des Quecksilbers.

Direkte Abwägungen bestätigen, dafs der Diamagnetismus bei zunehmender Stärke des Magneten rascher wächst als der Magnetismus. — In einer hohlen Halbkugel aus Messingblech wurden 115^{gr} Wismuth geschmolzen. Wurde der Magnet mit

$$2 : 3 : 10$$

Trägern in Thätigkeit gesetzt, so war die Anziehung der Schale ohne Wismuth bezüglich

$$0^{gr},69 : 1^{gr},13 : 2^{gr},15 \; (= 1 : 1,64 : 3,12)$$

die Anziehung der Messingschale mit dem Wismuth betrug

$$0^{gr},53 : 0^{gr},71 : 0^{gr},48$$

wonach der Diamagnetismus des Wismuths

$$0^{gr},14 : 0^{gr},42 : 1^{gr},67 \; (= 1 : 3,00 : 12,00).$$

Aehnliches ergab sich für Eisenvitriol in Wasser gelöst, es wurde bei schwacher Kraft magnetisch angezogen, bei starker diamagnetisch abgestofsen (vgl. oben Plücker über die magnetische Polarität Pogg. Ann. LXXIII. 613 ff.). Hr. Verf. kommt auch hier wieder darauf zurück, dafs der Erregung des Diamagnetismus gröfsere Hemmnisse — eine gröfsere Coërcitivkraft — entgegenstehen als bei Erregung des Magnetismus.

Bei den Untersuchungen über den Einflufs der Wärme auf die Erregung des Diamagnetismus und Magnetismus ergab sich das interessante Resultat, dafs der Diamagnetismus sowie der Magnetismus abnehmen, wenn die Temperatur zunimmt. — Ein Stückchen Eisenblech wurde in einer mit Sand gefüllten Messingschale bis auf etwa 300° C. erhitzt. Es wurden in 7 Wägungen die Gewichte bestimmt, die nöthig waren um die Schale vom Magneten abzureifsen, sie variirten bis zum Erkalten auf die Temperatur der Stube zwischen

$166^{gr},75$ bis $153^{gr},70$.

Eine ähnliche Abnahme des Diamagnetismus wurde bei ähnlicher Behandlung des Wismuths gefunden.

Die Ansicht, dafs Magnetismus und Diamagnetismus eine identische Erregung der Materie seien, wird durch diese Versuche unterstützt.

Um zu untersuchen, ob der Uebergang von dem festen zum tropfbaren Aggregatzustande eine Aenderung in der Intensität des Diamagnetismus hervorbringe, wurde Stearin, Schwefelblüthe, Wismuth, weit über den Schmelzpunkt erhitzt. Die Aenderung der Intensität des Diamagnetismus vor und nach dem Erstarren war aber nicht wesentlich.

Plücker. Ueber die verschiedene Zunahme der magnetischen Anziehung und diamagnetischen Abstofsung bei zunehmender Kraft des Elektromagneten.

Es könnte scheinen, als ob die in der Abhandlung „über Intensitätsbestimmung der magnetischen und diamagnetischen Kräfte (Pogg. Ann. LXXIV. 321)" durchgeführten Versuche, welche zwei stabile und eine labile Gleichgewichtslage der magnetischen und zugleich diamagnetischen Gemenge nachweisen sollen, blos von der Art der Versuche abhängen. Ein Uebergewicht auf der Wage veranlafst nämlich dieselbe sich in eine schiefe Lage zu stellen, die rein magnetische Anziehung geht aber diesem Bestreben entgegen. Wenn nun das letztere Bestreben in einem langsameren Verhältnifs abnimmt als die Kraft, welche die Wage schief zu stellen strebt, so wird dieselbe Erscheinung eintreten, welche in der citirten Abhandlung beschrieben wurde. In Wahrheit findet sie auch bei rein magnetischen Substanzen statt.

Um aber das gegebene Gesetz mit gröfserer Schärfe nachzuweisen, änderte Hr. Verf. die Versuche derart ab, dafs er das magnetische Uhrglas mit der diamagnetischen Substanz (Wismuth) in einiger Entfernung über dem unthätigen Magneten ohne Uebergewicht tarirte, und nachmals die Anziehung oder Abstofsung von den thätigen Polen beobachtete. Die Versuche zeigten, dafs auch jetzt sich eine stabile Gleichgewichtslage entfernt von den Polen herausstellte.

Interessant ist es, dafs bei dem Schliefsen der Kette anfangs stets eine merkliche Anziehung stattfand und erst später die Abstofsung sich einstellte. Es rührt dieses Phänomen daher, dafs die Kraft des Magneten erst allmälig nach dem Schliefsen der Kette zu ihrem Maximum gelangt, und eine schwächere magnetische Kraft relativ stärker magnetisch als diamagnetisch wirkt.

Plücker. Ueber das Verhalten des abgekühlten Glases zwischen den Magnetpolen.

Alles dem Verf. zu Gebote stehende Glas war magnetisch. Es wurden aus einem massiven 7^{mm} dicken Stab zwei Stücke von 15^{mm} Länge geschnitten, beide wurden erhitzt und das eine langsam, das andere rasch gekühlt, so dafs im ersteren sich kein Kreuz im polarisirten Lichte zeigte, das andere aber stark damit versehen war. Das langsam gekühlte Stück stellte sich axial und beharrte bei jeder Erhebung über die Pole in dieser Stellung. Das rasch gekühlte hingegen stellte sich schon bei einer Erhebung um 60^{mm} äquatorial, verhielt sich also ganz wie ein einaxiger magnetischer Krystall z. B. Turmalin.

Plücker. Ueber das Gesetz, nach welchem der Magnetismus und Diamagnetismus von der Temperatur abhängig ist.

Die unter der obigen Ueberschrift gegebenen Untersuchungen enthalten eine Erweiterung derjenigen, welche früher (über Intensitätsbestimmung der magnetischen und diamagnetischen Kräfte Pogg. Ann. LXXIV. 321) uns vorgelegt wurden. Der Gang der Untersuchung ist wesentlich derselbe als dort, die Ergebnisse der Wägungen sind tabellarisch zusammengestellt und überdem noch in Form von Curven verzeichnet, deren Abscissen der Temperaturzunahme und deren Ordinaten der Intensitätsänderung des Magnetismus oder Diamagnetismus der geprüften Substanz entsprechen. Namentlich ist die Aenderung der Intensitäten für Eisen, Eisenoxyd, Nickel, Manganoxydoxydul und Wismuth bestimmt worden.

Diese übersichtliche Darstellung lehrt, dafs der Magnetismus des Eisens, Eisenoxyds und Manganoxydoxyduls zwischen 0° und 350° C. fast stetig abnehmen, und zwar der des Eisenoxyds am meisten, der des Manganoxydoxyduls am wenigsten.

Viel stärker ist die Abnahme des Magnetismus für Nickel. Die Curve wendet zwischen 0° und etwa 270° C. ihre concave Seite der Abscissenaxe zu und scheint jenseits 0° sich asymptotisch der Abscissenaxe annähern zu wollen. Bei etwa 270° C. hat dieselbe einen Wendepunkt und kehrt bis 350° C. ihre convexe Seite der Abscissenaxe zu, worauf sich dieselbe abermals der Abscissenaxe asymptotisch anzunähern scheint.

Aehnlich wie diese, nur umgekehrt, verhält sich die Curve der Intensitätsänderung des Diamagnetismus des Wismuth für verschiedene Temperaturen. Sie zeigt, dafs zwischen 0° und 230° die Abnahme des Diamagnetismus sehr unmerklich ist. Hierauf wird dieselbe sehr bedeutend bis etwa 270° und wird alsdann bis 230° wieder unmerklich, so dafs die Curve etwa in der Gegend von 250° einen Wendepunkt zeigt und sich bei niederen und hohen Temperaturen asymptotisch der Abscissenrichtung annähert.

Plücker. Ueber die verschiedene Zunahme der magnetischen Anziehung und diamagnetischen Abstofsung bei zunehmender Kraft des Elektromagneten.

Es enthält diese Note neue Versuche zu dem Gesetz, dafs gemischte Körper, in denen weder die magnetischen Substanzen noch die diamagnetischen vorherrschen, sich bei gröfserer Kraft diamagnetisch, bei kleinerer magnetisch verhalten.

Wenn man solche Körper ziemlich lang nimmt und entsprechend die Pole des Magneten entfernt, so stehen die Theilchen derselben in verschiedenem Abstand von den Polen. Die Länge kann so gewählt werden, dafs der Körper (etwa Kohle) sich weder magnetisch noch diamagnetisch einstellt. Ein Stück Kohle 27^{mm} lang, 6^{mm} dick stellte sich bei einem Troge magnetisch, bei 7 diamagnetisch, bei 3 in einer Lage ein, die 40° von der axialen abstand.

Hängt damit die Einstellung des Kupfers zusammen, von der Faraday spricht?

Es könnte scheinen als ob die angegebenen Versuche, welche eine stabile der magnetischen und diamagnetischen Gemenge in einiger Entfernung von den Polen, blos von der Art der Versuche abhängen. Ein Uebergewicht auf der Wage treibt nämlich dieselbe, sich in eine schiefe Lage zu stellen, die magnetische Anziehung geht aber diesem Bestreben entgegen. Wenn nun letztere in einem langsameren Verhältnifs abnimmt, als die Kraft, welche die Wage schief zu stellen strebt, so wird dieselbe Erscheinung eintreten. In Wahrheit findet sie auch bei rein magnetischen Substanzen statt.

Es wurden daher die Versuche so abgeändert, dafs kein Uebergewicht aufgelegt, sondern das Uhrglas der diamagnetischen Substanz (Wismuth) in einiger Entfernung über den Polen des Magneten tarirt, und nochmals die Anziehung oder Abstofsung von den thätigen Polen beobachtet wurde. Die Versuche zeigten, dafs nun auch ohne ein Uebergewicht auf der Wage eine solche stabile Gleichgewichtslage sich herstellte.

Bei diesen Versuchen zeigte sich, dafs bei Schliefsung der Kette anfangs stets eine merkliche Anziehung stattfand, und nachher erst die Abstofsung sich einstellte. Es rührt dieses von dem allmäligen Stärkerwerden des Magneten her.

Verhalten sich rein chemische Verbindungen von magnetischen und diamagnetischen Substanzen ebenso wie die hier betrachteten Gemenge und Lösungen? — —

HANKEL. Fragment einer Theorie des sogenannten Diamagnetismus.

Schon der Titel der Abhandlung deutet an, dafs Hr. HANKEL dem Diamagnetismus als einer für sich bestehenden oder modificirten Kraftäufserung keine Berechtigung geben will. Derselbe betrachtet vielmehr die Abstofsung, welche diamagnetische Körper erfahren, als eine Wirkung der Magnetkraft auf die passive Materie, und zwar etwa folgendermafsen:

Licht und strahlende Wärme wirken durch verschiedene Körper hindurch, durchdringen sie aber niemals ohne Verlust. In ähnlicher Weise geschieht ein Verlust, wenn die magnetische Kraft eine Substanz durchdringt. Dem zwischen die Magnetkraftlinien eingeschalteten Körper wird sonach der durch den Widerstand verursachte Kraftverlust übertragen, und er mufs in Bewegung gerathen. Diese Bewegung geschieht dann stets von der stärkeren nach der schwächeren Magnetkraft. (Wenn Ref. recht versteht, verhielte sich also ein diamagnetischer Körper wie ein Drathnetz, durch welches der magnetische Wind hindurchweht, einen Theil der Kraft an die Maschen absetzt und ihn so lange bewegt bis er in der Lage des geringsten Widerstandes in Gleichgewicht bleibt.)

Verf. erklärt nun hiernach die verschiedenen bis dahin bekannten Abstofsungserscheinungen der diamagnetischen Substanzen. Die Erklärung der WEBER'schen Induktionserscheinungen ist etwa folgende: Wird in der Nähe eines Magnetpoles eine Induktionsspirale aufgestellt, so befinden sich innerhalb derselben Magnetkräfte. Wird ein Wismuthstab in die Spirale gesteckt, so wird ein Theil dieser Kräfte verdrängt; wird aber ein Eisenstab hineingesteckt, so werden dieselben stärker in die Spirale gezogen, daher ein in beiden Fällen entgegengesetzt gerichteter Induktionsstrom.

Die PLÜCKER'sche Abstofsung der Krystallaxen und die FARADAY'sche Drehung der Polarisationsebene bedarf einer Modifikation dieser Annahme. Sowie nämlich Licht und Wärme die Krystalle und die drehenden Substanzen nicht mit derselben Geschwindigkeit nach allen Richtungen durchdringt, so ist dieses auch mit den Magnetkräften der Fall.

Die Magnetkraftlinien selbst denkt sich der Hr. Verf. als eine in gewisser Richtung fortschreitende Molekularbewegung (Aetherbewegung), welche um die Atome des Eisens in Form der AMPÈRE'schen Ströme rotirt[1]) und sich über die Magnetpole hinaus ebenfalls in rotirender Bewegung fortpflanzt. Die magnetische Bewegung unterschiede sich aber von der Bewegung des Lichtes und der Wärme dadurch, dafs im erstern Falle die Atome der Substanz selbst an der Rotation theilnehmen, während beim Licht nur die Atome des imponderabeln Aethers die Bewegung vermitteln. Es würde sich hieraus die Rotation der Polarisationsebene erklären. Verf. will sogar den Versuch anstellen, ob eine zwischen zwei Magnetpolen aufgehangene Wismuthscheibe dadurch zur Rotation komme, dafs sie die von den Polen ausgehende rotirende Bewegung zum Theil inkorporire. —

Aus seiner Theorie folgert der Hr. Verf.: Da die Fortpflanzungsgeschwindigkeit des Lichtes in umgekehrtem Verhältnifs des Brechungsexponenten steht, so müfste eine Substanz eine desto gröfsere magnetische Drehung der Polarisationsebene zeigen, je gröfser das Brechungsverhältnifs ist, indem das Licht umsomehr Zeit gebraucht um dieselbe Wegstrecke unter Einflufs des Magnetismus zurückzulegen. (Doch läfst sich diese Folgerung nicht durchführen, indem namentlich Aether und Alkohol ein gröfseres Brechungsverhältnifs als Wasser, aber eine kleinere magnetische Drehung der Polarisationsebene zeigten.) Wenn jedoch dieser Zusammenhang der Drehung der Polarisationsebene mit dem Brechungsverhältnifs stattfände, so wäre es erklärlich warum die Gase noch keine wahrnehmbare Drehung gezeigt haben. —

Prof. Dr. v. Feilitzsch.

[1] Vielleicht ähnlich den von ÖRSTED und WALLASTON angenommenen Wirbeln. Experimenta circa efficaciam conflictus electrici in acum magneticum. Hafniae 21. Juli 1820. — SCHWEIGGERS Journal 32. 199 und 33. 123. Ref.

Sechster Abschnitt.

Meteorologie.

1. Auf gröfseren meteorologischen Observatorien angestellte Beobachtungen.

Magnetical and meteorological observations made at the royal observatory Greenwich under the direction of GEORGE BIDDELL AIRY, Esq. M. A. astronomer royal. Published by order of the board of admiralty in obedience to her Majesty's command.

Observations in magnetism and meteorology made at Makerstown in Scotland in the observatory of general Sir THOMAS MAKDOUGALL BRISBANE Bart. G. C. B., G. C. H., D. C. L., L. L. D., F. R. S., F. R. A. S., H. M. R. I. et president of the royal society of Edinburgh and corresponding member of the institute of France.

Annales de l'observatoire de Bruxelles, publiées aux frais de l'état, par le directeur A. QUETELET.

Annuaire magnétique et météorologique du corps des ingénieurs des mines de Russie ou recueil d'observations magnétiques et météorologiques faites dans l'étendue de l'empire de Russie et publiées par ordre de S. M. l'Empereur NICOLAS I. par A. T. KUPFFER.

Magnetische und meteorologische Beobachtungen zu Prag von KARL KREIL, Director der K. K. Sternwarte, Mitglied u. s. w.

Observations made at the magnetical and meteorological observatory at Toronto in Canada, printed by order of her Majesty's government under the superintendance of the lieut.-colonel EDWARD SABINE of the royal artillerie.

Jahresbericht des physikalischen Vereines zu Frankfurt am Main für das Rechnungsjahr 1848 — 1849 (ausnahmsweise).

Beschreibung von Apparaten.

CHARLES BROOKE, M. B., F. R. C. S. E. On the automatic registration of magnetometers and other meteorological instruments by photography, communicated by G. B. AIRY, Esq., astronomer royal. Philosophical Transactions 1847 p. 59.

Charles Brooke, M. R., F. R. C. S. E. Supplement. On the automatic registration of magnetometers and other meteorological instruments by photography. Communicated by G. B. Airy, Esq. astronomer royal. Phil. Trans. 1847 p. 69.

Francis Ronalds, Esq. F. R. S. On photographic selfregistering meteorological and magnetical instruments. Phil. Trans. 1847.

Dr. F. W. C. Krecke. Description de l'observatoire météorologique et magnétique à Utrecht. Avec planches. Publiée par la société provinciale des arts et des sciences à Utrecht.

Im vorjährigen Berichte über die Leistungen in der Meteorologie versprach Ref. eine Zusammenstellung über die an den vorzüglichsten meteorologischen Observatorien übliche Beobachtungsweise und besonders über die Art die Beobachtungen zu publiciren, damit man einen Ueberblick gewinne, was man von den grofsen Stationen für ein bestimmtes Jahr zu erwarten hat.

Die grofsen Anstalten haben viel gemeinschaftliches, sie haben alle einige mehr oder weniger selbstregistrirende Instrumente (es ist hier gleichgültig nach welchem Princip sie selbstregistrirend gemacht wurden), die von anderen controlirt werden, auch selbst die Beobachter, deren es mehrere bei ihnen giebt, controliren einander; sie publiciren daher sämmtlich stündliche oder doch zweistündliche Beobachtungen von mehreren Zuständen der Atmosphäre. Vieles wird also wiederholt vorkommen, doch wird auch jede Anstalt etwas eigenthümliches haben. Ref. hatte nicht Gelegenheit die Denkschriften von allen diesen Anstalten zu sehen, auch nicht von vielen derselben von einem und demselben Jahre; da es aber hier nur darauf ankommt die verschiedene Art der Abfassung zu schildern, wird dies nichts ausmachen. Nach einander will ich also im Folgenden kurz den Inhalt einiger Werke angeben.

Magnetical and meteorological observations made at the royal observatory Greenwich, under the direction of George Biddell Airy, Esq. M. A. astronomer royal. Published by order of the board of admiralty, in obedience to her Majesty's command.

Vor mir habe ich das Exemplar von 1843, worin die ausführliche Beschreibung der magnetischen und meteorologischen

Instrumente zwar sehr interessant, aber nicht mehr zu diesem Berichte gehörig ist. Die Mittheilung ist, was Greenwich betrifft, vollkommen. Die Beobachtungen von allen gebräuchlichen magnetischen und meteorologischen Instrumenten, von allen Zuständen der Atmosphäre sind zweistündlich angestellt an den geraden Stunden Göttinger Zeit. Es versteht sich, dafs man bei englischen und schottischen Beobachtungen die Beobachtungen der Sonntage nicht findet. Uebrigens kommen noch zu den erwähnten die magnetische Ferm Day Observations von fünf Minuten zu fünf Minuten in jedem Monate einen Tag, weiter die meteorologischen Ferm Day Observations in jeder Stunde zwei, drei Tage bis 80 Stunden lang, in jedem Monate einmal angestellt. Unter den Abschnitt extraordinary meteorological Observations findet man Beobachtungen des Aktinometers, sobald nur der Himmel heiter genug war, mit berechneter gleichzeitiger Sonnenhöhe, ferner Beobachtungen vom Nordlicht, von den Asteroïden, von Stürmen, während welchen die Windkraft und Richtung auch die Temperatur von zehn bis zehn Minuten beobachtet wurde. Die Beobachtungen des Elektrometers während Regen, Hagel, Ungewitter. —

Auf diese grofse Menge von Beobachtungen folgt nun die vollkommenste Berechnung. Man sieht es augenblicklich, dafs der Hr. Director Astronomer royal ist, er weifs wie viele tausende Beobachtungen für die Astronomie verloren gegangen sind, weil sie nicht berechnet wurden; er hat andere Tausende durch seine Bemühungen für die Wissenschaft gerettet, indem er sie unter seiner Leitung berechnen liefs und will deshalb nicht der auch unter den Meteorologen obwaltenden Neigung wohl zu beobachten aber nicht zu berechnen, nachgeben. Fragt man, was aus solchen Beobachtungen gemacht werden kann, so wird man die Antwort in dem angeführten Werke finden. Nur sind noch in diesem Bande nicht die mittleren Zustände für jeden Tag angegeben, wir erwarten das aber zuversichtlich in dem folgenden, und werden dann auch ohne Zweifel die Abweichungen von deren mittleren Werthen erwähnt finden, so dafs es eine leichte Sache sein wird Greenwich mit anderen meteorologischen Stationen zu vergleichen.

Observations in magnetism and meteorology made at Makerstown in Scotland in the observatory of General Sir Thomas Mahdougall Brisbane, Bart. G. C. B, G. C. H., D. C. L., L. L. D., F.R.S., F.R.A.S., H.M.R.J.A., President of the royal society of Edinburgh and corresponding member of the institute of France.

Dieses auf Privatkosten errichtete Observatorium, an dem mehrere Beobachter mit den vorzüglichsten Instrumenten den atmosphärischen Zustand beobachten und aufzeichnen, verdient sicherlich sehr unsere Aufmerksamkeit, um so mehr als die gemachten Beobachtungen sehr vollständig publizirt werden. In dem Bande von 1845 und 1846 den wir vor uns haben, ist erstens wieder die Beschreibung der Instrumente enthalten, welche wir übergehen.

Sodann aber findet man für 1845 1) stündliche Beobachtungen des Magnetometers. 2) Die Beobachtungen von den Magnetometern von 5 zu 5 Minuten, wie es gebräuchlich ist an den fixirten Tagen (Ferm days.). 3) Extra Beobachtungen der Magnetometer, welche auch von 5 zu 5 Minuten oder 10 zu 10, je nachdem es für zweckmäfsig gehalten wurde, viele Stunden hinter einander die Declination, die Anzeigen des Bifilars und des Balans angeben, an allen Tagen wo eine Aurora Borealis oder etwas ausgezeichnetes in den Bewegungen der Magneten zu bemerken war. Wenn man also in irgend einer Weltgegend, insbesondere in der Nordhälfte, ein magnetisches Ungewitter beobachtet hat, so kann man beinahe gewifs sein, dafs auch in Makerstown die damit verbundenen magnetischen Bewegungen aufgezeichnet sind. Ferner sind dazu gefügt: 4) Berichte über gesehene Nordlichte. 5) Beobachtungen der Inclination und der absoluten horizontalen Intensität.

Die meteorologischen Beobachtungen für 1845 enthalten auch 1) stündliche, 2) tägliche, und 3) extra Beobachtungen, d. h. für jeden Tag Max. und Min. Temp., Regenmenge, Temperatur des Wassers in den Brunnen; Beobachtungen des Actinometer; meteorologische Bemerkungen, das Blühen der Pflanzen.

Für 1846 ist beinahe alles ebenso, nur heifst die erste Nummer „tägliche Beobachtungen," anstatt stündliche, sie sind nämlich nur zweistündlich und überdiefs noch an den Stunden 1, 7 und 23 angestellt. Ferner ist die Zeichnung des magnetischen Observatorii beigegeben, die man übrigens aus Lloyd's Werk schon kennt; auch graphische Tabellen kommen vor. Die Resultate und Berechnungen sind in der zweiten Abtheilung der Edinb. Phil. Transactions Vol. XIX. enthalten, und so folgen auch für die übrigen Jahre die Berechnungen der Beobachtungen.

Annales de l'observatoire de Bruxelles, publiées aux frais de l'état par le directeur A. Quetelet. Bruxelles 1834—1848.

Der erste Band erschien in 1834, der letzte so viel ich weifs, 1848, wenn nicht auch der siebente bereits publicirt ist. Im ersten Bande findet man eine geschichtliche Uebersicht über die früheren meteorologischen Beobachtungen in Belgien an verschiedenen Orten und zu verschiedenen Epochen, eine Abhandlung, welche einigermafsen mit den im vorigen Berichte angekündigten Arbeiten Wenckebach's für die Niederlande parallelisirt werden kann. Dann folgt die Beschreibung, wie im J. 1833 die Beobachtungen am Observatorium zu Brüssel einen Anfang genommen haben. Im Anfange wurde nur viermal täglich beobachtet; auch die magnetischen Beobachtungen, obgleich schon damals gute Instrumente vorhanden waren, waren nur wenig zahlreich. Der zweite Theil des ersten Bandes enthält die astronomische Bestimmung des Observatoriums und die meteorologischen Beobachtungen von 1834, 1835, 1836. Viermal täglich wie zuvor. Im Jahre 1841 sind die zweistündlichen Beobachtungen angefangen, an den geraden Stunden des Tages und an der 21sten und neunten. Von nun an haben sie wie auch die magnetischen Beobachtungen eine erfreuliche Ausdehnung erhalten, wie man bemerkt, wenn man den sechsten Band aufschlägt. Nicht nur werden an diesem Observatorium alle gewöhnlichen meteorologischen und magnetischen Beobachtungen angestellt, sondern auch weniger gewöhnliche; z. B. die Temperatur unter der Oberfläche der Erde in verschiedenen Tiefen; sehr wird die Beobachtung des Actinometers in Ehren gehalten, systematisch wird die Heiterkeit des Himmels und der Eindruck seiner Anblicke aufgeführt und in Tafeln zusammengetragen. Leider nur immer für Brüssel allein ohne Nebenstellung von Beobachtungen an umliegenden Orten, und doch wird gewifs der Werth von derartigen Beobachtungen sehr gesteigert, wenn nicht überhaupt erst begründet, durch Vergleichung mit dem was in der Nähe vorgeht.

Nirgend sonst wo wird in dem Maafse auf die Erscheinungen im Thier- und Pflanzenreich, worauf wir noch mit einigen Worten unten zurückkommen werden, Acht gegeben, und im allgemeinen alles Periodische, was sich in der Natur giebt, so genau bemerkt und systematisch gesammelt als am Brüsseler Observatorium. Der sechste Band enthält die Beobachtungen von 1845 und eine kleine Uebersicht davon, die nur mittlere Werthe giebt. Die ersten Seiten aber machen einen Theil aus von einer von Zeit zu Zeit weiter fortgesetzten Arbeit des Herrn Prof. Quetelet: sur le climat de la Belgique, die auch gesondert zu bekommen ist, und die wir in unserer Abtheilung Climatologie etwas ausführlicher besprechen werden.

Annuaire magnétique et météorologique du corps des ingénieurs des mines de Russie ou recueil d'observations magnétiques et météorologiques faites dans l'étendue de l'empire de Russie et publiées par ordre de S. M. l'empereur Nicolas I. par A. T. Kupffer.

Der erste Band ward i. J. 1837 publicirt, er enthielt nur die Beobachtungen am Institut des Mines zu St. Petersburg an den geraden Stunden des Tages, angestellt zwischen 20^h und 20^h. Ferner die Beschreibung des Observatorii und der Instrumente nebst Reductionstafeln. Bald wurden aber mehrere Stationen ausgewählt und mit Instrumenten versehen, so dafs man nun im letzten Bande, den wir zu Gesicht bekommen haben (dem Bande von 1845) vorn Beobachtungen vom J. 1843 über Folgendes findet. (Es ist Schade, dafs die Barometerhöhen in russischem Maafse angegeben sind.) Meteorologische und magnetische Beobachtungen von St. Petersburg stündlich; Catharinenburg ebenfalls stündlich, Barnaoul stündlich, Nertschinsk ebenso. Für Zlatovuste hat man zweistündliche meteorologische Beobachtungen von 20 M. bis 10 Abends, für Bogoslawsk, Lougan und Peking ebenso, für Sitka wieder stündliche meteorologische und magnetische. Ferner die Terminbeobachtungen für die fünf magnetischen Stationen, und (Seite 707) noch magnetische Beobachtungen an Tagen wo groſse Störungen eintraten, von 5 zu 5 Minuten, von Seite 670—707 findet man zweistündliche meteorologische und magnetische Beobachtungen zu Kasan. Alle für 1843. Der Band schlieſst mit mittleren monatlichen Werthen. Die Oerter sind zu weit von einander um in Beziehung auf meteorologische Erscheinungen in Verbindung gebracht werden zu können. Wir hätten übrigens gewünscht, daſs in diesem Werke, an Umfang und Inhalt den gröſsten der meteorologischen Annalen, ein Beispiel gegeben wäre, wie meteorologische Beobachtungen publizirt werden müſsten. Warum besieht man doch immer Barometer und Thermometer auf willkürliche Nullpunkte, und giebt man die Differenzen (Abweichungen) jener Stände mit diesen Zuständen? Weil die Stände schwankend sind, und in keiner Beziehung stehen zu der Temperatur des Ortes oder dem Barometerstande daselbst, so haben auch die mitgetheilten Zahlen für sich keinen Werth; man muſs die Vergleichung unter einander, wodurch sie Werth bekommen, noch anstellen. Der mittlere Barometerstand an einem Orte wo nicht für jeden Monat, doch für das Jahr, ist genug bekannt, warum nicht auf diesen Stand alle Stände bezogen, und diesen Stand ein- für allemal beigegeben und später durch folgende Reihen von Beobachtungen corrigirt. So ist der mittlere Thermometerstand, wo nicht für jeden Tag des Jahrs, doch für jeden Monat genug bekannt. Warum nicht hier ein Aehnliches thun? Bei der Publikation von Beobachtungen hat man vieles als Bedingungen vorzustellen: 1) daſs aus den mitgetheilten Zahlen die beobachteten unzweideutig erkannt werden können; 2) daſs keine Zahl gegeben werde mehr als einmal, und auch keine die aus anderen gegebenen durch einfache Addition oder Subtraction gefunden werden kann zur Ersparung der Kosten, und um die

Uebersicht des Ganzen leichter zu machen; 3) dafs die Beobachtungen in solcher Form gegeben werden, dafs der, der sie benützen will, so viel wie möglich vorgearbeitet findet.

Magnetische und meteorologische Beobachtungen zu Prag. Achter Jahrgang vom 1. Januar bis 31. December 1847. Von Karl Kreil, Director der k. k. Sternwarte, Mitglied der k. Akademie der Wissenschaften zu Wien und mehrer gelehrten Gesellschaften zu Prag, Berlin, Göttingen, London, München, Mailand, Venedig, Leipzig etc. und Karl Jelinek, Adjunct der k. k. Sternwarte, Doctor der Philosophie und aufserordentlichem Mitgliede der k. böhm. Gesellschaft der Wissenschaften.

Die Beschreibung kennt man aus dem ersten Jahrgang und aus anderen Quellen. Das Werk beginnt mit einigen Allgemeinheiten, die mittleren Werthe für die Monate von 1847 verglichen mit denen von 1846. — Weiter werden für jeden Monat 16 Seiten eingeräumt. Auf S. 1 findet man den Druck der trocknen Luft in Pariser Linien zweistündlich; Seite 2 und 3 den Luftdruck für alle Stunden theils nach dem Barometrographen, theils für die Stunden 18, 20, 22, 0, 1, 2, 4, 6, 8, 10 nach dem direct beobachteten Barometer; Seite 4 und 5 auf die nämliche Weise die Lufttemperatur für jede Stunde, theils nach dem Thermometrographen; Seite 6 und 7 die Spannkraft der Dünste; Seite 8 und 9 die relative Feuchtigkeit der Luft und die Heiterkeit in Zehnteln; S. 10 die Richtung und Stärke des Windes an den Beobachtungsstunden wo man die Fahne sehen konnte; S. 11 die Niederschläge; S. 12 und 13 die horizontale Intensität mit Differenzen und Temperaturen an den erwähnten Beobachtungsstunden; S. 14 und 15 die Declination ebenso; S. 16 die Wolkenrichtung einige Male am Tage.

Nach diesen Beobachtungen folgt eine Störungstafel für 1847 und magnetische Terminbeobachtungen; weiter Vegetationsbeobachtungen.

Seit Kurzem ist die Hoffnung rege gemacht, dafs auch Oesterreich besser meteorologisch gekannt werden wird. Die Kaiserlich Oesterreichische Academie der Wissenschaften hat sich, was wir sicherlich grofsentheils Hrn. Prof. Kreil verdanken, um die Meteorologie zu bemühen angefangen. An eifrige Beobachter auf mehr als 26 Stationen sind bereits Instrumente ausgetheilt. Zweckmäfsig ist ein Plan zur Beobachtung und gegenseitigen Mittheilung entworfen und wir sehen einer neuen nach grofsem Maafsstabe angelegten Denkschrift entgegen, die, indem sie einen so beträchtlichen Theil von Europa in meteorologischer Hinsicht beschreibt, das unermefsliche russische Reich mit dem übrigen Europa verbinden wird. Lange hat die Meteorologie in Oesterreich geruhet, nun sie aber einmal wach zu werden angefangen hat, wird sie sich sicherlich den besten Standpunkt auswählen und, nicht an alte Gewohnheiten gebunden, selbständig fortschreiten, vielleicht auf einem besseren Wege als in den übrigen Ländern. Wir hoffen von diesen Leistungen bereits im folgenden Jahre erfreuliche Resultate angeben zu können.

Jetzt haben wir uns noch in Amerika umzusehen, woher wir indessen nur die Annalen von einem Observatorium zu Gesicht bekommen haben, nämlich:

Observations made at the magnetical and meteorological observatory at Toronto in Canada, printed by order of her Majesty's government under the superintendance of lieut.-colonel Edward Sabine of the royal artillery. Vol. I. 1840, 1841, 1842. London 1845.

Wir haben keinen zweiten Band gesehen. In diesem ersten Bande findet man die Beschreibung des Observatorii, der Instrumente und der Beobachtungsweise; vollkommene zweistündliche magnetische Beobachtungen, Störungsbeobachtungen mit graphischen Darstellungen.

Die meteorologischen Beobachtungen sind auch zweistündlich mitgetheilt in Beziehung auf das Barometer, das trockne und feuchte Thermometer, das Hygrometer und die Spannung der Dünste; in Beziehung auf die Winde und den Anblick des Himmels viermal täglich; daneben aber die selbstregistrirenden Angaben des Anemometers und darauf gegründete Berechnungen. Berechnet sind monatliche mittlere Werthe. —

Wenn wir nun auf die Form der Veröffentlichung, welche an dem grofsen Observatorio Eingang gefunden hat, zurückblicken, so sehen wir, dafs sie ganz geeignet ist, um die Klimatologie einzelner Orte und selbst der ganzen Erde kennen zu lehren. Die tägliche Veränderung der Instrumente an verschiedenen Zeiten des Jahres, der gesetzmäfsige Gang im Laufe des Jahres wird hervorgehoben. An einigen Orten werden selbst, was doch auch zur Klimatologie unentbehrlich ist, die Maxima und Minima, nicht nur die mittleren sondern auch die absoluten, und die Daten, wann sie statt fanden, hervorgehoben, und diefs ist der erste Anfang zu einer Behandlung der Meteorologie, wie sie in der Lehre des Magnetismus schon gebräuchlich ist. Wenn man aber diesen zur Kenntnifs der Klimatologie wichtigen Ergebnissen (aber getrennt davon, weil es einem andern Zweck gilt) nicht für jedes Observatorium noch einen Bogen hinzufügt, der die absoluten Abweichungen an jedem Tage enthält, oder wenn man diefs noch nicht will, weil man den Nutzen und die Nothwendigkeit davon nicht einsieht, doch an Störungstagen die Erscheinungen genau mit deren Abweichungen von dem mittleren Zustande angiebt, und so die Gelegenheit bietet, die Erscheinungen an verschiedenen Stationen zu vergleichen und zu combiniren, so wird man es nicht weiter bringen, als zu einer Klimatologie, dann sind die Temperaturtafeln und die danach gezogenen Monatsisothermen von Dove das Höchste was man erzielt und erlangen wird. Der eine Bogen dagegen, den ich erwähnte, wenn alle meteorologischen Observatorien sich entschliefsen könnten, jährlich solchen zu publiciren in der nämlichen Form, welche ich unten beim Berichte über das Annuaire météorologique de la France angeben werde, würde dann auch leicht überall hin verbreitet und von überall gesammelt und beisammen gebunden werden können. So würde an jeder kleinen Station jährlich ein Band erhalten werden, mit so vielen Bogen als es Observatorien, grofse und kleine auf der Welt gäbe. Uebersichtlich hätte man die meteorologischen Erscheinungen der ganzen Welt in einem Bande an jedem Orte für jeden Tag, und was zur Förderung der Meteorologie unbedingt nothwendig, die Weise wie sich die Erscheinungen von Tag zu Tag und von Ort zu Ort ausbreiten, fortschreiten, in Stärke zu- oder abnehmen. Man liebt für die Veränderungen der Magnetnadel sehr die graphischen Darstellungen und mit grofsem Rechte, denn die graphische Darstellung zeigt Abweichungen; wenn man dann numerisch die Abweichungen nicht explicirte geben will, so gebe man sie doch graphisch. In dieser Hinsicht sind die graphischen Darstellungen der schon Jahre lang fortgesetzten Beobachtungen zu Aachen, verfafst von Hrn. Heiss, von grofser Wichtigkeit. Diese, und besonders die so hübsche Schrift:

Jahresbericht des physikalischen Vereins zu Frankfurt a. M. für das Rechnungsjahr 1848 — 1849.

worin eine graphische von Hrn. Dr. Melber verfafste Tabelle gefunden wird, können fürs erste von gleicher Bedeutung für die Meteorologie geachtet werden mit den gröfsten der erwähnten Annalen. Später, wenn man mehrere Fortschritte gemacht haben wird, versteht es sich, dafs die stündlichen oder zweistündlichen Beobachtungen und die stetige Beobachtung von den andern Instrumenten als dem Thermometer, Barometer und der Windfahne von viel gröfserer Bedeutung werden werden. Für jetzt handelt es sich um nichts anderes, als was in der erwähnten graphischen Tabelle geliefert wird: der mittlere Stand des Thermometers (und Barometers, dieser fehlt) für jedes Datum und der mittlere Stand dieser Instrumente an jedem Tage, also auch die Abweichungen, und für längere Zeiten die praevalirenden Windrichtungen nebst dem Anblick des Himmels.

Indem wir in dem Obigen mehr auf die Beobachtungen und deren Publication geachtet haben, mögen die folgenden Beiträge das Nöthigste enthalten zur Kenntnifsnahme von der Beobachtungsweise, so weit diese etwas Neues enthält.

Charles Brooke, M. R., F. R. C S. E. On the automatic registration of magnetometers and other meteorological instruments by photography communicated by G. B. Airy, Esq., astronomer royal. Phil. Trans. 1847 p. 59.

Im vorhergehenden Berichte haben wir auf die Schwierigkeit, einen Magneten selbstregistrirend zu machen, aufmerksam gemacht, weil er so geringe Kraft entwickelt dafs er nicht ohne Nachtheil für die Genauigkeit der Angaben eine mechanische Arbeit verrichten kann; auch auf die sinnreiche Methode, durch welche Dr. Lamont dieser Schwierigkeit auszuweichen gewufst hat; hier wird sie auf ganz andere Weise beseitigt. An dem Magneten ist ein Spiegel befestigt in einer verticalen durch seine Längenrichtung gehenden Ebene. Ein darauf fallender Lichtstrahl oder ein Lichtbüschel wird auf einem Papier an verschiedenen Stellen aufgefangen werden, je nachdem die Richtung des Spiegels eine andere ist. Will man dieses Mittel anwenden, so hat man den folgenden Bedingungen Genüge zu thun. 1) Es mufs ein sehr sensibles photographisches Papier angefertigt werden können, um einen geringen Eindruck zu empfangen und einen Tag lang zu bewahren. 2) Alles Licht, diffuses oder sonst woher abstammendes, mufs von dem Papiere ausgeschlossen sein, nur das Licht, das vom Magnetspiegel reflectirt worden ist, darf es treffen, und dieses mufs stark genug sein in Bezug auf die Empfindlichkeit des Papieres. 3) Die Bewegungen der zurückgeworfenen Lichtstrahlen müssen genugsam vergröfsert werden um die Variationen des Magneten deutlich und genau wahrnehmbar zu machen. 4) Man mufs die Zeit kennen, wann jeder Eindruck auf dem Papiere gemacht worden.

Die erste Bedingung wird erfüllt, wenn man das Papier mit Silberbromid bereitet, die Empfindlichkeit desselben wird sehr erhöht durch eine kleine Menge Silberjodid und ein wenig Hausenblase. Man fügt zu einer filtrirten Auflösung von vier Gran Hausenblase in einer Unze kochendem destillirtem Wasser zehn Gran Kaliumbromid und zwei Gran Kaliumjodid. Nach der Abkühlung befeuchtet man damit mittelst einer Bürste von Kameelhaar ein stark geleimtes Papier, das darauf schnell bei dem Feuer getrocknet wird, damit die Auflösung nicht von dem Papiere absorbirt werde. An einem trocknen Orte kann es lange aufbewahrt werden; es ist aber rathsam nicht mehr zugleich zu bereiten als für eine Woche hinreicht.

Wenn man es benützen will, wäscht man das Papier mittelst einer andern Bürste von Kameelhaar (denn man kann nicht genug Aufmerksamkeit auf die Reinlichkeit aller Instrumente wenden, und darauf dafs jedes nur für seinen speciellen Zweck benützt werde) mit einer Auflösung von fünfzig Gran kristallisirtem salpetersaurem Silberoxyd in einer Unze Wasser unter einer nur rothen oder gelben Beleuchtung. Das Papier mufs nun feucht sein und bleiben, da Trockenheit seine Empfindsamkeit sehr benachtheiligt. Wenn es von dem Apparate entfernt wird, mufs der latente Eindruck hervorgerufen werden; dies geschieht durch eine gesättigte wässrige Auflösung von Gallussäure, welcher zwei oder drei Tropfen concentrirte Essigsäure für jedes Blatt Papier hinzugesetzt wird. Ist der Eindruck hervorgerufen, so wird die Auflösung durch Waschen entfernt und das Bild fixirt durch eine Auflösung von zwölf Gran unterschweflichtsaurem Natron in einer Unze destillirtem Wasser.

Die Beschreibung dieser Bereitung mufste nothwendig ein wenig ausführlicher sein oder als genugsam bekannt ganz ausgelassen werden. Es bedarf weniger Worte um das Uebrige anzudeuten. Das Licht kommt von einer Campline Lampe die mit einem Schornsteine versehen ist, der nur durch einen engen verticalen Spalt das Licht auf den Spiegel fallen läfst; durch eine cylindrische Linse wird dieses Licht noch concentrirt und nach der Zurückwerfung auf den Spiegel nun auf das Papier geworfen, welches an der Hinterwand von einem schwarzblechernen Kasten auf zwei Cylindern aufgespannt ist, während nur ein enger horizontaler Schlitz in der Vorderwand des Kastens das erwähnte Licht zuläfst. Alles andere Licht wird so vollständig ausgeschlossen, dafs es völlig gleich ist ob das Tageslicht durch drei offene Fenster zugelassen wird oder nicht. So ist der zweiten Bedingung Genüge gethan. Eine gehörige Vergröfserung, die dritte Bedingung, wird sehr leicht erhalten, sie hängt ab von den Abständen des Spiegels von der Lampe und von dem Papiere worauf gezeichnet werden mufs. Der Spiegel selbst ist nicht ein Planspiegel, sondern ein concaver von 8 bis 12 Zoll Brennweite und 3½ bis 4 Zoll Oeffnung. Wenn die Magnetnadel gerade in dem Meridian oder auch bei einer andern bekannten Stellung ist, so wird das Bild der Lampe auf eine fixe Linie (base-line) in dem Papiere geworfen; weicht sie daraus, so weicht auch das Bild zur Rechten oder zur Linken. Um viertens die Zeit nachher zu wissen wann ein Eindruck gegeben ist, ist das Papier auf zwei cylindrische Rollen befestigt, die in jeder Stunde einmal vermittelst einer Uhr umdrehen, es wickelt sich von dem einen auf den andern auf und bewegt sich, da die Axen der Cylinder horizontal sind, vertical. In fünf Minuten bewegt sich das Papier also so weit als dem zwölften Theile der Peripherie der Cylinder entspricht. Die Aufhängung des Magneten mufs nothwendig so sein, dafs keine Torsion ins Spiel kommt, auch ist unten eine Platte befestigt die in Quecksilber taucht, um etwa durch Erschütterungen oder kleine Luftströmungen im Innern des Magnetgehäuses hervorgebrachte Schwankungen zu dämpfen. Es sind einige Zeichnungen beigegeben, genau copirt von den Angaben der Instrumente, darunter eine, welche an einem Tage gemacht worden ist, wo in dem Nachbarhause ein Ball gehalten wurde; man kann das Springen der Tänzer sehr gut der Zeichnung ansehen.

Charles Brooke, M. R., F. R. C. S. E. Supplement. On the automatic registration of magnetometers and other meteorological instruments, by photography. Communicated by G. B. Airy, Esq., astronomer royal. — Phil. Trans. 1847 p. 69.

Die fixe Linie (base-line), wovon im Vorigen die Rede war, kann von einer andern fixen Lampe photographirt werden, und wirklich hat man dieses Mittel angewendet, da man doch eine andere Lampe brauchte um die Barometerstände zu registriren. Wir werden hier nicht in's Detail gehen können noch die Dimensionen angeben, sonst müfsten wir die Mittheilung des Hrn. Brooke ganz übersetzen. Das Princip ist dieses: Auf das Quecksilber eines Heberbarometers mit sehr breitem, kurzem Arme schwimmt ein hölzerner Ring, der an einem hölzernen Stabe befestigt ist, welcher zwischen Frictionsräder sich vertical bewegen kann und also steigen mufs wenn der Luftdruck abnimmt. In dem oberen Ende ist ein Schlitz, wodurch das Licht der Lampe zum erwähnten schwarzblechernen Kasten gelangt und sodann zum photographischen Papiere. Der Strahl gelangt zu einer höhern oder niedrigern Stelle auf dem Papiere je nachdem der Stab und seine Oeffnung höher oder niedriger vom Quecksilber gehoben ist. Zugleich werden die Barometer-Oscillationen vergröfsert abgebildet. Wenn der mittlere Stand durch einen horizontalen Lichtbüschel angegeben wird, so werden die Abweichungen gegeben in einem Maafsstabe proportional der Tangente des Winkels, welchen der Lichtbüschel mit dem Horizonte macht. Das Instrument ist so empfindlich, dafs man auf einer Scale in Hundertel von Zollen getheilt die Hälfte eines Theiles ablesen kann, was mit 0,001 Zoll Quecksilberhöhe correspondirt. So ist z. B. die Wirkung eines Luftstroms aufgezeichnet, welcher 4½ Minute dauerte und übereinstimmte mit $\frac{1}{300}$ Zoll Schwankung des Quecksilbers.

So wie der Stand des Barometers wird auch der des Thermometers auf einem Papiere abgebildet, das sich um Cylinder mit verticalen Axen bewegt. So wird auch das Psychrometer und das Magnetometer, das die verticale Componente des Magnetismus angeben soll, registrirt. Die beiden Thermometer haben eine Röhre, die am oberen Ende, wo sich das Quecksilber bewegt, möglichst platt ist, und diese platte Quecksilbersäule wird von dem Lichte bestrahlt; wo die Säule endigt, geht das Licht durch und die Gränze wird abgezeichnet. Man wendet im Sommer eine andere Scale an als im Winter, weil die Gröfse der Variationen und der Abweichungen des benäfsten Thermometers und des trocknen so sehr ungleich sind. Das bifilare Magnetometer, das sechste photographische Instrument, zeichnet die horizontale Componente auf dem nämlichen Papiere ab, auf dem die Declination verzeichnet wird.

Francis Ronalds, Esq. F. R. S. On photographic selfregistring meteorological and magnetical instruments.

Der Verf. beginnt mit der Bemerkung, dafs man nothwendig gut achromatische Linsen anwenden mufs, um auf das photographische Papier ein scharfes Bild von dem Instrumente, dessen Bewegungen regulirt werden sollen, zu werfen; ein Bild, das so viel man will, vergröfsert sein soll.

Der Photo-Elektrograph ist so angeordnet, dafs die beiden Blättchen eines isolirten Voltaelektrometers in gehöriger Weise mit einem atmosphärischen Conductor verbunden nahe im Focus eines Objectivs stehen, das in einem Kasten eingeschraubt ist. Das Bild der Blätter wird nun irgendwo auf einem photographischen Papiere aufgefangen und da die Lampe ihr Licht von der Rückseite auf die Blättchen durch den Kasten, durch das Objectiv und endlich auf das Papier wirft, so wird das Papier ganz geschwärzt aufser an den Punkten wo die Spitzen der Blättchen sich abbilden, denn das Licht mufs durch einen schmalen horizontalen Schnitt fallen und bildet also nicht die übrigen Theile der Blättchen ab. Das Papier bewegt sich vermittelst einer Uhr vertical und jedesmal wird die elektrische Spannung durch den Abstand der zwei von den Punkten beschriebenen Linien angegeben. Es war leicht auch überdiefs jedesmal die Art der Elektricität kennen zu lernen.

Der Photo-Thermograph ist ziemlich wie die oben von Brooke erwähnte, nur ist er hier horizontal gelegt und der Endpunkt der Quecksilbersäule wieder nahe am Brennpunkte des Objectivs im Kasten an der Stelle des Voltaelektrometers gebracht.

Für den Photo-Barometrograph mufs das Papier sich horizontal bewegen, da das Quecksilber sich vertical bewegt. Im kurzen Schenkel schwimmt ein etwas geschwärzter Ball der abgebildet wird. Eine spätere Verbesserung ist diese: dafs Hr. Ronalds ein Stück Metall als Thermometer so an dem Barometer angebracht hat, dafs die Oberfläche des Quecksilbers sich so viel senkt mit dem ganzen Barometer, als durch die nämliche Temperaturänderung das Quecksilber sonst steigen würde. Der Barometer ist also accurately self-correction for temperature.

Der Stand des Magnetometers wird in übereinstimmender Weise von einem kleinen geschwärzten Cylinder angegeben, der mit dem Magneten hin und her geführt wird und durch den Boden des Magnetkastens, der übrigens mit Jodblatt belegt ist und mit der gröſsten Vorsicht gegen Luftströme bewahrt ist, niederhängt; dieser Cylinder steht zwischen einer Lampe und einem Objective von gröſserer Brennweite um eine mehr vergröſserte Bewegung hervorzubringen, und wird nun irgendwo auf dem photographischen Papiere, scharf projectirt, abgebildet.

Diesem Aufsatze so wie auch den beiden des Hrn. BROOKE sind Abbildungen der Instrumente und Zeichnungen derselben beigegeben.

Dr. F. W. C. KRECKE. Description de l'observatoire météorologique et magnétique à Utrecht. Avec planches. Publiée par la société provinciale des arts et des sciences à Utrecht.

Wenn man die Beschreibung liest so sieht man, daſs das Observatorium sich sehr arrogant den Namen eines magnetischen zueignet, denn bisher ward nur die Declination beobachtet, die übrigen Instrumente sind noch nicht angekommen. Es waren nur sehr wenige Hülfsmittel vorhanden und mit diesen muſste man sich behelfen. Der Verfasser des Werkchens war aber auch entweder Verbesserer oder Selbstverfertiger der Instrumente, die sonst am kostspieligsten sind, nämlich der selbstregistrirenden Instrumente. Sein ingeniöses Verfahren hat sicherlich etwas Gutes geleistet, viele Schwierigkeiten hat er besiegt, so daſs auch Hr. KREIL in Antwort auf die Zusendung des Buches schreibt: „Der „Scharfsinn und die Thätigkeit ist zu bewundern, mit welcher „die Umstände bemeistert und benützt, manche Instrumente verbessert, manche neu erdacht worden sind.“ Alle meteorologische Umstände können fortan an dieser Einrichtung beobachtet werden. Das Normal-Barometer ist von BECHER, das Thermometer und Psychrometer von GREINER. Selbstregistrirend sind das Anemometer für Richtung und Intensität. Durch Fäden, die auf geeignete Weise immer in Spannung gehalten werden, wird die Drehung der gut gestellten Windfahne auf eine cylindrische verticale

Scheibe übertragen; die cylindrische Oberfläche ist spiralförmig, auf ihr ruht der kurze Arm eines Hebels, dieser kurze Arm ist am dichtesten bei dem Drehpunkte der Scheibe, wenn der Wind NO ist, wird aber immer mehr davon abgeführt, da die Oberfläche sich spiralförmig um diesen Drehpunkt krümmt für andere Richtungen, bis er plötzlich, wenn die Scheibe ganz umgedreht ist, wieder sich soviel senkt als er allmählig gestiegen ist; auch wenn der Wind mit der entgegengesetzten Richtung sich drehen möchte, kann durch eine Vorrichtung der kurze Arm plötzlich soviel gehoben werden. Für jeden anderen Wind ist also der Stand des Hebels ein anderer, also hat auch der Endpunkt des längeren Arms eine andere Höhe und notirt einen anderen Wind; das Papier worauf aufgezeichnet wird, wird von einer Uhr in 24 Stunden durch seine ganze Länge bewegt, in jeder Stunde ungefähr ein Centimeter in horizontaler Richtung. Der Intensitätsmesser ist fast wie der zu Brüssel, aber wegen der Schwierigkeit des Ortes ein wenig complicirter und sehr ingeniös angebracht. Die Angabe der Temperatur beruht auf der gegenseitigen Dilatation eines Zinkstabes und einer in Oel gekochten Tannenlatte, wodurch wieder ein Hebel in Bewegung versetzt wird, dessen langer Arm auf ein von einer Uhr bewegtes Papier eine continuirliche Linie bildet, die vermittelst einer Theilung leicht in Thermometergrade übersetzt wird. Die Barometerhöhe wird wieder durch den langen Arm eines Hebels auf einem cylindrischen Blatte Papier, das in seiner verticalen Ebene von dem Stundenzeiger einer Uhr umgedreht wird, angezeichnet; der kurze Arm mufs sich senken oder heben, je nachdem das Quecksilber in dem kurzen Schenkel sinkt oder steigt. Durch eine Feder, die jede fünf Minuten losgelassen wird, wird ein Stift am Ende des langen Arms gegen das Papier angedrückt und macht eine Marke, desto mehr entfernt von und erhaben über dem Mittelpunkte der Scheibe, je höher der Barometerstand war. Es sind 24 Radien mit Winkeln von je 15° auf der Scheibe gezeichnet mit den 24 Stunden des Tages übereinstimmend. Jeder Stunde ist ein anderer Radius vertical nach oben gerichtet, an jeder Stunde empfängt also ein anderer Radius den Eindruck.

Durch direkte Beobachtungen an den Stunden 20, 2, 10

werden diese Instrumente immerfort controlirt und sie sind im Jahre 1849 gut befunden. Noch wird an diesen Stunden der Regenmesser beobachtet; der Regen ist allein vom Winde oder lieber von den Winden abhängig, mufs also immer an denselben Stunden mit diesen beobachtet werden. Ueberdiefs ist ein anderer Regenmesser vorhanden in sechzehn Fächer abgetheilt, eine gebeugte Röhre vom Reservoir abgehend, leitet jedesmal den gefallenen Tropfen in die Abtheilung, welche mit dem Winde, bei welchem er fiel, correspondirt und die mit diesem Namen bezeichnet ist.

Man wird noch manche artige Sache in diesem Werkchen angegeben finden.

---

2. Abhandlungen über Gegenstände, die mit der Meteorologie in Zusammenhang stehen.

W. H. Barlow, Esq. M. Inst. C. E. On the spontaneous electrical current observed in the wires of the electric telegraph. Phil. Transact. 1849 p. 61. Communicated by Peter Barlow, Esq. F. R. S.

A. Waller, Esq. M. D. Microscopic observations on the so called vesicular vapours of water as existing in the vapours of steam and in clouds etc. Phil. Transact. 1847 p. 23. Communicated by P. M. Royet, M. D. Sec. R. S.

James Glaisher, Esq. of the royal observatory at Greenwich. On the ammount of radiation of heat at night from the earth and from various bodies placed on or near the surface of the earth. Communicated by G. B. Airy, Esq. F. R. S., astronomer royal. Phil. Trans. 1847. 119.

Lieut.-colonel Edward Sabine, R. A. For. Sec. R. S. On the diurnal variations of the magnetic declination at St. Helena. Phil. Transact. 1847. 51; Pogg. Ann. LXXVIII. 494.

Lieut.-colonel Edward Sabine, R. A. For. Sec. R. S. Contributions to terrestrical magnetism IX. Phil. Transact. 1849 p. 173.

Lieut.-colonel Edward Sabine, R. A. For. Sec. R. S. On the lunar atmospheric fide at St. Helena.

M. G. Aimé. Variation du niveau moyen de la mer et des hauteurs moyennes du baromètre à Alger. Annuaire météorologique de la France pour 1850. Deuxième partie p. 163.

M. Don. Observations pluviométriques faites pendant huit années consécutives 1838 à 1847 à Alger. Annuaire météorologique de la France pour 1850. Deuxième partie p. 159.

P. Buddingh, Lieut. ter Zee 2. Klasse en A. J. van der Burg, Lieut. ter Zee 2. Klasse. Meteorologische Waarnemungen op eene Reise van Nederland naar Java in het Jaar 1846. Korvet Nehalennia, Kommandant A. C. van Braam Houckgeert. Verhandelungen der eersten Klasse von het koninklig Nederlandsch Instituut III. reeks 3. deel.

James Glaisher, Esq. of the royal observatory at Greenwich. Communicated by G. B. Airy, Esq. F. R. S. astronomer royal. On the corrections to be applied to the monthly means of meteorological observations taken at any hour, to convert them into mean monthly values. Phil. Transact. 1848 p. 125.

James Glaisher, Esq. F. R. S. of the royal observatory at Greenwich. Communicated by John Lee, Esq. L. L. D. F. R. S. On the reduction of the thermometrical observations made at the apartments of the royal society from the years 1774 to 1781 and from the years 1787 to 1843. Phil. Trans. 1849 p. 1. Siehe auch l'annuaire météorologique de la France pour 1850. Deuxième partie p. 145.

W. H. Barlow. Ueber spontane elektrische Ströme in den Drahtleitungen elektrischer Telegraphen.

Gegenwärtig kann man über die spontanen elektrischen Strömungen in der Erde oder auch in der Atmosphäre wohl von keinem Lande bessere Nachricht erhalten, als von England, wo sich die telegraphischen Linien in allen Richtungen durchkreuzen, so dafs sie die Gegend wie ein Netz bedecken; besonders giebt die Station Derby günstige Gelegenheit zu Beobachtungen. Von dort geht nämlich:

1) eine Linie in südlicher Richtung nach Rugby;

2) eine andere in nahe südwestlicher Richtung nach Birmingham;

3) eine dritte nordwärts nach Leeds;

4) eine vierte in nordöstlicher Richtung nach Lincoln.

Wenn die Telegraphen nicht arbeiten, so wird die Batterie ausgeschaltet; die Drahtleitung aber ist auf den zwei Stationen mit der Erde verbunden, und kann also, wenn die Batterie ausgeschlossen ist, die etwaigen Strömungen der Erde oder der Atmosphäre am Galvanometer bemerkbar machen. Hr. Barlow hatte mehrmals bemerkt, dafs in der That spontane Strömungen stattfanden, und jedesmal in den vier genannten Drähten, mit wenigen Ausnahmen in demselben Sinne; in Folge dessen wünschte er regelmäfsige Beobachtungen hierüber anzustellen. Es giebt auf diesen Linien überall mehrere Drähte, einige für den Handel andere für die Eisenbahnen. Er suchte und bekam die Erlaubnifs, an den Drähten, welche nicht gebraucht wurden, Beobachtungen anzustellen. Diese führten ihn zu folgenden Resultaten:

1) Drähte nicht mit der Erde in Verbindung geben keinen Strom.

2) Drähte auf einem Ende mit der Erde in Verbindung geben keinen Strom.

3) Drähte mit beiden Enden mit der Erde in Verbindung geben immer einen Strom.

4) Auf beiden Stationen sind die Ströme in gleichem Maafse bemerklich und gleichzeitig.

5) Die Elektricität, welche die Galvanometernadel ablenkt, bewegt sich also nicht von der Atmosphäre in die Erde oder umgekehrt, sondern durchläuft nach einander Draht und Erde.

6) Die Bewegung zerfällt in eine allgemeine tägliche, die an bestimmte Stunden gebunden ist, und eine unregelmäfsige, die das Gesetz der ersten etwas stört und verdeckt.

7) Der Strom der in einem Drahte erregt wird, hängt also von der Tageszeit ab, übrigens nur von der Richtung des Kreises worin die zwei Enden (Verbindungsstellen des Drahtes mit der Erde) liegen, nicht davon ob der Draht geradezu von der einen Station nach der andern geht oder auf langen Umwegen.

Es sind der Abhandlung einige Zeichnungen beigefügt, welche die Beobachtungen selbst darstellen, auch numerische Tabellen sind beigegeben. Man sieht daraus im Allgemeinen, dafs die Richtung des Stromes von Nord nach Süd ist, von 8 bis 9 A. M. und von Süd nach Nord in den übrigen Stunden. Mit den Bewegungen der Magnetnadel hat Hr. Barlow keinen bestimmten Zusammenhang auffinden können. Die unregelmäfsigen Störungen scheinen aber wohl mit einem magnetischen Strome verbunden zu sein, und diesen vielleicht voraus zu zeigen; Hr. Barlow hat mehrmals ein Nordlicht vorhergesagt. Mit Gewittern und Wetterleuchten haben die gedachten Bewegungen nichts zu schaffen.

Beispielsweise will ich die Richtung von einigen Drähten angeben und den Strom durch + bezeichnen, wenn er von dem ersten Orte zum zweiten geht, durch — wenn er entgegengesetzt läuft.

Derby nach	Wellington	SW	+
„ „	Birmingham	S29W	+
„ „	Rugby	S150	+
„ „	Leicester	S380	+
„ „	Loughborough	S500	zweifelhaft
„ „	Kegworth	S620	—
„ „	Nottingham	N800	—
„ „	Lincoln	N600	—
„ „	Chesterfield	N50	—
Normanton nach	Rugby	S50	+
„ „	Derby	S2W	+
„ „	Manchester	S65W	+
„ „	Leeds	N35W	zweifelh.
„ „	Newcastle	N5W	„
„ „	York	N400	—
„ „	Hull	N870	—

A. Waller. Mikroskopische Beobachtungen über die sogenannten Vesicular-Dämpfe des Wassers.

In diesem Aufsatze, welcher vielleicht mehr für die Physik im Allgemeinen, als für die Meteorologie von Wichtigkeit sein möchte, wird zuerst Newton's Meinung angeführt, dafs die Wolken aus sehr kleinen, aber vollen Tropfen Wassers beständen, dafs dann später Halley und insbesondere Kratzenstein die Vesiculartheorie aufstellten und in Schutz nahmen. Die Autorität von Saussure, Berzelius, Fresnel, Mitscherlich, welche mehr oder weniger bestimmt aussagten, dafs sie den Vesicularzustand beobachtet hätten, stützten die letztere Meinung, obgleich es schwer zu begreifen war, wie denn diese Bläschen entstehen sollten. Aber solche Beobachtungen haben so manchmal die Theorie irre geleitet. Hr. Waller bemerkte, dafs die grofse Beweglichkeit der Partikelchen eine bedeutende Schwierigkeit für die Beobachtung darboten, und versuchte sie deshalb auf die Oberfläche von Canadabalsam zu fixiren. Der Athem condensirt sich nicht nur auf der Oberfläche, sondern auch etwas darunter, wie man an weifsen Streifen sieht, er besteht dann aus festen Kügelchen von $0^{mm},001$ bis $0^{mm},003$ Durchmesser, sie üben sichtlich Anziehung auf einander aus, denn bewegt man einige durch Blasen, so geht eine ganze Menge zugleich fort[1]). Einige Kügelchen waren wahrscheinlich von kleinerem als $0^{mm},0001$ Durchmesser, wenn der Dampf aus der Atmosphäre angezogen war; erwärmte man die Unterlage (ein Glas worauf etwas von dem Balsam gestrichen war), so vereinigten sich mehrere Kügelchen. Der Dampf von kochendem Wasser gab gröfsere Kügelchen von $0^{mm},01$ bis $0^{mm},015$ Durchmesser. Diese Kügelchen sind vollkommene Spiegel, so dafs Hr. Waller mit einem Mikroskope die Objecte ringsum sehr deutlich sah. Einer Temperatur unter 0 ausgesetzt, nehmen die Kügelchen beim Sinken der Temperatur plötzlich die Krystallform an. Hr. Waller condensirte sodann auch den Dampf der Wolken, von Nebel etc. in gleicher Weise auf Canadabalsam, Copaivabalsam, Oleum Terebinthinae, Menthae piperitae zeigen die nämliche Erscheinung. Auf Creosot entstehen für das blofse Auge sichtbare Tröpfchen, auf Oleum Olivarum sehr kleine, welche nur langsam zusammen laufen. Hr. Waller erwähnte auch, dafs das Gewebe der Spinnen bei neblichtem Wetter mit solchen Tropfen benäfst wird. Nirgendwo hat er die sogenannten Dampfbläschen, d. h. hohle Tropfen gesehen, wenn er sie zur zuverläfsigen Beobachtung weniger beweglicher gemacht hatte.

[1] Es ist zu bedauern dafs dergleichen Attractionen von kleinen Gas- oder Dampfpartikelchen, welche durch ihre Farbe sichtbar sind, sowohl gegen einander als gegen eine rauhe oder geglättete Oberfläche nicht ausführlicher studirt werden. Die Erscheinungen sind sehr artig zu sehen und werden bei einer Erklärung der Wirkung der chemischen Affinität einst eine grofse Rolle spielen. B. B.

J. Glaisher. Ueber den Betrag der nächtlichen Wärmestrahlung von der Erde und von verschiedenen Gegenständen an und nahe der Erdoberfläche.

Diesem Aufsatze entnehmen wir für die Meteorologie nur das Folgende. Die Thermometer müssen, um des Nachts genau die Temperatur der Luft anzugeben, ungefähr vier Fuſs hoch gestellt sein, und wenigstens sechs Zoll von den nächsten Wänden entfernt. Wenn die Thermometerkugel ganz unbedeckt oder gegen den Regen nur sehr wenig geschützt ist, so muſs man der Thermometerangabe etwa ein Zehntel eines Grades nach Fahrenheit hinzufügen für jedes Zehntel unbewölkten Himmels, ist der Himmel nicht ganz heiter, so muſs man schätzen, wie vielen Zehnteln eines heitern Himmels der unbedeckte Theil des mehr oder weniger bewölkten Himmels gleichkommt; denn so viel wird dem Thermometer durch Strahlung entzogen. Wenn das Thermometer weniger als angegeben über dem Boden erhoben ist, so werden seine Anzeigen immer unsicherer; im Grase kann es sehr tief sinken. Einmal, am 8. April 1844 Morgens um 8 Uhr, war die Temperatur eines Theils des Bodens 28° 5 F. unter der Temperatur der Luft. Merkwürdig ist auch, wie die Wärme der Lampen von einer erleuchteten Stadt (London freilich), von den Wolken auf die Thermometer zurückgeworfen wird, mehr, wenn die Wolken höher ziehen, so daſs Hr. Glaisher aus der Differenz der Thermometer im Grase und einige Fuſs über der Oberfläche die Höhe der Wolken schätzte.

E. Sabine. Ueber die tägliche Schwankung der magnetischen Deklination zu St. Helena.

Im Allgemeinen bewegt sich in der nördlichen Hemisphäre der Nordpol eines Magneten von O. nach W. des Morgens, und zurück des Nachmittags, in der südlichen findet das Gegentheil statt. Arago schlieſst daraus, wie A. v. Humboldt im Kosmos I. 190 sagt: „So hat man neuerlichst mit Recht darauf „aufmerksam gemacht (und er citirt Arago im Annuaire 1836

p. 284 und 1840 p. 330—338) dafs es eine Region der Erde, wahr„scheinlich zwischen dem terrestrischen und magnetischen Aequa„tor geben mufs, in welcher keine stündliche Veränderung der „Abweichung zu bemerken ist." Der Schlufs ist falsch, und er zeigt wie grofse Vorsicht man immer beim Ziehen von Schlüfsen anzuwenden hat, da die ersten Männer in der Wissenschaft sich zu falschen Schlüfsen verleiten lassen. Denn offenbar kann der Uebergang von westlichen Bewegungen am Vormittage zu östlichen auf andere Weise stattfinden. In einem Theile des Jahres können sie anfangen kleiner zu werden, oder schneller kleiner zu werden, als in einer andern Jahreszeit. Oder es kann Orte geben, wo sie während einer gewifsen Jahreszeit von westlich, Null oder östlich geworden sind; die Dauer dieser Jahreszeit kann zunehmen, wenn man nach weiter gelegenen Orten fortschreitet, und so kann man zu Orten gelangen, die nur westliche Bewegungen am Vormittage kennen. Diefs ist ein Tertium das man übersehen hat; es könnte selbst ein Quartum geben, wenn die Zeiten des Tages an denen die östlichen Bewegungen statt finden, sich allmählig änderten. Dieser Fall ist aber in der Praemisse ausgeschlofsen, aber indem in der Prämisse steht im „Allgemeinen bewegt sich der Nordpol in der nördlichen Hemisphäre u. s. w." hat man es so verstanden, als ob es heifse: „überall bewegt sich u. s. w.," und nur dann würde man Recht gehabt haben, das Tertium auszuschliefsen. Das Ausschliefsen des Tertiums ohne es zu beweisen, hat manches Uebel über die Wissenschaft gebracht. Dafs nun nicht nur der Schlufs als Schlufs, sondern wirklich sein Inhalt falsch ist, beweisen die Beobachtungen von St. Helena, die Hr. Sabine in dem erwähnten Aufsatze mitgetheilt hat. Auf St. Helena in einer Breite von 16°, besteht die wohl ausgesprochene Eigenthümlichkeit der täglichen Variation darin, dafs in den Monaten Mai, Juni, Juli und August das Nordende des Magnets sein östliches Extrem zu denselben Stunden, (etwa 18 U.) erreicht, wo es in dem November, December, Januar und Februar auf sein westliches Extrem gelangt; überdiefs haben die Extreme beinahe gleichen Abstand von der mittleren Lage des Magnets in den respektiven Monaten. (In dem Originale Phil. Trans. sind graphische Zeichnungen für jeden Monat beigegeben). Der Uebergang von der einen Ordnung des Phänomens zu der andern erfolgt zur Zeit der Nachtgleichen oder bald hernach. Ebenso in gleichem Sinne wie auf St. Helena, mit denselben Veränderungen im Laufe des Jahres, geht die Sache am Cap der guten Hoffnung vor sich. Auch die Beobachtungen von Singapore stimmen gut mit den erwähnten. Es sind nur zweistündliche Beobachtungen, und erlauben also keine so vollständige Herleitung der täglichen Variation wie stündliche Aufzeichnungen. Das Nordende des Magnets bewegt sich in den Monaten Mai, Juni, Juli und August bis 7 oder 8 Uhr Vormittags nach Osten und kehrt dann sogleich nach West zurück, während es in den Monaten November, December, Januar und Februar bis 8 Uhr Morgens nach Westen geht, und dann unmittelbar nach Osten zurückkehrt. Die letztgenannten Monate haben auch um 2 Uhr Nachmittags ein östliches Extrem (wie am Cap), dem in den anderen kein ähnliches oder entgegengesetztes Maximum entspricht. Man sieht also in Singapore und am Cap noch besser als auf St. Helena die Art des Ueberganges die wir muthmafsten.

E. Sabine. Beiträge zum Erdmagnetismus. IX.

In diesem neunten Aufsatze über den Erdmagnetismus macht Hr. Sabine Mittheilungen über die magnetische Declination für 1840 im atlantischen Ocean, zwischen den Parallelen von 60° N. und 60° S.; eine Karte darüber ist hinzugefügt. Wir werden die Hauptpunkte, welche in diesem Aufsatze vorkommen, angeben, und über einige etwas ausführlicher sein.

1) Die Beobachtungen sind:

A. Beobachtungen im Meere nicht corrigirt für den Magnetismus der Schiffe;

B. Beobachtungen im Meere wohl corrigirt für den Magnetismus der Schiffe;

C. Beobachtungen am festen Lande an den Küsten und auf Inseln.

2) Discussion über die Correction für den Magnetismus der Schiffe.

3) Die Weise, auf welche die Beobachtungen in Gruppen vertheilt sind.

4) Eine Tafel der Declinationen i. Jahre 1840 für alle Orte, welche die Parallel- und Längenkreise, beide von 5° zu 5° gezogen, gemein haben.

5) Eine Tafel der secularen Aenderung.

6) Eine Vergleichung mit der allgemeinen Theorie von GAUSS.

7) Eine allgemeine Tafel der Beobachtungen, welche für die Karte angewandt sind nach Breite und Länge.

ad 1) Die Beobachtungen unter A., B. und C. sind beinahe sämmtlich auf englischen und französischen Schiffen auf ihren Entdeckungsreisen um die Welt gemacht worden; entweder im offnen Meere oder wenn sie in den Häfen des Festlandes oder der Inseln Anker warfen. Die Landbeobachtungen sind natürlich auch von den weitverbreiteten englischen Observatorien gesammelt.

ad 2) Hr. SABINE kommt bei der Discussion, wie die Correction der Wirkung des Magnetismus des Schiffes angebracht werden mufs, auf Bemerkungen zurück, die er schon in der fünften Nummer seiner Magnetic contributions mitgetheilt hat. Er erwähnt, dafs wenn die Wirkung nur von weichem Eisen herrühre, die Correction in den nämlichen Azimuthen der Schiffdirection gleich in Gröfse sein müsse an zwei Orten wo die Inclination der Magnetnadel gleiche Winkel mit dem Horizonte, aber entgegengesetzt in Zeichen macht, wo auch die Inclinationsnadel nach Norden und wo sie nach Süden sich senkt, also gleich grofs ungefähr auf der Themse und zu Hobarton, aber von verschiedenen Zeichen, da auf der Themse der Nordpol 71° tief weist und zu Hobarton der Südpol 69° nach unten neigt. Die Beobachtungen geben diese auch wirklich so, wenn das Schiff lange an demselben Orte stationirt gewesen ist, ehe beim Umschwunge in verschiedenen Azimuthen die Wirkung untersucht wurde, aber es war nicht der Fall wenn es nur gerade an einem Orte anlangte. Das Eisen ward nur allmählich vom Erdmagnetismus influencirt, ist also nicht ganz als weiches Eisen zu betrachten und wirkte also im Anfange nicht auf den Compafs so, als es an dem Orte am Ende wirken mufste und wirkte, sondern so wie es an den Orten wirken mufste, von denen das Schiff kam. Um nur eins von den vielen Beispielen zu geben: in St. Helena ist die Inclination — 20°; als das Schiff von England kam so war die Correction nicht als wäre die Inclination — 20° sondern als wäre sie + 10°, gleich wie sie früher gewesen war. Zweimal kam das Schiff the Erebus zum Cap der guten Hoffnung, aber einmal von Orten, wo die Inclination weniger südlich war, das andere Mal von Orten wie Hobarton, wo die Inclination südlicher war, die Wirkung war in keinem der zwei Fälle, so wie sie am Cap hätte sein müssen, sondern das eine Mal correspondirend mit einer weniger, das andere Mal mit einer mehr südlichen Inclination. Und so überhaupt an allen Stationen und auf allen Schiffen.

ad 3) Zuerst wurden alle Beobachtungen gesammelt, die zwischen Parallelen 2°,5, in Breite verschieden, und auf diesen Zonen zwischen zwei Meridianen, die einen Winkel von 5° einschlossen, gemacht waren; in Tafel VIII. ist jedesmal die Zahl dieser Beobachtungen notirt und das Resultat nach Anbringung der Correction mit Rücksicht auf 2); welche Resultate in Tafel IX. übersichtlich eingetragen sind, womit also dem vierten Punkte Genüge geleistet ist.

ad 5) Tafel X. giebt die jährliche seculare Aenderung in der magnetischen Declination, als Mittel aus den drei und funfzig Jahren vor 1840 bis auf eine halbe Minute berechnet.

ad 6) Tafel XI. zeigt die Abweichungen an, welche die wirklich beobachteten Declinationen an den verschiedenen Orten mit den vorläufigen theoretischen Bestimmungen von Gauss darbieten. In 60 N. B. von 305° bis 280° Länge sind sie 10° bis 18°;
in 55 „ „ „ „ „ „ 10°;
in 50 „ „ „ „ „ „ 7°; in 45° N. B. kommen noch Differenzen von 5°, anderswo nirgends bis 4 Grade vor. Wohl sind aber die Zeichen so, dafs eine ganz neue Berechnung der Theorie aus diesen neuen Daten, insbesondere neu für die südlichen Breiten von 20° und darüber, wie leicht vorausgesehen werden konnte, nöthig sein wird.

ad 7) Die Karte von den Declinationen ist sehr interessant, und ebenso die Tafel XII., welche dieselben Daten, aber numerisch enthält.

E. Sabine. Ueber die Mondfluth in der Atmosphäre bei St. Helena.

Aus einer Reihe von Beobachtungen von August 1840 bis December 1841 war die tägliche Wirkung des Mondes auf die Barometerhöhe vorläufig bestimmt worden. Der mittlere Stand war, wenn der Mond im Meridian war 28,2714 engl. Zoll, wenn der Mond im Horizonte war 28,2675 engl. Zoll, also wurde eine mittlere Differenz von 0,0039 engl. Zoll gefunden. Das Maximum trat ein wenn der Mond gerade im Meridian war, was sich auch für einen Ort von St. Helena mitten im Oceane, wo die Atmosphäre auf einer langen Strecke nicht in ihren Bewegungen gehemmt ist, erwarten liefs, zumal da die Beobachtungen in einer Höhe von 1764 Fufs angestellt waren. Die Hafenzeit für die Ebbe und Fluth ist 2 St. 20 Min., also correspondiren nicht die höchste Stunde des Oceanes und der Atmosphäre und es können nicht die Bewegungen von dieser als Folge von jener betrachtet werden. Capt. Smythe berechnete die Beobachtungen von October 1842 bis September 1843. Er stellte die Beobachtung an der Stunde, die der Culminationszeit des Mondes am nächsten war, jedesmal in die mittlere Columne und die übrigen rechts und links daneben, auf jeder Seite zwölf. Capt. Smythe wollte wie billig die tägliche Sonnenvariation eliminiren, welche in St. Helena sehr regelmäfsig ist. Dafür subtrahirte er zuvor von jeder Beobachtung den mittleren Werth für die Stunde in dem gehörigen Monate. Er fand eine Elevation von 0,0014 zur Culminationszeit, 0,0012 und 0,0016 für die Stunden die der Zeit des Durchganges durch den unteren Meridian am nächsten waren, und eine Depression von —0,0012 und —0,0011 zu den beiden Zeiten wenn der Mond im Horizonte war, also eine Variation von 0,0027. —

Die Beobachtungen von October 1843 bis September 1845 sind, wie Hr. Sabine sagt, ein wenig genauer, das heifst mit vieler Sorgfalt berechnet, denn, was mir ganz unnöthig scheint, für jede Beobachtung ist nicht nur wie oben der mittlere Werth der monatlichen Höhe an dieser Stunde berechnet und abgezogen, sondern auch gesucht, mit welcher Mondstunde diese am besten übereinstimmte. Den einzigen Vorzug in dieser Berechnungsweise gegen die vorige sehe ich nur darin, dafs man 24 Columnen erhält, die symmetrischer eingetheilt werden können. Somit ist die immer wiederkehrende Vergleichung der Sonnen- und Mondstunden überflüssig, selbst das jedesmalige Abziehen des mittleren Werthes einer Sonnenstunde ist unnöthig. Ich glaube, wenn unsere Beobachtungen im Utrechter Observatorium lange genug fortgesetzt sein werden, gerade so gut den Einflufs des Mondes aus den unveränderten Beobachtungen durch eine einfache diagonale Summirung ableiten zu können. Die stündlichen Beobachtungen werden nämlich hier in 24 Columnen eingetragen; von vier auf einander folgenden Spalten ist eine unausgefüllt gelassen; jede folgende horizontale Zeile enthält in der zugehörigen Spalte den beobachteten Werth der überschriebenen Stunde. Summirt man die Zahlen einer und derselben Spalte und dividirt durch die Anzahl, so bekommt man den mittleren Werth der Sonnenstunde für jeden Monat. Zählt man aber in diagonaler Richtung zusammen, so addirt man bei der Beobachtung von der ersten Stunde des ersten Tags die Beobachtung der zweiten Stunde des zweiten Tags, dann die der dritten Stunde des dritten Tags, die der vierten des vierten Tags, keine des fünften Tags, denn die Diagonale geht durch eine leere Spalte des fünften Tags, trifft aber die Beobachtung der fünften Stunde des sechsten Tags u. s. w. So wird man, wenn man jedesmal nur die Beobachtungen eines halben Monats zusammenzählt, mit einiger Vorsicht durch alleinige Addirung ohne Subtraction den Werth der Mondstunden bekommen; es versteht sich sowohl den thermometrischen als den barometrischen und in gleicher Weise auch den anemometrischen, der sicherlich in unseren Küstengegenden sehr bald merklich sein wird. Um aber zu den Beobachtungen von St. Helena zurückzukehren, führen wir noch an, dafs die Werthe der Mondstunden sehr regelmäfsig wachsen zum Meridiandurchgange hin, und abnehmen zum Horizontdurchgange. Aus den erwähnten vier halben Jahren wurde die Variation gefunden zu 0,00365 Zoll engl. Die zugefügte Bemerkung ist wahr, dafs wenn man die Beobachtungen in Sonnenstunden anstellt, man immer, wie man auch combinire, zu wenig für den Maximum-, zu viel für den Minimumwerth bekommt. Noch wurde die Variation gröfser gefunden an den 26 Zeiten des Perigäums zu 0,004005 Zoll als an den 26 Zeiten des Apogäums 0,00344 Zoll.

M. G. Aimé. Veränderung des mittleren Meeresspiegels und der mittleren Barometerhöhen zu Algier.

Aus Beobachtungen, aber nur während 12 Mondmonaten ist zu Algier für die Meereshöhe an den verschiedenen Tagen des Mondes gefunden 289^{mm} und darüber folgende Werthe:

Tag.	Meeres-höhe.	Barometer-höhe.	Tag.	Meeres-höhe.	Barometer-höhe.
1	2	2,27	16	59	0,92
2	0	1,63	17	60	0,85
3	10	1,60	18	48	0,84
4	23	0,93	19	73	1,31
5	28	1,07	20	81	1,42
6	48	1,31	21	82	1,36
7	43	0,76	22	91	1,06
8	37	0,92	23	77	1,02
9	58	1,19	24	76	0,88
10	57	1,12	25	93	0,66
11	66	1,43	26	73	0,—
12	58	1,03	27	33	0,54
13	50	0,99	28	39	1,11
14	48	0,24	29	24	1,46
15	44	0,10	30	2	1,98

Die Zahlen für die Barometerhöhen sind aus siebenjährigen Beobachtungen hergenommen; die Aenderungen des Barometers erklären nur halb die Aenderungen der Meereshöhe oder noch nicht einmal halb, sie zeigen nämlich auch im Vollmond ein Minimum des Luftdrucks an, was Hr. Aimé nicht bemerkt hat. Ehe wir mit dem Schlufse übereinstimmen, dafs die mittlere Meereshöhe eines Tages (das Mittel von 24stündlichen Beobachtungen), solche Aenderungen, wie oben angegeben von einer luni-solaren Fluth, erleidet, wünschten wir die Beobachtungen mehre Jahre fortgesetzt zu sehen. Die Barometerschwankungen sind, wie man sieht, merklich gröfser als man sie sont irgendwo erhalten hat. Das Minimum der Barometerhöhe, die überall subtrahirt ist, war 760^{mm}.

M. Don. Regenbeobachtungen während 10 aufeinander folgender Jahre von 1838 bis 1847 zu Algier angestellt.

Die Höhe des Regenmessers über dem Niveau des Meeres war 40mm. In Millimetern war die Höhe in den verschiedenen Monaten:

Jahr	December.	Januar.	Februar.	März.	April.	Mai.
1838	357,50	84,4	120,3	72,8	64,1	4,15
1839	32,50	92,7	104,	69,	129,	22,
1840	226,50	121,7	86,2	126,7	75,5	14,5
1841	290,75	157,3	110,0	14,5	81,9	16,7
1842	39,50	188,5	41,0	72,	89,5	89,
1843	48,	90,5	153,0	89,2	44,	10,
1844	193,	166,3	185,	87,3	170,5	88,7
1845	89,5	200,	397,	109,2	43,5	111,2
1846	301,75	70,5	36,8	43,5	44,5	73,
1847	175,7	106,5	250,	105,5	134,	10,

Jahr.	Juni.	Juli.	August.	September.	October.	November.
1838	0,	0,	2,2	42,9	69,1	45,5
1839	0,	0,	1,5	10,0	84,	176,2
1840	17,5	0,	0,5	49,7	21,7	63,
1841	8,5	0,	0,	0,	77,5	139,
1842	0,	0,	43,5	52,	99,2	176,2
1843	4,	0,	0,	9,	39,	278,5
1844	0,	1,5	9,7	41,5	81,	22,2
1845	16,7	0,	0,	32,5	26,	20,7
1846	7,5	0,	8,	91,2	189,5	180,5
1847	19,2	0,	11,2	2,5	44,7	445,5

Unter den besondern angeführten aufserordentlichen Regengüssen kommen mehrere vor von 10mm in der Stunde während 2 bis 7 Stunden, viele von 5mm in der Stunde bis 30 Stunden lang; einer von 49mm in anderthalb Stunden am 2. November 1841, und einer von 40mm in $\frac{3}{4}$ Stunden am 18. Januar 1846.

A. Budding. Meteorologische Beobachtungen auf einer Reise von den Niederlanden nach Java im Jahre 1846.

Auf dieser Reise sind die Beobachtungen des Barometers, Thermometers, des Windes und des Anblickes des Himmels, wie es scheint, sehr genau angestellt. Das Barometer von Becher, einem sehr geschickten Mechanikus in Arnheim, der insbesondere vorzügliche Barometer liefert, ist mit andern Barometern in Amsterdam und Batavia vor und nach der Reise verglichen und sind die erforderlichen Correctionen angebracht worden. Uebereinstimmend mit den Resultaten der im vorigen Berichte erwähnten drei Reisen des Hrn. Hasscarl ist zwischen den zwei Passaten ein barometrisches Minimum aufgefunden, was ungefähr von 760,2^{mm} zu sein scheint, so auch im indischen Oceane an der Nordgränze des SO.-Passates. Dr. Steinhart wird aber doch auch damit übereinstimmen, dafs dieser Schlufs nur wahrscheinlich ist und näherer Bestätigung bedarf. Nothwendig müssen mehrere Beobachtungen gesammelt werden, ehe man die mittleren Barometerstände im Meere bestimmt angeben kann. Der Nordpassat ward am 26. Juli in 38° N. Br. aufgefunden und bis 7. August in 12° N. Br. behalten; der SO.-Passat vom 17. bis 18. August in 1° N. Br.; die Südgrenze dieses Passates erreichte man am 27. August in 18° 30′ S. Br.; später war man wieder im indischen Oceane vom 11. November in 28° S. Br. bis 21. November in 8° S. Br. in dem SO.-Passate. Auch zur besseren Bestimmung von diesen Grenzen und zur Aufklärung des Zusammenhanges zwischen dem Fortrücken der Grenze im Laufe des Jahres mit der in höheren Breiten eintretenden Witterung wäre doch wohl ein gleichzeitiges Zusammenwirken aller Schiffe, die diese Gegenden durchkreuzen, erwünscht. Ohne gemeinschaftliche Arbeit kann man in der Meteorologie Nichts.

JAMES GLAISHER. Ueber die Correktionen, welche bei den Monatsmitteln von meteorologischen Beobachtungen angebracht werden müssen, um sie in mittlere monatliche Werthe zu verwandeln.

Die Schlüsse sind gezogen aus den von 1840 an angestellten und bis zu Ende des Jahres 1845 damals publicirten stündlichen Beobachtungen. An den Sonn- und Festtagen wird in England nicht beobachtet. Die Arbeit war beschwerlich genug, denn alle Beobachtungen mufsten zu Rathe gezogen, die monatlichen Mittel von jeder Stunde und diese für jedes Instrument berechnet werden. Es ist daraus hervorgegangen 1) wie man in England durch wenige täglich anzustellende Beobachtungen doch ebensogut den mittleren Werth (jedoch wohl nicht eines bestimmten Tags sondern nur eines Monats) kann kennen lernen als aus stündlichen Beobachtungen; 2) dafs man die mittlere Temperatur und andere atmosphärische Zustände an vielen Orten zu hoch oder auch zu niedrig angeschlagen hat, zu hoch überall wo man die mittlere Temperatur aus dem arithmetischen Mittel des Maximums und Minimums des Tages berechnete. Die Correction, die an diese und andere Bestimmungen anzubringen ist (man vergleiche den Bericht über die Arbeit des Hrn. A. KUPFFER, mittlere Temperaturen in Rufsland) ist in den verschiedenen Monaten etwas verschieden. Die Meteorologie mufs dergleichen Data haben als hier gegeben sind, aber sie wird sie immer weniger und weniger brauchen, wenn überall selbstregistrirende Instrumente die Stelle der Beobachter werden eingenommen haben. Es wird noch lange dauern, ehe wir ganz genau bestimmte mittlere Temperaturen u. s. w. bedürfen, ehe wir also diese Correctionen genau zu kennen brauchen. Ueberdiefs sind diese Correctionen falsch wenn sie auf einzelne Tage angewandt werden. Wir können also sie und diesen Aufsatz für's Erste bei Seite stellen, da sie nicht nothwendig sind für die Berechnung der Abweichungen, die an bestimmten Tagen und Orten stattgefunden haben und deren Kenntnifs ausschliefslich die Meteorologie gegenwärtig fördern kann.

James Glaisher. Ueber die Reduktion der in den Räumen der royal society von 1774—1781 und 1787—1843 angestellten Thermometerbeobachtungen.

Hr. Glaisher hat sich durch verschiedene Verificationen und Prüfungen überzeugt, dafs die Beobachtungen von dieser ziemlich langen Reihe von Jahren gut sind, ihre Berechnung also wohl einiger Mühe lohne; weiter hat er alle die Correctionen für die Bestimmung der mittleren Temperaturen angebracht, wozu ihm seine früheren Untersuchungen Recht gaben. Da, wo er aus den Angaben von selbstregistrirenden Instrumenten und zugleich aus Beobachtungen, die an festen Stunden angestellt waren, auf einen mittleren Werth eines Monats schliefsen konnte, war die Differenz nur selten ein Grad, so dafs er sowohl auf die eine als auf die andere Angabe sich verlassen konnte, wenn eine von den zweien fehlte.

Tafel I. giebt die zwölf Mittel der zwölf Monate für jedes Jahr.

Tafel II. dieselben Mittel aber für die Gruppen von einmal 8, fünfmal von zehn aufeinander folgenden Jahren und von den Jahren 1837 bis 1843.

Die mittlere Temperatur aus allen Jahren ist für die zwölf Monate:

December	40°,4 ± 1°,3	Juni . .	56°,7 ± 2°,0
Januar .	37°,2 ± 2°,2	Juli . .	62°,4 ± 2°,0
Februar .	40°,1 ± 1°,2	August .	62°,1 ± 1°,7
März . .	42°,5 ± 2°,6	September	57°,5 ± 0°,9
April . .	46°,9 ± 1°,8	October .	50°,7 ± 0°,8
Mai . .	53°,5 ± 1°,3	November	44°,0 ± 1°,7

Ich habe die Grenzen so genommen dafs alle Mittel der Gruppen dazwischen liegen. Das Jahr hat 49°,7.

Tafel III. giebt die Differenzen der erwähnten Mittel (ohne die Grenzen) mit den Angaben der Tafel I., also die Abweichungen der Mittel von jedem Monate von dem Endmittel des Monats. Es ist eine Tafel wie sie die heutige Meteorologie bedürfte, aber leider wünscht sie eine solche Tafel für jeden Tag und mehrere Orte, und kann mit den Abweichungen der Monate an einem

Orte **nichts** ausrichten, diese dienen nur zur bessern Kenntnifs des Klima's dieses Ortes.

Tafel IV. giebt solche Differenzen der Mittel von drei Monaten zusammen (Januar, Februar, März und combinirt u. s. w.) mit den Mitteln dieser drei Monate wie sie sich an jeder Gruppe ergaben. Ich begreife nicht wozu dieses dient, als nur als Uebergang zu der V. Tafel, wo das Mittel von jedem Jahre mit dem Endmittel des Jahres verglichen wird. In VI. und VII. kommt die zweckmäfsigere Eintheilung in meteorologische Jahreszeiten in derselben Weise behandelt vor; in VI. für jede Gruppe gesondert; in VII. für die ganze Reihe. Die fünfte Tafel belehrt uns, dafs das Jahr 1799 das kälteste gewesen ist (— 2°,7 ist die Differenz); alle Monate waren kälter als gewöhnlich, ausgenommen November. Das Jahr 1822 war das wärmste (die Differenz ist + 2°,6), der Sommer war nur 0°,6 und der Winter 2°,1 höher wie gewöhnlich. Es giebt 37 Jahre, wo die Differenz noch nicht 1 Grad betrug.

---

3. Klimatologie.

---

a. Specielle.

A treatise on the climate and meteorology of Madeira by the late J. A. Mason, M. D., edited by James Sheridan Knowles. London, John Churchill. 1850.

Prof. Abich in Tiflis. Meteorologische Stationen in Transcaucasien und erste in denselben erhaltene Resultate. Bulletin physico-mathématique de l'acad. de St. Pétersb. VII. p. 280.

A. T. Kupffer, Akademiker. Mittlere Temperaturen in Rufsland. Bull. physico-mathémat. de l'acad. de St. Pétersb.

A. T. Kupffer, Akademiker. Résumés des observations météorologiques faites dans l'étendue de l'empire de Russie et déposées aux archives météorologiques de l'acad. de St. Pétersb. I. cahier 1846.

Karl Fritzsch, k. k. Kameralbeamte und aufserord. Mitglied der kön. böhm. Gesellsch. der Wissensch. Ergebnisse der meteorologischen Beobachtungen für das Jahr 1846. Prag 1848.

Dr. G. A. Jahn. Wöchentliche Unterhaltungen für Dilettanten u. Freunde der Astronomie, Geographie und Meteorologie. Drei Jahrgänge 1847 bis 1850.

MM. J. Haeghens, Ch. B. Martins et A. Berigny. Annuaire météorologique de la France pour 1849 avec des notes scientifiques de plusieurs savants et des séries météorologiques. Paris 1848 et pour 1850 Paris 1850. De même avec des notes scientifiques de plusieurs savants avec des séries météorologiques. De 1848 et de date antérieure.

A. Quetelet, secrét. perpétuel de l'acad. royale de Bruxelles etc. etc. Sur le climat de la Belgique 1846 et 1848.

A. Quetelet. Mémoires de l'académie royale des sciences, des lettres et des beaux arts de Belgique T. XXI. Observation des phénomènes périodiques.

M. Crahay, professeur de physique à l'université catholique de Louvain, membre de l'acad. etc. Résumé général des observations météorologiques faites à Louvain, au collège des prémontrés depuis 1836 jusqu'à 1848 inclusivement. Extrait du tome XXV. des mémoires de l'acad. de Bruxelles.

Edmund de Selys-Longchamps. Observations sur les phénomènes périodiques du règne animal et particulièrement sur les migrations des oiseaux en Belgique 1841 à 1846. Mém. de l'Acad. de Belg. XIX. (Phénomènes périodiques naturels A. règne animal, B. règne végétal. Mém. de l'Ac. de Belg. XIX. 50.)

J. A. Mason. Ueber das Klima und die Meteorologie von Madeira.

Ein Werk von 386 Seiten mit vielen Tabellen und Zeichnungen. Die Tabellen sind vornehmlich so eingerichtet, dafs sie den Zustand der Atmosphäre angeben insoweit er auf die Gesundheit und Reconvalescenz einwirkt. Man findet die Temperatur, aber jedesmal nur die mittlere eines Monates, in dem Zimmer, im Freien, im Schatten und in der Sonne, die Differenz des bestrahlten und nicht bestrahlten Thermometers, die Feuchtigkeit und die Menge Wasserdampf, welche in einem Cubikfufse Luft enthalten ist. Es resultirt daraus, dafs das Klima von Madeira nicht ganz so gleichmäfsig ist als man wohl behauptet und ganz und gar nicht geeignet für solche Kranke die an der Lunge leiden und einer trocknen Luft bedürfen. Die Jahre 1834 und 1846 waren sogar nicht bedeutend weniger feucht als in London. Der Winter von 1848 bis Mai 1849 war nach täglichen Beobachtungen von Mr. Charles Meluen, Esq., zu Funchal viel trockener, selbst sehr trocken. Die Atmosphäre enthielt Morgens 9 und Mittags 3 Uhr:

		Morgens		Mittags
im December	nur	75°	und	70°
im Januar	„	72°	„	68°
im Februar	„	67°	„	54°
im März	„	55°	„	49°
im April	„	68°	„	64°
im Mai	„	67°	„	61°

Obgleich dieser Herr also darin von Hrn. Mason abweicht, giebt er doch zu dafs das Klima veränderlich ist, dafs dieser Winter von früheren sehr abweiche. Es wird am zweckmäfsigsten sein für jeden Monat einige Extreme mitzutheilen, so wie die Anzahl der Stunden, während welchen es regnet und die Feuchtigkeit. So hat Hr. Mason auch die Zahlen mitgetheilt der Stunden wo er heiter oder bewölkt war. Ich gebe nur die Zahl der Regenstunden um dabei zu bemerken wie viel besser diese Angabe sei als die der Regentage. Die letzte Spalte giebt die mittlere Differenz des trocknen und feuchten Thermometers aus täglichen Beobachtungen fünfmal an jedem Tage, angestellt zwischen Morgens und Abends neun Uhr. Nur wenn die Leste herrscht, der Wind der von Afrika's Sandwüsten über Madeira hinstreicht, ist es viel trockner; jeder der sich dann wohl befindet und also die Leste mit Freude begrüfst, ist nach Dr. Mason ein Kranker, der nicht nach Madeira hätte kommen müssen sondern so bald als möglich Nizza oder eine andere Gegend aufsuchen sollte, denn der Tage wo dieser Wind herrscht sind wenige, die Trokkenheit ist von kurzer Dauer und im Gegensatze mit dem Klima während des gröfseren Theils des Jahres.

St. Luzia.	Gröfste Wärme eines Tags.	Minimum eines Tags.	Maximum einer Nacht.	Minimum einer Nacht.	Stunden des Regens.	Differenz des feuchten und trocknen Therm.	Temperaturen von 1848 u. 1849.	
							Funchal. 280 F. h.	Loofields. 100 F. h.
Januar .	65°	59°	61°	55°	119	3,87	61,7	64
Februar .	69	60	62	55	33	5,26	62,5	65
März . .	71	61	60	53,5	78	6,13	63,5	63
April . .	75	67	64	58	102	4,63	62,3	64
Mai . .	77,5	67	67	61	46	5,91	65,3	67
Juni . .	80	68	69	63	61	5,85	—	69
Juli . .	80	72	72	66	6	6,0	—	—
August .	80	74	72,5	66	7	6,05	—	—
September	79	72	72,5	66	67	5,28	—	—
October	77	68	69	62	196	4,15	—	70
November	73	64	66	57	185	2,75	—	67
December	72	64	65	55	167	3,25	63,7	67

Zur Zeit einer Leste war die Temperatur ungefähr 6 Grade höher. Die Beobachtungen zu Funchal in einer Höhe von 280 F. über der Fläche des Meeres sind von Hrn. Maluen, die zu Loofields von Hrn. Dr. Young angestellt. Es sind in diesem Werke viele Winke enthalten, welche beachtet werden müssen wenn man die Meteorologie auf den Gesundheitszustand beziehen will. Alles was in dieser Hinsicht geleistet wird mufs man willkommen heifsen. Alle Data dazu sind nur zu sehr zerstreut und für mich nicht zugänglich; auch das gröfsere Werk von Heusinger, 1847. Pathologie générale, 10 Theile, habe ich nicht zu Gesicht bekommen, so wenig als August, Luftfeuchtigkeit und Cholera. 1 Kupf. 4. 3 Bogen. Berlin 1831.

Nach meiner bescheidenen Meinung hat Dr. Mason wohl auf die Feuchtigkeit nicht aber auf die Winde genugsam Werth gelegt. Der Stärke des Windes ist die Quantität Wasserdampf ebensowohl als die Wärmemenge, die den Körpern entzogen wird, unter übrigens gleichen Umständen nahe proportional. — Von ziemlich grofsem Einflufse für die Kranken, die noch im Freien herumgehen können, mufs die Differenz der Wärme in der Sonne und im Schatten sein; ich glaube diesem Umstande ist die Ungesundheit des März bei uns zum Theil zuzuschreiben; auch dies wird von Hrn. Mason nicht hervorgehoben. Es wäre sehr zu wünschen, dafs Mediciner und Meteorologen sich mit einander verständigten, um die wichtigsten Umstände aufzusuchen, und dann die Klimate der Erde für die verschiedenen Krankheiten prüften, um nicht nach einer einseitigen Beurtheilung eines Klima's die Kranken dorthin, vielleicht zum Tode zu führen.

Abich. Meteorologische Stationen in Transcaucasien und erste in denselben erhaltene Resultate.

Vom Sommer 1846 bis 1847 wurden acht meteorologische Stationen gegründet und die meteorologischen Beobachtungen überall von geschickten Personen angestellt. Auch die Instrumente waren gut: Barometer nach Parrot und Fortin, von Fortin oder von Pistor in Berlin angefertigt, von Hrn. Abich aber miteinander verglichen und an ihren respectiven Bestimmungsorten aufgestellt. Die Psychrometer, drei von Greiner, einer von Girgensohn in St. Petersburg, gute Thermometer und sehr bewegliche Windfahnen von Hrn. Abich selbst sorgfältig orientirt sind bisher den Stationen zugetheilt.

Die Beobachtungen werden mitgetheilt von den drei Wintermonaten 1847—1848 December, Januar und Februar, das heifst die mittleren Barometer- und Thermometerstände für jeden Tag und dieses für alle acht Stationen, die Höhe der Barometer über dem Caspischen Meere wird immer angegeben. Die Form der Publication ist sehr zu rühmen, nur kann es hier wenig Nutzen bringen da die Stationen zu weit von einander liegen, und weil die Beobachtungen noch nicht lange genug fortgesetzt sind um mit Wahrscheinlichkeit die wahren mittleren Werthe der Temperatur und der Barometerhöhe für jeden Tag muthmafsen und dann nur die Abweichungen hiervon mittheilen zu können. Im Vergleich aber mit der Weise in welcher die besten Observatorien bisher ihre Beobachtungen publiciren, ist die hier benützte ein grofser Schritt vorwärts, dessen Nothwendigkeit wir seit Jahren hervorzuheben uns bemühen. — Aus einem Jahre die mittleren Werthe von Orten in diesem Erdtheile geben zu wollen ist unmöglich, eine Zusammenstellung aber der Werthe für dasselbe Jahr an acht verschiedenen Stationen möchte nicht uninteressant sein.

Namen der Stationen.	Breite.	Länge.	Höhe über d. Casp.M. P. F.	Temperatur nach R. Decbr.	Jan.	Febr.	Barometer. Decbr.	Jan.	Febr.
Leukora . .	38° 44′	66° 33′	10	—0,09	— 0,21	+ 4,70	342,94	342,39	339,70
Baku . . .	40° 22′	67° 30′	30	—0,86	+ 0,43	+ 4,76	342,51	341,90	339,10
Tiflis . . .	41° 42′	62° 30′	1262	— 2,60	— 1,52	+ 5,12	323,18	322,17	320,30
Derbent . .	42° 4′	65° 56′	168	—1,95	— 1,50	— 3,67	341,30	340,14	337,04
Redutkale .	42° 16′	59° 16′	19	+2,75	+ 3,75	+ 7,47	339,38	338,38	337,40
Kutais . .	42° 43′	—	4465	+2,37	+ 3,45	+ 7,14	—	333,36	331,36
Wladikawkas	43° 2′	62° 29′	2224	—8,60	— 7,15	+ 1,13	313,62	312,10	310,46
Schemacka .	46° 37′	—	2248	—2,46	— 2,82	+ 3,30	312,97	312,72	310,32

Das Resultat, besonders für Kutais, ist allerdings sonderbar. Die Zeit ist nach dem alten Styl. In demselben Bande des Bulletin S. 313 kommt noch die graphische Darstellung des Ganges der meteorologischen Instrumente im Jahre 1845 zu Tiflis vor, der nichts ungewöhnliches oder unerwartetes zeigt und nur für die Kenntnifs der täglichen Periode von Gewicht ist.

A. Kupffer. Mittlere Temperaturen in Rufsland.

Eigentlich gilt diese Mittheilung nur St. Petersburg. Als Resultat von den sechs Jahren von 1841 werden die stündlichen Mittel für jeden Monat gegeben. Ich gebe nur die zwei folgenden Resultate: 1) die höchste Temperatur tritt im Winter um 2^h Nachmittags ein, im Sommer aber bedeutend später. (Juni, Juli und August geben für 5 Uhr eine gleiche Wärme als für 4 Uhr, die Reihe ist aber zu kurz für dieses excessive Klima. B. B.) 2) Die Grenzen, innerhalb welcher sich die mittleren Temperaturen der einzelnen Stunden bewegen, sind:

für den	November	1°,2	März	3°,8	Juli	5°,0
	December	0°,7	April	4°,8	August	5°,7
	Januar	0°,9	Mai	6°,0	September	4°,3
	Februar	1°,8	Juni	5°,7	October	2°,2

nahe proportional den Cosinussen der mittleren Zenithdistanzen der Sonne. 3) Das Mittel von den Beobachtungen an der 10. und

22. Stunde weicht in keinem Monate um mehr als 0°,2 von dem Mittel aus allen 24 Beobachtungen ab; der Werth $T = \frac{1}{4}$(VII +II+2·IX) aus den Beobachtungen der 19., 2. und 19. Stunde, die letzte zweimal genommen, weicht niemals über 0°,1 ab, das Mittel an der 18., 2. und 18. Stunde niemals mehr als 0°,2. Es folgen noch die monatlichen Mittel einmal aus einer Reihe von 1806 bis 1825, dann aus einer ebenfalls zwanzigjährigen von 1826 — 1845 und noch andere Bestimmungen von 1753 bis 1761 und Bestimmungen von Jahresmitteln von 1744 bis 1800.

Die geringsten Jahresmittel sind 1760 + 1°,1, 1771 + 1°,0, 1785 ± 0°,0, 1782 + 1°,2, 1809 + 0°,9 und 1810 + 1°,0. — Die höchsten 1752 + 4°,3, 1757 + 4°,0, 1822 + 4°,5, 1826 + 4°,9; Jahre in denen es sich auf + 3°,8 gestellt hat, sind 1753, 1794, 1841 und 1843. Die fünfjährigen Jahresmittel schwanken zwischen + 1°,52 1782 bis 1786 und + 3°,42 1822 bis 1826, nahm man 1822 bis 1826 so würde das fünfjährige Mittel auf 3°,78 steigen. Für einen Theil werden doch auch wohl die Instrumente des vorigen Jahrhunderts und ihre Aufstellung, Verwechselung u. s. w. daran Schuld haben. Diese grofse Abweichung stimmt nicht überein mit der wahrlich geringen, die die zwei Mittel der Monate aus den zwei Perioden von zwanzig Jahren uns bieten, und wo März und Mai bei weitem die gröfsten Differenzen zu nur 0°,5 und 0°,7 Grad zeigen. Die Folgerungen, die hinzugefügt werden, sind nicht von grofsem Gewicht; die monatlichen Mittel sind in dem grofsen Werke von Dove zu finden, damit aber diese Reihen von Beobachtungen nützlich würden, müfste man die Observations météorologiques de St. Pétersbourg, Mém. de l'académie des sciences de St. Pétersbourg selbst einsehen und in ganz andere Form bringen.

A. T. Kuppfer. Zusammenstellung der meteorologischen Beobachtungen im russischen Reiche.

Die Beobachtungen sind theils für Irkoutzk 1846 52°,17′ Br. 101°,51′ Länge von Paris von Hrn. Stchoukine während 15 Jahren 1830 – 1844, theils für Yakoutzk 62°,2′ Br. 127°,23′ Länge von

Paris von Hrn. Névéroff während 15½ Jahren angestellt und deren Resultate hier vereinigt. Die Distanz ist grofs und mufs durch Zwischenstationen ausgefüllt werden, aber die Berechnungsweise und Form von Mittheilung der XI. Tabelle für Irkoutzk und der VI. für Yakoutzk ist besser als wir sie noch irgendwo angetroffen haben; für jedes Datum ist an beiden Orten die mittlere Temperatur abgeleitet in der sechzehnten Spalte, während die fünfzehn früheren Spalten die Temperaturen der gleichnamigen Tage in jedem der fünfzehn Jahre enthalten. Wären nur anstatt dieser mittleren Temperaturen, deren Differenzen mit den Zahlen der sechzehnten Spalte angegeben, was übrigens nicht soviel Arbeit mehr kostet, so wäre die Form vollkommen und ein Muster für alle Berechner. Fünfzehn Jahre sind noch wohl zu wenig um die Zahlen der sechzehnten Spalte für die wahren mittleren Temperaturen dieser Tage in einem solchen Klima halten zu können, aber man könnte aus jedem Monat für sich für's erste die Ungleichheiten ebenen um nach fortgesetzter Beobachtung zu untersuchen, welche zufällig, welche von den Localitäten abhängig wären. Auch die vorhergehenden Tabellen, welche die mittleren Werthe für Monate, Vierteljahre und Jahre geben, sind noch die interessanten, welche den Einflufs der Windrichtung ausdrücken. Der Gang des Barometers ist graphisch dargestellt, aber die Angabe der Windrichtung für jeden Tag ist nicht beigegeben und kann auch wohl entbehrt werden, da man doch keinen Gebrauch davon machen könnte wegen der Abwesenheit von naheliegenden und an einander schliefsenden Stationen.

Der Preis für die Kenntnifs von diesen 2 Stationen ist noch nicht ein Thaler, das macht für 15jährige Beobachtungen von 100 Stationen, wenn alle dieses Beispiel befolgen wollten, oder doch wohl für einjährige Beobachtungen von 1000 Stationen wenig mehr als für einen einzigen Band eines grofsen Observatoriums für ein Jahr, und es könnte noch einfacher und weniger kostspielig gegeben werden, dafür hätte man denn nicht einen 1000fachen sondern einen 10,000fachen Gewinn.

Karl Fritzsch. Ergebnisse der meteorologischen Beobachtungen für das Jahr 1846 zu Prag

Ein sehr artiges Büchlein, das ich bedaure nicht früher gekannt zu haben, obgleich doch, wie es scheint, mehrere frühere Hefte davon erschienen sind. — Schade, daſs für das Jahr 1846 nicht so viele Beobachter und Stationen als früher vorhanden gewesen sind. Möchte eine allseitige Anerkennung des Guten, das von dieser kleinen Gesellschaft von Beobachtern geleistet worden, Viele dazu bewegen mitzuwirken und andere solche Gesellschaften in's Leben rufen. Zuerst werden die erwähnten Prager Beobachtungen nützlich gemacht, denn es werden fünftägige Mittel des mittleren Verlaufes der Witterung gegeben und diese abgezogen von den wirklichen fünftägigen Mitteln im Jahre 1846; dies geschieht für Barometer, Temperatur und Regen. Für den Regen wird eine Tabelle gegeben, welche die mittlere monatliche Summe der Regenmenge angiebt für Zeitintervalle von je zwei Stunden des Tages und zehn des Nachts. Selbst in den Greenwich-Beobachtungen habe ich solche nicht gefunden. Wie Hr. Fritzsch sehr wahr bemerkt sind siebenjährige Beobachtungen noch nicht genügend um die Abhängigkeit der täglichen Vertheilung der Regenmenge von den einzelnen Monaten und den vier Jahreszeiten mit Bestimmtheit zu erkennen, die Regenmenge ist zu sehr von einzelnen auſserordentlichen Fällen abhängig; darum wähle ich auch nur seine halbjährige Tafel zur Mittheilung.

Es fallen von

8—18	18—20	20—22	22—24	0—2	2—4	4—6	6—8
von October bis März							
28''',720	5''',320	4''',398	3''',958	4'''235	4''',033	5''',050	6''',843
von April bis September							
48,495	8,272	7,690	7,077	10,068	10,684	14,323	12,829

Das Resultat ist wie man es im Voraus sagen würde; es kann jedoch für alle die Orte nicht gültig sein, die, an der Küste gelegen, an einer bestimmten Stunde des Tages Seewind haben. Das Resultat stimmt nicht mit der Feuchtigkeits-Tafel von Greenwich LXXX.

Die Feuchtigkeit ist von

	8—18	18—20	20—22	22—24	0—2	2—4	4—6	6—8
Im Frühling	,935	,944	,890	,826	,781	,770	,794	,838
Im Sommer	,929	,930	,850	,775	,740	,736	,758	,811
Im Herbste	,939	,954	,913	,845	,793	,780	,811	,865
Im Winter	,934	,947	,936	,915	,896	,889	,900	,915

Für die Vertheilung der Gewitter im Laufe des Jahres hat man eine Tabelle, die für die Mitte des Juli die meisten Gewitter giebt. Vom 6. December bis 6. Februar die wenigsten, für Mai, Juni, Juli und August 771, für April 46, September 52, für die übrigen sechs Monate 38, also im Jahre durchschnittlich 130. Die gröfsere Quantität Wasserdünste im Sommer veranlafst viel mehr Ungewitter in dieser Jahreszeit.

Von Seite 16 an beginnt die Charakteristik des Jahres. Wirklich würde es sehr interessant sein wenn jedesmal der Eindruck niedergeschrieben würde, den der Zustand der Atmosphäre auf uns macht, wenn man nur aufrichtig oder lieber offenherzig genug ist um seine Meinung über die zu erwartende Witterung zu Papier zu bringen und stehen zu lassen. Ich meine auch nicht gerade eine Prophezeihung sondern eine Aussage: N. und S. kämpfen hier mit einander oder etwas dergleichen, man würde es eher lesen als den Grad von Bewölkung u. s. w. und es würde mehr Frucht tragen. Die Frage, ob die Sonnenflecke Wärme oder Kälte bringen S. 20 ist nicht aus meteorologischen Beobachtungen von einem Orte zu beantworten; die Versuche Henry's haben für das letzte bestimmt gesprochen.

Die Tafeln, welche von Seite 53 anfangen, enthalten mittlere Werthe 1, 4, 5, 8, 9, 11, 12, 14; noch einige geben Aufschlufs über die Heiterkeit, über die Häufigkeit dieses oder jenes Windes u. s. w. Interessant sind 2, 3, 6, 7, da sie die höchsten und tiefsten Stände angeben, die Barometer und Thermometer in jedem Monate des J. 1846 an jedem Orte angenommen haben und neben diesen Ständen auch die Tage der Monate woran an jedem Orte dieselbigen erreicht wurden; so hat man doch zweimal im Monat gleichzeitige, oder nahe gleichzeitige Angaben für die dreizehn Stationen: Boderbach, Deutschbrod, Hohenelbe, Karlstein, Königgrätz, Kremurch, Leitmeritz, Pilsen, Prag, Pürglitz, Schörzl, Seelau, Smecna. Nicht immer fallen dieselben in allen Gegenden auf denselben Tag oder den nächst folgenden; man lernt vielmehr den Umfang kennen, innerhalb dessen diese Abweichungen sich erstrecken und die Weise, wie sie fortschreiten, — doch nein, dieses noch nicht, man würde dies kennen lernen, wenn nicht nur die gröfsten, sondern alle Abweichungen an allen Gegenden mit den Daten aufgezeichnet wären. Auch bedürfte man insbesondere in einer gebirgigen Gegend mehrere Stationen und auf einen gröfsern Raum ausgebreitete.

G. A. Jahn. Wöchentliche Unterhaltungen für Dilettanten und Freunde der Astronomie, Geographie und Meteorologie. Vier Jahrgänge 1847—1850.

Vergangenes Jahr, als ich den Wunsch äufserte dafs die meteorologischen Ereignisse doch so bald als möglich bekannt gemacht werden möchten, anfangs vielleicht nur die aufserordentlicheren, weil diese leicht die meisten Beobachter fänden, wufste ich noch nicht, dafs in Deutschland schon ein Blatt herausgegeben wird, welches sehr gut dazu geeignet ist. Es ist das, was wir hier ankündigen. Die beiden ersten Rubriken sind zur Meteorologie überflüssig, aber wenn sie mehrere Leser für das Blatt gewinnen so mögen sie bleiben, die erstere Wissenschaft fordert auch eine baldige Bekanntmachung. Hr. Jahn zeigt sich in den Nummern von 1850, die wir vor uns haben, überall sehr bereit alle meteorologischen Mittheilungen aufzunehmen, wir hoffen dafs ihm von vielen das geboten werden möge, mehr als in diesen Nummern enthalten ist, damit man von einem Ereignisse eine vollständigere Nachricht bekomme. Auch die Temperaturbeobachtungen, die monatlich von Pegau und Leipzig mitgetheilt werden, sind von vielem Werthe und würden viel schätzbarer werden, wenn es deren mehrere gäbe; die Form der Pegauer Beobachtungen billigen wir sehr; den Leipziger Beobachtungen mangeln die Angaben der Windesrichtung; auch macht es einen sehr schlechten Eindruck, dafs die Beobachtungen von Hrn. Dr. Reuter und Hrn. Mechanikus Emenkel (freilich die ersten in der äufsern Vorstadt, die anderen in der innern Stadt angestellt) manchmal an einem und demselben Tage 3 und mehr Grade Réaumur verschieden sind, ja es sind sogar für Januar 1850 Beobachtungen von Hrn. F. Moscheles hinzugefügt, dreimal des Tags an den Stunden 20, 1 und 10, bei denen zuweilen die Beobachtung um 1 Uhr höher als das Maximum und die um 20^h tiefer als das Minimum der anderen Herren ist.

Noch findet man halbmonatliche Mittel aus den meteorologischen Beobachtungen der Senftenberger Sternwarte, die dreimonatlich eingesendet werden. Die beigefügten Bemerkungen über die Witterung daselbst in jedem Monate sind interessant. Auch enthält die 15. Nummer sehr bemerkenswerthe Angaben für die Witterung in Utendorf. Die Vorliebe der Redaction für die Astronomie ist in der kleinen Zeitschrift sichtbar und wer wird sie mifsbilligen, wir gewifs nicht, aber wir hoffen nur dafs der Schrift eine solche Ausbreitung gegeben würde, dafs die weitere Umgebung von Leipzig darin in geeigneter Form und so schnell als möglich Beobachtungen und Nachrichten von merkwürdigen Ereignissen einsende. So könnte sie gut werden. Möchte Herr Jahn eine solche Vereinigung stiften und so viele Mitwirkung finden, als die Commission für das Annuaire météorologique de la France.

J. Haeghem, Ch. Martins und A. Bérigny. Meteorologisches Jahrbuch Frankreichs auf das Jahr 1849.

Die Einleitung dieses Werkes setzt den Einflufs auseinander, welchen die Meteorologie nun bereits auf Landwirthschaft und Industrie ausübt, und ihren Werth um Stürmen, Wasserfluthen und anderen Verheerungen ausweichen zu können. Ferner kommt ein allgemeiner Kalender, mehrere Reductionstafeln, dann die wissenschaftlichen Notizen 1) von Hrn. Delcros, über die Wahl, die Construction, die Beobachtung, die Berichtigung und die Fehler des Barometers, welches für stehende meteorologische Beobachtungen zweckmäfsig ist. Hr. Delcros giebt den Barometern von Fortin und Ernst den Vorzug. Er hat viele untereinander verglichen, wie man weifs, auch eine Tabelle für die Capillarcorrection gegeben. Was er hier mittheilt ist aber mehr von allgemeinem physikalischem Werthe als von speciellem meteorologischem. So ist es auch mit den Notizen von Hr. Haeghem: Instructionen über die Thermometer und Instructionen über die Hygrometer. Physikern von Fach ist alles dieses bekannt. Für Meteorologen möchte aber der Psychrometer des Hrn. Valz zu Marseille von Hrn. Dr. Lamont verfertigt anzuempfehlen sein. Dieser trägt eine Schaale welche unmittelbar die Druckspannung angiebt, freilich mit einer kleinen Ungenauigkeit, aber doch nicht eine solche, wie mich dünkt, die nicht auch bei vielen Psychrometerbeobachtungen begangen wird. Die Instructionen über die Tromben von Hrn. Ch. Martins. Als Vorboten werden genannt das sehr schnelle Sinken des Barometers bis 17^{mm} in einer Stunde und eine drückende Hitze, zwei über einander gelagerte Lagen von Wolken, nach Hrn. Peltier von entgegengesetzter Elektricität. Wir haben im vergangenen Jahre die Erklärung des Hrn. A. Thom gegeben. Dann folgen elektrostatische Versuche von Hrn. Pegré. Diese Versuche beziehen sich überhaupt auf die elektrischen Funken, die, wenn sie zwischen Condensatorplatten überspringen, nach Hrn. Pegré aus mehren Theilen bestehen, aus einem umhüllenden röhrenartigen Theile und einem umhüllten. Die Versuche sind interessant für die Verbreitung der Elektricität beim Ueberspringen auf leitende und nicht leitende Oberflächen und auf die Oberfläche von Flüssigkeiten. Auf der Oberfläche mufs man annehmen, dafs sich die zwei entgegengesetzten Elektricitäten zugleich befinden. Hr. Pegré hat diese Versuche beschrieben um dadurch die Meteorologen besser in Stand zu setzen, die Effekte des Blitzes zu untersuchen und zu würdigen. Die Instructionen über die Beobachtung der Erdbeben von Hrn. A. Perrey sind ziemlich überflüssig und ganz für Anfänger geeignet; jedoch hat er sehr Recht, dafs man einander genaue Beobachtungen und von zweckmäfsig gewählten Orten (also von den meteorologischen Stationen denen diese Beobachtungen aufgetragen werden können) zuwenden mufs. Die Notiz, die nun folgt: Ueber den Regenbogen und Instructionen zur Beobachtung dieses Phänomenes von Hrn. A. Bravais ist, wie es sich versteht, sehr gut; man weifs was Hr. Bravais für die optische Meteorologie gethan hat. Auch ist es genug bekannt wie zweckmäfsig die Instructionen zur Beobachtung der periodischen Phänomene von A. Quetelet eingerichtet sind; auch diese Anzeigen sind für Freunde der Wissenschaft. Mehr und mehr beginnt der Inhalt Beziehung auf die Meteorologie zu erhalten. Die Commission hydrométrique de Lyon theilt interessante Data mit für 1844, 1845, 1846, 1847 zur Kenntnifs des Wassers im Flufsgebiete der Saone: den Wassergehalt, die Regenmenge, die Verdunstungsmenge, die Quantität Flufswasser welche zu Trevone durchfliefst und der Wasserstand der Saone. Diese Commission hat bereits vielen Nutzen für Frankreich gehabt, da sie manchmal die Höhe, zu welcher die Saone an verschiedenen Stationen steigen würde, so genau vorherbestimmt hat, dafs die danach getroffenen Vorsichtsmaafsregeln genügend und zeitig angebracht werden konnten.

Das Annuaire giebt III. eine Sammlung von meteorologischen Beobachtungen von verschiedenen Orten bis 1846 in verschiedenen Formen. Die Commission zur Redaction bittet alle Freunde der Meteorologie um ihre Beobachtungen in einer von diesen Formen einzusenden und verspricht für diesen Fall die Aufnahme. Für 1845 und 1846 werden im Detail die Beobachtungen des Barometers und Thermometers gegeben: von Rouen an den Stunden 19, 2, 9; zu Rodez 21^h, 0^h, 3^h, 9; Lyon 21, 0, 4, 9; ferner Maximum und Minimum von Thermometern und der Wind am Mittage für die drei Stationen; für Lyon auch die Regenmenge in 24^h und mittlere Regenmengen der Monate aus älteren Reihen von Beobachtungen. Es folgen die 30jährigen Beobachtungen von Paris 1816—1845, die mittleren Werthe für die 360 Monate von Barometer und Thermometer 21, 0, 3, 9, von dem täglichen Maximum und Minimum, von den Winden die aus verschiedenen Richtungen geweht haben, von den Regenmengen auf der Terrasse und unten. Von Alais werden nur totale mittlere Werthe aus Beobachtungen von 35 Jahren mitgetheilt; zugleich aber auch als höchst interessant für die Klimatologie des südlichen Frankreichs die Arbeit des Herrn d'Hombres-Firmas: Mémoires et Observations Géorgico-météorologiques, Nimes 1838, empfohlen. Die Beobachtungen zu Metz sind beinahe wie die von Paris, nur von 1825 bis 1846; so auch die zu Toulouse an den Stunden 21, 0, 3, 6, 9 von 1839 — 1846 an. Noch folgen die von Saint-Lo 1844, 1845 und 1846 und von Nantes. Endlich schliefst das Annuaire mit den Beobachtungen von 1847 aus den nämlichen Orten auf demselben Fufse. Ueberall wo die Beobachtungen in Detail angegeben sind, sind wie auch zuvor die mittleren Werthe einer jeden Decade angegeben. Die Stationen sind vermehrt, denn la Chapelle giebt für 1847 auch detaillirte Beobachtungen 21, 0, 3, 9, Therm. Max. und Min., Tag- und Nachtregen, Wind am Mittage; nur Versailles giebt für 1846 nur Résumés wie Cambrai für 1847 und Barometerstände für 1847, dagegen giebt es 3stündliche Beobachtungen auch von Wind- und Wolkenrichtung; dieses wird also eine sehr schätzbare Reihe werden. Jeder mufs der Commission viel Glück zur Ausbreitung ihrer Wirksamkeit wünschen.

Annuaire für 1850.

Auch dieser zweite Band enthält in den ersten 113 Seiten den Kalender, einige astronomische und hypsometrische Bestimmungen für Frankreich und Reductionstafeln: darunter eine Analyse von Hrn. J. Haeghem's von einem Aufsatze des Hrn. A. Bravais: Sur la manière de représenter les variations diurnes ou annuelles des éléments météorologiques par des séries trigonométriques. Das Problem ist auf sehr elementäre Weise vorgestellt und gelöst, es sind aber nicht die Hülfstafeln beigegeben, die man im Repertorium für Physik von Dove findet. Der Aufsatz ist von Werth für jeden, der solche periodische Formeln liebt.

Nun kommen einige Instructionen und Notizen, welche mehrentheils an andern Stellen zu finden sind und hier für die französischen Leser, die im Allgemeinen nicht sehr mit der ausländischen Literatur bekannt sind, übertragen werden. Wir theilen nur die Ueberschriften der Titel mit:

Ch. Martins. Des climats de la France et de leur influence sur son agriculture et le génie de ses habitants.

Beny Valz. De la détermination du trajet aërien des ballons et de son utilité pour la météorologie. Der Nutzen wird nicht nur gesucht in den Beobachtungen, die im Luftballon selbst angestellt werden, sondern in den Bewegungen des Ballons die mit einem Fernrohr genau verfolgt werden müssen. Sein scheinbarer Durchmesser bestimmt den Abstand und die Richtung mit einem Theodolite unaufhörlich zugleich mit der Zeit angemerkt, bestimmt die Richtung der Bewegung, die Geschwindigkeit, die Höhe und den Ort worüber der Ballon schwebt. Drei Beobachter müssen dasselbe Instrument zugleich ablesen und unter sich zweckmäſsig die Beobachtung der Zenithdistanz des Azimuths, der Zeit und des Durchmessers vertheilen. Es ist der Weg eines Ballons, der im Jahre 1822 zu Nimes aufstieg und in verschiedenen Höhen sich in nicht weniger als sechs verschiedenen Richtungen bewegte, in vertikaler und horizontaler Projection beigegeben. — Wenn man hierauf achtet und bedenkt wie wenig die Wolkenrichtungen genügen, da nicht überall Wolken vorhanden sind, um die Bewegungen der Luftströmungen bekannt zu machen, so sehen wir daſs wir noch sehr unvollständige Mittel besitzen, um genau angeben zu können wie die Wärme von einem Orte zum andern gelangt.

Quetelet. Du rayonnement solaire und Instructions sur l'électricité atmosphérique aus den Annales de l'observatoire de Bruxelles. Auf diese interessante Mittheilung kommen wir ein anderes Mal zurück.

A. Peltier. Théorie de l'électricité atmosphérique. Sie ist genug bekannt.

A. Bravais. Observations sur les phénomènes crépusculaires. Hier sind sehr interessante Beobachtungen beigegeben von den Höhen de la courbe crépusculaire et anticrépusculaire sur le Faulhorn für verschiedene Höhen der Sonne unter dem Horizont.

Ch. Martins. Note sur l'intensité du son dans l'air rarifié des hautes montagnes. Beobachtungen mit einer Stimmgabel, die in Saint-Chéron 150 Meter über dem Meere Mittags um 1 Uhr, in 254 M. Entfernung, zu Mitternacht in 379 M.; am Faulhorn 2630 M. hoch in 550 Meter und auf dem groſsen Plateau des Mont Blanc in 337 M. Entfernung gehört wurde, jedesmal bei Windstille. Hr. Martins scheint es mehr der beinahe absoluten Abwesenheit aller Geräusche, als den parallelen erwärmten und den Schall zurückwerfenden, also schwächenden Luftströmen zuzuschreiben, dafs in so verdünnter Luft dieser schwache Ton so weit vernommen werden konnte. Es dünkt mich, dafs es nothwendig grofsen Unterschied machen mufs, wenn der Schall von festen Körpern hervorgebracht wird oder von der Luft selbst; darum ist der Donner auch nicht weit zu hören, wohl aber die Windstöfse (raffales) auf den Bergen, denn da klingen die Berge selbst von der zeitlich verdichteten Luft angestofsen.

Robinet. De l'influence des phénomènes météorologiques sur les éducations de vers à soie mit Temperaturbeobachtungen; ein sehr ausführliches Stück.

J. Thurmann. Sur la température des sources de la chaîne du Jura, comparée à celle des sources de la plaine Suisse, des Alpes, des Vosges, de la forêt noire et de l'Albe Wirtembergeoise. Extrait de l'essai de phytostatique appliqué à la chaîne de Jura I, 53 et II, 281.

Hr. Thurmann hat sehr viele Messungen von Brunnentemperaturen gemacht und in verschiedenen Monaten des Jahres gesammelt; für sieben Brunnen von Basel und drei bei Porentruy (die drei letzten sind auch besonders angegeben für 1846, 1847, 1848 und zeigen in den verschiedenen Jahren in demselben Monat nur kleine Differenzen, nicht über 0°,5) erhält man:

Monat	Basel	Porentruy	Monat	Basel	Porentruy
December .	9,76	10,00	Juni . .	9,37	10,38
Januar . .	8,81	9,71	Juli . .	9,67	10,55
Februar . .	8,33	9,67	August .	10,00	10,78
März . . .	8,33	9,82	September	11,00	11,17
April . . .	8,67	8,61	October .	10,77	10,70
Mai . . .	9,07	10,18	November	10,06	10,49

Weiter kommen noch viele einzelne Bestimmungen vor, es wird Acht gegeben auf die geologische Formation und die Beschaffenheit der Gebirge, aus denen sie entspringen, und als Resultat wird angegeben dafs in Graden nach Celsius

im östl. centralen Jura von 350^m bis 700^m die Temp. v. 8°,5 bis 11°
„ „ „ „ 700 „ 1300 „ „ 6° „ 8° u.
im westl. u. südl. Jura von 350^m bis 700^m die Temp. v. 10°,5 bis 13°,0
„ „ „ „ 700 „ 1300 „ „ 8° „ 10°,5

variirt, also höher als in den Alpen ist, wo nach WAHLENBERG, UNGER und HEER die Temperatur im Mittel 8° ist für 325m, 7° für 650m, 6° für 975m, 5° für 1300m, 4° für 1625m, 3° für 1950m, 2° für 2275 Meter Höhe.

DE FINKER-OORTER und C. BRUNNER Sohn. Expériences sur la température du lac de Thoune à différentes profondeurs et à différentes époques de l'année. Lue à la société de physique et d'histoire naturelle de Genève le 7 juin 1849.

Der Name des Hrn. BRUNNER versichert uns, daſs die Beobachtungen gut angestellt seien; es ist eine graphische Darstellung von den Messungen mitgetheilt, wir geben hier die numerischen Resultate:

Tiefe.	28. März 1848.	13. Mai.	5. Juli.	5. August.	6. Sept.	28. Octob.	26. Nov.	3. Feb. 1849.
Oberfläche	1,06	10,44	10,73	12,45	14,05	7,26	3,31	0,26
3 Meter	0,56	6,11	10,32	11,11	11,92	7,12	3,32	0,35
6 „	0,53	4,92	9,37	9,40	10,40	7,00	3,35	0,45
9 „	0,45	4,23	7,16	8,43	9,67	7,02	3,26	0,35
12 „	0,44	3,46	6,52	7,81	8,80	7,11	3,24	0,26
18 „	0,28	2,46	5,17	6,79	7,45	7,05	3,22	0,20
24 „	0,27	2,13	3,30	5,76	5,86	6,58	3,24	0,24
36 „	0	0,83	1,07	1,86	1,71	1,81	2,04	0,20
48 „	0,05	0,62	0,59	0,80	0,77	0,95	0,94	0,36
75 „	0,04	0,25	0,39	0,46	0,57	0,37	0,53	0,22
105 „	0,16	0,32	0,28	0,40	0,39	0,26	0,23	0,21
135 „	0,18	0,22	0,26	0,32	0,25	0,29	0,18	0,20
165 „	0,19	0,21	0,26	0,24	0,27			

Das Minimum, das von allen Zahlen subtrahirt ist, um besser das Hauptfactum sehen zu lassen, ist 4°,64 C.

R. MALLET. Sur l'observation des tremblements de terre par M. PERREY.

Es werden vier rectangulär gebogene Röhren, oben geschlossen und zum Theil mit Quecksilber gefüllt, vorgeschlagen, von jeder werde ein Arm vertical gestellt, der andere horizontal von der ersten Röhre nach Nord, von der zweiten nach Ost, von der dritten nach Süd, von der vierten nach West; in diesen horizontalen Armen seien Indices so wie in den Maximumthermometern. Um die

Zeit zu kennen kann man leicht eine Einrichtung treffen, dafs eine Stütze bei einer Erschütterung umfallen mufs, dadurch auf eine Hemmung des Pendels eines Chronometers einwirken und dieses aufhalten mufs; das übrige mufs man selbst lesen.

Von Hrn. Perrey wird beigegeben: Liste des tremblements de terre, ressentis en 1848. Er hat die Beschreibungen aus allen Journalen zusammen gebracht. Es wäre, wie ich schon mehrmals bemerkte, sehr wünschenswerth, wenn nicht nur die heimischen sondern alle Ereignisse gesammelt würden. Wenn sie so benutzt würden, so würde man auch die Hoffnung hegen können, dafs die Berichte ein wenig wissenschaftlicher, d. h. bestimmter und genauer eingerichtet würden als sonst zu geschehen pflegt.

Ch. Martins. Des lignes isothermes mensuelles, par M. H. W. Dove. (Ueberall heifst Dove hier Dowe.) Die Karten für Januar und Juli werden zweckmäfsig mitgetheilt.

J. Haeghem. Des vents et de leur influence sur la température sous le climat de Paris.

Die Häufigkeit eines jeden Windes wird mitgetheilt für jeden Monat numerisch und graphisch; auch die mittlere Temperatur am Mittage von jedem Datum aus Beobachtungen von vierzig Jahren; weiter thermische Windrosen und eine Berechnung, wie hoch die Temperatur am Mittage gewesen wäre ohne Wind. Wir achten weniger auf dieses Resultat, das nur geringen Werth hat, nicht gröfseren als eine jede thermische Windrose, weil nicht die Temperatur gefunden wird, die Statt gehabt haben würde, wenn auf der ganzen Erde kein Wind wehte, sondern nur die, welche man beobachtet hätte, wenn in der unmittelbaren Nachbarschaft von Paris kein Wind wehte. Mehr Gewicht legen wir auf die Mühe der Berechnung, durch welche die Abweichungen, die wir so sehr wünschen, berechnet sind, aber ohne Nutzen so lange sie nicht publicirt sind. Die Beobachtungen, die für 1848 für Paris dreistündlich folgen sind wieder in Natura, nicht in Abweichungen, gegeben, das doch nun so leicht gewesen wäre.

Das übrige des Annuaire enthält einen grofsen Schatz von Beobachtungen in Bourg, Lyon, Saint-Hippolyte de Cuton, Goersdorff, Syam, Privas, Orange, Nantes, Bordeaux, Chalons sur Marne, am Faulhorn, Brienz, Montblanc, Chamonix, Janina, Berlin (aus

Schum. astr. Jahrb. 1843), Nouvelle-Zemble, Alger, und für 1848 in Frankreich selbst, von Cambrai, Rouen, Metz, Dijon, Rodez, Toulouse, Marseille, Bordeaux, Versailles, Privas, Syam, Paris. Man mufs sich sehr freuen, dafs das Annuaire so viele Mitarbeiter findet; die Commission thut auch ihr möglichstes, jeden aufs freundlichste zur Einsendung einzuladen. Es könnte etwas recht Schönes und Fruchtbares daraus werden, wenn diesem Wunsche der Commission zufolge noch mehrere Beobachter sich diesem Unternehmen anschlössen und wenn einer die Mühe übernehmen wollte, das Vorhandene zu berechnen!

A. QUETELET. Ueber das Klima von Belgien.

Hr. QUETELET hat sich vorgenommen alle Beobachtungen zu sammeln, die auf das Klima von Belgien Bezug haben und daraus jene Resultate zu ziehen, insbesondere aber aus denen, welche an dem königlichen Observatorium angestellt sind. Das Werk wird zehn Abschnitte enthalten:

1) Die Wärmestrahlung der Sonne und die Temperaturen von Luft und Boden.

2) Die Intensität und Richtung der Winde.

3) Den Druck der Atmosphäre und seine periodischen oder unregelmäfsigen Variationen.

4) Den Feuchtigkeitszustand der Luft: die Wassermengen in Form von Regen, Schnee oder Hagel niedergefallen, ihren Einflufs auf die Hauptflüfse Belgien's, Ueberschwemmungen etc.

5) Den allgemeinen Zustand des Himmels und die Beziehung zwischen der Heiterkeit der Luft, der Form der Wolken mit den Jahreszeiten.

6) Die Luftelektricität: Gewitter, Nordlichte, Meteore, Erdbeben u. s. w.

7) Die Höhe der Fluthen längs den Küsten

8) Den Erdmagnetismus.

9) Die natürlichen periodischen Erscheinungen, als die Blüthe, das Reifen der Früchte, die Wanderungen der Vögel.

10) Den Einflufs des Klima's auf den Menschen, insbesondere auf die Menge der Todesfälle.

No. 1, 2 und 9, die 1845 und 1846 ausgegeben wurden, machen uns nach den übrigen Abschnitten begierig. In No. 1 *a*) wird die Wärmestrahlung der Sonne behandelt und die mit dem Actinometer gemessenen Quantitäten mit der Höhe der Sonne in Verbindung gebracht durch die bekannte von Bouguer gegebene Formel $t = Tp^{\varepsilon}$, der Exponent ε ist die Länge des Weges, welchen der Sonnenstrahl in der Atmosphäre zurückzulegen hat; die Länge des Zenithstrahles ist gleich eins gesetzt, also für vertical fallende Strahlen $t = Tp$, $T = \frac{t}{p}$. Es wird p so gut wie möglich aus den Beobachtungen bestimmt, aber Hr. Quetelet versichert, dafs an einem und demselben Tage und an Tagen, die man für gleich heiter halten würde, die vermittelst des Actinometers erhaltene Wärmequantität so sehr ungleich ausfällt, dafs nothwendig p eine ziemliche Unsicherheit bekommt. Mir war es auch so gegangen im Jahre 1847, aber ich durfte meine Beobachtungen, obgleich mit der gröfsten Sorgfalt gemacht, nicht publiciren, weil ich sie neben die von Hrn. Pouillet zu stellen mich scheuete, da diese auf ein Hundertel unter sich übereinstimmen; p ward für Brüssel mittelbar zu 0,629 bestimmt. Wenn wirklich die Beobachtungen Recht geben p etwas gröfser zu stellen für geringere Höhen d. h. für längere Wege, so müfste die Formel geändert werden. Forbes unterscheidet die Strahlen in solche, worauf die Formel bezogen werden kann, und solche die ganz durchgehen bis zu einem Viertel der ganzen Menge. Im zweiten Abschnitte werden *a*) die täglichen Aenderungen der Temperatur untersucht in allen Hinsichten. Die Behauptung, obgleich sie von Hrn. Lamont auch gemacht wird, dafs die Gröfse der täglichen Aenderungen proportional sei der Länge des Tages auch für verschiedene Orte, möchte ich in Zweifel ziehen; sie steigen und fallen mit dieser, aber können nicht proportional sein. Ziemlich gute Beobachtungsstunden für die mittlere Temperatur sind für Brüssel $\frac{1}{3}(20+4+12)$ oder $\frac{1}{3}(18+2+10)$. Man wird aber gestehen, dafs man zuvor für jeden Monat die Correction wird bestimmen müssen sobald man absolute Angaben geben will und dafs das für jeden Ort besonders aus den stündlichen Beobachtungen aufgesucht werden müsse; *b*) erhält man die jährlichen

Aenderungen d. h. die mittlere Temperaturen für die Jahreszeiten, Monate und Decaden, die ausführlich gegeben werden; auch mittlere Maxima und Minima und absolute für diese Zeiträume; *c*) der jährliche mittlere Zustand der Temperatur. In dieser Unterabtheilung werden sehr viele Tabellen gegeben. Ein vierter Theil behandelt (da der ursprüngliche Plan nicht genau befolgt ist oder befolgt werden konnte) die Beobachtungen in den übrigen Theilen von Belgien. Aus diesen Angaben, wovon soviel als möglich von Hrn. Quetelet in einer höchst interessanten Tabelle vereinigt ist, und ein Paar frühere Tabellen wollen wir die Zahlen für folgende Tabelle zusammenstellen.

	Brüssel 1833—1842. Mittel aus der halben Summa d. täglichen Maxima u. Minima.			Die mittlere Temperatur höher in				
	Höchstes Mittel.	Niedrigstes Mittel.	Abs. Mittel	Gent	Aalst	Leuwen	Lüttich	Rollé
Decbr.	7", 1832	—1",8 1840	4,10	— 0,5	— 0,3	— 0,7	— 0,8	— 2,9
Januar	7,9 1834	— 5,2 1838	1,80	— 0,3	— 0,1	— 0,7	+ 0,7	— 3,8
Februar	6,5 1833	+ 0,8 1838	4,09	— 0,2	± 0	— 0,8	+ 0,5	— 2,9
März	9,0 1844	+ 2,8 1837	5,91	— 0,4	+ 0,3	— 0,4	+ 0,9	— 2,2
April	10,9 1840	5,9 1837	8,47	+ 0,9	+ 0,1	— 0,1	+ 0,5	— 2,1
Mai	16,9 1841	11,0 1837	13,92	+ 1,2	+ 0,4	— 0,1	+ 0,2	— 1,4
Juni	18,8 1839	15,0 1841	17,39	+ 1,5	— 0,5	— 0,3	— 0,1	— 2.4
Juli	21,1 1834	15,5 1841	17,99	+ 0,8	+ 0,5	— 0,4	— 0,4	— 1,6
August	21,2 1842	15,3 1833	18,01	+ 1,5	+ 0,8	— 0,3	— 0,2	— 1,2
Septemb.	17,3 1834	13,6 1833	15,15	+ 0,7	+ 0,1	— 0,3	+ 0,9	— 0,9
October	12,2 34 u. 36	8,7 1842	10,96	+ 0,4	— 0,4	— 0,5	— 0,4	— 1,5
Novemb.	8,3 1839	4,7 1842	6,45	— 0,4	— 0,3	— 0,8	+ 0,3	— 1,4
Jahr	10,6 35, 36 u. 39	9,2 1838	10,35	+ 0,38	— 0,05	— 0,45	— 0,8	— 2,02

Wir nannten die letzten Spalten dieser Tabelle interessant, weil nun die Temperaturen eines jeden Datums für Brüssel bereits genau durch eine leichte Rechnung gefunden werden können, was auch zugleich mittelst der Tafel für die vier ersten erreicht ist. Die Beobachtungen in Rollé (Luxemburg), die mit den Brüsseler verglichen sind, sind nur von 14 Monaten, auch ist hier die Distanz etwas zu grofs um einen gleichen Gang der Instrumente in jedem Zeitraume annehmen zu dürfen

Der Ausspruch dieser Tabelle ist sehr sonderbar. Ich möchte selbst vermuthen, da die Sorgfalt des Hrn. Quetelet gewifs diese Zahlen aus Beobachtungen des nämlichen Jahres und nach der nämlichen Methode berechnet hat, dafs die Thermometer nicht überall z. B. im Sommer gleich gut gegen Strahlung geschützt waren. Es ist sonst unbegreiflich wie nicht das Gesetz bewährt werde, dafs die Winter kälter und die Sommer heifser sind, je weiter man sich vom Meere entfernt, ein Gesetz, das doch für die Niederlande bewährt ist durch die Arbeiten des Hrn. Wenckebach und meine späteren Untersuchungen. Man hat jedoch darauf zu achten, dafs die verschiedenen Stationen nicht gleich hoch über dem Meere liegen, was auch die niedrige Temperatur von Rollé erklärt.

Sehr artig sieht noch eine Tabelle aus, worin notirt wird, wie vielmal eine gewisse Temperatur die mittlere eines Tages gewesen ist in 10 Jahren 1833—1842:

— 9 bis 10	4 mal	3 bis 4	130 mal	15 bis 16	182 mal
— 8 „ 9	5 „	4 „ 5	173 „	16 „ 17	202 „
— 7 „ 8	15 „	5 „ 6	168 „	17 „ 18	175 „
— 6 „ 7	12 „	6 „ 7	181 „	18 „ 19	166 „
— 5 „ 6	15 „	7 „ 8	196 „	19 „ 20	115 „
— 4 „ 5	20 „	8 „ 9	201 „	20 „ 21	80 „
— 3 „ 4	21 „	9 „ 10	195 „	21 „ 22	70 „
— 2 „ 3	26 „	10 „ 11	171 „	22 „ 23	49 „
— 1 „ 2	47 „	11 „ 12	160 „	23 „ 24	17 „
— 0 „ — 1	50 „	12 „ 13	159 „	24 „ 25	8 „
0 „ + 1	82 „	13 „ 14	142 „	25 „ 26	6 „
1 „ 2	107 „	14 „ 15	168 „	26 „ 27	1 „
2 „ 3	119 „				

Alle Unregelmäfsigkeiten sind, wie man sieht, noch nicht ausgeglichen.

Während man in diesem Kapitel alle Arten von mittleren Werthen, von Variationen, von Maxima und Minima, allerlei Berechnungsarten von diesen antrifft, erhält man in dem folgenden sehr vollständige Beobachtungen über die Temperatur des Bodens in verschiedener Tiefe. Es werden hier auch dergleichen Beobachtungen erwähnt, beschrieben und benützt, die an anderen Orten, Zürich, Leith, Strafsburg, Heidelberg, Schwetzingen, Upsal, Paris, Bonn, Edinburg, Frevandrum angestellt sind, aber nirgendwo so in jeder Hinsicht vorzüglich als in Brüssel. Die Resultate sind denn auch übereinstimmend mit der Theorie. Diesem ersten Theile ist noch ein Kapitel IV. hinzugefügt, welches nach dem anfänglichen Plane den neunten der zehn genannten Punkte ausmachen würde: les phénomènes périodiques des plantes.

Die Einflüsse auf die Pflanzen werden aufgesucht und in drei Abtheilungen getheilt, die erst in Betracht kommen.

Erstens. Der Einfluſs der meteorologischen Zustände, die Wärme, die Sonnenstrahlung, die Heiterkeit, die Feuchtigkeit. Mit Réaumur beginnt Quetelet die Wärmequantitäten, die jede Pflanze bedürfe bis sie Blätter bekomme, Blüthen, Früchte trage, von dem Nullpunkte seiner Theilung an zu rechnen und man kann dafür sicherlich vieles sagen. Die Grade des Thermometers sind hier Abweichungen von einem — nicht wie für meteorologische Untersuchungen willkührlichen Zustande — sondern von einem der ein Hauptmoment bildet in der Entwickelung der Pflanzen; bis jetzt weiſs man allerdings keinen bessern Vergleichungszustand, von dem aus man die Abweichungen rechnen sollte. Von Réaumur, Cotte, Boussingnault weicht Hr. Quetelet darin ab, daſs er die Constanten für jede Pflanze nicht als Summen von diesen Temperaturen, welche auf ihre Entwickelung eingewirkt haben, betrachtet, sondern als Summen von einer andern Function dieser Temperaturen. Es ist gewiſs, daſs diese Function eine andere ist als die erste Potenz, aber gewagt zu sagen, daſs sie die zweite Potenz davon ist. Hr. Quetelet kann aus den Epochen der Blattentwickelung u. s. w. auch nur beweisen, daſs die Hypothese der zweiten Potenz besser mit den Beobachtungen stimmt als die erste, gegen den Calcul S. 12 oder gegen die Anwendung desselben ist auch ziemlich viel einzuwenden. Die Meinung des Hrn. de Gasparin wird weiter unterstützt, daſs auch die directe Einwirkung der Sonne, die freie Strahlung sehr in Betracht kommt. Es versteht sich von selbst, und wir wissen auch, daſs Dove im vergangenen Jahre hierauf aufmerksam gemacht hat. Da die Heiterkeit des Himmels und die Zeit des Tages wo der Himmel am meisten heiter ist, vorzüglich auf die Strahlung einwirkt, so muſs auch darauf Acht gegeben werden. Es werden diese Principien auf die Pflanzen-Beobachtungen zu Brüssel in Anwendung gebracht.

Zweitens kommen individuelle und örtliche Umstände in Betracht, diese konnten aber noch nicht bestimmt werden.

Drittens die geographischen Umstände werden soviel wie möglich aus Beobachtungen an verschiedenen Orten auf ihren Einflufs geprüft und dieser durch Tabellen nachgewiesen. Es ist nicht nur die Breite und die Isotherme sondern das Klima im Ganzen, die Monatsisotherme und die Schwankungen der Temperatur, das mehr oder weniger schnelle Steigen wenn die Temperatur nur einmal über Null gekommen ist. Man mufs nothwendig die Abhandlung des Hrn. Quetelet selbst einsehen, weil es so schwer fällt eine kurze Uebersicht zu geben von etwas das von vielen Ursachen abhängig ist. Nach einer Mittheilung von alten Beobachtungen und von den neuen, welche erst von Hrn. Quetelet in's Leben gerufen und organisirt sind, folgen meteorologische Tafeln, die Sonnenstrahlung in Brüssel enthaltend, für 1844, 1845 und 1846. Weiter die observirten Daten der verschiedenen Stadien der Entwickelung von vielen Pflanzen in Brüssel, dann die Kalender für die Blattentwickelung etc. der Pflanzen, wo hinter jedem Datum des Jahres die mittlere Quantität der Temperaturgrade und die mittlere Quantität der Quadrate der Temperaturgrade geschrieben ist, welche nach einigen Jahren von Beobachtung nöthig war, um diese oder jene Pflanze mit Blättern oder um sie mit Blüthe oder um sie mit Früchten zu schmücken. — Endlich schliefst diese so höchst vollkommene Arbeit mit vergleichenden Tabellen für Brüssel und die anderen Beobachtungsörter in Hinsicht der Daten, wo die gesagten Erscheinungen im Pflanzenleben geschehen. Eine Karte von Europa ist zugegeben mit den Grenzlinien der Kultur des Waizens und des Weinstockes, mit einigen isothermen und mit den artig in einander geschlungenen Linien, welche alle jene Orte vereinigen wo die Differenz der Temperatur im Jahre die nämliche ist; im Norden von Europa von fünf zu fünf Graden, im westlichen und mittleren Europa aber sind nur die Differenzen mit Zahlen notirt, weil hier die Linien zu sehr einander würden durchkreuzt haben.

Der zweite Theil der genannten zehn ist im Jahre 1848 publicirt. Im ersten Kapitel wird das Anemometer beschrieben und als seine Aussage von 1842 — 1846 als mittlere Jahreswindrichtung für Brüssel angegeben S 45° 19′ W.; die mittlere Wolkenrichtung war von 1840—1846 S 75° 21 W., die Intensität (wenn die gesammte Intensität der einzelnen Winde = 1000 gesetzt wird) ist nach den Wolken 274,3, nach dem Anemometer 231,3. Merkwürdig ist das Resultat p. 15 aus der Frequenz der unterschiedenen Winde, dafs das Maximum der Häufigkeit eines jeden Windes sechs Stunden früher eintritt, als dafs die Sonne in seiner Richtung ist und umgekehrt das Minimum; es erklärt sich daraus, dafs unten die Luft sich gegen die heifseste Stelle bewegt, d. h. gegen die Stelle, welche die Sonne einige Zeit früher verlassen hat. Nicht gerne möchten wir mit dem Hrn. Verfasser dieses als einen Beweis für die Theorie von DOVE ansehen, d. h. für die frühere Theorie DOVE's, die längst von ihm selbst zurückgenommen ist. Noch wird erwähnt wievielmal man Uebereinanderstellung von Wolken beobachtet hat und wievielmal ihre Richtung mit der der unteren Luft gröfsere oder kleinere Winkel machte. Z. B. von 0° bis 45° 33 mal, 45° bis 90° 68 mal, von 90° bis 135° 63 mal und von 135° bis 180° 81 mal. Die Häufigkeit dieses über einander gelagert sein vermehrte sich also, wenn die Ströme mehr direct einander entgegen wehten.

Das zweite Kapitel giebt für die Summen der Intensitäten des Windes, 1842—1846, für je hundert Tage desselben Monats

Verhältnifs			Verhältnifs			Verhältnifs		
1,27	Januar	4600	2,43	Mai	3869	2,88	Septbr.	2797
1,60	Februar	3737	2,88	Juni	3435	1,74	October	4430
1,83	März	4791	2,32	Juli	3658	1,40	Novbr.	4866
2,50	April	3343	2,27	August	3616	1,44	Decbr.	4364

Die den Namen der Monate vorgesetzten Zahlen drücken das Verhältnifs aus zwischen der Maximum- und Minimum-Intensität an den verschiedenen Stunden des Tages in jedem Monate; dieses Maximum überwiegt am meisten in den Monaten, in welchen die Intensität am kleinsten ist und umgekehrt, am wenigsten vom October bis März wo die starken Winde das Uebergewicht haben. Die Unterscheidung zwischen Winden, die von der Wärmewirkung der Sonne auf die Umgebung abhängig sind und solchen, die von weit her, ähnlich den Moussons, unsere Gegenden durchstreichen, ist sehr wichtig. Man wird es sehen, wenn man an einem Systeme von zweckmäfsig gewählten Orten die Windesrichtungen mit den Thermometer- und Barometer-Beobachtungen in Verbindung zu bringen sich bemühen wird.

Im dritten Kapitel giebt Hr. Quetelet an, wie vielmal der Wind und wie lange er seine Richtung behält und wie vielmal er sie ändere; er findet 19 directe Umdrehungen im Jahre und 6 retrograde; die Differenz ist genau die welche ich in 1847 für Harlem aus sechzig Jahren gefunden hatte, der Schlufs aber, dafs es soviel mehr directe Umdrehungen gebe im Frühling und Sommer, ist übereilt. Es wird dann noch eine Art von thermometrischer Windrose gegeben.

Im vierten Kapitel werden Windbeobachtungen aus anderen Orten von Belgien gegeben. Die mittleren Windrichtungen sind

für Gent	. .	S. 56° 7′ W.	Intens.	238,0
„ Aalst	. .	S. 81° 36′ W.	„	233,0
„ Leuven	.	S. 96° 26′ W.	„	360,5
„ Mastricht	.	S. 71° 26′ W.	„	267,5

Es sind in mehreren Tabellen ausführliche Belege für die Resultate beigegeben.

Ich werde bei der baldigen Bearbeitung der Beobachtungen am hiesigen Observatorium dieses interessante Werk des Hrn. Quetelet zum Muster nehmen, nur bin ich gezwungen, mich auf ein Zehntel im Umfange zu beschränken, ich werde daher die stündlichen Beobachtungen nicht publiciren, sondern nur Jedem, der sie einzusehen verlangt anbieten können. Dagegen werde ich die mittlere Temperatur eines jeden Tages hinzufügen und die Abweichungen, die von den mittleren Werthen in Utrecht, Nymwegen, Breda, Leeuwarden, Gröningen Statt gefunden haben. Alle Beobachter an Orten, die von den Niederlanden nicht zu weit entfernt sind, will ich freundlichst bitten ein Exemplar ihrer Beobachtungen mir zusenden zu wollen, wenn es nur keine mittleren Werthe sind ohne die Original-Beobachtungen; wenn es angeht werde ich sie dankbar benutzen.

Memoiren der Brüsseler Akademie. Vol. XXI.

Für das Jahr 1847 ist hier zusammengestellt zuerst was aus den ausführlichen Beobachtungen am Observatorium zu Brüssel von Hrn. A. QUETELET abzuleiten war, die General-Resultate; dann die Beobachtungen zu Löwen von Hrn. CRAHAY, zu Gent von Hrn. DUPREZ, zu Swaffham-Bulbech in Cambridgeshire von Hrn. L. JENYNS, zu Persan von Hrn. M. G. ROCQUEMAUREL, zu München von Hrn. HAEBERT, mitgetheilt von Hrn. MARTINS. Man findet hier nichts als mittlere Werthe für die Monate und für bestimmte Stunden eines Monats. Für Brüssel kann man daraus die mittlere tägliche Bewegung der Instrumente genau kennen lernen. Man findet auch noch Maxima und Minima, und absolute Maxima und Minima mit den Datumangaben, wann sie für die Belgischen Orte eingetroffen sind.

M. CRAHAY. Resumé der meteorologischen Beobachtungen zu Löwen von 1836 — 1848.

Nach der genauen Beschreibung der Instrumente werden mehrere Tabellen gegeben, welche aus den Beobachtungen hervorgegangen sind. Sie zeigen uns nicht allein die mittleren Werthe der Monate und des Jahres, sondern auch Maxima und Minima, Variationen, aber immer nur von mittleren monatlichen Werthen; die Beobachtungen selbst sind gewifs in der Art bearbeitet, dafs mit beziehlich geringer Mühe auch für die einzelnen Daten dasselbe Jedem geliefert werden könnte, der Hrn. CRAHAY darum bitten möchte. Die Reihe der Beobachtungen zu Löwen ist bereits so lang, wenn man das hinzuzieht was von Hrn. CRAHAY schon früher geleistet worden ist (in seinem Mémoire sur la météorologie, Mémoires de l'Académie Tome X.), dafs der mittlere Werth eines jeden Tages ziemlich zuverlässig bestimmt werden kann und somit auch die Abweichungen, die an jedem Tage stattgefunden haben. Wir werden aber nur von der vorliegenden Arbeit reden und aus den vielen Tabellen ein Paar zusammenstellen, welche die zweckmäfsigsten Daten für die Kenntnifs des Klima's an diesem Orte enthalten.

Mittlere Monatstemperatur zu Löwen aus d. J. 1841 — 1848.
Jahrestemperatur 1836 — 1848.

Monate.	Temperatur				Mittlere tägliche Variationen.	Normale mittlere Temperatur.	Abweichungen über die norm. Temper.	Abweichungen unter die norm. Temper.	Barometer. Stand.	Barometer. Mittlere tägliche Variation mm.	Jahrestemperatur. Jahr.	Jahrestemperatur.
	21 U.	0°	3 U.	9 U.								
December	2,22	4,14	3,99	2,20	4,75	2,62	2,80	5,78	759,01	0,679	1836	9,21
Januar . .	0,45	2,30	2,23	0,40	4,57	1,07	5,10	7,56	57,45	0,712	1837	8,68
Februar .	1,75	4,19	4,37	1,73	5,67	2,46	6,47	5,24	55,84	,723	1838	8,04
März . . .	5,05	8,36	8,85	4,93	8,11	5,68	3,22	5,93	56,50	,800	1839	9,55
April . . .	10,24	13,08	13,43	8,70	9,79	9,82	1,85	4,16	55,88	,683	1840	8,61
Mai	14,79	17,75	18,41	12,61	11,76	13,86	2,65	2,67	57,35	,903	1841	9,98
Juni . . .	17,62	20,75	21,00	15,67	11,70	16,68	3,52	2,06	57,86	,478	1842	10,01
Juli . . .	18,28	20,65	21,21	16,50	10,66	17,33	2,16	2,04	58,13	,580	1843	10,20
August . .	17,96	20,89	21,56	16,55	10,26	17,78	3,50	2,91	58,04	,504	1844	9,25
September	14,74	17,81	18,33	13,61	8,76	14,89	2,26	2,24	57,31	,569	1845	9,00
October .	9,83	12,86	12,51	9,30	7,35	10,22	1,06	2,31	56,83	,531	1846	11,17
November	5,90	8,06	7,86	5,46	5,38	6,17	1,64	2,44	55,15	,660	1847	9,42
Jahr . . .	9,90	12,57	12,81	8,98	8,23	9,88	8,02	3,76	757,11	,652	1848	10,00

In jedem Monate hatte man die folgende mittlere Zahl von Regentagen und Regenmengen:

December	in 16	Tagen	48,42	Juni	in 17	Tagen	79,79
Januar	in 18	„	57,48	Juli	in 18	„	68,23
Februar	in 15	„	52,81	August	in 18	„	72,33
März	in 19	„	55,54	September	in 14	„	60,08
April	in 16	„	49,26	October	in 18	„	57,81
Mai	in 16	„	54,41	November	in 18	„	71,93

Die mittlere Quantität im Jahre variirt nicht viel, die gröſste in 1839 war 902,35, die kleinste in 1847 war 580,04.

Edm. de Selys-Longchamps. Beobachtungen über die periodischen Phänomene des Thierreichs und besonders über die Wanderungen der Vögel in Belgien. (1841—1846.)

Die Ankunft und das Wegziehen mehrerer Vögel sind nicht nur für Belgien, obgleich hierfür am besten, sondern auch für die umgebenden Länder, Niederlande, England, Frankreich, der Schweiz, Italien selbst, von einigen Beobachtern aufgezeichnet und nun hier tabellarisch und systematisch gesammelt. Hr. Selys-Longchamps hat auch seinen Kalender des Thierreichs in Uebereinstimmung zu bringen gesucht mit dem Kalender des Pflanzenreichs, worüber Hr. Quetelet selbst so viele Beobachtungen anstellt und von überall, wo man nur seinen eifrigen und dringenden Wünschen Gehör giebt, sammelt. Sicher ist es, daſs beide Kalender einst mit dem Kalender der unorganischen Natur, mit den meteorologischen Zuständen, werden in Verbindung gebracht werden, da doch irgend ein Zusammenhang mit dem Ziehen der Thiere und dem Keimen der Pflanzen und der Temperatur u. s. w. bestehen muſs.

Periodische Phänomene des Naturreichs. Pflanzenreich 1847. Brüssler Memoiren. Vol. XIX

Man findet von vielen Pflanzen die Zeit der Blattentwicklung, des Blühens und der Fruchtbildung an den folgenden Orten:

Brüssel, Gent, Vinderhaute, Ostende, Antwerpen, Namur, Lochem (Gelderland), Vucht (Nord-Brabant), Persan, Swaffham, München, Stettin, Venedig, Guastalla.

Der Zweck aller dieser Beobachtungen kann nur erfüllt werden, wenn ein System von Orten zweckmäfsig ausgewählt ist und von allen diesen Orten genaue Angaben mitgetheilt werden; so ist est mit den eigentlichen meteorologischen Beobachtungen, so ist es mit diesen, weil sie alle nicht allein von der Stelle wo sie beobachtet werden, abhängig sind, sondern auch von den benachbarten. Man wird also den meisten Nutzen aus der von Hrn. Quetelet gemachten Zusammenstellung ziehen können, einen gröfseren aus den Mittheilungen für die einzelnen Orte. Dasselbe gilt von einer von dem für alle diese statistischen Sachen so hoch verdienten Prof. Quetelet verfafsten Uebersicht der Vegetations-Erscheinungen von 1841 — 1846, die in den fünften Band der: Annales de l'observation royal de Bruxelles aufgenommen sind. — Man wird sich der über diesen Gegenstand ausführlichen Schrift erinnern, welche im Jahre 1845 von Hrn. Karl Fritzsch (Ueber die periodischen Erscheinungen im Pflanzenreiche) zu Prag herausgegeben wurde.

---

3. Klimatologie.

---

b. Allgemeine.

J. G. Crahay, membre de l'académie royale de Belgique. Sur la période de froid vers le milieu du mois de Mai. Extrait du Tome XVI. no. 5 des Bulletins de l'acad. royale de Bruxelles.

S. Baranowsky. Klimatologische Karte der Erde. Leipzig 1847. Rudolph Hartmann und C. Helsengton, J. C. Frenchell et Son. 1847.

H. W. Dove. Ueber die nicht periodischen Aenderungen der Temperaturvertheilung auf der Oberfläche. Berlin 1840. 1841. 1844. 1847.

— — Temperaturtafeln nebst Bemerkungen über die Verbreitung der Wärme auf der Oberfläche der Erde und ihre jährlichen periodischen Veränderungen. Berlin 1848.

— — Monatsisothermen 1849.

M. J. G. Crahay. Ueber die Kälteperiode um die Mitte des Maimonats.

Hr. Crahay hat in dieser Notiz unwiderleglich bewiesen, dafs zu Löwen und Mastricht in den letzten 25 Jahren die mittlere Temperatur des 11., 12., 13., 14. und 15. Mai nicht so hoch war, als man aus den Temperaturen der ersten und letzten Tage des Mai erwarten könnte. Er hat die Mühe überdies nicht gescheut die mittlere Windrichtung für diese Tage zu berechnen und auch diese ist ein wenig nördlicher als zu erwarten war. Hr. Quetelet giebt eine Note dazu, dafs auch Hr. Martins für dreifsigjährige Beobachtungen von Paris [1]) solches gefunden hat und dafs auch am Observatorium zu Brüssel das Nämliche Statt gefunden hat. Hr. Quetelet erwähnt auch die Arbeit von Mädler (Schumacher's astronomisches Jahrbuch für 1843 S. 101). Ich habe eine Notiz an die Academie zu Brüssel eingesendet worin ich sagte, dafs ich bis auf den Schlufs völlig mit dem Obigen einverstanden bin. Mir scheint es aber bedenklich aus den Beobachtungen von wenigen Orten (in der Notiz habe ich die Aussage von allen Beobachtungen zugefügt, die aus Dove's Temperaturtafeln benutzt werden konnten, nämlich wo die Temperatur für Tage oder fünftäglich gegeben wird) zu schliefsen, wo die Anomalie ihren Grund habe; so z. B. hat auch die Depression im Anfange des Februar vielen Schein von Wahrheit, ist es aber nicht eine Elevation am Ende des Januar, die eine relative aber keine wirkliche Depression zum Vorschein bringt? Weiter wenn

[1] Man kann mit den Angaben des Annuaire météorologique de la France pour 1849 keine näheren Untersuchungen anstellen, denn es sind nur mittlere Werthe von Zeiträumen gegeben, und solche können keine Frucht tragen, es sind selbst Früchte aber nicht die besten. Wie viel besser hat es nicht die naturforschende Gesellschaft zu Danzig eingesehen, die, obgleich schon mittlere Werthe aus den von 1807 bis 1830 fortgesetzten Beobachtungen berechnet und bekannt gemacht waren, doch in einer überaus wohlfeilen Ausgabe alle die einzelnen Beobachtungen nochmals publicirt hat. (Man sehe Neueste Schriften der naturforschenden Gesellschaft in Danzig II. Bd. 3. und 4. Heft. Halle 1831; auch unter dem Titel: Meteorologische Beobachtungen, angestellt zu Danzig in den Jahren 1807 — 1830 vom Regierungsrath Dr. Kleefeld und vollständig herausgegeben von der naturforschenden Gesellschaft zu Danzig. 2. Abth.)

man auf einen Einfluſs der Asteroïden schlieſsen wollte, so müſste man für die ganze Erde constatirt haben, daſs es eine Depression gäbe, und wenn dem so ist, woher denn die Windesänderung zu erklären sei. Diese könnte denn allein herrühren von der gröſseren Depression auf dem festen Lande als auf dem Meere. Ehe man zu solchen Schlüssen berechtigt ist wird man für viele zweckmäſsig gewählte Orte die mittlere Temperatur eines jeden Tages kennen und diese so behandeln müssen, wie ich in meinen meteorologischen Wärmemengen zu Breda und in einem Aufsatze in dem Philosophical Magazine, Juli 1850, angegeben habe. Hr. Crahay hat durch seine Brochüre hierzu einen werthvollen Beitrag geliefert.

T. Baranowsky. Klimatologische Karte der Erde.

Hr. Baranowsky hat die ganze Erdkugel in sieben Klimate getheilt, von 0° anfangend und von fünf zu fünf Graden Celsius in mittlerer Temperatur zunehmend. Jedes Klima ist mit einer anderen Farbe angezeigt worden; auf dem Meere sind die Klimate durch weiſse Linien getrennt. In den beigegebenen Erklärungsbogen sind einige allbekannte Wahrheiten enthalten; das Ganze ist gut für eine Schule wo die Kinder die physikalische Geographie lernen. Es dauern mich die zwei Thaler.

H. W. Dove. Ueber die nicht periodischen Aenderungen der Temperaturvertheilung auf der Oberfläche der Erde

I. in dem Zeitraume von 1789 bis 1838. 1840.
II. „ „ „ 1782 bis 1839. 1841.
III. „ „ „ 1782 bis 1842. 1844.
IV. „ „ „ 1729 bis 1843. 1847.

— — Temperaturtafeln nebst Bemerkungen über die Verbreitung der Wärme auf der Oberfläche der Erde und ihre jährlichen periodischen Veränderungen. Berlin 1848.

H. W. Dove. Monatsisothermen 1849. Hierzu drei Karten.

Karte I. Januar bis Juni } Aequatorialprojection.
„ II. Juli bis December }
„ III. Januar und Juli. Aequatorial- u. Polarprojection.

Durch diese sämmtlichen Arbeiten hat Hr. Dove sich ein dauerndes Denkmal geschaffen, vorzüglich durch die letzte Arbeit. Zugleich hat er hierdurch ein festes Fundament gelegt, worauf das Gebäude der Meteorologie aufgebaut werden kann. Der Idee von Humboldt's folgend hat Hr. Dove die mittleren Werthe der Temperatur für fast jede Erdgegend und alle Jahreszeiten zusammengestellt und daraus alle diejenigen Folgerungen numerisch abgeleitet, welche die Theorie erwartete. Die sechs Arbeiten gehören zusammen. Wir werden nur wenige Sachen daraus hervorheben, da sie doch den deutschen Lesern gewifs bekannt genug sind. Die der Meteorologie gestellte Aufgabe ist nach Hrn. Dove eine dreifache: die Bestimmung der Mittel, die Feststellung der Gesetze der periodischen Veränderungen, und die Angabe der Regeln für die unregelmäfsigen.

Es sind dies unstreitig die drei wirklichen Fragen; da wir aber aus der Erfahrung werden schliefsen müssen, so ist noch eine vierte Frage zwischen der zweiten und dritten einzuschalten: wie grofs sind die nicht periodischen (unregelmäfsigen) Veränderungen an bestimmten Zeit- und Ortspunkten gewesen? Die Arbeit des Hrn. Dove scheint nun die erste Frage so beantwortet zu haben, dafs, obwohl jede neue Bestimmung auch zur Berichtigung willkommen und obwohl zur Vervollständigung noch manche Bestimmung wünschenswerth ist, man doch genug weifs um fortbauen und zur Beantwortung der andern Fragen übergehen zu können. Ueberdiefs verdanken wir Hrn. Dove einen in demselben Maafse vollständigen Aufschlufs über die periodischen Aenderungen, so weit sie von der jährlichen Periode abhängig sind, drittens manchen Wink für die Beantwortung der dritten Frage. Zur weiteren Förderung der Meteorologie hat man also fortan insbesondere auf die dritte Frage zu achten: wie grofs sind die nicht periodischen Veränderungen und welchen Regeln sind sie unterworfen. Es versteht sich dafs eine gleiche Arbeit für die Windfahne geleistet werden mufs. Der mittlere Stand und die periodische Veränderung des Barometers ist soviel einfacher zu erhalten, dafs man sie als bekannt betrachten darf. In I. bis S. 60 finden wir monatliche und jährliche Mittel von 59 Orten aus längeren oder kürzeren Zeitabschnitten. Seite 63 sind die gröfsten, Seite 68 die mittleren Veränderungen (Abweichungen) vom allgemeinen für die Orte erhaltenen Mittel. Von Seite 72 bis zum Ende die monatlichen und jährlichen Abweichungen von den mittleren Werthen in verschiedenen Zeitabschnitten. Durch diese Tafeln wird also manches geliefert zur Beantwortung der dritten Frage. Da hier monatliche Abweichungen vorkommen, so fallen nur die gröfseren (die Abweichungen erster Ordnung) in's Auge. Wenn diese besser bekannt sind, so wird man fortschreiten müssen zur Kenntnifsnahme von den Abweichungen zweiter, dann dritter Ordnung, wozu man decadische und tägliche Abweichungen kennen mufs. Da aber aus diesen unmittelbar die ersten, aber nicht umgekehrt erhalten werden können, so müssen die Meteorologen letztere geben. Sie scheinen aber nicht dazu gebracht werden zu können; wahr ist es dafs dafür die mittleren Werthe genauer bekannt sein müfsten als sie es sind, aber wenn man von bekannten mittleren monatlichen Werthen ausgeht, so kann man doch mit grofser Annäherung auf die täglichen schliessen. Es ist uns unerklärlich, wie das von Hrn. Dove gegebene Beispiel in dieser Rücksicht nicht befolgt worden ist, zumal da man doch im Folgenden die glänzenden, von ihm daraus gezogenen Folgerungen nicht übersehen kann.

In II. giebt Hr. Dove von Seite 110 an eine Fortsetzung von diesen Abweichungstafeln. Die früheren Seiten enthalten wieder monatliche und jährliche Mittel von andern Orten und Stationen und fünftägige Mittel für Petersburg, Sagan, Rochelle, Mannheim, St. Gotthardt, Zwanenburg und Rom, ja selbst fünftägliche Abweichungen (Abweichungen der zweiten Ordnung) für die genannten Orte.

Auch in III. kommen Abweichungen zweiter Ordnung (zehntägige) vor für Bologna, Palermo, Pisa, Rom, Florenz, Mailand, Paris, Danzig, Reikiawik, Genf; weiter das nämliche wie in I. für andere Jahre oder Beobachtungsorte, deren Zahl hier schon auf 400 gestiegen ist.

In IV. werden noch mehrere mittlere Bestimmungen hinzugefügt, auch werden nun die Abweichungen erster Ordnung nur für Normalstationen aus gröfseren Zeitabschnitten berechnet als früher möglich war; auch sind noch andere Abweichungen von den mittleren Werthen aus kleineren Zeitabschnitten gegeben.

In V. (den Temperaturtafeln) empfangen wir die mittleren monatlichen und jährlichen Temperaturen für jeden der nun auf 900 gestiegenen Orte und den Unterschied des Sommers und Winters, so wie auch des wärmsten und kältesten Monates, d. h., wie Hr. Dove charakteristisch bemerkt, die Zahl der Isothermen, die während des Jahres durch den Beobachtungsort hindurchgehen.

Es wird noch aus den Beobachtungen der nördlichen Erdkugel in Vergleichung mit denen der südlichen, wie unvollständig diese auch noch sind, das Resultat der Theorie dadurch befestigt, dafs die Gesammttemperatur der Erde ihr Maximum zur Zeit der nördlichen Abweichung der Sonne, ihr Minimum bei südlicher Abweichung derselben erreicht; weiter bestätigt Hr. Dove einen bereits im Jahre 1842 von ihm aufgefundenen Umstand, dafs die Sommerwärme in Amerika niedriger ist als die in Europa unter gleicher Breite, dafs also Amerika in dieser Jahreszeit nicht dem Continentalklima angehört, sondern vielmehr die charakteristischen Kennzeichen des Seeklima's an sich trägt.

Noch werden so viele interessante Bemerkungen hinzugefügt, dafs eine Wahl schwer ist. Eine will ich erwähnen über die Gestalt der Temperaturcurven im Allgemeinen im Laufe des Jahres, eine über die Gestalt der barometrischen Curve. „Im Allgemeinen zeigt der ansteigende Theil der jährlichen Temperaturcurven (besonders der fünftägigen) gröfsere Unregelmäfsigkeiten als „der herabgehende. Die starken Modifikationen, welche die unsymmetrische Vertheilung des Festen und Flüssigen in unserm „Sommer hervorruft, sind, wie ich schon früher bei Erörterung „der nicht periodischen Veränderungen geltend gemacht habe, ein „Heraustreten aus der natürlichen Einfachheit der Verhältnisse, „wie sie eine gleichförmige Wasserbedeckung oder eine mehr

„symmetrische Landesvertheilung erzeugen würde. Der Herbst „nun ist eine Rückkehr in diesen normalen Zustand, der Früh- „ling ein mehr gewaltsames Herausreifsen aus demselben. Daher „ist im Herbst die Zeit, wo die Temperatur durch ihren mittle- „ren jährlichen Werth hindurchgeht viel unveränderlicher als im „Frühjahr. Endlich ist auch der Spielraum der Veränderungen „im Herbst am geringsten, denn ich habe ausführlich gezeigt, dafs „der September in der gemäfsigten Zone der Monat ist, dessen „Wärme in den einzelnen Jahrgängen die geringsten Unterschiede „zeigt. Dafs wir den Frühling so hoch über den Herbst stellen, „kommt vielleicht daher, dafs jenem der vorhergegangene Winter „zur Folie dient."

Die nicht symmetrische Vertheilung des Festen und Flüssigen ist um so mehr Schuld daran, weil die Erwärmung der Erdoberfläche nur von einem Punkte (der Sonne) ausgeht, die Erkältung (Ausstrahlung) nach allen Seiten hin erfolgt, also viel gleichmäfsiger vor sich gehen mufs; nun hat diese im Herbste, jene im Frühling das Uebergewicht.

Jede ausgebreitete Ländermasse, die in einer Jahreszeit übermäfsig erhitzt wird, giebt Veranlassung zu einem mächtigen Courant ascendant, die aufgestiegenen Luftmassen müssen von überall her ersetzt werden und also werden die nördlich angrenzenden Länder um diese Zeit erkältet durch die noch weiter vom Nord herkommenden Luftströmungen.

„Dieser Courant ascendant (wir kommen zu der Bemerkung „über den Gang des Barometers) vermindert den Druck auf die „Grundfläche, da das Aufsteigende in der Höhe seitlich abfliefst. „Diese Verminderung des Druckes wirkt über der flüssigen Grund- „fläche (wo sie überdiefs geringer ist) der Entwickelung der „Wasserdämpfe entgegen, die, obgleich unelastisch gegen die Luft, „mit ihr gemeinsam auf die Umschliefsung drücken. Nun können „drei Fälle stattfinden: eine Uebercompensation, Compensation und „Mangel an Compensation. Zieht man vom Gesammtdruck der „Atmosphäre die Elasticität der in ihr enthaltenen Wasserdämpfe „ab, so findet man für alle Stationen der gemäfsigten Zone, dafs „diese Elasticität vom Winter zum Sommer hin zunimmt, wäh- „rend die Luft hingegen ihren Druck nach dem Sommer hin ver-

„mindert. Im Innern von Asien füllt der Wasserdampf das Thal „nicht aus, welches die Curve des Druckes der trocknen Luft „darstellt. Selbst in Hindostan ist dies nicht der Fall, wo, ob- „gleich mit einbrechendem Südmousson die Elasticität der Dämpfe „plötzlich sich ungewöhnlich steigert, dennoch der Gesammtdruck „der ganzen Atmosphäre sich verändert. (vermindert? B. B.) Me- „teorologisch schliefst sich in dieser Beziehung die Barahmskische „Steppe an das Tiefland des Ganges an; ja es ist von der Süd- „spitze Asiens bis in hohe Breiten hinauf nirgends eine Grenze „zu finden. Wird es daher noch gewagt erscheinen, wenn wir „behaupten, dafs im Sommer über der compacten Ländermasse „von Asien sich ein grofsartiger Courant ascendant bildet, der „mit allen Kennzeichen der Gegend der Windstellen auftritt, dafs „diese nicht in der jährlichen Periode parallel mit sich selbst „herauf- und herunterrückt, sondern sich pendelartig dreht, dafs „die gröfste Schwingungsweite in den indischen Ocean fällt, der „feste Punkt, um welchen die Schwingung erfolgt, etwa im tro- „pischen Amerika liegt, oder noch weiter hinaus im stillen Ocean. „Sind diese Erscheinungen nicht vielmehr der unmittelbarste Aus- „druck der Gestaltänderungen aller Isothermen und kann man „sich wohl vorstellen dafs ein so wichtiges Phänomen als die „Moussons auf die heifse Zone allein in seiner Gesammtwirkung „beschränkt sei?“

„Als Gegensatz zu Asien tritt die Uebercompensation am „entschiedensten im ausgesprochenen Seeklima von Island hervor, „dessen barometrische Jahrescurve am convexesten gekrümmt ist. „Europa bildet den Uebergang aus dem einen Extrem in das an- „dere. An der Westküste von Amerika, in Sitcha, wiederholen „sich, wie neulich Kupffer gezeigt hat, die Verhältnisse von Is- „land. Da nun Hudson am Ohio ebenfalls eine convexe baro- „metrische Krümmung zeigt, so scheint im Sommer auch im In- „nern nicht der Charakter des Continentalklima's hervorzutreten, „wenigstens so weit bis jetzt Beobachtungen reichen. Eine Sta- „tion in den Rocky Mountains wäre in dieser Beziehung von „grofser Bedeutung.“

Die VI. Arbeit, die Monatsisothermen, insbesondere die drei Karten, worauf für jeden Monat die Lage der Isothermen auf der ganzen Erde, so weit diese durch genaue Berechnung der in die vorigen Arbeiten aufgenommenen Beobachtungen und durch Interpolation zwischen diesen zu erhalten war, eingetragen ist, gewähren den schönsten Ueberblick über die mittleren Temperaturverhältnisse an der Erdoberfläche, so wie über den Theil der periodischen Veränderungen, welche von dem jährlichen Laufe der Sonne abhängig sind. Wie mehrmals schon von mir gesagt und angedeutet ist, sie zeigen graphisch was die früheren Arbeiten numerisch geben, wenigstens für den periodischen Theil. Sie geben Gelegenheit, dafs auch an Orten, wo nur seit wenigen Jahren Beobachtungen angestellt sind, durch Beachtung dessen was in der Umgebung geschieht, mit grofser Annäherung die jährliche Temperaturcurve gemuthmafst werden kann, und also ist es nach der Veröffentlichung dieser Arbeit die Pflicht eines jeden Meteorologen die Temperaturcurve für seinen Ort zu construiren und alle Beobachtungen daselbst durch ihre Abweichungen von dieser Curve zu publiciren. Möchte auch Hr. Dove noch solche Karten liefern für die nicht periodischen Temperaturveränderungen, möchte er, wenn auch nur graphisch, zwei aufeinander folgende merkwürdige Temperaturvertheilungen hervorheben; er würde dadurch ein vortreffliches Muster für Jeden liefern, der auf die im vorigen Jahresberichte erwähnte Preisschrift der Utrechter Societät zu antworten wünschte; ein Solcher hätte nämlich nur die Barometerverhältnisse und die Windesrichtungen auf gleiche Weise hinzu zu fügen.

Möchte doch Hr. Dove, der Vater der neuen Richtung in der Meteorologie, wie ich ihn nannte weil er uns die Abweichungen gegeben hat, seinen grofsen Einflufs anwenden um die meteorologischen Arbeiten zu centralisiren, in eine und dieselbe Form zu zwingen, allgemein verbreitet zu machen; jeder würde gewifs unter seiner Leitung säen und pflegen und er selbst würde bald eine reiche Ernte erblicken.

Utrecht, Juli 1850.

Prof. Dr. C. H. D. Buys-Ballot.

Namen-Register.

Druckfehler.

S. 161 Zeile 5 von unten l. Is. NEWTON st. TH. NEWTON.
„ 257 „ 7 „ oben l. HARE st. HAVE.
„ 258 „ 14 „ „ l. „ „ „

FSC
www.fsc.org
MIX
Papier | Fördert gute Waldnutzung
FSC® C083411

Kolibri 360 GmbH
Ferdinand-Jühlke-Straße 7
99095 Erfurt, Deutschland
produktsicherheit@kolibri360.de